Mathematik für Biologen

Ihr Bonus als Käufer dieses Buches

Als Käufer dieses Buches können Sie kostenlos unsere Flashcard-App
„SN Flashcards" mit Fragen zur Wissensüberprüfung und zum Lernen von Buch-
inhalten nutzen. Für die Nutzung folgen Sie bitte den folgenden Anweisungen:

1. Gehen Sie auf **https://flashcards.springernature.com/login**
2. Erstellen Sie ein Benutzerkonto, indem Sie Ihre Mailadresse
   angeben, ein Passwort vergeben und den Coupon-Code
   einfügen.

Ihr persönlicher „SN Flashcards"-App Code   96CFE-EA3FE-97BDE-6C9A7-4A8BC

Sollte der Code fehlen oder nicht funktionieren, senden Sie uns bitte eine E-Mail
mit dem Betreff „**SN Flashcards**" und dem Buchtitel an **customerservice@
springernature.com**.

Dirk Horstmann

Mathematik für Biologen

3. Auflage

Springer Spektrum

Dirk Horstmann
Universität zu Köln
Köln, Deutschland

Ergänzendes Material zu diesem Buch finden Sie auf
https://lehrbuch-biologie.springer.com/mathematik-für-biologen

ISBN 978-3-662-62668-9   ISBN 978-3-662-62669-6 (eBook)
https://doi.org/10.1007/978-3-662-62669-6

Die Deutsche Nationalbibliothek verzeichnet diese Publikation in der Deutschen Nationalbibliografie;
detaillierte bibliografische Daten sind im Internet über http://dnb.d-nb.de abrufbar.

Springer Spektrum

Planung/Lektorat: Sarah Koch
Springer Spektrum ist ein Imprint der eingetragenen Gesellschaft Springer-Verlag GmbH, DE und ist
ein Teil von Springer Nature. Die Anschrift der Gesellschaft ist: Heidelberger Platz 3, 14197 Berlin,
Germany

Vorwort

Liebe Leserin, lieber Leser,

dies ist also die dritte Auflage meines Lehrbuchs „Mathematik für Biologen". Während sich die zweite Auflage im Vergleich zur ersten dadurch auszeichnete, dass sie neben der Korrektur von einigen Tipp- und Rechenfehlern, die sich bei der ersten Auflage leider eingeschlichen hatten, neben dem zusätzlichen Kapitel über Differenzengleichungen und weiterem Material zur Theorie der Fehlerrechung, Ergänzungen zur Partialbruchzerlegung und im Anhang eine Formelsammlung, die der Leserin/dem Leser ein zusätzliches Hilfsmittel sein sollen, enthielt, ist vom Inhaltlichen der Printversion her an dieser dritten Auflage nichts geändert worden.

Neu hingegen sind die Flashcards, die im Rahmen des Online-Angebots der Leserin/dem Leser die Möglichkeit geben sollen, eine selbstständige Überprüfung und Vertiefung des mithilfe dieses Buchs Erlernten vornehmen zu können. Hierbei ersetzen die Flashcards jedoch nicht die in diesem Buch befindlichen Aufgaben zu den jeweiligen Kapiteln, sondern müssen eher als eine echte Ergänzung und weitere „Lern-bzw. Selbstüberprüfungsmöglichkeit" gesehen und verstanden werden.

Nach wie vor empfehle ich den Leserinnen und Lesern, die in diesem Buch befindlichen Übungsaufgaben selbst durchzurechnen. Nur durch die wirkliche Anwendung der Mathematik auf konkrete Probleme kann man sehen, ob man die theoretischen Ausführungen tatsächlich bis ins kleinste Detail verstanden hat. Zur Überprüfung, ob die Aufgaben richtig gelöst wurden, steht auch weiterhin eine kostenlose PDF-Datei mit den Musterlösungen zu den Aufgaben als „Zusatzmaterialien zum Buch" auf den zu diesem Buch gehörenden Internetseiten unter https://lehrbuch-biologie.springer.com/mathematik-für-biologen zum Herunterladen zur Verfügung.

Mit der Mathematik ist es nun einmal wirklich so, wie mit dem Erlernen einer Sprache, die man auch nicht dadurch lernt, dass man nur die Vokabeln oder Grammatikregeln auswendig lernt. Nur durch das eigene Sprechen und Lesen lernt man die Sprache wirklich richtig. Das Gleiche gilt für die Mathematik. Nur mittels eigener Rechnungen und dadurch, dass man sich der Aufgabe selbst stellt, kann man Mathematik richtig lernen und verstehen.

Um das zu verdeutlichen hatte ich bereits in den Vorworten der ersten beiden Auflagen das nachfolgende Zitat von Johann Wolfgang von Goethe angeführt:

Die Mathematiker sind eine Art Franzosen, redet man zu ihnen, so übersetzen sie es in ihre Sprache, und alsbald ist es etwas ganz anderes.
Johann Wolfgang von Goethe (1749–1832)[1]

Nach wie vor bringt dieses Zitat ein Grundproblem der Mathematik auf den Punkt.

Die Mathematik und ihre Sprache sowie ihre besondere Art der Argumentation sind einem Großteil der Gesellschaft fremd und können nur durch ständiges Üben (quasi durch Vokabellernen) erlernt werden.

Dieses Erlernen ist in der Regel immer wieder mit „Rückschlägen" verbunden und oft wird ein recht hohes Maß an innerer Frustrationstoleranz benötigt, um nicht zu früh aufzugeben.

Die erste Auflage war aus meinen Skripten zur Vorlesung „Mathematik I & II für Studierende der Biologie" entstanden, die ich an der Universität zu Köln gehalten habe.

Die sich grundsätzlich im Zusammenhang mit der Vorlesung zu stellende Frage:

„Wie viel Mathematik brauchen Studierende des Studienfachs Biologie für ihr Biologie-Studium?"

war damals Motivation und Antrieb für mich, mich selbst an eine Alternative zu den damals auf dem Markt befindlichen Lehrbüchern heranzuwagen. In Gesprächen mit Biolog_innen stellte ich fest, dass zwar ein großer Teil von ihnen verständlicherweise auf statistische und stochastische Themen den Schwerpunkt legte, doch gab es auch einige, die der Ansicht waren, dass Biolog_innen mit Blick auf Mathematik mehr als nur Statstik können müssen.

Von daher soll der Inhalt dieses Buches das mathematische Grundwerkzeug umfassen, über das Biolog_innen verfügen sollten. Es soll der Leserin/dem Leser die Grundlagen für die mathematischen Lösungen der auf jeden Studierenden des Studienfachs Biologie zukommenden Fragestellungen im Rahmen von Versuchsauswertungen und der Analyse experimenteller Daten geben. Hierdurch soll die Leserin/der Leser in die Lage versetzt werden, biologische Fragestellungen mithilfe der mathematischen Sprache und ihrer Techniken formulieren und bearbeiten zu können und Mathematik für die Ziele der Biologie anzuwenden.

Zwar richtet sich das Buch primär an die Studierenden der Biologie, doch es kann ebenso gut auch den Studierenden anderer Lebenswissenschaften einen Einblick in die Techniken und Methoden der Mathematik geben, die in der Biologie oder der Medizin verwendet werden.

---

[1] Zitat entnommen aus Beutelspacher, A.: In Mathe war ich immer schlecht … 3. Auflage, Friedr. Vieweg & Sohn Verlagsgesellschaft mbH, Braunschweig/Wiesbaden (2001), S. 97.

Warum man für ein Biologie-Studium überhaupt Mathematik lernen bzw. können muss ist sicherlich darin begründet, dass sich die Biologie anschickt, in Teilbereichen eine quantitative Wissenschaft zu werden und in Teildisziplinen an einer Schwelle zu stehen scheint, an der die Physik bereits vor ca. 150 Jahren stand. Für Studierende am Anfang ihres Studiums mag dies noch nicht direkt ersichtlich sein, doch im Laufe des Studiums wird die Notwendigkeit der Kenntnis von mathematischen Methoden und ihrer Anwendungen immer deutlicher werden.

Zum Ende dieses Vorworts möchte ich (wenn auch diesmal nicht explizit namentlich) allen Menschen danken, die mir bei der Erstellung der drei Auflagen dieses Buches direkt oder indirekt geholfen haben. Mag dies durch Korrekturlesen oder das Aufmerksammachen auf Tipp- oder sonstige unbeabsichtigte Fehler gewesen sein.

Lassen Sie uns nun also schauen, ob mein Versuch glückt, den Leserinnen und Lesern die Grundzüge der „Fremdsprache Mathematik", soweit sie für Biolog_innen hilfreich ist, verständlich zu machen.

Köln, im September 2020   *Dirk Horstmann*

Inhaltsverzeichnis

Einstieg und grafische Darstellungen von Messdaten

1.1 Grafische Darstellung von Daten und unterschiedliche Mittelwerte

Im Wintersemester 2003/2004 habe ich zu Beginn der Vorlesungsreihe „Mathematik I & II für Studierende der Biologie" eine Umfrage bei den Studierenden des Fachs Biologie gemacht, die meine Veranstaltung besuchten. Es war der erste Jahrgang, der an der Universität zu Köln entweder Biologie mit dem Studienziel Diplom oder Bachelor abschließen konnte. Der an die Studenten ausgeteilte Fragebogen beinhaltete unter anderem die nachfolgenden Fragen:

1. Sie sind
   a) weiblich   b) männlich.
2. In welchem Semester sind Sie?
   a) 1.   b) 3.   c) 5.   d) > 5
3. Bis zu welchem Schuljahr hatten Sie Mathematik?
   a) 10   b) 11   c) 12   d) 13
4. Sie hatten Mathematik als
   a) Leistungskurs   b) Grundkurs
5. Ihre letzte Schulnote in Mathematik war eine:
   a) Eins   b) Zwei   c) Drei   d) Vier   e) Fünf
6. Wie alt sind Sie?
7. Wie groß sind Sie?

Die einzelnen Fragen wurden jeweils von einer unterschiedlichen Anzahl von Studierenden beantwortet. Die Umfrage nach der Körpergröße wurde von 87 weiblichen Personen beantwortet, deren Angaben in Tab. 1.1 zusammengefasst sind.

Zunächst wollen wir bemerken, dass das untersuchte Merkmal „Körpergröße" ein metrisch messbares Merkmal ist. Das bedeutet, die Messung bzw. die Unterscheidung der Merkmalsausprägungen erfolgt anhand einer metrischen Skala, auf der die aufeinanderfolgenden Skalenpunkte gleichlange Intervalle begrenzen (man denke hierbei einfach an den in fast jedem Haushalt befindlichen Zollstock). Ne-

© Springer-Verlag GmbH Deutschland, ein Teil von Springer Nature 2020
D. Horstmann, *Mathematik für Biologen*, DOI 10.1007/978-3-662-62669-6_1

Tab. 1.1 Größenangaben der Studentinnen des Faches Biologie an der Universität zu Köln im Wintersemester 2003/2004

Körpergröße in cm	Anzahl der Studentinnen
150	1
159	1
160	4
161	1
162	3
163	6
164	8
165	11
166	3
167	2
168	5
169	5
170	6
171	3
172	5
173	2
174	3
175	6
176	5
178	1
180	5
181	1

ben den metrischen Merkmalen gibt es auch noch weitere, wie z. B. nominale und ordinale Merkmale. Hierzu verweise ich auf die Übungsaufgaben 1.1 und 1.2.

Aber welche möglichen grafischen Darstellungen dieses Testergebnisses gibt es? Wir werden hier vier unterschiedliche Möglichkeiten vorstellen, Daten grafisch anzugeben.

1. *Darstellung der erhobenen Daten mittels eines Säulendiagramms*
   Wenn man die Daten mithilfe eines Säulendiagramms (siehe Abb. 1.1) darstellen will, so trägt man die Ausprägungen des untersuchten Merkmals (in unserem Fall der Körpergröße) gegen die absolute Häufigkeit H_{x_i} der entsprechenden Merkmalsausprägung x_i (Anzahl der Individuen, die x_i cm groß sind) auf. Hierbei kann die absolute Häufigkeit H_{x_i} auch durch die relative Häufigkeit

$$h_{x_i} = \frac{H_{x_i}}{N} = \frac{\text{absolute Häufigkeit von } x_i}{\text{Gesamtzahl der klassifizierten Objekte}}$$

ersetzt werden. eine derartige grafische Darstellung wird zum Teil auch *Histrogramm* genannt.

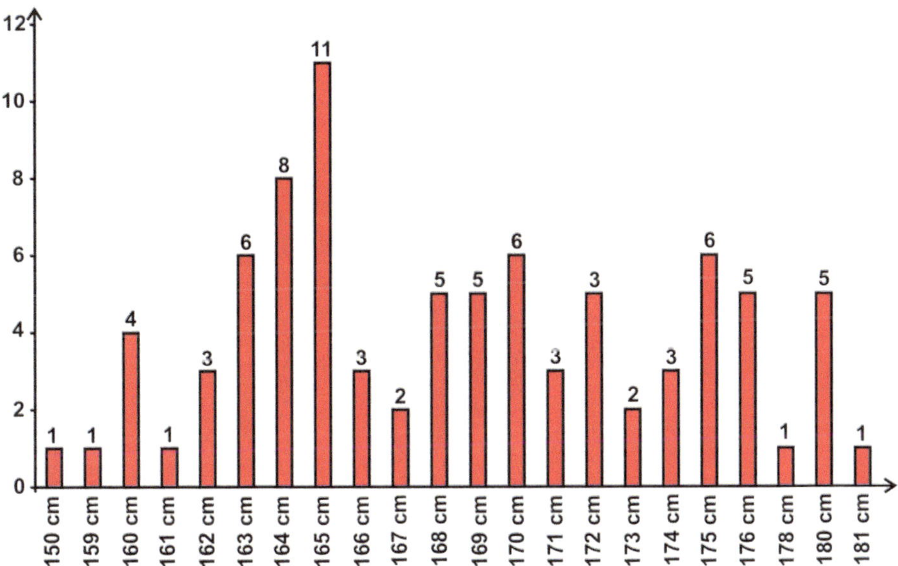

Abb. 1.1 Säulendiagramm der Messdaten aus Tab. 1.1

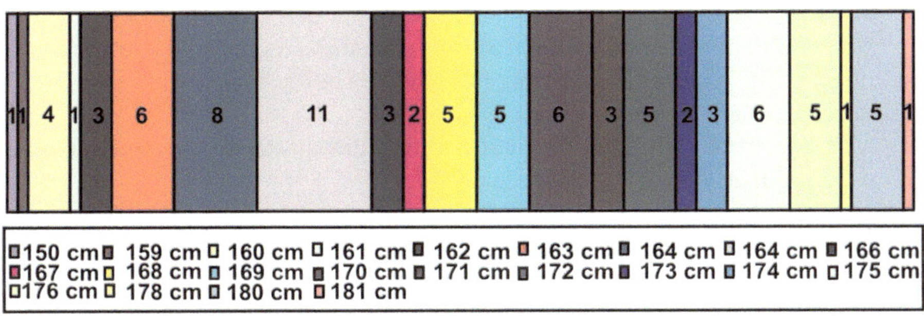

Abb. 1.2 Flächendiagramm der Messdaten aus Tab. 1.1

2. *Darstellung der erhobenen Daten mithilfe eines Strecken- bzw. Flächendiagramms*
   Bei einem Strecken- oder Flächendiagramm (siehe Abb. 1.2) wird eine Fläche mit einer Grundseite der Länge L in Teilabschnitte der Längen $l_{x_i} = L \cdot h_{x_i}$ unterteilt. Diese Teilabschnitte werden dann den jeweiligen Merkmalsausprägungen zugewiesen.

3. *Kuchen- bzw. Kreisdiagramme*
   Die Darstellung der Daten mithilfe eines Kreisdiagramms (siehe Abb. 1.3) erfolgt, indem man den einzelnen Merkmalsausprägungen entsprechend große Kreissektoren (Kuchenstücke) zuweist. Dies geschieht, indem man der Merkmalsausprägung x_i einen Kreissektor mit Öffnungswinkel $\alpha_{x_i} = 360° \cdot h_{x_i}$ zuordnet.

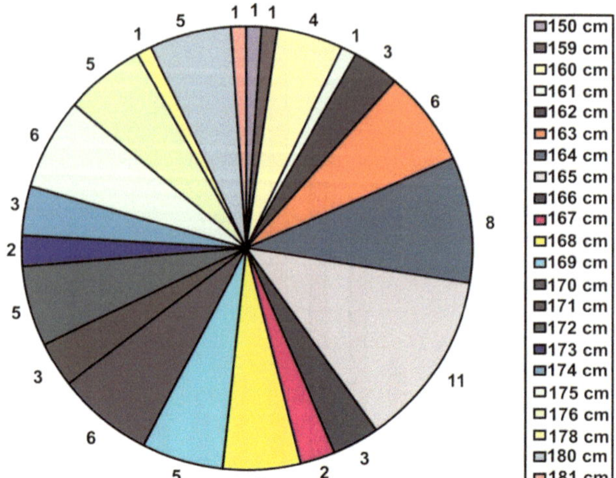

Abb. 1.3 Kreisdiagramm der Messdaten aus Tab. 1.1

4. *Illustration der Daten mithilfe eines Boxplots*

Die Darstellung der Messdaten mittels eines Boxplots (vgl. Abb. 1.4) bedarf einiger Vorbereitungen. Zunächst ordnen wir die Messdaten der Größe nach und nennen sie um, so dass x_1 den kleinsten und x_N den größten Wert bezeichnet. Nun ermitteln wir zunächst das *arithmetische Mittel* x_M der Messdaten (den im üblichen Sprachgebrauch als Durchschnittswert bezeichneten Wert). Dies macht man wie folgt:

Man addiert alle Messwerte x_i auf und teilt die so entstehende Summe durch die Anzahl an vorliegenden Messdaten, d. h.

$$x_M = \frac{1}{N}\left(x_1 + x_2 + \ldots + x_{N-1} + x_N\right).$$

Der Mathematiker verwendet hierfür eine andere Schreibweise. Statt der Klammer schreibt man

$$x_M = \frac{1}{N}\sum_{i=1}^{N} x_i. \tag{1.1}$$

Dies bedeutet also nichts anderes, als dass man alle Werte x_i anfangend mit x_1 bis x_N aufaddiert und dann den Wert dieser Summe durch die Anzahl N der Daten teilt.

Als Nächstes müssen wir einen weiteren Begriff einführen: das sogenannte α-Quantil (wobei hier die Zahl α einen Wert zwischen 0 und 1 annimmt, d. h. $0 < \alpha < 1$) der Beobachtungsdaten $x_1, \ldots, x_N$ des metrischen Merkmals X (in unserem Fall der Körpergröße). Das α-Quantil wird mit dem Symbol x_α notiert und ist der Wert der Beobachtungsreihe, der wie folgt ermittelt wird:

Die uns vorliegende Daten sind nach der Größe aufsteigend geordnet. Wir bilden den Ausdruck $k = N \cdot \alpha$. Wenn k nicht ganzzahlig ist, gehen wir zur nächstgrößeren ganzen Zahl k' über und setzen x_α gleich dem Wert unserer geordneten Beobachtungsreihe, der an der k'-ten Stelle in der geordneten Reihe steht. Ist k jedoch ganzzahlig, so setzen wir x_α gleich dem arithmetischen Mittel aus dem k-ten und dem $(k + 1)$-ten Wert unserer geordneten Reihe.

Für den Boxplot bestimmen wir nun die drei Quartile der geordneten Beobachtungsreihe. Die Quartile sind die α-Quantile der Beobachtungsreihe für die Werte $\alpha = 0{,}25$, $\alpha = 0{,}5$ und $\alpha = 0{,}75$. Die Besonderheit dieser Werte sind die folgenden Eigenschaften, die sie besitzen. Durch die oben beschriebene Berechnung der Quartile ist sichergestellt, dass 25 % der Werte der geordneten Beobachtungsreihe kleiner oder gleich dem 25 %-Quantil sind. Analog bedeutet das für das 75 %-Quantil, dass 75 % der Werte der geordneten Beobachtungsreihe kleiner oder gleich diesem sind. Für das 50 %-Quantil gilt, dass genau die Hälfte der Werte der geordneten Beobachtungsreihe kleiner und die andere Hälfte größer diesem sind. Das 50 %-Quantil ist also ein besonderer „Mittelwert", der Median genannt wird.

Ein Boxplot ist nun ein Kasten bzw. eine „Schachtel", dessen bzw. deren beide äußeren Grenzen am Ort des 1. und des 3. Quartils liegen. Im Inneren der Schachtel befindet sich eine Linie, die die Lage des Medians angibt. Von den Grenzen der Schachtel ausgehend zeichnet man je einen Stempel. Diese erstrecken sich bis zu den Extremstellen $x_{\min}$ und $x_{\max}$ der geordneten Beobachtungsreihe. Der arithmetische Mittelwert wird mit einem Kreuz dargestellt. In unserem Beispiel ergeben sich nun folgende Werte:

$$x_M = 168{,}59, \qquad x_{0{,}25} = 164, \qquad x_{0{,}75} = 173,$$
$$x_{0{,}50} = 168, \qquad x_{\min} = 150, \qquad x_{\max} = 181.$$

Die Abb. 1.4 zeigt einen solchen Boxplot für unser konkretes Beispiel.

Anmerkung 1.1 In der Regel weichen Median und arithmetischer Mittelwert weit voneinander ab.

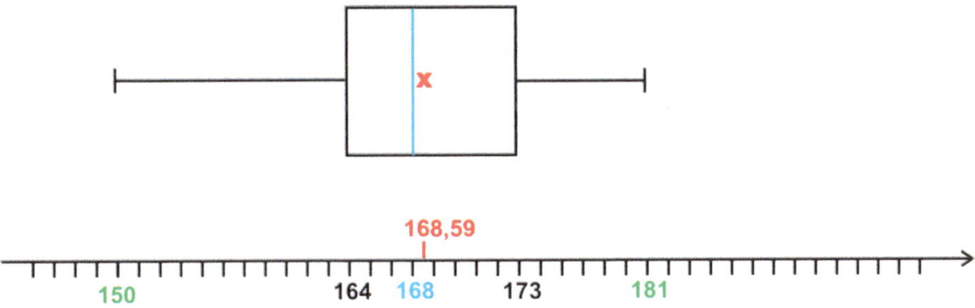

Abb. 1.4 Ein Boxplot zur Veranschaulichung der Variation einer Stichprobe aus Tab. 1.1

Nach dieser detaillierten Anleitung, anhand unseres einführenden Beispiels der Körpergröße der Hörerinnen der Vorlesung „Mathematik I für Studierende der Biologie" im Wintersemester 2003/2004, wollen wir zur Vertiefung und noch deutlicheren Darstellung, wie ein Boxplot erstellt wird, noch das nachfolgende Beispiel betrachten.

Beispiel 1.1 Die nachfolgenden fiktiven Messdaten sollen mithilfe eines Boxplots dargestellt werden.

$$x_1 = 1, \ x_2 = 1, \ x_3 = 3, \ x_4 = 3, \ x_5 = 15, \ x_6 = 1, \ x_7 = 4, \ x_8 = 26, \ x_9 = 5,$$
$$x_{10} = 4, \ x_{11} = 2, \ x_{12} = 9, \ x_{13} = 3, \ x_{14} = 4, \ x_{15} = 4, \ x_{16} = 9, \ x_{17} = 3,$$
$$x_{18} = 3.$$

Damit das Vorgehen bei der Erstellung eines Boxplots durch dieses Beispiel klar erkennbar wird, werden wir die einzelnen Schritte in diesem Beispiel noch einmal deutlich hervorheben.

1. **Umordnung bzw. Ordnung der gegebenen Messdaten.**
   Zunächst ordnen wir nun die Messdaten der Größe nach aufsteigend an:

   $$x_1 = 1 \leq x_2 = 1 \leq x_6 = 1 \leq x_{11} = 2 \leq x_3 = 3 \leq x_4 = 3$$
   $$\leq x_{13} = 3 \leq x_{17} = 3 \leq x_{18} = 3 \leq x_7 = 4 \leq x_{10} = 4 \leq x_{14} = 4$$
   $$\leq x_{15} = 4 \leq x_9 = 5 \leq x_{12} = 9 \leq x_{16} = 9 \leq x_5 = 15 \leq x_8 = 26$$

2. **Umbenennung/Neunummerierung der Messdaten.**
   Nun nennen wir die Messdaten wie folgt um:

   $$x_1 = 1, \ x_2 = 1, \ x_3 = 1, \ x_4 = 2, \ x_5 = 3, \ x_6 = 3, \ x_7 = 3, \ x_8 = 3,$$
   $$x_9 = 3, \ x_{10} = 4, \ x_{11} = 4, \ x_{12} = 4, \ x_{13} = 4, \ x_{14} = 5, \ x_{15} = 9, \ x_{16} = 9,$$
   $$x_{17} = 15, \ x_{18} = 26$$

   Hierdurch wird sichergestellt, dass x_1 den kleinsten und x_{18} den größten Wert bezeichnet. Die Ordnung der Messreihe spiegelt sich somit nun auch im Laufindex wider.

3. **Ermittlung von $x_{\min}$ und $x_{\max}$.**
   Wir sehen, dass $x_{\min} = x_1 = 1$ und $x_{\max} = x_{18} = 26$ ist.

4. **Berechnung des arithmetischen Mittel der Messdaten.**
   Das arithmetische Mittel x_M der Messreihe ist gegeben durch die Formel:

$$x_M = \frac{1}{N} \cdot \sum_{i=1}^{N} x_i.$$

Wir erhalten somit den Wert:

$$\frac{1}{18}(1 + 1 + 1 + 2 + 3 + 3 + 3 + 3 + 3 + 4 + 4 + 4 + 4$$
$$+ 5 + 9 + 9 + 15 + 26) = \frac{100}{18}.$$

5. **Berechnung des 25 %-Quantils.**
Zunächst einmal geben wir zur Wiederholung die allgemeine Vorgehensweise zur Bestimmung eines α-Quantils an. Die Formel zur Berechnung der Position, an der sich das α-Quantil einer Messreihe befindet, besagt, dass man die Anzahl der Messdaten mit α multipliziert und nun überprüft, ob der so ermittelte Wert k ganzzahlig ist oder nicht. Ist k nicht ganzzahlig, so geht man zur nächstgrößeren ganzen Zahl über und nimmt die Zahl als α-Quantil, die sich an dieser Stelle in der geordneten Messdatenreihe befindet. Ist k jedoch ganzzahlig, so bildet man aus den Werten der geordneten Messdatenreihe, die sich an der k-ten und der $(k + 1)$-ten Position der Reihe befinden, das arithmetische Mittel und setzt das gesuchte α-Quantil gleich diesem Mittelwert der beiden Werte aus der Messdatenreihe. Dieser Wert befindet sich unter Umständen sogar gar nicht unter den gegebenen Messwerten, sondern ist ein rein rechnerisch ermittelter Wert. Zur Berechnung des 25 %-Quantils müssen wir also in diesem Fall zunächst

$$k = 18 \cdot \frac{1}{4} = 4{,}5$$

bestimmen. k ist also nicht ganzzahlig, so dass wir zur nächstgrößeren ganzen Zahl übergehen. Dies ist in unserem Fall die Zahl 5. Das 25 %-Quantils ist folglich der 5. Wert in der geordneten Messdatenreihe. Dies ist in unserem Beispiel der Wert $x_5 = 3$.
6. **Berechnung des 50 %-Quantils (also Berechnung des Medians).**
Zur Berechnung des Medians müssen wir zunächst

$$k = 18 \cdot \frac{1}{2} = 9$$

bestimmen. k ist nun ganzzahlig. Wir müssen also jetzt das arithmetische Mittel der beiden Werte an der 9. und an der 10. Stelle der Messdatenreihe bilden. Dies sind die Werte $x_9 = 3$ und $x_{10} = 4$. So erhalten wir als 50 %-Quantil den Wert $\frac{3+4}{2} = 3{,}5$. Dies ist der Median der Messreihe auch wenn dieser Wert in der ursprünglichen Messdatenreihe gar nicht vorgekommen ist.
7. **Berechnung des 75 %-Quantils.**
Zur Berechnung des 75 %-Quantils müssen wir somit zunächst

$$k = 18 \cdot \frac{3}{4} = 13{,}5$$

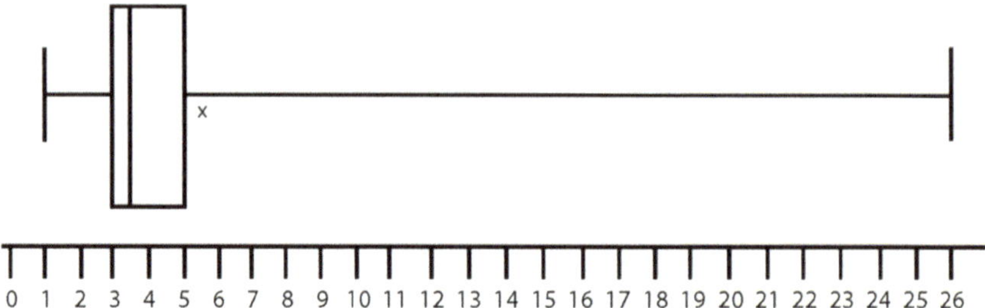

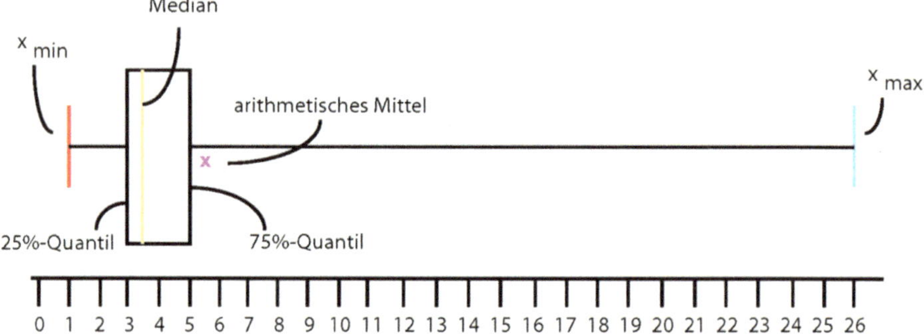

Abb. 1.5 Boxplot zur grafischen Darstellung der Variation der fiktiven Messdaten aus Beispiel 1.1

bestimmen. k ist nicht ganzzahlig, so dass wir auch hier zur nächstgrößeren ganzen Zahl übergehen. Dies ist im jetzigen Fall die Zahl 14. Das 75 %-Quantils ist daher der 14. Wert in der geordneten Messdatenreihe. Dies ist in unserem Beispiel der Wert $x_{14} = 5$.

8. **Zeichnung des Boxplots über einer Werteskala.**
   Nachdem wir nun alle notwendigen Größen berechnet haben, können wir zur grafischen Darstellung mittels eines Boxplots kommen (siehe Abb. 1.5).

1.2 Weitere Analyse der vorliegenden Messdaten

Interessant ist sicherlich die Frage, wie sehr die einzelnen Messdaten von dem durchschnittlichen Wert der Messreihe (dem arithmetischen Mittel) abweichen. D. h., man ist daran interessiert, die Streuung der Messdaten zu beschreiben. Ein hierbei verwendetes Hilfsmittel ist die sogenannte *Stichprobenvarianz* oder kurz die *Varianz der Messreihe*.

Definition 1.1
Die Varianz s_x^2 einer N Daten umfassenden Messreihe ist die durch $(N-1)$ geteilte Summe der quadratischen Abweichungen der Messdaten vom durchschnittlichen Messwert, d. h.

$$s_x^2 := \frac{\left((x_1 - x_M)^2 + (x_2 - x_M)^2 + \ldots + (x_{N-1} - x_M)^2 + (x_N - x_M)^2\right)}{N-1}$$

$$= \frac{1}{N-1} \sum_{i=1}^{N} (x_i - x_M)^2.$$

Die Varianz einer Messreihe ist also ein Streuungsmaß. Die Bezeichnung s_x^2 soll darauf hinweisen, dass die Varianz als Summe von quadratischen Termen immer größer oder gleich null ist.

Berechnet man die Varianz in unserem Beispiel für die Körpergröße der Studentinnen im WS 03/04, so ergibt sich:

$$s_x^2 = \frac{1}{86} \sum_{i=1}^{87} \left(x_i - \frac{16.859}{100}\right)^2 = \frac{30.749.247}{860.000} \approx 35{,}75.$$

Statt die Definition der Varianz einer Messreihe anzuwenden, ist es oftmals nützlicher, eine andere Formel zur Berechnung der Varianz heranzuziehen. Wenn wir uns nämlich die (aus der Schule bekannte) 2. Binomische Formel in Erinnerung rufen (die wir auch in Abschn. 2.2.1 noch einmal wiederholen werden), so sehen wir, dass:

$$s_x^2 = \frac{1}{N-1} \sum_{i=1}^{N} (x_i - x_M)^2$$

$$= \frac{1}{N-1} \sum_{i=1}^{N} \left(x_i^2 - 2 \cdot x_i \cdot x_M + x_M^2\right)$$

$$= \frac{1}{N-1} \left(\left(\sum_{i=1}^{N} x_i^2\right) - \left(\sum_{i=1}^{N} 2 \cdot x_i \cdot x_M\right) + \left(\sum_{i=1}^{N} x_M^2\right)\right).$$

Der Wert x_M ist eine von uns bereits berechnete Zahl, d. h., in der letzten Summe wird x_M^2 N-mal aufaddiert, und in der zweiten Summe können wir $2 \cdot x_M$ vor die Summe ziehen. Somit erhalten wir also

$$s_x^2 = \frac{1}{N-1} \left(\left(\sum_{i=1}^{N} x_i^2\right) - 2 \cdot x_M \cdot \left(\sum_{i=1}^{N} x_i\right) + N \cdot x_M^2\right).$$

Nun haben wir bereits in (1.1) gesehen, dass die Summe der Messdaten geteilt durch die Gesamtzahl der Messdaten gleich dem Wert x_M ist. Das bedeutet aber, dass wir die zweite Summe umschreiben können, indem wir sie mit dem Faktor N erweitern. Wenn wir so vorgehen, erhalten wir:

$$
\begin{aligned}
s_x^2 &= \frac{1}{N-1} \left(\left(\sum_{i=1}^{N} x_i^2 \right) - 2 \cdot x_M \left(\sum_{i=1}^{N} x_i \right) + N \cdot x_M^2 \right) \\
&= \frac{1}{N-1} \left(\left(\sum_{i=1}^{N} x_i^2 \right) - 2 \cdot 1 \cdot x_M \left(\sum_{i=1}^{N} x_i \right) + N \cdot x_M^2 \right) \\
&= \frac{1}{N-1} \left(\left(\sum_{i=1}^{N} x_i^2 \right) - 2 \cdot \frac{N}{N} \cdot x_M \left(\sum_{i=1}^{N} x_i \right) + N \cdot x_M^2 \right) \\
&= \frac{1}{N-1} \left(\left(\sum_{i=1}^{N} x_i^2 \right) - 2 \cdot N \cdot x_M \cdot \frac{1}{N} \left(\sum_{i=1}^{N} x_i \right) + N \cdot x_M^2 \right) \\
&= \frac{1}{N-1} \left(\left(\sum_{i=1}^{N} x_i^2 \right) - 2 \cdot N \cdot x_M \cdot x_M + N \cdot x_M^2 \right) \\
&= \frac{1}{N-1} \left(\left(\sum_{i=1}^{N} x_i^2 \right) - 2 \cdot N \cdot x_M^2 + N \cdot x_M^2 \right) \\
&= \frac{1}{N-1} \left(\left(\sum_{i=1}^{N} x_i^2 \right) - N \cdot x_M^2 \right).
\end{aligned}
$$

Die letzte Gleichung in dieser Gleichungskette bezeichnet man auch als den *Verschiebungssatz für die Varianz.*

Theorem 1.1 (Verschiebungssatz für die Stichprobenvarianz)
Die Stichprobenvarianz s_x^2 bzw. die Varianz einer Messreihe lässt sich auch mithilfe der nachfolgenden Formel berechnen:

$$
s_x^2 = \frac{1}{N-1} \left(\left(\sum_{i=1}^{N} x_i^2 \right) - N \cdot x_M^2 \right). \tag{1.2}
$$

Oft ist es nützlich, von diesem Verschiebungssatz Gebrauch zu machen, wenn man die Varianz berechnen soll. Ein anderes Maß, das wir im Zusammenhang mit den Messdaten und ihrem Durchschnittswert kennenlernen, ist die sogenannte Standardabweichung der Messdaten von ihrem arithmetischen Mittelwert.

Definition 1.2
Die Standardabweichung s_x einer N Daten umfassenden Messreihe ist die positive Quadratwurzel der Varianz der Messreihe; also:

$$s_x = \sqrt{s_x^2}. \tag{1.3}$$

In unserem begleitenden Beispiel der Körpergröße ergibt sich für die Standardabweichung:

$$s_x = \sqrt{35{,}75} \approx 5{,}78.$$

Anmerkung 1.2 Viele Leserinnen/Leser mag die Definition der Varianz zunächst irritieren, da sie aus der Schule den Vorfaktor $1/N$ statt den hier angegebenen Faktor $1/(N-1)$ kennen. Der Unterschied wird in dem späteren Abschn. 14.3.2 über statistische Methoden deutlich werden. Ich möchte lediglich darauf hinweisen, dass die Varianz hier entweder als Stichprobenvarianz oder als Varianz der Messreihe eingeführt und bezeichnet wurde. Warum dies so ist und wo somit der Unterschied zu dem (eventuell) in der Schule Gelernten liegt, wird später verständlich werden, und ich muss den Leser/die Leserin bis dahin erst einmal vertrösten.

Beispiel 1.2 (Nach [1, Seite 19 f.].) Bei der Durchführung eines Experiments soll die Genauigkeit und die Präzision einer Pipette überprüft werden. Als Genauigkeit einer Pipette bezeichnet man die Differenz zwischen dem Mittelwert einer Anzahl wiederholter Messungen und dem Nominalwert, also dem Wert, den der Hersteller für die Pipette angegeben hat. Die Präzision einer Pipette gibt an, wie gut die Messwerte übereinstimmen. Der Versuchsaufbau sei der folgende:

Mit einer Kolbenhubpipette (vgl. Abb. 1.6) werden 100 Mikroliter (mit der Einheitsbezeichnung µl) destilliertes Wasser pipettiert und das Gewicht der Probe gemessen. Dieses Vorgehen wird weitere 9 Mal wiederholt. Hierbei erhält man z. B. die in Tab. 1.2 gegebene Messreihe, wobei mit g_j (in mg) das Gewicht der j-ten Probe bezeichnet sei.

Da die Dichte von Wasser bekannt ist und $1\,\mathrm{g/cm^3}$ beträgt, kann aus dem Gewicht einer Probe ihr Volumen berechnet werden. Man erhält dabei die in Tab. 1.3 angegebenen Werte, wobei hier nun v_j (in µl) das Volumen der j-ten Probe be-

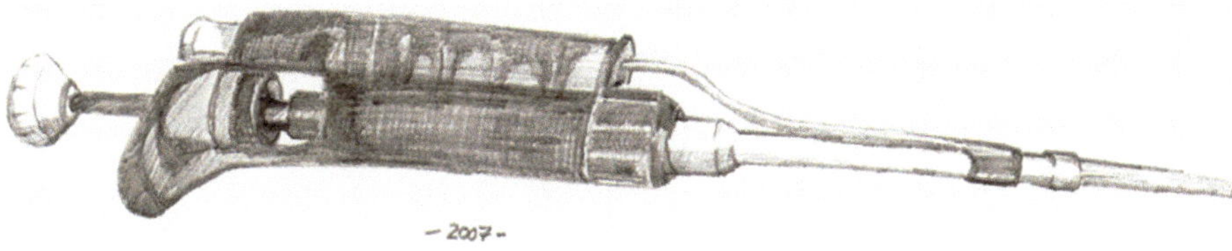

Abb. 1.6 Skizze einer Kolbenhubpipette. Zeichnung: *Dirk Horstmann*

Tab. 1.2 Fiktive Messreihe (Angaben in mg) zur Überprüfung der Genauigkeit und Präzision einer Kolbenhubpipette

j	1	2	3	4	5	6	7	8	9	10
g_j	103,1	100,3	100,1	100,4	97,6	100,3	100,1	100,0	100,0	97,9

Tab. 1.3 Fiktive Messreihe (Angaben in μl) zur Überprüfung der Genauigkeit und Präzision einer Kolbenhubpipette

j	1	2	3	4	5	6	7	8	9	10
v_j	103,1	100,3	100,1	100,4	97,6	100,3	100,1	100,0	100,0	97,9

zeichne. Um die Genauigkeit zu überprüfen, bildet man zuerst den Mittelwert der Messreihe

$$v_M = \frac{1}{N} \sum_{j=1}^{N} v_j = \frac{1}{10} 999{,}8 = 99{,}98.$$

Die Genauigkeit G berechnet sich dann als

$$G = |v_M - v_{\text{nominal}}| = |99{,}98 - 100| = 0{,}02 \, (\mu l),$$

wobei $v_{\text{nominal}} = 100 \, \mu l$ der Nominalwert der Kolbenhubpipette sei. Die relative Genauigkeit, die in Prozent gegeben ist, bestimmt man durch

$$\frac{G}{v_{\text{nominal}}} = \frac{0{,}02}{100} = 0{,}02 \, \%.$$

Als Maß für die Präzision benutzt man die empirische Standardabweichung (bzw. den Variationskoeffizienten). Für die Standardabweichung erhalten wir in diesem Fall

$$s_v = \sqrt{\frac{1}{N-1} \sum_{j=1}^{N} (v_j - v_M)^2} = 1{,}496 \, \mu l.$$

Um die Standardabweichung mit der Größe der Messwerte in Bezug zu bringen, berechnen wir den *Variationskoeffizienten*

$$V = \frac{s_v}{v_M}$$
$$= \frac{1{,}496}{99{,}98}$$
$$\approx 0{,}01496 = 1{,}496 \, \%.$$

Nun soll die Frage beantwortet werden, ob die untersuchte Pipette genau und präzise ist. Die Herstellerrichtlinien für die Pipette schreiben vor, dass die relative

Genauigkeit G/v_{nominal} unter $0{,}8\,\%$ und der Variationskoeffizient V unter $0{,}15\,\%$ liegt. Die hier angestellten Berechnungen implizieren jedoch, dass die untersuchte Pipette zwar genau, jedoch nicht präzise ist. Daher sollte man die Pipette für die Experimente nicht benutzen, sondern an den Hersteller zurückschicken.

Übungsaufgaben

1.1 (Nominale Merkmale) Neben den bereits bekannten Merkmalen, die mithilfe einer metrischen Skala angegeben werden, gibt es auch Merkmale, die sich nicht mithilfe eines Zahlenwertes angeben lassen. Zu diesen Merkmalen gehören die *Nominalmerkmale* z. B. Geschlecht, Beruf, Haarfarbe, Studienrichtung. Um hier gegebenenfalls eine Analyse der verschiedenen Ausprägungen der betrachteten Objekte vornehmen zu können, werden diese als Punkte auf einer Skala angeordnet. Auf diese Weise erhält man eine sogenannte *nominale Skala*. Diese Skalen erlauben lediglich das Abzählen der Objekte einer bestimmte Merkmalsausprägung. Der Ausprägung, die die größte Häufigkeit besitzt, kommt hierbei eine besondere Rolle zu. Man nennt sie *Modalwert* oder den *Modus* der zugrunde liegenden Messreihe.

Bei der Frage nach der natürlichen Haarfarbe von 10.000 untersuchten Personen erhielt man die nachfolgenden Häufigkeiten der unterschiedlichen Haarfarben. 5423 Personen besaßen die Haarfarbe „braun", 325 die Haarfarbe „rot", 2540 die Haarfarbe „schwarz" und 1712 Personen hatten die Haarfarbe „blond".

Geben Sie den Modalwert des Ergebnisses dieser Untersuchung an.

1.2 (Ordinale Merkmale) Merkmale, die neben einer nominellen Unterscheidung auch noch eine (nach irgendeinem Kriterium vorzunehmende) Ordnung zulassen, bezeichnet man als ordinale Merkmale. Die jeweiligen Ausprägungen eines derartigen Merkmals bilden eine ordinale Skala. Dieser Skalentyp liefert uns mehr Informationen, als wir von einer rein nominalen Skala ablesen können.

Die Attraktivität der Vorlesung „Mathematik für Studierende der Biologie" wurde von 125 Studierenden subjektiv mit sieben vorgegebenen Rangwerten, nämlich -3 („ich kenne nichts Schlimmeres"), -2 („gefällt mir gar nicht"), -1 („gefällt mir nicht"), 0 („habe keine Meinung dazu"), $+1$ („gefällt mir"), $+2$ („gefällt mir sehr gut"), $+3$ („es gibt nichts Schöneres") beurteilt. Dabei wählten fünf Studierende die Beurteilung „ich kenne nichts Schlimmeres", 20 die Beurteilung „gefällt mir gar nicht" und 40 die Beurteilung „gefällt mir nicht" aus. 20 Studierende hatten keine Meinung, während 30 das Urteil „gefällt mir gut" und zehn die Beurteilung „gefällt mir sehr gut" wählten. Die Beurteilung „ich kenne nichts Schöneres" wurde von keinem Studierenden ausgewählt.

Was kann man somit über die Attraktivität der Vorlesung aussagen? Diskutieren Sie, welcher Mittelwertsbegriff in einem solchen Fall sinnvoller ist. Das arithmetische Mittel oder der Median?

Tab. 1.4 Altersangaben der Studierenden des Faches Biologie an der Universität zu Köln im Wintersemester 2003/2004

Alter in Jahren	Anzahl Studentinnen	Anzahl Studenten
18	1	0
19	34	1
20	22	15
21	17	14
22	8	13
23	2	3
24	2	1
25	3	1
26	1	2
28	1	0
29	0	1
30	0	1
31	1	0
41	0	1

1.3 Bei einer Befragung von 92 weiblichen und 53 männlichen Studierenden des Studienfachs Biologie wurden die in Tab. 1.4 zusammengefassten Angaben bzgl. des Alters der Studierenden gemacht.

1. Stellen Sie die Daten aus Tab. 1.4 grafisch dar. Erstellen Sie hierfür
   a. ein Säulendiagramm für das Alter der weiblichen Studierenden bzgl. der absoluten Häufigkeit,
   b. ein Flächendiagramm für das Alter der männlichen Studierenden bzgl. der relativen Häufigkeit,
   c. einen Boxplot, der Auskunft über das Alter aller Befragten gibt.
2. Was ist das durchschnittliche Alter der weiblichen und was das Durchschnittsalter der männlichen Befragten?

1.4 (Das geometrische Mittel) Zur Bestimmung eines Mittelwerts bei relativen Änderungen eines Merkmals wird in der Regel das geometrische Mittel x_G verwendet. Das *geometrische Mittel* x_G ist die N-te Wurzel des Produkts aus allen vorliegenden N Messdaten, d. h.:

$$x_G = \sqrt[N]{x_1 \cdot x_2 \cdot \ldots \cdot x_{N-1} \cdot x_N}.$$

Auch hier gibt es für das Produkt unter der Wurzel eine andere in der Mathematik übliche Notation. Man schreibt:

$$x_G = \sqrt[N]{\prod_{i=1}^{N} x_i}.$$

Im Allgemeinen gilt, dass das arithmetische Mittel nicht gleich dem geometrischen Mittel ein und derselben Messdaten ist, vielmehr gilt:

$$x_M \geq x_G.$$

Eine Universität verzeichnet in drei aufeinanderfolgenden Jahren Zuwachsraten der Studierendenzahl von 2 %, 4 % und 7 %. Im vierten Jahr nimmt die Anzahl um 1 % und im fünften Jahr um 2 % ab, danach bleibt sie konstant. Bestimmen Sie die mittlere Zuwachsrate. Um wie viel Prozent ist die Studierendenzahl durchschnittlich gestiegen?

1.5 Das Weihnachtsgeld von sieben Mitarbeitern einer Abteilung wurde nach der von ihnen erbrachten Leistung gezahlt. Alle Mitarbeiter haben ein monatliches Einkommen von 2000 Euro. Das Weihnachtsgeld betrug bei zwei Mitarbeitern 57 %, bei einem 32 %, bei dreien 60 % und bei dem letzten 20 % des mtl. Einkommens. Bestimmen Sie den arithmetischen Mittelwert und den Median des Weihnachtsgeldes.

1.6 Erwachsene Ridley's Streifenkletternattern (*Elaphe taeniura ridley*, siehe Abb. 1.7) werden (den Angaben in der Literatur entsprechend) bis zu 250 cm lang.

Bei 15 erwachsenen Schlangen wurden nun die folgenden Längen (in cm) beobachtet:

223, 234, 217, 228, 220, 235, 209, 217, 207, 233, 254, 260, 225, 224, 231.

1. Was ergibt sich für diese Messreihe als durchschnittliche Länge einer Ridley's Streifenkletternatter?
2. Stellen Sie die Messreihe mittels eines Boxplots dar.

Abb. 1.7 Eine Ridley's Streifenkletternatter (*Elaphe taeniura ridley*). Foto: *Dirk Horstmann*

Literatur

1. Neuss-Radu M.: Mathematik für Biologen 1. Skript zur Vorlesung an der Universität Heidelberg, WS 2004/05. Universität Heidelberg (2004/2005)

2

Dieses Kapitel dient zur kurzen Zusammenfassung von Rechenregeln und Notationen, die bereits aus der Schule bekannt sein sollten. Des Weiteren werden wir mit mathematischen Schreibweisen vertraut gemacht, die vielleicht noch nicht allen vollständig bekannt sind.

2.1 Welche Zahlen sind aus der Schule bekannt?

In der Schule haben alle die nachfolgenden Zahlen kennengelernt:

1. Die natürlichen Zahlen $= \{1, 2, 3, \ldots\}$, die wir mit dem Symbol $\mathbb{N}$ bezeichnen werden. Es gibt in der Mathematik einen „Gelehrtenstreit", ob die Zahl Null eine natürliche Zahl ist oder ob sie es nicht ist. Wir wollen hier nichts zu diesem Thema beitragen, werden aber zwischen den natürlichen Zahlen $\mathbb{N}$ und den natürlichen Zahlen einschließlich der Null unterscheiden, die wir mit dem Symbol $\mathbb{N}_0$ notieren.
2. Die Menge der ganzen Zahlen $= \{0, \pm 1, \pm 2, \pm 3, \ldots\}$, die wir mit dem Symbol $\mathbb{Z}$ darstellen.
3. Die Menge der rationalen Zahlen, d. h. die Menge aller als Bruch darstellbaren Zahlen, die wir mit $\mathbb{Q}$ darstellen.
4. Die Menge der reellen Zahlen, also die Menge, die neben den Zahlen, die sich als Bruch darstellen lassen, auch jene Zahlen enthält, für die dies nicht möglich ist, wie z. B. die Kreiszahl π oder $\sqrt{2}$. Für sie werden wir das Symbol $\mathbb{R}$ verwenden.

Exkurs 2.1

Wenn man bedenkt, wie wichtig in der heutigen digitalen Welt die Null ist, so kann man sich schon darüber wundern, dass die Menschen zunächst durchaus ohne sie ausgekommen sind. Wenn man sich nämlich auf das reine Zählen beschränkt oder lediglich die Addition und die Subtraktion zulässt, so kommt man zunächst auch ohne die Null recht weit. Man denke nur an die in Gast-

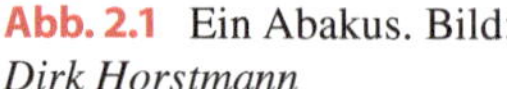

Abb. 2.1 Ein Abakus. Bild:
Dirk Horstmann

stätten übliche Abrechnungsmethode mit „Deckeln", bei denen die Getränke
anhand von Strichlisten und „Fünferblöcken" gezählt werden, oder das Rechnen mit einfachen „Rechenmaschinen" wie zum Beispiel einem Abakus (siehe
Abb. 2.1). Auch die Römer kamen mit ihren Zahlensystem ganz ohne die Null
aus. Wann der Mensch begonnen hat, Dinge in seiner Umwelt zu zählen und sich
mit Rechenoperationen zu befassen, ist noch immer nicht abschließend geklärt.
Die „Strichliste" als Zählmethode ist jedoch bereits sehr alt. Archäologische
Funde, die als die frühesten Belege für das menschliche Rechnen angesehen
werden, sind Knochen, die als Kerbstöcke dienten. Mithilfe von Kerbhölzern
wurden z. B. früher auch Schulden „notiert" (ohne hierbei auf die Menge der
ganzen Zahlen zurückgreifen zu müssen), und in Kneipen werden die getrunkenen bzw. bestellten Getränke oft mit Strichen auf Bierdeckeln festgehalten.
(Auch im „Wilden Westen" wurde diese Methode von Revolverhelden angewendet, die – wenn man manchem Hollywood-Western Glauben schenken darf
– ihre erfolgreichen Revolverduelle mit einer Kerbe in ihrem Revolvergriff festhielten bzw. zählten.) Der älteste bekannte (Zähl-)Kerbstock ist ein im südlichen
Afrika gefundenes Wadenbein eines Affens. Das allgemeine „Schreiben" und
die schriftliche Verwendung von Zahlen stammen aus dem Gebiet zwischen Euphrat und Tigris, das heute geografisch betrachtet in Südost-Anatolien (Türkei),
in Syrien und im Irak liegt. Wie eingangs bereits erwähnt, ist das „Konzept" der
Null ein fundamentaler Bestandteil unseres heutigen Umgangs mit Zahlen und
Zahlsystemen. Viele mathematische Theorien fordern sogar die Existenz einer
Null, um andere Begriffe und Sachverhalte axiomatisch sinnvoll einführen und
erklären zu können. Das Zahlensymbol 0 ist heute für uns genauso selbstverständlich wie alle übrigen neun Ziffern auch, und wir gehen mit ihm genauso
unbedarft um. Allerdings war dies nicht immer so, und es dauerte seine Zeit, bis
die Null beim Rechnen mit Zahlen ihren heutigen Platz fand. Es dauerte immerhin bis ins Jahr 130 n. Chr., als Ptolemäus das auf der 60 basierende sumerische
Zahlensystem erweiterte und dieses um den Buchstaben „Omikron" als eine Null
ergänzte.

Die uns bekannte Null, so wie wir sie in unserem Alltag verwenden, hat ihren Ursprung in Indien. Die Gründe für ihre „Einführung" erinnern ein wenig an eine ihrer heutzutage wichtigsten Rollen im Zusammenhang mit Computern und dem Binärcode von Programmen. Die indischen Mathematiker standen im 7. Jahrhundert nämlich vor dem konkreten Problem, ein Verwechseln von Zahlen, bei denen Ziffern häufiger als einmal vorkamen, verhindern zu wollen. Sie wollten also ausschließen, dass man zum Beispiel die Zahl 44 mit der Zahl 404 oder der Zahl 440 verwechselt. (Ein Problem vor dem die Römer mit ihrem Zahlensystem nicht standen, da dort die 44 als XLIV geschrieben wird, 404 dem Ausdruck CDIV entspricht und die Zahl 440 durch CDXL gegeben ist.) Zur Lösung dieses (in ihrem Zahlensystem) gegebenen Problems behalfen sie sich mit einem Wort, das das Fehlen einer Ziffer anzeigte. Die Darstellung dieses Wortes erfolgte durch einen Punkt, aus dem sich dann nach und nach ein einheitliches Symbol für die uns bekannte Null entstand. Auch das Rechnen mit dieser neuen Zahl wurde von den Indern behandelt. So untersuchte der Hindu-Mathematiker Brahmagupta um 676 n. Chr. die Rechenoperationen, an denen die Null beteiligt sein kann. Auch für uns stellt die Division durch null heute noch eine besondere Schwierigkeit dar. Brahmagupta behauptete (wie wir heute jedoch wissen irrtümlicherweise), dass null geteilt durch null wieder null ergibt (für einen korrekten Antwortansatz auf diese Frage siehe hierzu auch Abschn. 9.2) und ließ Brüche, in denen null im Zähler oder Nenner vorkamen, stehen, ohne eine Antwort auf diese Rechenaufgaben zu geben. Es dauerte einige Zeit, bis schließlich ca. 200 Jahre später sich der jainistische Mathematiker Mahavira an diese Frage herantraute und behauptete, dass eine Zahl unverändert bliebe, wenn man sie durch null teilt. Wie wir heute wissen, lag er mit dieser Behauptung ebenso falsch wie Brahmagupta mit seiner Behauptung über den Wert des Bruchs $0/0$. Mahavira stellte jedoch korrekterweise fest, dass die Quadratwurzel aus null ebenfalls wieder die Null ist. Dem im 12. Jahrhundert lebenden indische Mathematiker Bhaskara wird ein Zitat zugeschrieben, dem der Wert entnommen werden kann, den man bei der Division einer beliebigen Zahl durch null erhält. Demnach soll Bhaskara über das Ergebnis einer derartigen Division gesagt haben, dass es lediglich mit der „unendlichen Größe" des Gottes Vishnu verglichen werden könne. (Siehe hierzu auch [17, Seite 10, „Die Ursprünge des Rechnens", und Seite 34, „Die Null"].)

Es scheint also, als habe der deutsche Mathematiker Leopold Kronecker (7.12.1823–29.12.1891) mit seinem Ausspruch durchaus recht (vgl. [15, Seite 72]):

Die natürlichen Zahlen hat der liebe Gott gemacht, alles Übrige ist Menschenwerk.

Offensichtlich lassen sich die eingeführten Zahlenmengen mithilfe von sogenannten *Teilmengenrelationen* in einen Zusammenhang bringen. Wenn eine Menge eine Teilmenge einer anderen Menge ist, so wird dies mit dem Zeichen $\subset$ symbolisiert. Dafür, dass die Menge der natürlichen Zahlen in der Menge der ganzen Zahlen enthalten ist, also eine Teilmenge der Menge der ganzen Zahlen darstellt, schreiben wir somit kurz

$$\mathbb{N} \subset \mathbb{Z}.$$

Hierbei schließt das verwendete Teilmengenzeichen nicht ausdrücklich aus, dass die Mengen die gleichen sein dürfen, d. h., es gilt auch

$$\mathbb{Z} \subset \mathbb{Z}.$$

Offensichtlich gilt für die hier angegebenen Zahlen das Nachfolgende:

$$\mathbb{N} \subset \mathbb{N}_0 \subset \mathbb{Z} \subset \mathbb{Q} \subset \mathbb{R}.$$

Viele werden über das Wort „offensichtlich" in dem vorangegangenen Satz stolpern. Das Wort „offensichtlich" benutzt der Mathematiker gerne, wenn die von ihm getroffene Aussage leicht zu beweisen ist und er den Beweis aus irgendwelchen Gründen nicht geben will. Hier wollen wir aber kurz auf diesen „offensichtlichen Sachverhalt" eingehen und ihn erklären.

Wie wir gesehen haben, ist die Menge der ganzen Zahlen größer als die Menge der natürlichen Zahlen einschließlich der Null. Wenn wir also aus der Menge der ganzen Zahlen die Menge der natürlichen Zahlen einschließlich der Null herausnehmen würden, blieben die negativen Zahlen übrig. Mithilfe mathematischer Symbole geschrieben entspräche dies:

$$\mathbb{Z} \setminus \mathbb{N} \neq \emptyset,$$

wobei $\emptyset$ die sogenannte leere Menge darstellt, die Menge also, die kein Element enthält. Auch die Behauptung

$$\mathbb{Q} \setminus \mathbb{Z} \neq \emptyset$$

ist leicht einzusehen, da es ja z. B. den Wert 0,75, also die rationale Zahl 3/4 gibt, die keine ganze Zahl ist. Die Behauptung jedoch, dass die reellen Zahlen größer sind als die Menge der rationalen Zahlen, ist nicht für jeden so leicht einsichtig.

2.1.1 Das Prinzip eines Widerspruchsbeweises

Wir behaupten also, dass $\mathbb{R} \setminus \mathbb{Q} \neq \emptyset$ ist, d. h., dass es reelle Zahlen gibt, die sich nicht als Bruch schreiben lassen. Wir formulieren eine konkrete Behauptung hierzu.

Behauptung 2.1 *Die Wurzel aus 2 ist ein Element der reellen Zahlen, aber die Wurzel aus 2 ist kein Element der rationalen Zahlen. In Formelschreibweise:* $\sqrt{2} \in \mathbb{R}$ *aber* $\sqrt{2} \notin \mathbb{Q}$.

In der Mathematik unterscheidet man zwischen einem sogenannten *direkten Beweis* und einem sogenannten *indirekten Beweis* bzw. einem Widerspruchsbeweis.

Bevor wir nun Behauptung 2.1 mittels eines Widerspruchbeweises zeigen werden, gehen wir zunächst auf die Grundprinzipien dieser beiden Beweismethoden ein, indem wir zwei Hilfsaussagen zeigen werden. Hierbei zeigen wir zunächst eine Behauptung mittels eines direkten Beweises und anschließend eine Aussage, bei der wir einen indirekten Beweis führen werden. Schauen wir uns also zunächst die nachfolgende Behauptung an:

Behauptung 2.2 *Das Quadrat einer ungeraden natürlichen Zahl n ist stets ungerade. (Somit gilt auch, dass das Quadrat einer geraden natürlichen Zahl wieder eine gerade Zahl ist.)*

Es sei also n eine ungerade natürliche Zahl. Dann ist n darstellbar als Summe einer geraden Zahl und der 1, d. h.:

$$n = 2k + 1,$$

wobei k eine natürliche Zahl oder Null ist. Hieraus folgt jedoch, dass

$$\begin{aligned}
n^2 &= (2k + 1)^2 \\
&= 4k^2 + 4k + 1 \\
&= 2 \cdot (2k^2 + 2k) + 1.
\end{aligned}$$

Somit ist also auch n^2 eine ungerade Zahl.

Feststellung 2.1
Da wir hier aus einer wahren Aussage durch eine mathematisch in sich schlüssige und fehlerfreie Argumentation die Behauptung folgern konnten, die Behauptung also direkt aus einer Folge von wahren Aussagen geschlossen wurde, nennt man eine derartige Beweisführung einen direkten Beweis.

Betrachten wir nun die nachfolgende Aussage:

Behauptung 2.3 *Ist die Wurzel aus einer geraden natürlichen Zahl n eine natürliche Zahl, so ist diese gerade.*

Es sei also vorausgesetzt, dass n eine gerade natürliche Zahl ist. Wir nehmen nun einmal das Gegenteil zu der gemachten Aussage an. Wir gehen somit davon aus, dass die Wurzel aus einer geraden natürlichen Zahl eine ungerade natürliche Zahl ist. Sei also

$$k = \sqrt{n} \quad \text{ungerade.}$$

Abb. 2.2 Darstellung einer
Strecke mit der Länge $\sqrt{2}$

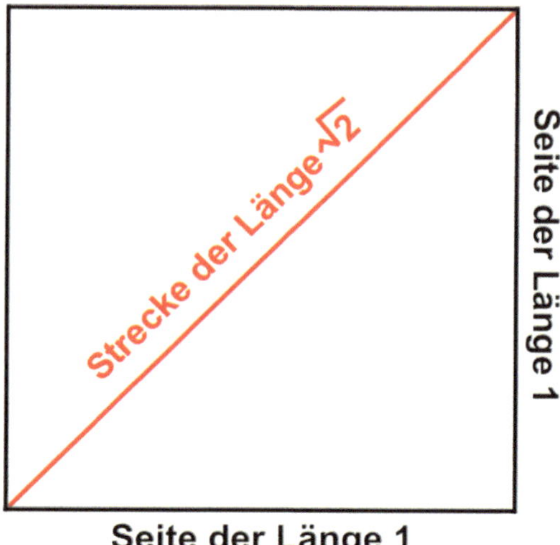

Nach der eben mittels eines direkten Beweises gezeigten Aussage aus Behauptung 2.2 ist dann die Zahl $k^2 = n$ auch ungerade. Dies ist jedoch ein Widerspruch unserer Voraussetzung, dass n gerade ist. Daher muss also die von uns gemachte Annahme, dass k eine ungerade Zahl ist, falsch gewesen sein und somit $\sqrt{n}$ eine gerade Zahl sein.

Feststellung 2.2
Wenn also eine gemachte Behauptung mit mathematisch in sich schlüssigen und fehlerfreien Schlussfolgerungen auf einen Widerspruch zu einer zweifelsfrei wahren Aussage führt, dann kann die gemachte Behauptung nicht korrekt gewesen sein und die zu der Behauptung gegenteilige Aussage muss gelten. Dies wird als indirekter Beweis bzw. Widerspruchsbeweis bezeichnet.

Die Behauptung 2.1 lässt sich mithilfe eines eben solchen *Widerspruchsbeweises* belegen. Hierfür nehmen wir an, dass die zur Behauptung gegenteilige Aussage richtig ist. Wir nehmen also in diesem Fall an, dass die Wurzel aus 2 eine rationale Zahl ist und sich somit als ein Bruch darstellen lässt. D. h., dass es eine ganze Zahl p und eine ganze Zahl q gibt, die die folgenden Eigenschaften besitzen:

1. $p \in \mathbb{Z}$ und $q \in \mathbb{Z}$ sind teilerfremd, d. h. es gibt keine derartigen ganzen Zahlen r, n und m, so dass $p = n \cdot r$ und $q = m \cdot r$ mit $r \neq \pm 1$ gilt.
2. Die Wurzel aus 2 ist gleich dem Quotienten aus diesen beiden Zahlen p und q, d. h.

$$\sqrt{2} = \frac{p}{q},$$

wobei der Bruch auf der rechten Seite dieser Gleichung aufgrund der ersten Eigenschaft von p und q so weit wie möglich gekürzt ist.

Anmerkung 2.1 Dass die Zahl $\sqrt{2}$ tatsächlich auch existiert (schließlich kann man ihren „Wert" in der realen Welt ja auch sehen, wie die Skizze in Abb. 2.2 veranschaulicht), zeigen wir mithilfe des aus der Schule bekannten „Satz des Pythagoras". Für die Länge x der Diagonalen eines Quadrats mit der Seitenlänge 1 gilt nach diesem Satz:

$$x^2 = 1^2 + 1^2$$
$$= 2.$$

Wir können für die Länge x also das „Symbol" $\sqrt{2}$ verwenden.

Wenn wir die Wurzel aus 2 quadrieren (also beide Seiten mit sich selbst noch einmal multiplizieren), so ergibt sich die Gleichung

$$2 = \frac{p^2}{q^2},$$

woraus

$$2 \cdot q^2 = p^2$$

folgt, d. h., p^2 ist eine gerade Zahl. Somit ist aber auch p bereits schon eine gerade Zahl, da das Quadrat einer ungeraden Zahl eine ungerade Zahl ist (wie wir ja in Behauptung 2.3 gesehen haben), und wir können p mithilfe einer anderen ganzen Zahl p' als $2 \cdot p'$ schreiben, d. h.

$$p = 2 \cdot p'.$$

Somit gilt also, dass

$$2 = \frac{4 \cdot (p')^2}{q^2}$$

ist, woraus nach Multiplikation mit q^2 die Gleichung

$$q^2 = 2 \cdot (p')^2$$

folgt. Somit ist auch q eine gerade Zahl. Dies ist aber nicht möglich, da wir angenommen hatten, dass p und q teilerfremd sind. Zwei gerade Zahlen sind jedoch nie teilerfremd, womit wir zu einem Widerspruch gelangt sind. Also kann unsere Annahme, dass die Wurzel aus 2 eine rationale Zahl ist, nicht richtig gewesen sein und somit muss $\sqrt{2} \notin \mathbb{Q}$ gelten.

Feststellung 2.3
Die Wurzel aus 2 gehört nicht zu der Menge der rationalen Zahlen.

2.1.2 Weitere Bezeichnungen und Notationen

Um Größenverhältnisse von Zahlen darzustellen, verwendet man die folgenden Zeichen:

1. Das Symbol „$\geq$" bedeutet „größer als oder gleich groß wie".
2. Das Symbol „$>$" bedeutet „echt größer als".
3. Das Symbol „$\leq$" bedeutet „kleiner als oder gleich groß wie".
4. Das Symbol „$<$" bedeutet „echt kleiner als".

D. h., $a < b$ schreibt man, wenn die Zahl a echt kleiner als die Zahl b ist, wobei $a \geq b$ geschrieben wird, wenn die Zahl a größer oder genauso groß sein kann wie die Zahl b.

Die Menge aller Zahlen, die echt größer als die Zahl a sind, aber die gleichzeitig auch echt kleiner als eine Zahl b sind, wird mit

$$(a, b) \quad \text{oder mit } \{x \in \mathbb{R} \mid a < x < b\}$$

angegeben. Hierbei ist $\{x \in \mathbb{R} \mid a < x < b\}$ wie folgt zu lesen. Es ist die Menge aller reellen Zahlen x, für die gilt, dass sie echt größer a und echt kleiner b sind. Des Weiteren hat man

1. die Menge aller reellen Zahlen x, die echt größer als die Zahl a, aber kleiner oder gleich der Zahl b sind, d. h.

$$(a, b] \quad \text{oder mit } \{x \in \mathbb{R} \mid a < x \leq b\}.$$

2. die Menge aller reellen Zahlen x, die größer oder genauso groß sind wie die Zahl a, aber echt kleiner sind als die Zahl b, d. h.

$$[a, b) \quad \text{oder mit } \{x \in \mathbb{R} \mid a \leq x < b\}.$$

3. die Menge aller reellen Zahlen x, die größer als oder genauso groß wie die Zahl a sind, die aber gleichzeitig kleiner als oder gleich der Zahl b sind, d. h.

$$[a, b] \quad \text{oder mit } \{x \in \mathbb{R} \mid a \leq x \leq b\}.$$

Man bezeichnet diese Mengen auch als Intervalle, wobei (a, b) das offene Intervall zwischen a und b bezeichnet; $[a, b)$ das rechts halboffene und $(a, b]$ das links halboffene Intervall zwischen a und b beschreibt; und $[a, b]$ als das abgeschlossene Intervall von a bis b bezeichnet wird. Die Zahl

$$m = \frac{a + b}{2} \quad \text{ist die „Intervall-Mitte"}$$

und

$$d = b - a \quad \text{ist die „Intervall-Länge"},$$

sofern $b \geq a$ gilt.

Den Betrag einer Zahl a stellt man mit dem Symbol $|a|$ dar. Hierbei gilt, dass der Betrag von a immer nichtnegativ ist und wie folgt definiert wird:

$$|a| = a, \quad \text{falls } a \geq 0$$

und

$$|a| = -a, \quad \text{falls } a \leq 0.$$

Also ist der Betrag der Zahl -4 gleich 4. Kürzer schreibt man eine solche Definition auch wie folgt:

$$|a| := \begin{cases} a, & \text{falls } a \geq 0, \\ -a, & \text{falls } a \leq 0. \end{cases}$$

2.1.3 Weitere Regeln für das Rechnen mit reellen Zahlen

Aus der Schule sind uns auch noch andere Regeln für das Rechnen mit reellen Zahlen bekannt, die wir hier noch kurz zur Komplettierung ergänzen wollen, wenngleich wir sie teilweise schon als bekannt vorausgesetzt und verwendet haben.

Es seien a, b und c drei beliebige reelle Zahlen. Dann gelten:

1. Das Assoziativgesetz: $a \cdot (b \cdot c) = (a \cdot b) \cdot c$ sowie $a + (b + c) = (a + b) + c$.
2. Das Kommutativgesetz: $a + b = b + a$ sowie $a \cdot b = b \cdot a$.
3. Das Distributivgesetz: $a \cdot (b + c) = a \cdot b + a \cdot c$.

2.2 Potenzen, Binomial-Koeffizienten und der „Binomische Lehrsatz"

Ebenfalls sollten auch die grundlegenden Rechenregeln für das Rechnen mit Potenzen aus der Schule bekannt sein. Wir werden sie aber hier dennoch kurz wiederholen.

Wir bezeichnen nun im Nachfolgenden mit a und b zwei beliebige reelle Zahlen und mit n und m zwei beliebige natürliche Zahlen. Wir führen für $a \neq 0$ folgende Notationen ein:

$$a^n := \underbrace{a \cdot \ldots \cdot a}_{n\text{-mal}}$$

$$a^{-n} := \underbrace{\frac{1}{a} \cdot \ldots \cdot \frac{1}{a}}_{n\text{-mal}}$$

$$a^{1/n} := \sqrt[n]{a}.$$

Somit sehen wir, dass

$$a^{m/n} = \sqrt[n]{a^m}$$
$$= \left(\sqrt[n]{a}\right)^m$$

ist. In dem Spezialfall $m = n = 2$ gilt die Gleichung

$$a^{2/2} = \sqrt[2]{a^2}$$
$$= \sqrt{a^2}$$
$$= |a|.$$

Außerdem setzt man für alle reellen Zahlen a

$$a^0 := 1.$$

Insbesondere ist somit

$$0^0 := 1.$$

Aus den oben angegebenen Notationen folgen nun für $a \neq 0$ und $b \neq 0$ leicht die aus der Schule bekannten Potenzgesetze:

$$a^n \cdot a^m = a^{n+m},$$
$$\frac{a^n}{a^m} = a^{n-m},$$
$$a^n \cdot b^n = (a \cdot b)^n,$$
$$\frac{a^n}{b^n} = \left(\frac{a}{b}\right)^n,$$
$$(a^n)^m = a^{n \cdot m}.$$

Anmerkung 2.2 Tatsächlich gelten diese Regeln nicht nur für alle $n, m \in \mathbb{N}$, sondern sie gelten, wenn $a > 0$ ist, auch für $n, m \in \mathbb{R}$. Dass dies wirklich so ist, werden wir in einem späteren Kapitel noch genauer sehen.

Anmerkung 2.3 Das Rechnen mit Potenzen ist natürlich von besonderer Wichtigkeit im Zusammenhang mit dem Umrechnen von Maßeinheiten. Wir wollen nun kurz die Basiseinheiten und Abkürzungen des seit 1960 übernommenen SI-Systems (Système Internationale d'Unités) definieren (siehe auch [3, Seite 25 ff.] und [2, Seite 19]).

1. Eine Sekunde (Abkürzung = **s**) ist das 9.192.631.770-Fache der Periodendauer der dem Übergang zwischen den beiden Hyperfeinstrukturniveaus des Grundzustandes eines Cäsium-133-Atoms entsprechenden Strahlung.
2. Ein Meter (Abkürzung = **m**) ist die Distanz, die das Licht in einem Bruchteil von 1/299.792.458 einer Sekunde durchläuft.

3. Ein Mol (Abkürzung = **mol**) ist die Stoffmenge eines Systems, das aus ebenso vielen Einzelteilchen besteht, wie es Kohlenstoffatome in 0,012 kg Kohlenstoff-12 gibt.

4. Ein Ampere (Abkürzung = **A**) ist der Strom, der eine festgelegte Kraft zwischen zwei parallelen Drähten im Vakuum erzeugt, die einen Abstand von 1 m haben.

5. Eine Candela (Abkürzung = **cd**) ist die Lichtstärke einer Strahlungsquelle mit der festgelegten Frequenz von 540×10^{12} Hertz, die eine Leistung von 1/683 Watt in eine gegebene Richtung abgibt.

6. Ein Kilogramm (Abkürzung = **kg**) ist die Masse eines internationalen Prototypen in der Form eines Platin-Iridium-Zylinders, der in Paris aufbewahrt wird.

7. Ein Kelvin (Abkürzung = **K** (nicht °K)) ist der 273,16te Teil der thermodynamischen Temperatur des Tripelpunktes von Wasser.

Durch Produkt- und Quotientenbildungen lassen sich aus diesem kohärenten Einheitensystem weitere SI-Einheiten ableiten, wie z. B.:

1. Die Frequenz mit der Einheit ein Hertz (Abkürzung = **Hz**), die definiert ist als die Anzahl der Schwingungen mal s^{-1}.
2. Die Fläche, die in m^2 angegeben wird.
3. Das Volumen, dessen Einheit m^3 ist.
4. Die Geschwindigkeit, die in m s^{-1} gemessen wird.
5. Die Beschleunigung, die in m s^{-2} angegeben wird.
6. Die Dichte mit der Einheit kg m^{-3}.
7. Die Kraft, deren Maßeinheit in Newton gemessen wird, wobei 1 Newton (Abkürzung **N**) $= 1 \text{ kg m s}^{-2}$ entspricht.
8. Die Viskosität wird in Pascal (Abkürzung = **Pa**) angegeben, wobei

$$1 \text{ kg m}^{-1} \text{ s}^{-2} = 1 \text{ Pa}$$

entspricht.

Die Vorsilben des SI-Systems sind in der Tab. 2.1 zusammengefasst.

2.2.1 Binomische Formeln

Neben den Potenzgesetzen sollten der Leserin/dem Leser auch die sogenannten Binomischen Formeln aus der Schule bekannt sein.

Es seien a und b zwei beliebige reelle Zahlen, dann gelten die nachfolgenden Formeln:

$$(a + b)^2 = (a + b) \cdot (a + b) = a^2 + 2 \cdot a \cdot b + b^2 \qquad (2.1)$$

$$(a - b)^2 = (a - b) \cdot (a - b) = a^2 - 2 \cdot a \cdot b + b^2 \qquad (2.2)$$

$$(a + b) \cdot (a - b) = a^2 - b^2. \qquad (2.3)$$

Tab. 2.1 SI-Vorsilben (siehe auch [3, Seite 28] und [2, Seite 16])

Vorsatz	Symbol	Größe	Zehnerpotenz
Yotta	Y	1.000.000.000.000.000.000.000.000	10^{24}
Zetta	Z	1.000.000.000.000.000.000.000	10^{21}
Exa	E	1.000.000.000.000.000.000	10^{18}
Peta	P	1.000.000.000.000.000	10^{15}
Tera	T	1.000.000.000.000	10^{12}
Giga	G	1.000.000.000	10^{9}
Mega	M	1.000.000	10^{6}
Kilo	k	1000	10^{3}
Hekto	h	100	10^{2}
Deka	da	10	10^{1}
		1	10^{0}
Dezi	d	0,1	10^{-1}
Zenti	c	0,01	10^{-2}
Milli	m	0,001	10^{-3}
Mikro	μ	0,000001	10^{-6}
Nano	n	0,000000001	10^{-9}
Piko	p	0,000000000001	10^{-12}
Femto	f	0,000000000000001	10^{-15}
Atto	a	0,000000000000000001	10^{-18}
Zepto	z	0,000000000000000000001	10^{-21}
Yokto	y	0,000000000000000000000001	10^{-24}

Von der Gültigkeit dieser Gleichungen kann man sich durch das Anwenden des Distributiv- und des Kommutativgesetze schnell selbst überzeugen.

2.2.2 Das Hardy-Weinberg'sche Gleichgewicht

Als Anwendung der oben eingeführten Rechengesetze und -regeln (insbesondere der Potenzregeln und der binomischen Formel) wollen wir uns nun dem *Hardy-Weinberg'schen Gleichgewicht* zuwenden.

Phenylketonurie ist eine autosomal-rezessiv erbliche Stoffwechselkrankheit. Die Mutation, die diese Krankheit verursacht, tritt in der Bundesrepublik Deutschland mit einer Häufigkeit von 1:10.000 auf (vgl. [4, 8] und [12, Seite 1295 f.]). Um jedoch die Wahrscheinlichkeit der Vererbung dieses Merkmals bestimmen zu können, muss man die Häufigkeit der entsprechenden Gene kennen. Dies ist eine Frage, der in der Populationsgenetik nachgegangen wird.

In der Genetik ist es also nicht nur von Interesse zu wissen, wie die Vererbung von Genen bei der Nachkommenschaft von bestimmten Eltern aussieht, sondern man interessiert sich vielmehr auch für die Verteilung der Erbanlagen in der Nachkommenschaft ganzer Populationen. Die Population umfasst alle artgleichen Individuen eines Gebiets, die sich beliebig miteinander paaren können. Der *Genpool* dieser Population bildet den Gesamtbestand der in einer Population vorhandenen Gene (aller Allele), und die Häufigkeit eines Gens wird als *Genfrequenz* in der Population bezeichnet.

Man sagt, dass für eine Population bezüglich eines Genorts mit den Allelen A_1 und A_2 das *Hardy-Weinberg'schen Gleichgewicht* erfüllt ist, wenn für die (relativen) Häufigkeiten p und q der Allele A_1 und A_2 (mit $0 \leq p \leq 1$ und $0 \leq q \leq 1$) und für die Häufigkeiten D, H und R der Genotypen $A_1 A_1$, $A_1 A_2$ bzw. $A_2 A_2$ die Gleichungen

$$D = p^2, \quad H = 2 \cdot p \cdot q, \quad R = q^2 \tag{2.4}$$

und insbesondere

$$D + H + R = 1$$

gelten.

Behauptung 2.4 *Eine Population befindet sich genau dann im Hardy-Weinberg'sche Gleichgewicht, wenn für die Häufigkeiten H, D und R die Gleichung*

$$H^2 = 4DR \tag{2.5}$$

gilt.

Wie kann man nun zeigen, dass (2.5), mit der man bei ihrer Gültigkeit überprüfen kann, ob eine Population tatsächlich im Hardy-Weinberg'schen Gleichgewicht ist, wirklich richtig ist? Wir rechnen die Ausdrücke einfach nach. Wegen der Gleichungen in (2.4) gilt also:

$$(2 \cdot p \cdot q)^2 = 4 \cdot p^2 \cdot q^2 = 4 \cdot D \cdot R = H^2.$$

Jetzt machen wir von der Tatsache Gebrauch, dass die Summe aller Genotypen 100 % der Population entspricht. Das bedeutet in unserem Fall, dass

$$D + H + R = 1$$

ist. Hiermit sehen wir aber, dass

$$p^2 = D = D \cdot 1 = D \cdot (D + H + R) = D^2 + D \cdot H + D \cdot R$$

$$= D^2 + D \cdot H + D \cdot \frac{H^2}{4 \cdot D} = D^2 + D \cdot H + \frac{H^2}{4}$$

$$= \left(D + \frac{H}{2} \right)^2$$

und dass

$$q^2 = R = R \cdot 1 = R \cdot (D + H + R) = R \cdot D + R \cdot H + R^2$$
$$= R^2 + R \cdot H + R \cdot \frac{H^2}{4 \cdot R} = R^2 + R \cdot H + \frac{H^2}{4}$$
$$= \left(R + \frac{H}{2} \right)^2$$

gilt. Wir haben für p und q somit die Darstellungen

$$p = \left(D + \frac{H}{2} \right),$$
$$q = \left(R + \frac{H}{2} \right)$$

gezeigt. Hiermit berechnen wir:

$$2 \cdot p \cdot q = 2 \cdot \left(D + \frac{H}{2} \right) \cdot \left(R + \frac{H}{2} \right)$$
$$= 2 \cdot \left(D \cdot R + D \cdot \frac{H}{2} + R \cdot \frac{H}{2} + \frac{H^2}{4} \right)$$
$$= 2 \cdot D \cdot R + D \cdot H + R \cdot H + \frac{H^2}{2}$$
$$= \frac{H^2}{2} + D \cdot H + R \cdot H + \frac{H^2}{2}$$
$$= H \cdot (H + D + R) = H.$$

Damit haben wir also die Gültigkeit von (2.5) nachgewiesen. (Vergleiche hierzu z. B. auch [18, Beispiel 1.10 b, Seite 11 f.].)

Beispiel 2.1 (Anwendung des Hardy-Weinberg'schen Gleichgewichts) Das Hardy-Weinberg'sche Gleichgewicht wird also unter anderem für Untersuchungen und analytische Überlegungen beim Auftreten von Erbkrankheiten herangezogen. Als Letalfaktoren bezeichnet man Mutationen, die in homozygoter Form zum Tod des Lebewesens in einem frühen Entwicklungsstadium führen. Bei allen Lebewesen können derartige Letalfaktoren entstehen und in nachfolgenden Generationen weiterhin auftreten. Wir wollen nun im Nachfolgenden mit L_f einen derartigen Letalfaktor bezeichnen. Wenn man die Zusammensetzung der Population nach dem Hardy-Weinberg'schen Gleichgewicht bestimmen will, so muss man hierbei berücksichtigen, dass die Individuen vom Genotyp $L_f L_f$ nicht überleben können. Die Häufigkeit dieser Individuen ist in der Formel von Hardy und Weinberg durch die Größe $R = q^2$ dargestellt. Wir haben bei den vorangegangenen Überlegungen gesehen, dass in der Ausgangsgesamtpopulation

$$D + H + R = 1 \quad \text{also} \quad p^2 + 2pq + q^2 = 1$$

gilt. Die Individuen vom Genotyp $L_f L_f$ sterben jedoch schon in einem frühen Lebensstadium und sind nicht mehr in der Population enthalten, die sich vermehren kann. Somit ist dieser Anteil an der Ausgangspopulation zunächst von der Gesamtpopulation abzuziehen, weshalb wir die Gleichung

$$D + H = 1 - R \quad \text{bzw.} \quad p^2 + 2pq = 1 - q^2$$

erhalten. Für die Vererbung des Letalfaktors tritt dieser „neue" Ausdruck an die Stelle der Gesamthäufigkeit. Da diese „neue" Gesamthäufigkeit also nicht mehr 1 bzw. 100 % ist, sondern nur noch $1 - q^2$, müssen wir den Ausdruck zunächst wieder „auf 1 setzen". Hierfür normieren wir die Gleichung derart, dass auf der rechten Seite wieder eine 1 steht. D. h., man teilt die Gleichung durch den Faktor $1 - q^2$ ($= 1 - R$). Dies führt uns auf:

$$\frac{D + H}{1 - R} = 1 \quad \text{bzw.} \quad \frac{p^2}{1 - q^2} + \frac{2pq}{1 - q^2} = 1.$$

In der Filialgeneration ist der Letalfaktor L_f weiterhin enthalten und wird auch weiterhin vererbt, da er von den Heterozygoten weiter mitgetragen wird. Die Häufigkeit der Heterozygoten in der sich vermehrenden Gesamtpopulation ist durch

$$\frac{H}{1 - R} = \frac{2pq}{1 - q^2}$$

gegeben. Die Häufigkeit des Letalfaktors ist in der ersten Filialgeneration somit durch

$$\frac{H}{2 \cdot (1 - R)} = q_{F1} = \frac{pq}{1 - q^2}$$

gegeben bzw., da $p = 1 - q$ ist,

$$q_{F1} = \frac{q(1 - q)}{1 - q^2} = \frac{q}{1 + q}.$$

Insgesamt ist somit von Generation zu Generation eine Abnahme der Häufigkeit q des Letalfaktors L_f in der Population zu beobachten, da die Homozygoten nicht lebensfähig sind und aussterben. Betrachtet man die erste Nachkommengeneration, so gilt für die Differenz der Häufigkeit q_{F1} des Letalfaktors L_f der Filialgeneration $F1$ und der Häufigkeit q_P des Letalfaktors L_f der ersten Parentalgeneration:

$$q_{F1} - q_P = \frac{q(1 - q)}{1 - q^2} - q = -\frac{q^2(1 - q)}{1 - q^2} = -\frac{q^2}{1 + q^2} = -\frac{R}{1 + R} < 0.$$

Die Abnahme der Häufigkeit des Letalfaktors hängt demnach davon ab, wie häufig der Letalfaktor in der Population der Elterngeneration vertreten ist. Wenn in der ursprünglichen Ausgangssituation q groß ist, nimmt die Frequenz von Generation zu Generation zunächst stark ab. Demzufolge wird q von Generation zu Generation rasch kleiner, was gleichbedeutend damit ist, dass nur noch wenige Individuen den Letalfaktor in sich tragen. Für anfänglich kleine q in der ursprünglichen Elterngeneration wird dann jedoch dieser Wert für die Tochtergenerationen nur noch langsam abnehmen. Bei einer Frequenz q des Letalfaktors von 3 % ist somit die Abnahme der Häufigkeit je Generation lediglich etwa 0,09 %. (Vgl. hierzu auch [8, Seite 183 f.].)

Anmerkung 2.4 Dem Hardy-Weinberg'schen Gleichgewicht werden wir auch noch einmal später im Zusammenhang mit „bedingten Wahrscheinlichkeiten" und dem „Satz von der totalen Wahrscheinlichkeit" in Beispiel 13.11 und in Exkurs 13.3 begegnen. Leser, die noch mehr über das Hardy-Weinberg'sche Gleichgewicht nachlesen wollen, verweise ich z. B. auf [4, 8] und [19].

Wie bereits erwähnt, kann sich jede Leserin/jeder Leser durch einfaches „Ausmultiplizieren" über die Korrektheit von (2.1) und (2.2) selbst Rechenschaft ablegen. Neben diesen Formeln gibt es aber auch noch eine Verallgemeinerung. Diese ist unter dem Begriff *„der Binomische Lehrsatz"* geläufig. Der binomische Lehrsatz gibt formelmäßig an, wie man den Ausdruck $(a + b)^n$ schreiben kann, wenn n eine natürliche Zahl oder die Null ist. Hierfür benötigen wir jedoch die Einführung einiger weiterer mathematischer Ausdrücke, die den meisten Lesern/Leserinnen sicherlich unbekannt sein werden.

2.2.3 Binomial-Koeffizienten und der „Binomische Lehrsatz"

Für eine natürliche Zahl n wird mit der Notation $n!$ das Produkt aller natürlichen Zahlen von 1 bis n bezeichnet. Das „Ausrufungszeichen" bewirkt also, dass alle Zahlen von 1 bis n miteinander multipliziert werden. Man schreibt $n!$ und liest es als n *Fakultät*. Also ist

$$n! := \prod_{k=1}^{n} k = 1 \cdot 2 \cdot \ldots \cdot (n-1) \cdot n,$$

wobei

$$0! := 1$$

gesetzt wird.

Mit dem Symbol

$$\binom{n}{k}$$

wird ein sogenannter Binomial-Koeffizient geschrieben. Diese Notation steht, wenn n eine natürliche Zahl und k eine ganze Zahl bezeichnet, für den nachfolgenden

Ausdruck:

$$\binom{n}{k} := \begin{cases} \frac{n\cdot(n-1)\cdot\ldots\cdot(n-k+1)}{1\cdot 2\cdot\ldots\cdot(k-1)\cdot k} = \frac{n!}{k!\cdot(n-k)!}, & \text{für } n > k \\ 0, & \text{für } n < k \\ 0, & \text{für } k < 0. \end{cases} \tag{2.6}$$

Für das Rechnen mit Binomial-Koeffizienten gelten für alle $n \in \mathbb{N}$ und $k \in \mathbb{Z}$ die nachfolgenden Rechenregeln:

$$\binom{n}{k} = \binom{n}{n-k}, \tag{2.7}$$

$$\binom{n}{k} = \binom{n-1}{k-1} + \binom{n-1}{k}. \tag{2.8}$$

Man überzeugt sich durch Nachrechnen, dass diese Rechenregeln ihre Gültigkeit besitzen. Es gilt nämlich

$$\begin{aligned} \binom{n}{k} &= \frac{n!}{k! \cdot (n-k)!} \\ &= \frac{n!}{(n-(n-k))! \cdot (n-k)!} \\ &= \binom{n}{n-k} \end{aligned}$$

womit (2.7) folgt. Um (2.8) zu zeigen, überlegen wir uns, dass für $n \geq 1$

$$\binom{n-1}{k-1} = \frac{(n-1)!}{(k-1)! \cdot (n-k)!}$$

und

$$\binom{n-1}{k} = \frac{(n-1)!}{k! \cdot ((n-1)-k)!}$$

gilt. Nun addieren wir die beiden Ausdrücke:

$$\binom{n-1}{k-1} + \binom{n-1}{k} = \frac{(n-1)!}{(k-1)!\cdot(n-k)!} + \frac{(n-1)!}{k!\cdot((n-1)-k)!}$$

$$= \frac{(n-1)!\,(k+(n-k))}{(n-k)!\,k!}$$

$$= \frac{n!}{k!\cdot(n-k)!}$$

$$= \binom{n}{k}.$$

Also gilt auch die Aussage (2.8).

Mithilfe dieser neuen Begriffe und Symbole können wir eine allgemeingültige Formel für den Ausdruck

$$(a+b)^n$$

angeben. Es gilt:

Theorem 2.1 (Binomischer Lehrsatz)
Sind $a,b \in \mathbb{R}$ beliebig, so ist für alle $n \in \mathbb{N}_0$

$$(a+b)^n = \sum_{k=0}^{n} \binom{n}{k} a^{n-k}\cdot b^k. \tag{2.9}$$

Wie kann man nun zeigen, dass eine so allgemeine Behauptung wirklich stimmt? Eine solche Aussage, die für alle natürlichen Zahlen ihre Gültigkeit behalten soll, beweist man mit dem *Prinzip der vollständigen Induktion.*

2.3 Das Prinzip der vollständigen Induktion

Das Prinzip der vollständigen Induktion ist ein sehr wichtiges Beweisprinzip bzw. Hilfsmittel in der Mathematik, um Behauptungen, die von einer festen natürlichen Zahl an oder sogar von Null an für alle natürlichen Zahlen gelten sollen, nachzuweisen.

Die Idee, die dahintersteckt, kann man sich wie das Besteigen einer unendlich langen Leiter vorstellen. Zuerst erklimmt man die erste Leitersprosse, um sich davon zu überzeugen, dass überhaupt Sprossen zum Besteigen vorhanden sind. Dann klettert man immer weiter, basierend auf dem Vertrauen, dass das Erklimmen einer beliebigen Sprosse genauso vonstatten geht wie das Erklimmen der bereits hochgekletterten Leitersprossen. Dies mag auf den ersten Blick komisch klingen, doch wollen wir dieses Bild zunächst in unserem Hinterkopf behalten, da dann die Vorgehensweise klarer werden kann.

1. Induktionsanfang (Erklimmen der ersten Sprosse.)
   Der sogenannte *Induktionsbeweis* beginnt mit dem Induktionsanfang bzw. der Induktionsverankerung. In unserem Bild entspricht dies dem Erklimmen der ersten Leitersprosse. Wenn man noch nie eine Sprosse bestiegen hat, so weiß man nicht, ob diese einen wirklich hält und ob man sie überhaupt für das Erklimmen der Leiter gebrauchen kann.
   Für uns heißt dies also, dass wir zunächst überprüfen müssen, ob die von uns aufgestellte Behauptung auch wirklich für wenigstens eine natürliche Zahl n_0 gültig ist, oder ob sie bereits für diese von uns gewählte natürliche Zahl falsch ist. Im zweiten Fall müssten wir gar nicht weitermachen, da die Aussage ja dann nicht für alle natürlichen Zahlen gelten kann. Da die Behauptung für alle natürlichen Zahlen inklusive der Null gelten soll, nehmen wir einfach die kleinste der Zahlen, für die die Aussage gelten soll und rechnen die Aussage für diese Zahl nach. In unserem Fall also für $n_0 = 0$. Für $n = n_0$ lautet die zu beweisende Aussage also:

$$(a + b)^{n_0} = (a + b)^0 = \sum_{k=0}^{n_0} \binom{n_0}{k} a^{n_0-k} b^k = \sum_{k=0}^{0} \binom{0}{k} a^{0-k} b^k.$$

   Nun ist $(a + b)^0$ nach den bereits wiederholten Potenzgesetzen gleich 1. Die Summe auf der rechten Seite der Gleichung geht von $k = 0$ bis $k = 0$, d. h., sie besteht nur aus dem Summanden

$$\binom{0}{0} a^{0-0} b^0 = 1 \cdot 1 \cdot 1 = 1.$$

   Also gilt die Aussage zumindest schon einmal für $n = 0$. Die erste Leitersprosse hat uns also gehalten, als wir auf sie gestiegen sind.
2. Induktionsvoraussetzung (Stehen auf der n-ten Sprosse.)
   Jetzt nehmen wir einfach an, dass wir bereits auf der n-ten Sprosse angekommen sind und alle Sprossen gehalten haben. Das bedeutet, dass wir einfach annehmen, dass die von uns nachzuweisende Behauptung für die Zahlen 0 bis einschließlich n gilt. Die Induktionsvoraussetzung ist also die Aussage:

$$(a + b)^n = \sum_{k=0}^{n} \binom{n}{k} a^{n-k} b^k.$$

3. Induktionsbehauptung (Die $(n + 1)$-Sprosse erspähen.)
   Anstatt nun zu behaupten, dass uns alle Sprossen der unendlich langen Leiter tragen werden, behaupten wir nun lediglich, dass uns auch die nächste tragen wird, da es ja bislang gut gegangen ist und uns das kölsche Lebensmotto „et hätt

noch immer jot jejange" in dieser Situation Mut zuspricht. Wir behaupten also, dass die Aussage auch für $n + 1$ gilt. Somit lautet die Induktionsbehauptung:

$$(a + b)^{n+1} = \sum_{k=0}^{n+1} \binom{n+1}{k} a^{n+1-k} b^k.$$

4. Induktionsschritt (Den Schritt von der n-ten Sprosse auf die $(n + 1)$-Sprosse vornehmen)

   Jetzt wollen wir mit dem Wissen, dass wir uns schon auf der n-ten Sprosse befinden, eine Sprosse weiter hochklettern. Wir wollen also die Induktionsbehauptung unter Verwendung der Induktionsvoraussetzung beweisen. Hierzu dürfen wir natürlich auch auf alle uns bekannten Rechenregeln zurückgreifen. Wir wissen, dass nach den Potenzgesetzen

$$(a + b)^{n+1} = (a + b)^n \cdot (a + b)$$

ist. Für den Ausdruck $(a + b)^n$ haben wir jetzt aufgrund der Induktionsvoraussetzung eine Darstellung griffbereit. Somit erhalten wir also:

$$(a + b)^{n+1} = (a + b)^n \cdot (a + b)$$
$$= \left(\sum_{k=0}^{n} \binom{n}{k} a^{n-k} b^k \right) \cdot (a + b)$$

Nun multiplizieren wir die rechte Seite der Gleichung aus. Dies gibt uns die Gleichung:

$$(a + b)^{n+1} = (a + b)^n \cdot (a + b)$$
$$= a \cdot \left(\sum_{k=0}^{n} \binom{n}{k} a^{n-k} b^k \right) + b \cdot \left(\sum_{k=0}^{n} \binom{n}{k} a^{n-k} b^k \right)$$
$$= \left(\sum_{k=0}^{n} \binom{n}{k} a^{n+1-k} b^k \right) + \left(\sum_{k=0}^{n} \binom{n}{k} a^{n-k} b^{k+1} \right).$$

Jetzt verwenden wir einen Trick. Da Binomial-Koeffizienten gleich Null sind, wenn $k > n$ ist, und somit

$$\binom{n}{n+1} = 0$$

und auch

$$\binom{n}{n+1} a^0 b^{n+1} = 0$$

gelten, können wir die erste Summe wie folgt umschreiben.

$$\sum_{k=0}^{n} \binom{n}{k} a^{n+1-k} b^k = \left(\sum_{k=0}^{n} \binom{n}{k} a^{n+1-k} b^k \right) + \binom{n}{n+1} a^0 b^{n+1}$$

$$= \sum_{k=0}^{n+1} \binom{n}{k} a^{n+1-k} b^k.$$

Wir haben also eine sogenannte *nahrhafte Null* zu der Summe dazu addiert. Eine „nahrhafte Null" ist ein Term, der den Wert Null hat, dessen zusätzliche Erwähnung bzw. Verwendung jedoch Rechenschritte erlaubt, die ohne ihn nicht möglich sind.

Auch bei der zweiten Summe machen wir von einem kleinen mathematischen Trick Gebrauch. Statt die Summe von $k = 0$ laufen zu lassen, lassen wir sie erst von $k = 1$ laufen. Damit die Summe sich aber nicht ändert, müssen wir auch bei den Summanden etwas verändern. Dies führt auf:

$$\sum_{k=0}^{n} \binom{n}{k} a^{n-k} b^{k+1} = \sum_{k=1}^{n+1} \binom{n}{k-1} a^{n-(k-1)} b^k$$

$$= \sum_{k=1}^{n+1} \binom{n}{k-1} a^{n+1-k} b^k.$$

Von der Gültigkeit dieser Gleichung sollte sich jeder Leser/jede Leserin zur Übung selbst überzeugen. Neben diesem Trick müssen wir noch eine zusätzliche Änderung vornehmen. Auch hier addieren wir zur letzten Summe eine sogenannte *nahrhafte Null* hinzu. Wir bemerken also Folgendes:

$$\sum_{k=1}^{n+1} \binom{n}{k-1} a^{n+1-k} b^k = 0 + \sum_{k=1}^{n+1} \binom{n}{k-1} a^{n+1-k} b^k$$

$$= \binom{n}{-1} a^{n+1} b^0 + \sum_{k=1}^{n+1} \binom{n}{k-1} a^{n+1-k} b^k$$

$$= \sum_{k=0}^{n+1} \binom{n}{k-1} a^{n+1-k} b^k.$$

Das bedeutet, dass wir somit die Gültigkeit der Gleichung

$$(a + b)^{n+1} = \sum_{k=0}^{n+1} \binom{n}{k} a^{n+1-k} b^k + \sum_{k=0}^{n+1} \binom{n}{k-1} a^{n+1-k} b^k$$

$$= \sum_{k=0}^{n+1} \left[\binom{n}{k} + \binom{n}{k-1} \right] a^{n+1-k} b^k$$

$$= \sum_{k=0}^{n+1} \binom{n+1}{k} a^{n+1-k} b^k$$

gezeigt haben. Damit haben wir die allgemeine Aussage für alle $n \in \mathbb{N}_0$ bewiesen und sind an das Ende des Induktionsbeweises gelangt.

Aus dem Binomischen Lehrsatz kann man nun unter anderem zwei Folgerungen ziehen, die wir hier entsprechend herausstellen wollen.

Folgerung 2.1 *Für alle natürlichen Zahlen $n \geq 1$ gelten:*

$$\sum_{k=0}^{n} \binom{n}{k} = 2^n, \tag{2.10}$$

$$\sum_{k=0}^{n} \binom{n}{k} (-1)^k = 0. \tag{2.11}$$

Binomial-Koeffizienten kommen nicht nur im Zusammenhang mit der Binomischen Formel vor. Sie werden oft auch im Zusammenhang mit der Anzahl an möglichen Ausgängen von Versuchen verwendet. Wir geben deshalb hier noch ein weiteres Beispiel für die Verwendung von Binomial-Koeffizienten an.

Beispiel 2.2 Gene, die das gleiche Merkmal betreffen und an einander genau entsprechenden Orten der Chromosomen (Genloci) liegen, bezeichnet man als Allele. In einem Gewächshaus gebe es eine große Anzahl an reinerbigen Löwenmäulchen-Pflanzen, die dort in acht unterschiedlichen Farben blühen. Es liegen somit acht unterschiedliche, die Blütenfarbe bestimmende Allele $C_1, \ldots, C_8$ innerhalb der Löwenmäulchen-Population vor. Wenn man nun die Pflanzen untereinander kreuzt und hierbei nicht auf die Blütenfarbe achtet, wie viele mögliche Genkombinationen bzw. Genotypen sind dann möglich? Zur Beantwortung dieser Frage zählen wir also zunächst alle Kombinationen von zwei unterschiedlichen Allelen, die aus den acht Allelen ausgewählt werden können, also die Kombinationen $C_1 C_2$, $C_2 C_4$ etc. Es gibt insgesamt

$$\binom{8}{2} = 28$$

solcher Kombinationen. Als Nächstes zählen wir noch die Kombinationen mit Wiederholungen ein und desselben Alleles, d. h. die Kombinationen, bei denen erneut reinerbige Pflanzen durch die Kreuzung entstehen, also die Kombinationen $C_1 C_1$, $C_2 C_2$, ... etc. Hiervon gibt es offenbar acht Stück, womit sich eine Gesamtanzahl von

$$28 + 8 = 36$$

möglichen Kombinationen ergibt.

Bevor wir mit dem Stoff weitergehen, wollen wir noch ein weiteres Beispiel für einen Beweis mit dem Prinzip der vollständigen Induktion geben.

Beispiel 2.3 Es gilt die folgende Behauptung:
Für alle $x \neq 1$ und jede natürliche Zahl $n \in \mathbb{N}_0$ ist

$$\sum_{k=0}^{n} x^k = \frac{1 - x^{n+1}}{1 - x}. \tag{2.12}$$

Die hier angegebene Summe nennt man auch Partialsumme der geometrischen Reihe.
Wir gehen genauso wie im vorangegangenen Induktionsbeweis vor.

1. Induktionsanfang
   Wir müssen also überprüfen, ob die Behauptung für ein $n \in \mathbb{N}_0$ gilt. Wir wählen hier das erste n für das die Aussage gelten soll. Dies ist in diesem Fall die Zahl $n_0 = 0$. Hierfür rechnen wir zunächst einfach die Behauptung nach. Es gilt:

$$\sum_{k=0}^{n_0} x^k = \sum_{k=0}^{0} x^k$$
$$= x^0$$
$$= 1.$$

   Andererseits ist auch

$$\frac{1 - x^{n_0+1}}{1 - x} = \frac{1 - x}{1 - x}$$
$$= 1.$$

   Womit wir die Behauptung für $n_0 = 0$ gezeigt hätten.
2. Induktionsvoraussetzung
   Unsere Induktionsvoraussetzung lautet in diesem Fall:

$$\sum_{k=0}^{n} x^k = \frac{1 - x^{n+1}}{1 - x}.$$

3. Induktionsbehauptung

Die Induktionsbehauptung wird in diesem Fall zu:

$$\sum_{k=0}^{n+1} x^k = \frac{1 - x^{n+2}}{1 - x}.$$

4. Induktionsschritt

Wir bemerken zunächst das Nachfolgende:

$$\sum_{k=0}^{n+1} x^k = x^{n+1} + \sum_{k=0}^{n} x^k.$$

Wegen unserer Induktionsvoraussetzung wissen wir, dass die Gleichheit

$$\sum_{k=0}^{n+1} x^k = x^{n+1} + \sum_{k=0}^{n} x^k$$
$$= x^{n+1} + \frac{1 - x^{n+1}}{1 - x}$$

ihre Gültigkeit besitzt. Nun ist aber

$$x^{n+1} + \frac{1 - x^{n+1}}{1 - x} = \frac{x^{n+1}(1 - x)}{1 - x} + \frac{1 - x^{n+1}}{1 - x}$$
$$= \frac{x^{n+1}(1 - x) + (1 - x^{n+1})}{1 - x}$$
$$= \frac{x^{n+1} - x^{n+2} + 1 - x^{n+1}}{1 - x}$$
$$= \frac{1 - x^{n+2}}{1 - x}.$$

Somit ergibt sich also:

$$\sum_{k=0}^{n+1} x^k = \frac{1 - x^{n+2}}{1 - x},$$

was auch unsere Behauptung gewesen ist. Somit haben wir die Aussage für alle $n \in \mathbb{N}_0$ nachgewiesen. Die Voraussetzung $x \neq 1$ ist nötig, da sonst der Nenner auf der rechten Seite null wäre und somit die rechte Seite nicht definiert ist.

Anmerkung 2.5 Wenn $x \in \mathbb{R}$ die Eigenschaft $|x| < 1$ erfüllt, so wird der Ausdruck $|x|^n$ für immer größer werdendes n immer kleiner und näher sich immer mehr dem Wert null an. Wir sehen also, dass je mehr Summanden wir in $\sum_{k=0}^{n} x^k$ zulassen, umso mehr nähert sich der Wert dieser Summe dem Wert des Bruchs $1/(1-x)$ an. Diesen Sachverhalt kann man im Zusammenhang mit Grenzwertbetrachtungen (siehe Definition 6.3) mathematisch nachweisen. Man schreibt hierfür

$$\lim_{n\to\infty} \sum_{k=0}^{n} x^k = \sum_{k=0}^{\infty} x^k = \frac{1}{1-x}.$$

Den Ausdruck

$$\sum_{k=0}^{\infty} x^k = \frac{1}{1-x} \tag{2.13}$$

nennt man die *geometrische Reihe*.

Das Beweisprinzip der vollständigen Induktion kann man z. B. auch bei der Verifizierung von Rekursionsformeln zur Angabe von Populationsgrößen verwenden, wie das nachfolgende Beispiel 2.4 zeigt.

Beispiel 2.4 In seinem 1202 erstmals erschienenen Buch *Liber abaci* beschreibt Leonardo von Pisa, der auch Fibonacci genannt wurde, die Entwicklung einer Kaninchenpopulation (siehe Abb. 2.3). Hierbei formulierte er zunächst die von ihm gemachten Beobachtungen, die er für seine Überlegungen als feststehende Annahmen zugrunde legte und deren Übersetzung wir hier aus [6, Seite 85] übernehmen:

> Wie viele Kaninchenpaare entstehen in einem Jahr aus einem Kaninchenpaar? Jemand sperrte ein Kaninchenpaar in ein Gelände ein, das auf allen Seiten von Mauern umgeben war; er wollte herausbekommen, wie viele Kaninchenpaare aus diesem einen Paar in einem Jahr hervorgingen. Bei den Kaninchen ist es nun so, dass sie jeden Monat ein neues Paar in die Welt setzen; und damit fangen sie an, sobald sie zwei Monate alt sind. Da das erwähnte erste Paar gleich mit der Fortpflanzung beginnt, muss man es mal zwei nehmen, macht zwei Paare in einem Monat. Von diesen wirft eines, nämlich das ursprüngliche, im zweiten Monat, das gibt drei Paare nach zwei Monaten. Von diesen werfen zwei im nächsten Monat, macht fünf Paare nach drei Monaten. (...) und so kann man bis zu beliebig vielen Monaten der Reihe nach weitermachen.

Natürlich sind die hier von Leonardo von Pisa den Überlegungen zugrunde gelegten Annahmen ideal und somit von der Realität etwas entfernt. Wenn man jedoch ohne Berücksichtigung der Realität den Tod von Kaninchen der beobachteten Population zunächst einmal vernachlässigt, so wird die Anzahl der Kaninchen in der beobachteten Population nach $(n+1)$ Vermehrungsschritten durch die Formel

$$F(n+1) = F(n) + F(n-1) \quad \text{mit } F(1) = F(2) = 1 \tag{2.14}$$

beschrieben. Hierbei sind die $F(n)$ durch den nachfolgenden Ausdruck gegeben:

$$F(n) := \frac{1}{\sqrt{5}} \left(\left(\frac{1+\sqrt{5}}{2} \right)^n - \left(\frac{1-\sqrt{5}}{2} \right)^n \right). \tag{2.15}$$

Abb. 2.3 Ein junges Thüringer Zwergkaninchen. Foto: *Dirk Horstmann*

Somit wird also die Populationsgröße nach dem $(n + 1)$-ten Vermehrungsschritt mithilfe der Populationsgröße im vorangegangenen und noch einem vorherigen Vermehrungsschritt berechnet. Eine derartige Berechnungsvorschrift, die mithilfe vorangegangener Schritte erfolgt, nennt man eine *Rekursionsformel*. (Wie man auf diesen Ausdruck kommt, werden wir in einem späteren Kapitel (siehe Kap. 12) noch genau sehen und herleiten. Zum jetzigen Zeitpunkt jedoch hinterfragen wir diesen Ausdruck nicht und nehmen ihn als gegeben hin.)

Dass die oben angegebene Rekursionsformel zur Berechnung der Anzahl der Kaninchenpopulation nach der nächsten Vermehrungsphase ihre Gültigkeit hat, beweist man mithilfe einer vollständigen Induktion über den Vermehrungsschritt n (vgl. Übungsaufgabe 2.5). Die so entstehende Zahlenfolge nennt man *Fibonacci-Folge*. Folgt man nun dieser Rekursionsformel, so kommt man mit dieser Rechnung (wie Leonardo von Pisa zu seiner Zeit auch) auf 377 Kaninchenpaare am Ende eines Jahres.

26 Jahre nachdem die „Liber Abaci" das erste Mal veröffentlicht wurden, kam es auf Veranlassung von Kaiser Friedrich II. von Hohenstaufen zur „zweiten Auflage" dieses Werks. Ohne die Bewunderung, die Friedrich der II von Hohenstaufen den Rechenkünsten und der Person Leonardo von Pisas entgegenbrachte, wäre die im Buch enthaltene erste umfassende Darstellung eines neuen auf arabischen Zahlen basierenden Rechensystems, das das alte römische Zahlensystem ablösen sollte,

voraussichtlich nicht erneut und somit weiter verbreitet worden. Es ist also Leonardo von Pisa zu verdanken, dass wir Westeuropäer noch heute das arabische Zahlensystems systematisch gebrauchen. (Zu dem Thema „Fibonacci-Zahlen" vgl. und siehe auch [6, Seite 84–86].)

Die Fibonacci-Zahlen faszinieren immer wieder eine Vielzahl von Menschen. Zwar wird die Anzahl von Kaninchenpaaren in der Realität selbst dann nicht entsprechend der Fibonacci-Zahlenfolge anwachsen, wenn man ein Kaninchenpaar in ein Gehege setzt, aus dem die Kaninchen nicht entwischen können, da die Lebenserwartung von Kaninchen anders als bei der von Fibonacci vorgenommenen Modellierung angenommen, nicht unendlich ist, doch kann man die Fibonacci-Zahlen in der Natur auch in anderen Zusammenhängen durchaus wirklich „begegnen". Dies ist z. B. bei der Spiralenbildung durch Blätter, Fruchtblätter und Samen von Pflanzen der Fall (vgl. Abb. 2.4 und 2.5).

Durch einen Blick z. B. auf eine Sonnenblume kann jede Leserin/jeder Leser leicht selbst nachprüfen, dass Blätter und Samen von Pflanzen oftmals in Spiralen angeordnet sind (siehe Abb. 2.4). Wenn man sich zum Beispiel die Mühe macht und die Anzahl der linksläufigen und die Anzahl der rechtsläufigen Spiralen einer Sonnenblume zählt, so ergeben sich hierbei in den allermeisten Fällen zwei aufeinanderfolgende Fibonacci-Zahlen. Bei den meisten Sonnenblumen zählt man 55 rechtsdrehende und 34 linksdrehende Spiralen. Für einige (jedoch seltenere) Arten sind dies mitunter jedoch auch nur 21 und 34 Spiralen. Wenn man Riesensonnenblumen betrachtet, so kann man hier mitunter sogar 144 und 233 Spiralen nachzählen.

Die „Lehre der Blattstellungen von Pflanzen" nennt man Phyllotaxis. Für diverse Blattstellungen von Pflanzen gibt es inzwischen theoretische Modelle, die auch das in diesem Zusammenhang festzustellende Auftreten der Fibonacci-Zahlen detaillierter erklären können. Jede Pflanze besitzt bei der für sie spezifischen Blattstellung einen eigenen charakteristischen Drehwinkel. Bereits kleine Änderungen dieses Drehwinkels ergeben gravierende Änderungen der Blattstellungen und somit auch in der möglichen „Lichtausbeute". Den Drehwinkel zwischen zwei Blatt- oder Knospenansätzen nennt man den Divergenzwinkel (vgl.

Abb. 2.4   Eine Sonnenblumenblüte und die Spiralen. Foto: *Dirk Horstmann*

Abb. 2.5 Pflanzen und die Stellung ihrer Fruchtblätter. Fotos: *Dirk Horstmann*

Abb. 2.6). Regelmäßige Blattstellungen haben für die Pflanzen durchaus einen Vorteil, da hieraus eine möglichst große Lichtausbeute resultiert, die die Pflanzen wiederum für die Fotosynthese benötigen.

Dass es bei der Blattstellung von Pflanzen nachweisbare Regelmäßigkeiten gibt, haben die deutschen Botaniker K. F. Schimper (15.02.1803–21.12.1867) und A. Braun (10.05.1805–29.03.1877) bereits im 19. Jahrhundert entdeckt. Die Regelmäßigkeit wurde daher nach ihnen benannt und wird als Schimper-Braun'sche Hauptreihe bezeichnet, die die am häufigsten vorkommenden Divergenzwinkel enthält. Die in der Schimper-Braun'schen Hauptreihe den Blattstellungen zugrunde liegenden und hierbei auftretenden Divergenzwinkel D_n lassen sich mit der Formel

$$D_n = \frac{F(n)}{F(n+2)} \cdot 360°$$

angeben, wobei die $F(n)$ die oben angegebenen Fibonacci-Zahlen sind.

Natürlich gibt es auch Blattstellungen, bei denen keine Spiralen auftreten bzw. deutlich sichtbar werden. Den einfachsten Fall einer solchen Blattanordnung kann man z. B. bei Brennnesseln beobachten, bei denen die Blätter jeweils in Reihen übereinanderstehen, wobei sich je zwei Blätter gegenüberstehen. Der Divergenzwinkel beträgt hierbei also exakt 180°. (Mehr über Phyllotaxis kann

Abb. 2.6 Eine Sonnenblume und die Stellung ihrer Blätter mit dem dazugehörigen Divergenzwinkel. Foto: *Dirk Horstmann*

man auch in dem Buch „Phyllotaxis: Plant Morphogenes: A Systemic Study in Plant Morphogenesis" von Roger V. Jean (siehe [7]) nachlesen. Oder siehe hierzu auch [1, 9] und [10, Seiten 31–46].)

Abgesehen davon, dass man mithilfe eines Geodreiecks, eines Zirkels und den Fibonacci-Zahlen sehr einfach eine perfekte Spirale zeichnen kann (vgl. Abb. 2.7), wird oftmals auch noch ein anderes Beispiel, in dem Fibonacci-Zahlen vorkommen, angeführt, das jede Leserin und jeder Leser leicht einmal selbst an sich überprüfen kann. Auch wenn das nachfolgende „Auftreten von Fibonacci-Zahlen in der Natur" von wissenschaftlichen Arbeiten durchaus kontrovers diskutiert wird (siehe z. B. [5] und [11]), schauen wir uns doch einfach einmal unsere Hände und hierbei insbesondere die Längen unserer Fingerglieder an.

Zunächst misst man die Längen der Fingerglieder seines Mittelfingers sowie die Länge seiner Hand bis zur Handwurzel und „normiert" anschließend die Messungen derart, dass die Länge des ersten Fingerknochens des Mittelfingers, also dem Teil des Fingers mit dem Fingernagel, als die Längeneinheit „1" gesetzt wird. Bei einem solchen Vorgehen sieht man, dass im idealtypischen Fall der zweite Fingerknochen doppelt so lang, der nächste ungefähr dreimal so lang und der Handknochen bis zum Handgelenk ungefähr fünfmal so lang ist. Die Zahlen 1, 2, 3, 5 bilden den Teil einer Fibonaccifolge.

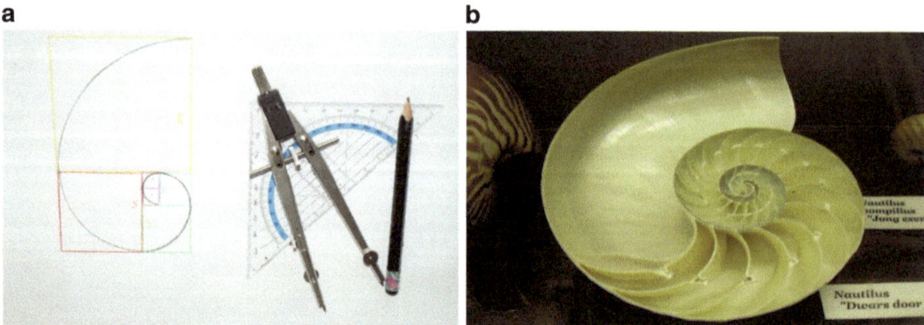

Abb. 2.7 Eine mithilfe der Fibonacci-Zahlen, einem Geodreieck und einem Zirkel gezeichnete Spirale (**a**), sowie die aufgeschnittene Schale eines Nautilus mit der dabei deutlich sichtbaren Spirale (**b**). Fotos: *Dirk Horstmann*

2.4 Der Umgang mit fehlerhaften Daten/Rechnen mit Fehlern

Generell gibt es die unterschiedlichsten Gründe, durch die sich Fehler in Rechnungen einschleichen können. Als Ursprünge von Fehlern lässt sich jedoch oft eine der nachfolgenden möglichen Quellen identifizieren:

1. Aus der Modellierung resultierende Fehler, die dabei entstehen können, wenn man ein konkretes Problem in die mathematische Sprache übersetzt und hierbei z. B. eine Annahme macht, die sich bei einer Überprüfung als falsch herausstellt, oder aber einen grundlegenden Modellierungsfehler begeht, indem man z. B. eine wichtige Voraussetzung vergisst (also sozusagen einen menschlichen Modellierungsfehler begeht).
2. Fehler in der dem angewendeten mathematischen Modell zugrunde liegenden Datenbasis, die durch Ungenauigkeit bei der Datenerhebung (z. B. durch Messungenauigkeiten aufgrund von Unachtsamkeit, Ungenauigkeit der Messgeräte oder Ähnlichem) entstehen können.
3. Sogenannte Abbruchfehler, die darauf zurückzuführen sind, dass man bei einer Berechnungen nur eine endliche, fest vorgegebene Zahl an Rechenschritten durchführt, obwohl eigentlich noch weitere oder sogar unendliche viele Rechenschritte zur genauen Berechnung notwendig wären (z. B. bei der Ersetzung von Grenzwertbildungen).
4. Auf vorgenommenen Rundungen basierende Fehler (Rundungsfehler).
5. Eingabefehler, die durch eine unachtsame Eingabe der erhobenen Daten entstehen können (auch dies ist ein menschlicher Fehler).

Fehler, die zu der vierten Fehlerquelle gehören und auf die wir unser Augenmerk hier legen wollen, sind uns allen aus dem Alltag bestens bekannt, auch wenn es uns vielleicht nicht direkt ganz bewusst ist. So wird den meisten Leserinnen/Lesern der Taschenrechner ein lieb gewordenes Hilfsmittel im Zusammenhang mit durchzuführenden Rechnungen geworden sein. In der Tat ist es so, dass uns bei Anwendungen in der Regel die Genauigkeit eines Taschenrechners genügen wird. Allerdings muss man sich immer im Klaren darüber sein, dass uns der Taschenrechner im Zweifelsfall nicht das exakte Ergebnis liefert, da er nur eine bestimmte Anzahl von Stellen hinter dem Komma anzeigen kann. Dies führt jedoch dazu, dass wir bei mehreren hintereinander ausgeführten Rechnungen mit falschen Werten arbeiten und die Fehler, die durch Runden der Werte entstanden sind, mitgeschleppt und eventuell sogar verschlimmert werden. Deshalb wollen wir uns nun dem Rechnen mit fehlerhaften Zahlen zuwenden.

Wie erwähnt, sind die bei Rechnungen verwendeten Zahlen unter Umständen mit Fehlern behaftet oder nur experimentell gewonnene Näherungswerte. Wenn die Zahlen durch Messungen gewonnen wurden, so können Messfehler zu Ungenauigkeiten in der Versuchsauswertung führen und umgekehrt. Auch das Rechnen mit einem Computer oder dem eben erwähnten Taschenrechner kann zu Fehlern führen. Wenn wir mit x_F den Näherungswert einer Zahl mit dem exakten Wert x bezeichnen, so bezeichnet die Differenz dieser beiden Werte

$$AbsF(x_F) := x_F - x$$

den *absoluten Fehler* von x_F und das Verhältnis $AbsF(x_F)/x$ den *relativen Fehler*.

Wenn man beispielsweise x_F durch das Runden auf n-Nachkommastellen erhalten hat, so ist

$$|AbsF(x_F)| \leq 0{,}5 \cdot 10^{-n}.$$

Wir nehmen an, dass wir für zwei fehlerhaften Zahlen x_F und y_F die exakten Daten x und y kennen und dass für diese die Größenbeziehung $x > y > 0$ erfüllt ist. Wenn man nun die Differenz dieser beiden Zahlen x_F und y_F mit den dazugehörigen absoluten Fehlern $AbsF(x_F)$ und $AbsF(y_F)$ bilden will, so ist der relative Fehler von $x_F - y_F$ durch den folgenden Ausdruck gegeben:

$$\begin{aligned}
\frac{AbsF(x_F) - AbsF(y_F)}{x - y} &= \frac{x_F - x - (y_F - y)}{x - y} \\
&= \frac{x_F - x - y_F + y}{x - y} = \frac{x_F - x}{x - y} - \frac{y_F - y}{x - y} \\
&= \frac{x}{x - y}\left(\frac{AbsF(x_F)}{x}\right) - \frac{y}{x - y}\left(\frac{AbsF(y_F)}{y}\right).
\end{aligned}$$

Wenn die Werte von x und y nahe beieinander liegen, wird der Fehler somit sehr groß. D. h., dass relative Fehler mitunter extrem verstärkt werden können. Dies kann man noch deutlicher sehen, wenn man zwei (oder mehrere) fast gleichgroße Zahlen voneinander subtrahieren will. In diesem Fall heben sich die Ziffern vor dem Komma gegenseitig weg. Die Differenz dieser Zahlen ist somit annähernd null, und das Ergebnis hängt in einem solchen Fall von „hinteren" Ziffern ab, die jedoch den jeweiligen (Rundungs-)Fehler beinhalten. (Siehe hierzu z. B. auch [14, Kapitel 1.2 „Fehlerquellen", Seiten 7–15] und [18, Seiten 17 ff.].)

Beispiel 2.5 Bei Eingabe des Bruchs $x = 1/3$ in einen Taschenrechner erhält man je nach Taschenrechner den Wert $x_F = 0{,}333333333$ angezeigt. Wenn man $y = 2/3$ in denselben Taschenrechner eingibt, so ergibt sich der Wert $y_F = 0{,}666666667$. Wenn man also mit diesem Taschenrechner $y_F - x_F$ berechnet, so erhält man den Wert $0{,}333333334$. Allerdings ist $y - x = 1/3$, und selbst der Taschenrechner würde hier nicht den Wert $0{,}333333334$ angeben.

Beispiel 2.6 Benzpyren ist ein pentacyclischer aromatischer Kohlenwasserstoff, der zu den Bestandteilen des Steinkohleteers in Zigaretten gehört. In Gastronomiebetrieben, in denen geraucht wird, kann man unter Umständen bis zu $15\,\mathrm{mg/m^3}$ Benzpyren in der Luft messen. Der mittlere Wert liegt hierbei in der Regel bei $0{,}28$–$0{,}48\,\mathrm{mg/m^3}$. (Siehe hierzu auch [13].) Bei einem Experiment wird nun in vier Gaststätten der Benzyprengehalt pro $\mathrm{m^3}$ gemessen. Hierbei erhält man die vier exakten Werte $x_1 = 1{,}019\,\mathrm{mg/m^3}$, $x_2 = 1{,}008\,\mathrm{mg/m^3}$, $x_3 = 1{,}012\,\mathrm{mg/m^3}$ und $x_4 = 1{,}007\,\mathrm{mg/m^3}$. Mithilfe des Verschiebungssatzes für die Varianz wird nun die Varianz dieser exakten Werte berechnet, wobei bei jedem Zwischenergebnis auf drei Nachkommastellen bzw. auf vier signifikante Ziffern gerundet wird. Nun ist

$$\sum_{i=1}^{4} x_i = 1{,}019 + 1{,}008 + 1{,}012 + 1{,}007 = 4{,}046,$$

$$\sum_{i=1}^{4} x_i^2 \approx 1{,}038 + 1{,}016 + 1{,}024 + 1{,}014 = 4{,}092,$$

$$\left(\sum_{i=1}^{4} x_i\right)^2 = (1{,}019 + 1{,}008 + 1{,}012 + 1{,}007)^2 \approx 16{,}37$$

und

$$4 \cdot x_M^2 = \frac{1}{4}\left(\sum_{i=1}^{4} x_i\right)^2 \approx 4{,}093.$$

Somit ergibt sich mit dem Verschiebungssatz für die Varianz, die ein positiver Wert ist, der negative Näherungswert

$$\frac{1}{3}\left(\left(\sum_{i=1}^{4} x_i^2\right) - 4x_M^2\right) = \frac{1}{3}\left(\left(\sum_{i=1}^{4} x_i^2\right) - \frac{1}{4}\left(\sum_{i=1}^{4} x_i\right)^2\right)$$

$$= \frac{1}{3}\left(4{,}092 - 4{,}093\right)$$

$$= -\frac{0{,}001}{3} \approx -0{,}0003.$$

Wenn man statt des Verschiebungssatzes die Definition der Stichprobenvarianz verwendet hätte, so erhält man mithilfe der nachfolgenden Rechnung einen positiven Näherungswert für das exakte Ergebnis:

$$\frac{1}{3} \sum_{i=1}^{4} (x_i - x_M)^2 = \frac{1}{3} \big((1{,}019 - 1{,}012)^2 + (1{,}008 - 1{,}012)^2$$
$$+ (1{,}012 - 1{,}012)^2 + (1{,}007 - 1{,}012)^2\big)$$
$$\approx 0{,}00003.$$

D. h., die unterschiedlichen Vorgehensweisen liefern unterschiedliche Ergebnisse, und es hängt vom Problem ab, welches die güstigere Vorgehensweise ist.

Anmerkung 2.6 Bei der Herleitung bzw. beim Beweis des Verschiebungssatzes für die Stichprobenvarianz haben wir gesehen, dass sich der in der Definiton der Stichprobenvarianz gegebene Ausdruck

$$\frac{1}{N-1} \sum_{i=1}^{N} (x_i - x_M)^2$$

durch die bloße Anwendung mathematisch korrekter Rechenregeln in den durch den Verschiebungssatz gegebenen Ausdruck

$$\frac{1}{N-1} \left(\left(\sum_{i=1}^{N} x_i^2 \right) - N \cdot x_M^2 \right)$$

überführen lässt. Das vorangegangene Beispiel hat uns jedoch gezeigt, dass beide mathematisch äquivalenten Ausdrücke bei der konkreten Anwendung mit eventuell gerundeten (also mit Fehlern behafteten) Werten (z. B. aufgrund von vorgegebenen Rechengenauigkeiten) zu unterschiedlichen Ergebnissen führen kann. Hieraus ergibt sich somit das Fazit, dass es mitunter probleminduziert ist, welcher der angewendeten Rechenwege für eine konkrete Situation geeigneter bzw. anzuwenden ist. Die Anwendung eines für ein explizites Problem unter Umständen ungeeigneten Lösungswegs kann somit zu offenbar unsinnigen Ergebnissen führen, während andererseits ein mathematisch betrachtet äquivalenter Lösungsansatz, bei dem die Rechenschritte z. B. in einer anderen Reihenfolge stattfinden, zu einer geeigneten Antwort führt.

Aber nicht nur bei der Subtraktion pflanzen sich Fehler fort und können sich unter Umständen noch weiter verstärken. Dies gilt auch für die übrigen arithmetischen Rechenoperationen wie der Addition, der Multiplikation und der Division. Für $x \neq 0$, $y \neq 0$ mit $x \pm y \neq 0$ erhält man für die arithmetischen Rechenoperationen die nachfolgenden *Fehlerfortpflanzungen*:

1. Für die Addition und Subtraktion:

$$\frac{AbsF(x_F \pm y_F)}{x \pm y} = \frac{AbsF(x_F) \pm AbsF(y_F)}{x \pm y}$$

$$= \frac{(x_F - x) \pm (y_F - y)}{x \pm y}$$

$$= \frac{x}{x \pm y}\left(\frac{AbsF(x_F)}{x}\right) \pm \frac{y}{x \pm y}\left(\frac{AbsF(y_F)}{y}\right).$$

2. Für die Multiplikation:

$$\frac{AbsF(x_F \cdot y_F)}{x \cdot y} = \frac{x_F \cdot y_F - x \cdot y}{x \cdot y}$$

$$= \frac{(AbsF(x_F) + x) \cdot (AbsF(y_F) + y) - x \cdot y}{x \cdot y}$$

$$= \frac{AbsF(x_F)}{x} + \frac{AbsF(y_F)}{y} + \frac{AbsF(x_F)}{x} \cdot \frac{AbsF(y_f)}{y}$$

$$\doteq \frac{AbsF(x_F)}{x} + \frac{AbsF(y_F)}{y}.$$

Hierbei bedeutet das Symbol $\doteq$, dass das Produkt (bzw. generell Produkte) von Fehlern vernachlässigt wird (werden). Dies ist ein Standardvorgehen, um komplizierte Fehlerausdrücke möglichst weit vereinfachen zu können.

3. Für die Division:

$$\frac{AbsF(x_F/y_F)}{x/y} = \frac{x_F/y_F - x/y}{x/y}$$

$$= \frac{\frac{x_F \cdot y - y_F \cdot x}{y_F \cdot y}}{x/y}$$

$$= \frac{x_F \cdot y - y_F \cdot x}{y_F \cdot x}$$

$$= \frac{AbsF(x_F) \cdot y - AbsF(y_F) \cdot x}{y \cdot x + AbsF(y_F) \cdot x}$$

$$= \frac{AbsF(x_F) \cdot y - AbsF(y_F) \cdot x}{y \cdot x} \cdot \frac{1}{1 + \frac{AbsF(y_F)}{y}}$$

$$= \frac{AbsF(x_F) \cdot y - AbsF(y_F) \cdot x}{y \cdot x} \cdot \left(\sum_{k=0}^{\infty}\left(\frac{AbsF(y_F)}{y}\right)^k\right)$$

$$= \frac{AbsF(x_F) \cdot y - AbsF(y_F) \cdot x}{y \cdot x} \cdot \left(1 + \sum_{k=1}^{\infty}\left(\frac{AbsF(y_F)}{y}\right)^k\right)$$

$$\doteq \frac{AbsF(x_F)}{x} - \frac{AbsF(y_F)}{y}.$$

Hierbei haben wir $|AbsF(y_F)/y| < 1$ angenommen, so dass wir den Ausdruck $1/\left(1 + \frac{AbsF(y_F)}{y}\right)$ mithilfe der geometrischen Reihe (siehe Anmerkung 2.5) ersetzen konnten.

Zur Fehlerrechnung generell und auch noch weit ausführlicher siehe z. B. [14, Kapitel 1.2 „Fehlerquellen", Seiten 7–15], [16, Kapitel 1.2 bis 1.4, Seiten 4–19] und [18, Seiten 17 ff.]. Auf die Fehlerrechnung kehren wir auch noch einmal in Kap. 17 erneut zurück. Eine weitere Vertiefung dieses Themas an dieser Stelle ist nicht sinnvoll, da uns zum jetzigen Zeitpunkt noch einige Kenntnisse fehlen, die wir jedoch für eine noch weitere und detailliertere Behandlung der Fehlerfortpflanzung/Fehlerrechnung benötigen.

Übungsaufgaben

2.1 Berechnen Sie folgende Ausdrücke und schreiben Sie das Ergebnis als Bruch. Kürzen Sie, wenn dies möglich ist.

(a) $\frac{5}{4} \cdot \frac{2}{3}$ (b) $\frac{4}{3} + \frac{5}{3}$ (c) $\frac{2}{3} / \frac{3}{6}$ (d) $\frac{4^2}{2} \cdot \frac{1}{4}$

(e) $\frac{\frac{3}{7}}{\frac{5}{7}}$ (f) $\left(\frac{2}{3} - \frac{1}{4}\right) \cdot \left(\frac{2}{7} + \frac{1}{3}\right)$ (g) $\frac{3 + \frac{1}{2}}{4 - \frac{1}{3}}$

2.2 Rechnen Sie folgende Terme aus.

(a) $(a + b + c)^2$ (b) $(a + b)(a^2 - ab + b^2)$

(c) $(a + b)^2 (a - b)$ (d) $(a + b)^3$

2.3
1. Schreiben Sie $8^{1/2}$, $2^{3/4}$, $x^{-1/4}$ als Wurzel.
2. Berechnen Sie $\sqrt{(a - b)^2}$ für $b > a$.

2.4
1. Die beiden unterschiedlichen Seiten eines Rechtecks werden je um 30 % vergrößert. Um wie viel Prozent vergrößert sich dann der Flächeninhalt des Rechtecks?
2. Die drei unterschiedlichen Seitenflächen eines Quaders werden je um 40 % vergrößert. Um wie viel Prozent vergrößern sich damit die Oberfläche und das Volumen des Quaders?

2.5 Zeigen Sie mithilfe einer vollständigen Induktion über n, dass die sogenannten Fibonacci-Zahlen, die durch die Rekursionsformel $F(n+1) = F(n) + F(n-1)$ mit $F(1) = F(2) = 1$ definiert sind, die Gleichung

$$F(n) = \frac{1}{\sqrt{5}} \left(\left(\frac{1+\sqrt{5}}{2} \right)^n - \left(\frac{1-\sqrt{5}}{2} \right)^n \right)$$

erfüllen.

2.6 Beweisen Sie mithilfe des Prinzips der vollständigen Induktion die nachfolgenden Aussagen:

1. Für $n \geq 4$ gilt: $2^n < n!$.
2. Für $n \neq 3$ gilt: $n^2 \leq 2^n$.

2.7 Zeigen Sie mithilfe des Binomischen Lehrsatzes, dass für jede reelle Zahl $x \geq 0$ und jede natürliche Zahl $n \geq 2$ die Ungleichung

$$(1+x)^n > \frac{n^2}{4} x^2$$

erfüllt ist.

2.8 Beweisen Sie mithilfe des Prinzips der vollständigen Induktion die nachfolgende Aussage. Für $n \in \mathbb{N}$ gilt:

$$\sum_{k=1}^{n} k = \frac{n \cdot (n+1)}{2}. \tag{2.16}$$

(2.16) wird auch Gauß'sche Summe oder Gauß'sche Summenformel genannt.

2.9
1. Sechs Kühe fressen an einem Tag 200 kg Gras. Wie viel kg Gras fressen vier Kühe in sieben Stunden?
2. In drei Stunden legt ein Fahrzeug bei konstanter Geschwindigkeit 210 km zurück, wie weit kommt es in 7,5 Stunden?
3. Die Organisationsabteilung einer Bücherei plant für die Umgestaltung der Verkaufsräume eine Zeit von 42 Arbeitstagen ein. Dazu sind 17 Arbeitskräfte erforderlich, die acht Stunden/Tag arbeiten. Nach zehn Arbeitstagen erkranken vier Arbeitskräfte. Ihre Arbeitsunfähigkeit erstreckt sich über einen Zeitraum von sieben Arbeitstagen. Ermitteln Sie, wie viel Überstunden während der Krankheitszeit der vier Arbeitskräfte je Mitarbeiter und Arbeitstag vorgesehen werden müssen, wenn der geplante Termin eingehalten werden soll.
4. Eine Person zahlt für drei gleich teure Bücher 18 Euro. Wie viel Euro kosten dann acht dieser gleich teuren Bücher?

Literatur

1. Becker, M.: http://www.ijon.de/mathe/fibonacci/node9.html (2008). Zugegriffen: 26. Mai 2015

2. Breuer, H.: dtv-Atlas zur Physik. Deutscher Taschenbuch Verlag GmbH & Co. KG, München (1987)

3. Cann, A. J.: Mathe für Biologen. Wiley-Vch, Weinheim (2004)

4. Hafner, L. und Hoff, P.: Genetik. Neubearbeitung. Schroedel Schulbuchverlag GmbH, Hannover (1988)

5. Hutchison, A. L. und Hutchison, R. L.: Fibonacci, Littler, and the Hand: A Brief Review Hand (N.Y.) **5**(4), 364–368 (2010)

6. Jacobs, K.: Resultate: Ideen und Entwicklungen in der Mathematik. Band 1 Proben mathematischen Denkens. Friedr. Vieweg & Sohn Verlagsgesellschaft mbH, Braunschweig/Wiesbaden (1987)

7. Jean, R. V.: Phyllotaxis: Plant Morphogenes: A Systemic Study in Plant Morphogenesis. Cambridge University Press, Cambridge (1994)

8. Kull, U. und Knodel, H.: Genetik und Molekularbiologie. 2. Aufl., J. B. Metzlersche Verlagsbuchhandlung und Carl Ernst Poeschel Verlag GmbH, Stuttgart (1980)

9. Nultsch, W.: Allgemeine Botanik. 9. neubearb. Aufl., Georg Thieme Verlag, Stuttgart, New York (1991)

10. Ortlieb, C. P., von Dresky, C., Gasser, I. und Günzel, S.: Mathematische Modellierung: eine Einführung in zwölf Fallstudien. Springer, Heidelberg (2013)

11. Park, A. E., Fernandez, J. J., Schmedders, K., Cohen, M. S.: The Fibonacci Sequence: Relationship to the Human Hand. Journal of Hand Surgery **28**(1), 157–160 (2003)

12. Pschyrembel Klinisches Wörterbuch. 259. neubearb. Aufl., Walter de Gruyter GmbH & Co. KG, Berlin (2002)

13. RauchStoppZentrum Zürich: http://www.rauchstoppzentrum.ch/0189fc92f11229701/0189fc93040dae802 (2015). Zugegriffen: 26. Mai 2015

14. Schaback, R. und Werner, H.: Numerische Mathematik. 4. Aufl., Springer, Berlin, Heidelberg, New York (1992)

15. Singh, S.: Fermats letzter Satz. Deutscher Taschenbuch Verlag GmbH & Co. KG, München (2000)

16. Stoer, J.: Numerische Mathematik 1. 5. Aufl., Springer, Berlin, Heidelberg, New York (1989)

17. Tallack, P. (Hrsg.): Meilensteine der Wissenschaft. Spektrum Akademischer Verlag Heidelberg, Berlin (2002)

18. Timischl, W.: Biomathematik. 2. Aufl., Springer, Wien, New York (1995)

19. Wolf, K.: Genetik. 2. überarb. Aufl., Westermann Schulbuchverlag GmbH, Braunschweig (1984)

Rechnen mit Ungleichungen   **3**

Wir wollen uns nun dem Umgang mit Ungleichungen zuwenden. Die meisten Leserinnen/Leser werden wissen, wie man mit einer Gleichung rechnen, sie manipulieren bzw. wie man sie geeignet umformen darf. Das Rechnen mit Ungleichungen hingegen ist einigen sicher noch etwas „unheimlich".

3.1   Grundregeln für das Rechnen mit Ungleichungen

Beim Rechnen mit Ungleichungen geht man im Prinzip genauso vor wie bei Gleichungen. Allerdings muss man hierbei das Nachfolgende stets berücksichtigen.

1. Es seien x und y beliebige reelle Zahlen. Dann gilt

$$x \leq y \text{ genau dann, wenn } x + z \leq y + z \text{ für alle } z \in \mathbb{R} \text{ gilt, und}$$
$$x < y \text{ genau dann, wenn } x + z < y + z \text{ für alle } z \in \mathbb{R} \text{ gilt.}$$

2. Es seien nun x, y, u und v beliebige reelle Zahlen. Wenn

$$x \leq y \text{ und } u \leq v \text{ sind, so folgt } x + u \leq y + v$$

und analog gilt eben auch, wenn

$$x < y \text{ und } u < v \text{ sind, so folgt } x + u < y + v.$$

3. Es seien x, y und a beliebige reelle Zahlen. Wenn

$$x \leq y \text{ und } a > 0 \text{ dann folgt daraus, dass } a \cdot x \leq a \cdot y.$$

Analog gelten auch:

$$\text{wenn } x < y \text{ und } a > 0 \text{ dann folgt daraus, dass } a \cdot x < a \cdot y,$$
$$\text{wenn } x \leq y \text{ und } a < 0 \text{ dann folgt daraus, dass } a \cdot x \geq a \cdot y,$$
$$\text{wenn } x < y \text{ und } a < 0 \text{ dann folgt daraus, dass } a \cdot x > a \cdot y.$$

© Springer-Verlag GmbH Deutschland, ein Teil von Springer Nature 2020   55
D. Horstmann, *Mathematik für Biologen*, DOI 10.1007/978-3-662-62669-6_3

4. Wenn x, y, a und b beliebige reelle Zahlen mit den Eigenschaften

$$0 \leq x \leq y \quad \text{und} \quad 0 < a \leq b$$

sind, so gilt auch

$$0 \leq a \cdot x \leq b \cdot y.$$

5. Für jede beliebige reelle Zahl x gilt:

$$x^2 \geq 0.$$

Mithilfe von drei Beispielen wollen wir zeigen, wie man Ungleichungen löst. Man muss nämlich vorsichtig sein, wenn Beträge oder Potenzen in einer Ungleichung vorkommen.

Beispiel 3.1 Welche x aus der Menge der reellen Zahlen lösen die Ungleichung

$$4 \cdot x + 3 \leq 18?$$

Wir wenden die eben angegebenen Rechenvorschriften für Ungleichungen an und subtrahieren auf beiden Seiten die Zahl 3. Damit erhalten wir:

$$4 \cdot x \leq 15.$$

Nun teilen wir die Ungleichung durch die positive Zahl 4. Da die Division durch eine positive Zahl nichts anderes ist als die Multiplikation mit dem Kehrwert dieser Zahl, dreht sich das Ungleichheitszeichen nicht um, sondern bleibt bei einem derartigen Rechenvorgang erhalten. Wir sehen also, dass

$$x \leq \frac{15}{4}$$

gelten muss und somit die Lösungsmenge durch die Menge

$$\left\{ x \in \mathbb{R} \;\middle|\; x \leq \frac{15}{4} \right\}$$

gegeben ist.

Beispiel 3.2 Welche x aus der Menge der reellen Zahlen lösen die Ungleichung

$$4 \cdot x^2 + 3 \leq 18?$$

Zunächst können wir wie auch im vorangegangenen Beispiel vorgehen und gelangen zu der Gleichung

$$x^2 \leq \frac{15}{4}.$$

Nun müssen wir die Wurzel ziehen. Hierbei müssen wir jedoch vorsichtig sein. Es sind plötzlich zwei Fälle möglich.

1. Fall: $x \geq 0$

$$x \leq \sqrt{\frac{15}{4}}.$$

2. Fall: $x \leq 0$

$$-x \leq \sqrt{\frac{15}{4}}.$$

Dieser Fall bedeutet aber nichts anderes als:

$$x \geq -\sqrt{\frac{15}{4}}.$$

Da wir bei der Angabe der Lösungsmenge beide Fälle berücksichtigen müssen, erhalten wir also als Lösungsmenge die Menge aller reellen Zahlen x, die kleiner als $\sqrt{15/4} = \sqrt{15}/2$ und größer als $-\sqrt{15}/2$ sind, d. h. die Menge

$$\left\{ x \in \mathbb{R} \;\middle|\; -\frac{\sqrt{15}}{2} \leq x \leq \frac{\sqrt{15}}{2} \right\}.$$

Beispiel 3.3 Welche Menge ist durch die Ungleichung

$$\left| |x^2 - 4| - \frac{1}{8} \right| < 3$$

festgelegt?

Dies ist nun von allen drei Beispielen das Schwierigste! Wir werden mehrere Fallunterscheidungen vornehmen müssen. Für die Analyse dieser Gleichung bemerken wir zunächst, dass aus einer Ungleichung vom Typ

$$|x| < a, \quad \text{für } a \in \mathbb{R}$$

unmittelbar

$$-a < x < a, \quad \text{für } a \in \mathbb{R}$$

folgt. Dies werden wir im Nachfolgenden verwenden, um den Beweis etwas abzukürzen.

1. Fall: Wir nehmen zunächst an, dass

$$x^2 - 4 \geq 0$$

ist.

Unter dieser Annahme lautet unsere Ungleichung:

$$-3 < x^2 - 4 - \frac{1}{8} < 3.$$

Zuerst addieren wir auf beiden Seiten den Wert $4\frac{1}{8}$ hinzu. Dies führt uns auf die Ungleichung

$$1 + \frac{1}{8} < x^2 < 7 + \frac{1}{8} \quad \text{bzw.} \quad \frac{9}{8} < x^2 < \frac{57}{8}. \tag{3.1}$$

Wenn wir jetzt die Wurzel ziehen, müssen wir genauso vorgehen wie in Beispiel 3.2, d. h., wir müssen erneut eine Fallunterscheidung machen.
a. Unterfall: Wir nehmen also an, dass

$$x \geq 0$$

ist.
In diesem Fall lautet die Ungleichung also:

$$\frac{3}{\sqrt{8}} < x < \sqrt{\frac{57}{8}}.$$

Das bedeutet, dass wir die erste Teillösungsmenge für unsere Ungleichung gefunden haben, nämlich die Menge aller reellen Zahlen, die größer $3/\sqrt{8}$ sind und echt kleiner als $\sqrt{57/8}$ sind. Anders ausgedrückt also die Menge

$$\left\{ x \in \mathbb{R} \ \middle| \ \frac{3}{\sqrt{8}} < x < \sqrt{\frac{57}{8}} \right\}.$$

b. Unterfall: $x < 0$, d. h., unsere Ungleichung lautet:

$$\frac{2}{\sqrt{8}} < -x < \sqrt{\frac{57}{8}} \quad \text{bzw.} \quad -\frac{2}{\sqrt{8}} > x > -\sqrt{\frac{57}{8}}.$$

In diesem Fall haben wir die Lösungmenge

$$\left\{ x \in \mathbb{R} \ \middle| \ -\sqrt{\frac{57}{8}} < x < -\frac{3}{\sqrt{8}} \right\}.$$

Mittels der Intervallschreibweise kann man diese beiden Lösungsmengen wie folgt zusammenfassen. Die Ungleichung wird also unter anderem von allen reellen Zahlen erfüllt, die entweder im Intervall $(-\sqrt{57/8}, -3/\sqrt{8})$ oder im Intervall $(3/\sqrt{8}, \sqrt{57/8})$ liegen.

Die Lösungsmenge ist also das Intervall $(-\sqrt{57/8}, -3/\sqrt{8})$, vereinigt mit dem Intervall $(3/\sqrt{8}, \sqrt{57/8})$, was auch mit

$$\left\{ x \in \mathbb{R} \ \middle| \ x \in \left(-\sqrt{\frac{57}{8}}, -\frac{3}{8}\right) \cup \left(\frac{3}{\sqrt{8}}, \sqrt{\frac{57}{8}}\right) \right\}$$

dargestellt wird.

2. Fall: Wir nehmen nun an, dass

$$x^2 - 4 < 0$$

ist.

Diesmal lautet die Ungleichung somit:

$$-3 < -x^2 + 4 - \frac{1}{8} < 3 \quad \text{bzw.} \quad \frac{55}{8} > x^2 > \frac{7}{8}. \tag{3.2}$$

Erneut müssen wir nun beim Wurzelziehen eine Fallunterscheidung vornehmen.

a. Unterfall: $x \geq 0$, d. h., unsere Ungleichung lautet:

$$\sqrt{\frac{55}{8}} > x > \sqrt{\frac{7}{8}}.$$

Das bedeutet, dass wir die zweite Teillösungsmenge für unsere Ungleichung gefunden haben, nämlich die Menge aller reellen Zahlen, die größer als $\sqrt{7/8}$ und kleiner $\sqrt{55/8}$ sind. Anders ausgedrückt also die Menge

$$\left\{ x \in \mathbb{R} \ \middle| \ \sqrt{\frac{7}{8}} < x < \sqrt{\frac{55}{8}} \right\}.$$

b. Unterfall: $x < 0$, d. h., unsere Ungleichung lautet:

$$\sqrt{\frac{55}{8}} > -x > \sqrt{\frac{7}{8}} \quad \text{bzw.} \quad -\sqrt{\frac{7}{8}} > x > -\sqrt{\frac{55}{8}}.$$

ist. Die dritte Teillösungsmenge für unsere Ungleichung ist somit die Menge aller reellen Zahlen, die kleiner als $-\sqrt{7/8}$ und größer $-\sqrt{55/8}$ sind. Anders ausgedrückt also die Menge

$$\left\{ x \in \mathbb{R} \ \middle| \ -\sqrt{\frac{55}{8}} < x < -\sqrt{\frac{7}{8}} \right\}.$$

Wir fassen somit die beiden berechneten Teillösungsmengen zu einer Menge zusammen. Die Ungleichung wird also unter anderem von all den reellen Zahlen erfüllt, die entweder echt größer als $\sqrt{7/8}$, aber echt kleiner $\sqrt{57/8}$ oder echt kleiner als $-\sqrt{7/8}$, aber echt größer $-\sqrt{57/8}$ sind. Wir erhalten also letztendlich die Lösungsmenge:

$$\left\{ x \in \mathbb{R} \,\middle|\, x \in \left(-\sqrt{\frac{57}{8}}, -\sqrt{\frac{7}{8}} \right) \cup \left(\sqrt{\frac{7}{8}}, \sqrt{\frac{57}{8}} \right) \right\}.$$

3.2 Beschränktheit von Mengen

Mithilfe von Ungleichungen lassen sich Eigenschaften von Mengen angeben und einführen, die wir im weiteren Verlauf benötigen werden.

Definition 3.1
Eine Menge $M \subset \mathbb{R}$ heißt nach oben (unten) beschränkt, wenn es ein $s \in \mathbb{R}$ gibt, das größer oder gleich (kleiner oder gleich) jedem anderen Element aus der Menge M ist, d. h., wenn $m \leq s$ ($m \geq s$) für alle Elemente $m \in M$ gilt. Das Element s nennt man dann obere (untere) Schranke.

Die kleinste obere Schranke einer Menge M nennt man Supremum, und die größte untere Schranke nennt man Infimum der Menge M. Ist das Supremum (Infimum) selbst in der Menge M enthalten, so bezeichnet man es als das Maximum (Minimum) der Menge M.

Anmerkung 3.1 Jede nichtleere nach oben (unten) beschränkte Teilmenge der reellen Zahlen $\mathbb{R}$ hat ein Supremum (Infimum).

Beispiel 3.4 (Beispiele für beschränkte und unbeschränkte Mengen)
1. Die Menge $\mathbb{N}$ der natürlichen Zahlen ist als Teilmenge der reellen Zahlen betrachtet nach unten beschränkt.
2. Die Menge $\mathbb{Z}$ der ganzen Zahlen und die Menge $\mathbb{Q}$ der rationalen Zahlen sind als Teilmengen der reellen Zahlen $\mathbb{R}$ weder nach oben noch nach unten beschränkt.
3. Die Menge
$$M := \{ x \in \mathbb{R} \mid x^2 \leq 2 \}$$

ist nach oben und unten beschränkt mit

$$\sup M := \text{ Supremum der Menge } M = \sqrt{2}$$

und

$$\inf M := \text{ Infimum der Menge } M = -\sqrt{2}.$$

Des Weiteren gilt:

$$\sup M = \max M := \text{Maximum der Menge } M$$

und

$$\inf M = \min M := \text{Minimum der Menge } M.$$

4. Die Menge

$$\{x \in \mathbb{R} \mid x \in (1,4)\}$$

ist nach oben und nach unten beschränkt mit

$$1 = \inf M \quad \text{und} \quad 4 - \sup M.$$

Übungsaufgaben

3.1 Welche der folgenden Mengen ist nach oben bzw. nach unten beschränkt?

(a) $\{x \in \mathbb{R} \mid x < 0\}$ (b) $\{5^n \mid n \in \mathbb{Z}\}$

(c) $\{x^3 \mid x \in \mathbb{R}\}$ (d) $\{x \mid x \in \mathbb{R}\}$

(e) $\{a^n \mid n \in \mathbb{Z}, a > 0\}$ (f) $\{\frac{4}{1+n!} \mid n \in \mathbb{N}\}$

(g) $\{x \in \mathbb{R} \mid x^3 < 27\}$ (h) $\{(-1)^n \mid n \in \mathbb{N}\}$

Geben Sie, soweit möglich, auch das Infimum und das Supremum der Mengen an.

3.2 Welche Menge ist durch die Ungleichung

$$\left| |x^2 - 2| - \frac{1}{5} \right| < \frac{2}{3}$$

festgelegt?

3.3 Lösen Sie die nachfolgenden Ungleichungen:

(a) $\frac{x+2}{x+8} \leq 4$ (b) $x^5 < x$

(c) $\frac{5x^2}{9x^2-25} > 0$ (d) $x^4 + 2x^2 > 6$

(e) $|x - 5| < 10^{-3}$ (f) $|x^3| < |x|.$

Polynome und Polynomdivision 4

Wenn im binomischen Lehrsatz (2.9) eine der beiden Zahlen a oder b unbekannt ist und durch eine Variable, die z. B. mit einem x dargestellt und ersetzt wird, die andere aber bekannt ist, so erhält man durch die rechte Seite in (2.9) einen Ausdruck der Form

$$a_n x^n + a_{n-1} x^{n-1} + \ldots + a_1 x + a_0,$$

wobei hier $n \in \mathbb{N}_0$ eine natürliche Zahl ist und die *Koeffizienten* a_i für alle $i \in \{0, \ldots, n\}$ beliebige reelle Zahlen mit $a_n \neq 0$ sind. Einen solchen Ausdruck nennt man ein *Polynom vom Grad n*. Den Koeffizienten a_0 bezeichnet man auch als *Term nullter Ordnung* bzw. als *Term der Ordnung Null*. Wenn $a_i = 0$ für alle $i \in \{0, \ldots, n\}$ gilt, so spricht man von dem sogenannten *Nullpolynom*.

4.1 Rechenoperationen mit Polynomen

Man kann Polynome addieren, subtrahieren, multiplizieren und dividieren. Während wir uns der Polynomdivision in einem gesonderten Abschnitt zuwenden werden, lassen sich die Polynomaddition, -subtraktion und -multiplikation schnell erkären.

1. Polynomaddition: Man addiert zwei Polynome, indem man die Koeffzienten vor den jeweilig gleichen Potenzen der Unbekannten miteinander addiert. Wenn man also z. B. für $n > m$ die Polynome

$$a_n x^n + a_{n-1} x^{n-1} + \ldots + a_1 x + a_0$$

und

$$b_m x^m + b_{m-1} x^{m-1} + \ldots + b_1 x + b_0,$$

© Springer-Verlag GmbH Deutschland, ein Teil von Springer Nature 2020
D. Horstmann, *Mathematik für Biologen*, DOI 10.1007/978-3-662-62669-6_4

addieren will, so liefert uns das

$$(a_n x^n + a_{n-1} x^{n-1} + \ldots + a_1 x + a_0) + (b_m x^m + b_{m-1} x^{m-1} + \ldots + b_1 x + b_0)$$
$$= a_n x^n + a_{n-1} x^{n-1} + \ldots + a_{m+1} x^{m+1}$$
$$+ (a_m + b_m) x^m + (a_{m-1} + b_{m-1}) x^{m-1} + \ldots + (a_1 + b_1) x + (a_0 + b_0).$$

2. Polynomsubtraktion: Analog zur Polynomaddition definiert man die Differenz zweier Polynome als das Polynom, das man erhält, wenn man die Koeffzienten vor den jeweilig gleichen Potenzen der Unbekannten voneinander abzieht. Das bedeutet für

$$a_n x^n + a_{n-1} x^{n-1} + \ldots + a_1 x + a_0$$

und

$$b_m x^m + b_{m-1} x^{m-1} + \ldots + b_1 x + b_0,$$

mit $m < n$ also:

$$(a_n x^n + a_{n-1} x^{n-1} + \ldots + a_1 x + a_0) - (b_m x^m + b_{m-1} x^{m-1} + \ldots + b_1 x + b_0)$$
$$= a_n x^n + a_{n-1} x^{n-1} + \ldots + a_{m+1} x^{m+1}$$
$$+ (a_m - b_m) x^m + (a_{m-1} - b_{m-1}) x^{m-1} + \ldots + (a_1 - b_1) x + (a_0 - b_0).$$

3. Polynommultiplikation: Die Multiplikation von Polynomen ist wie die übliche Multiplikation definiert, d. h.:
Die Summanden des einen Polynoms müssen jeweils mit allen Summanden des anderen Polynoms zunächst multipliziert werden, und die so entstehenden Produkte werden hiernach miteinander addiert.

Beispiel 4.1

$$(3x^5 - 14x^4 + 3x^3 - 2x^2 + 17) + (2x^6 - x^5 + 10x^4 + 2x - 15)$$
$$= 2x^6 + 2x^5 - 4x^4 + 3x^3 - 2x^2 + 2x + 2$$

Beispiel 4.2

$$(2x^3 - 4x + 2) \cdot (x^2 + 2x) = x^2 \cdot (2x^3 - 4x + 2) + 2x \cdot (2x^3 - 4x + 2)$$
$$= (2x^5 - 4x^3 + 2x^2) + (4x^4 - 8x^2 + 4x)$$
$$= 2x^5 + 4x^4 - 4x^3 - 6x^2 + 4x.$$

4.2 Polynomdivision

Die Lösungen der Gleichung

$$a_n x^n + a_{n-1} x^{n-1} + \ldots + a_1 x + a_0 = 0 \qquad (4.1)$$

nennt man *Nullstellen* des Polynoms. Diese Werte sind in vielen Zusammenhängen von Interesse. Daher ist die Frage, ob solche Werte existieren und wie man sie gegebenenfalls findet, eine Fragestellung, der wir hier nachgehen müssen. Zunächst aber drei Beispiele.

Beispiel 4.3 Das Polynom

$$2x^2 - 4x + 2$$

ist vom Grad 2 und hat nur die reelle Nullstelle $x = 1$.

Beispiel 4.4 Das Polynom

$$x^2 + 2$$

ist vom Grad 2 und hat keine reelle Nullstellen.

Beispiel 4.5 Das Polynom

$$x^5 - 9x^4 + 26x^3 - 24x^2$$

ist vom Grad 5 und hat die reellen Nullstellen $x_1 = 0$, $x_2 = 2$, $x_3 = 3$ und $x_4 = 4$.

Wir suchen also die Werte, die in x eingesetzt, (4.1) zu einer wahren Aussage werden lassen. Es stellt sich also die Frage, wie viele dieser Werte es überhaupt gibt. Die Antwort auf diese Frage gibt uns der nachfolgende Satz.

Theorem 4.1
Ein Polynom vom Grad n hat höchstens n verschiedene reelle Nullstellen.

Wir können also maximal n unterschiedliche reelle Werte finden, die, in x eingesetzt, (4.1) zu einer wahren Aussage machen. Es wäre natürlich hilfreich, wenn man das Polynom so umformen könnte, dass man die Nullstelle direkt ablesen kann. Das gelänge, wenn wir das Polynom als Produkt von Polynomen erster und gegebenenfalls auch höherer Ordnung darstellen können. Wir müssen also versuchen, eine vorangegangene mögliche Polynommultiplikation rückgängig zu machen.

Bei der Polynommultiplikation haben wir gesehen, dass die Terme nullter Ordnung miteinander multipliziert wurden. Das bedeutet, dass mögliche ganzzahlige

Nullstellen des Polynoms nur Teiler des Terms der Ordnung Null sein können. Die nun angewendete Strategie besteht darin, zunächst eine Nullstelle des Polynoms durch „Raten" zu finden, indem man alle möglichen Teiler des Terms a_0 in (4.1) einsetzt und schaut, ob für einen dieser Werte die Gleichung erfüllt wird. Ist so ein Wert b_0 gefunden, geht man wie folgt weiter vor.

Wie bei der schriftlichen Division sieht man sich zunächst die höchste x-Potenz des Polynoms an. Dies ist in unserem Fall der Term $a_n x^n$. Nun multipliziert man den Faktor $(x - b_0)$ mit $a_n x^{n-1}$ und subtrahiert das so entstandene Produkt von dem Polynom. D. h., dass man so das Polynom

$$(a_{n-1} + a_n b_0)x^{n-1} + a_{n-2}x^{n-2} + \ldots + a_1 x + a_0$$

erhält. Man hält nun „buchhalterisch" die einzelnen Schritte fest, d. h.

$$(a_n x^n + a_{n-1}x^{n-1} + \ldots + a_1 x + a_0) : (x - b_0)$$
$$= a_n x^{n-1} + \frac{(a_{n-1} + a_n b_0)x^{n-1} + a_{n-2}x^{n-2} + \ldots + a_1 x + a_0}{x - b_0} \tag{4.2}$$

Dieses Vorgehen wiederholt man nun so lange, wie eine derartige Strategie anwendbar ist. In der Tat ist dies so lange möglich, bis der letzte Term in (4.2) entweder wegfällt oder maximal ein Polynom erster Ordnung im Zähler übrig bleibt. Ist das Letztere der Fall, so hätte man sich bei der Überprüfung, ob b_0 tatsächlich eine Nullstelle ist, vertan und man müsste erneut von vorne beginnen.

Geht das obige Vorgehen jedoch glatt auf, so hat man das Polynom n-ter Ordnung in das Produkt eines Polynoms erster Ordnung und eines Polynoms $(n-1)$-ter Ordnung zerlegt. Man würde nun im weiteren Verlauf nach den Nullstellen des Polynoms $(n-1)$-ter Ordnung suchen, bis man ein Polynom erhält, das keine Nullstellen besitzt.

Anmerkung 4.1 Das hier beschriebene Verfahren nennt man *Polynomdivision*, wobei wir bemerken wollen, dass die Division durch Polynome höherer Ordnung analog zu der beschriebenen Vorgehensweise erklärt ist.

Beispiel 4.6 Wir suchen die Nullstellen des Polynoms:

$$x^5 - 9x^4 + 26x^3 - 24x^2 = x^2 \cdot (x^3 - 9x^2 + 26x - 24).$$

Offensichtlich ist $x_1 = 0$ eine Nullstelle. Um weitere zu finden, betrachten wir das Polynom

$$x^3 - 9x^2 + 26x - 24.$$

In der Menge der natürlichen Zahlen hat die Zahl 24 die möglichen Teiler 1, 2, 3, 4, 6, 8 und 12. Setzt man diese Werte nacheinander in das Polynom für x ein, so ist man bereits mit der 2 fündig geworden. Nun multiplizieren wir also den Term

$(x - 2)$ mit dem Faktor $1 \cdot x^2$ und ziehen das Produkt dieser beiden Terme vom Polynom $x^3 - 9x^2 + 26x - 24$ ab. Es gilt:

$$(x - 2) \cdot x^2 = x^3 - 2x^2.$$

Somit ergibt sich:

$$(x^3 - 9x^2 + 26x - 24) - (x^3 - 2x^2) = -7x^2 + 26x - 24.$$

Damit haben wir zunächst, dass

$$(x^3 - 9x^2 + 26x - 24) : (x - 2) = x^2 + \frac{-7x^2 + 26x - 24}{x - 2}$$

ist. Jetzt wiederholen wir die Strategie für das Polynom $-7x^2 + 26x - 24$ und gelangen so zu:

$$(-7x^2 + 26x - 24) : (x - 2) = -7x + \frac{12x - 24}{x - 2} = -7x + 12.$$

Somit ergibt sich also:

$$(x^3 - 9x^2 + 26x - 24) : (x - 2) = x^2 - 7x + 12.$$

Nun betrachten wir das Polynom $x^2 - 7x + 12$ und suchen die Nullstellen dieses Polynoms. Hierbei gehen wir genauso vor wie bisher beschrieben. Man erhält dann insgesamt:

$$x^5 - 9x^4 + 26x^3 - 24x^2 = x^2 \cdot (x - 2) \cdot (x - 3) \cdot (x - 4).$$

Beispiel 4.7 In diesem Beispiel wollen wir eine Polynomdivision mit einem Polynom höherer Ordnung durchführen. Wir wollen ermitteln, was

$$(4x^3 - 6x^2 + 5x - 1) : (2x^2 - x + 1)$$

ergibt. Zunächst betrachten wir also die Terme der höchsten Ordnungen der beiden Faktoren und schauen, mit welchem Faktor wir den führenden Term des Polynoms, durch das wir teilen, multiplizieren müssen, damit wir den Term höchster Ordnung des Polynoms erhalten, das geteilt werden soll. In diesem Fall sehen wir, dass $2 \cdot x \cdot (2x^2) = 4x^3$ ist. D. h., dass wir das Produkt von $2x$ und $(2x^2 - x + 1)$ bilden und das so entstandene Polynom von $(4x^3 - 6x^2 + 5x - 1)$ abziehen. Dies ergibt:

$$(4x^3 - 6x^2 + 5x - 1) : (2x^2 - x + 1) = 2x + \frac{-4x^2 + 3x - 1}{2x^2 - x + 1}.$$

Nun betrachten wir also wie vorhin auch das Polynom $-4x^2 + 3x - 1$ und wiederholen unsere Strategie. Offensichtlich gilt:

$$(-4x^2 + 3x - 1) : (2x^2 - x + 1) = -2 + \frac{x + 1}{2x^2 - x + 1}.$$

Nun können wir nicht weiter unsere Strategie anwenden. Insgesamt sehen wir also, dass

$$(4x^3 - 6x^2 + 5x - 1) : (2x^2 - x + 1) = 2x - 2 + \frac{x + 1}{2x^2 - x + 1}$$

ist.

Anmerkung 4.2 Da es vorkommen kann, dass man bei einer Polynomdivision ein gegebenes Polynom $P(x)$ nicht nur einmal durch den Faktor $(x - \alpha)$ teilen kann, sondern insgesamt r-mal, ohne dass ein Rest übrig bleibt, bezeichnet man derartige α als r-fache Nullstelle des gegebenen Polynoms $P(x)$ und den Wert r als Vielfachheit der Nullstelle α.

Übungsaufgaben

4.1 Führen Sie die nachfolgenden Polynommultiplikationen durch:

$$\text{(a)} \quad (6x^5 - 14x^4 + 2x^3 - 2x) \cdot (x + 1)$$

$$\text{(b)} \quad \left(x^4 - 5x^3 + \frac{7}{2}x - \frac{3}{2}\right) \cdot (x^2 + 1)$$

$$\text{(c)} \quad (9x^8 + 18x^7 + 24x^6 + 9x) \cdot (x^3 + 3x^2 + 1).$$

4.2 Führen Sie folgende Polynomadditionen bzw. -subtraktionen durch:

$$\text{(a)} \quad (3x^4 - 7x^3 + x^2 - 1) + (2x^5 - 10x^4 + 7x^3 - 3x)$$

$$\text{(b)} \quad (x^2 + 1) + (18x^4 - 29)$$

$$\text{(c)} \quad (8x^7 + 9x^6 + 57x^5 + 11) - (x^3 + 3x^2 + 1).$$

4.3 Führen Sie – soweit wie möglich – die nachfolgenden Polynomdivisionen durch:

$$\text{(a)} \quad (6x^5 - 14x^4 + 2x^3 - 2x) : (x + 1)$$

$$\text{(b)} \quad \left(x^4 - 5x^3 + \frac{7}{2}x - \frac{3}{2}\right) : (x^2 + 1)$$

$$\text{(c)} \quad (9x^8 + 18x^7 + 24x^6 + 9x) : (x^3 + 3x^2 + 1).$$

Lineare Gleichungssysteme 5

5.1 Das Lösen linearer Gleichungssysteme mithilfe von Einsetzen

Häufig wird man mit relativ einfach erscheinenden Fragestellungen konfrontiert, bei denen nach dem Wert einer gesuchten Größe gefragt ist. Beispiele hierfür gibt es unter anderem, wenn nach den richtigen Mischverhältnissen von Substanzen gefragt ist oder wenn man die Reaktionsverhältnisse von chemischen Stoffen angeben soll. Betrachten wir hierzu die nachfolgenden Fragestellungen und ihre Lösungen.

Beispiel 5.1 Für ein Experiment sollen mithilfe von Wasser und einer konzentrierten Salpetersäure mit einer Dichte von $1{,}40\,\mathrm{g}\cdot\mathrm{ml}^{-1}$ insgesamt $3\,\mathrm{l}$ einer zweimolaren Salpetersäurelösung gemischt werden. Hierbei weiß man, dass die konzentrierte Salpetersäurelösung einen Massengehalt von $67\,\%$ hat und die molare Masse von Salpetersäure $63{,}01\,\mathrm{g}\cdot\mathrm{mol}^{-1}$ beträgt.

Dieses Problem führt uns auf zwei zu lösende Gleichungen. Zum einen soll die Menge x der konzentrierten Salpetersäure zusammen mit der Menge y an Wasser $3\,\mathrm{l}$ ergeben, also die Gleichung

$$x + y = 3$$

erfüllen. Zum anderen sind in $3\,\mathrm{l}$ einer zweimolaren Salpetersäurelösung $6\,\mathrm{mol}$ HNO_3 enthalten. Somit müssen wir x so bestimmen, dass in dieser Menge nur $6\,\mathrm{mol}$ HNO_3 enthalten sind. Zunächst bemerken wir, dass in $1\,\mathrm{l}$ der konzentrierten Salpetersäurelösung

$$1{,}40 \cdot 0{,}67\,\mathrm{kg} = 0{,}938\,\mathrm{kg} = 938\,\mathrm{g}$$

HNO_3 enthalten sind. Wegen der molaren Masse von Salpetersäure sehen wir also, dass diese $938\,\mathrm{g}$ insgesamt $14{,}9\,\mathrm{mol}$ ($938\,\mathrm{g}/63{,}01\,\mathrm{g}\cdot\mathrm{mol}^{-1}$) entsprechen. Da wir nur $6\,\mathrm{mol}$ benötigen, erhalten wir für x die Gleichung:

$$14{,}9\,\mathrm{mol}\cdot\mathrm{l}^{-1}\cdot x = 6\,\mathrm{mol}\cdot\mathrm{l}^{-1}$$

© Springer-Verlag GmbH Deutschland, ein Teil von Springer Nature 2020
D. Horstmann, *Mathematik für Biologen*, DOI 10.1007/978-3-662-62669-6_5

„Isoliert" man nun das x, so erhält man:

$$x\,1 = \frac{6}{14,9}\,1 \approx 0,403\,1,$$

wenn man auf die dritte Nachkommastelle rundet. Wir müssen also 403 ml der konzentrierten Salpetersäure nehmen und diese mit y Liter Wasser auffüllen, um die gewünschte zweimolare Salpetersäurelösung zu bekommen. D. h., wir müssen nun noch die Gleichung

$$0,403\,1 + y\,1 = 3\,1$$

nach y auflösen. Dies führt uns auf

$$y = 2,597\,1.$$

(Vergleich auch [3, Seite 56].)

Das Lösen solcher Gleichungen ist Stoff der Schule und wird in der Regel in den Klassen 7 bis 10 hinreichend oft wiederholt und geübt. Interessanter sind hingegen Fragestellungen wie die nun folgende, die sich auf mehrere Gleichungen mit mehreren Unbekannten beziehen (also auf sogenannte Gleichungssysteme).

Beispiel 5.2 Bei der Oxidation mit Salpetersäure HNO_2 zerfällt Harnstoff $(NH_2)_2CO$ zu Kohlendioxid CO_2, Stickstoff N_2 und Wasser H_2O. In welchen Verhältnissen findet diese Reaktion statt?

Es ist also nach dem Verhältnis gefragt, in dem die Reaktion stattfindet. Dass die Stoffe miteinander reagieren, bedeutet

$$y_1 \cdot (NH_2)_2CO + y_2 \cdot HNO_2 = y_3 \cdot CO_2 + y_4 \cdot N_2 + y_5 \cdot H_2O,$$

wobei die y_i die Anzahl der entsprechend benötigten Moleküle darstellt. Nun teilen wir die ganze Gleichung durch y_1 und erhalten so die einzelne Gleichung

$$(NH_2)_2CO + \frac{y_2}{y_1} \cdot HNO_2 = \frac{y_3}{y_1} \cdot CO_2 + \frac{y_4}{y_1} \cdot N_2 + \frac{y_5}{y_1} \cdot H_2O$$

mit den vier Unbekannten $x_1 := y_2/y_1$, $x_2 := y_3/y_1$, $x_3 := y_4/y_1$ und $x_4 := y_5/y_1$. Jedoch ist es wirklich nur eine Gleichung? Wenn wir uns auf die Atome konzentrieren und die Anzahl der jeweiligen Atome auf den beiden Seiten vergleichen, erhalten wir für die Stickstoffatome die Gleichung

$$2 + x_1 = 2 \cdot x_3,$$

für die Kohlenstoffatome die Gleichung

$$1 = x_2,$$

für die Sauerstoffatome die Gleichung

$$1 + 2 \cdot x_1 = 2 \cdot x_2 + x_4$$

und für die Wasserstoffatome die Gleichung

$$4 + x_1 = 2 \cdot x_4.$$

Wir haben also tatsächlich vier Gleichungen mit vier (bzw. wenn man von den y_i ausgeht mit fünf) Unbekannten vorliegen. Wie geht man nun weiter vor? Nun, dank der Gleichung für den Kohlenstoff wissen wir, dass

$$x_2 = 1$$

sein muss. Dies können wir in die Gleichung für den Sauerstoff einsetzen und erhalten, dass

$$1 + 2 \cdot x_1 = 2 + x_4$$

und somit

$$2 \cdot x_1 - 1 = x_4$$

gilt. Setzen wir diesen Ausdruck für x_4 in die Gleichung für den Wasserstoff ein, so ergibt sich:

$$4 + x_1 = 2 \cdot (2 \cdot x_1 - 1).$$

Umformen der Gleichung liefert uns also:

$$4 + x_1 = 4 \cdot x_1 - 2$$

bzw. nach weiterem Auflösen nach x_1 die Gleichung

$$x_1 = 2.$$

Setzen wir diesen Wert in die Gleichung für Wasserstoff ein, erhalten wir

$$4 + 2 = 2 \cdot x_4$$

und somit

$$6 = 2 \cdot x_4 \quad \text{oder} \quad x_4 = 3.$$

Setzt man nun zusätzlich den Wert von x_1 in die Gleichung für den Stickstoff ein, so erhalten wir

$$2 + 2 = 2 \cdot x_3 \quad \text{bzw.} \quad 2 = x_3.$$

Da Moleküle nur in ganzzahligen Verhältnissen miteinander reagieren, bedeutet das, dass die ursprünglich gesuchten y_i ganzzahlig sein müssen. Hierbei müssen wir berücksichtigen, dass die x_i durch unseren ersten vorgenommenen Umformungsschritt – also durch die Division der y_i durch y_1 – in gekürzter Form vorliegen können. Um gegebenenfalls ganzzahlige Werte zu erhalten, müssen wir die Werte für die x_i auf den gleichen Nenner bringen. Nur so können wir das nötige „minimale" Reaktionsverhältnis der Moleküle bestimmen. In unserem Fall ist dies aber nicht weiter nötig. Somit lautet die gesuchte Gleichung bzw. das gesuchte Reaktionsverhältnis

$$(NH_2)_2CO + 2 \cdot HNO_2 = CO_2 + 2 \cdot N_2 + 3 \cdot H_2O.$$

Hierbei sei jedoch angemerkt, dass die Gleichung auch für beliebige Vielfache der gefundenen Lösung erfüllt ist, d. h., es gilt z. B. auch

$$2 \cdot (NH_2)_2CO + 4 \cdot HNO_2 = 2 \cdot CO_2 + 4 \cdot N_2 + 6 \cdot H_2O.$$

Die in dem vorangegangenen Beispiel verwendete Methode nennt man auch die *Einsetzungs-* oder *Substitutionsmethode zur Lösung linearer Gleichungssysteme.*

5.2 Die Lösbarkeit von linearen Gleichungssystemen

Wie wir in Beispiel 5.2 gesehen haben, kann man Gleichungssysteme mithilfe von sukzessivem Auflösen der Gleichungen nach den Unbekannten und anschließendem Einsetzen der gefundenen Ausdrücke bzw. Werte lösen. Aber:

1. Haben Gleichungssysteme immer eine Lösung?
2. Und wenn ja, ist die Lösung immer eindeutig bestimmt oder kann es auch mehr als eine Lösung eines Gleichungssystems geben?

Um diese Fragen zu beantworten, betrachten wir ein allgemeines, abstraktes Gleichungssystem für m Unbekannte $x_1, \ldots, x_m$. Wir nehmen an, dass wir n Gleichungen vorliegen haben. Dieses allgemeine Gleichungssystem lautet dann:

$$a_{11}x_1 + a_{12}x_2 + \ldots + a_{1(m-1)}x_{m-1} + a_{1m}x_m = b_1$$
$$\vdots \quad \vdots \quad \vdots \qquad\qquad (5.1)$$
$$a_{n1}x_1 + a_{n2}x_2 + \ldots + a_{n(m-1)}x_{m-1} + a_{nm}x_m = b_n.$$

Hierbei bezeichnen die a_{ij} ($i \in \{1, \ldots, n\}$, $j \in \{1, \ldots, m\}$) vorgegebene Koeffizienten und die b_i ($i \in \{1, \ldots, n\}$) gegebene Konstanten, wobei mindestens ein $b_i \neq 0$ sei. In dem Fall $m = n = 1$ spricht man von der linearen Gleichung

$$a_{11}x_1 = b_1.$$

Offensichtlich hat diese Gleichung für $a_{11} = 0$ keine Lösung und für $a_{11} \neq 0$ die eindeutige Lösung

$$x_{11} = \frac{b_1}{a_{11}}.$$

Wir setzen nun weiter voraus, dass sich keine der vorliegenden Gleichungen mithilfe von Additionen/Subtraktionen und/oder Multiplikationen mit Vielfachen aus den übrigen Gleichungen gewinnen lässt. D. h., wir nehmen an, dass unter den Gleichungen keine sogenannten Linearkombinationen vorkommen. Sei nun zusätzlich $m > 1$ und $n > 1$ mit $n - 1 \leq m$ vorausgesetzt. Für unsere weiteren Überlegungen können wir jetzt *ohne Beschränkung der Allgemeinheit* (kurz Œ oder o. B. d. A.) annehmen, dass der Koeffizient $a_{11} \neq 0$ ist. Hierdurch können wir die erste Gleichung nach x_1 auflösen und erhalten so:

$$x_1 = \frac{1}{a_{11}} \left(b_1 - a_{12}x_2 - a_{13}x_3 - \ldots - a_{1(m-1)}x_{m-1} - a_{1m}x_m \right).$$

Diesen Ausdruck für x_1 können wir nun in alle anderen Gleichungen einsetzen und gelangen so zu einem Gleichungssystem, das nur noch aus $n - 1$ Gleichungen besteht, in dem $m - 1$ Unbekannte zu bestimmen sind. Wenn wir dies nun nacheinander für jede Gleichung machen, reduziert sich unser Gleichungssystem schließlich zu einer Gleichung mit höchstens $(m - (n - 1))$ Unbekannten. Nun hängen unsere weiteren Überlegungen von m und n ab. Es gilt nun Folgendes:

Feststellung 5.1a)
Ist $m = n$, so haben wir nach dem oben beschriebenen Vorgehen eine Gleichung für höchstens eine Unbekannte vorliegen. Nun sind zwei Fälle möglich. Die erste Möglichkeit ist die, dass wir eine Gleichung mit einer Unbekannten vorliegen haben. Diese Gleichung können wir also für diese Unbekannte lösen. Alle anderen Unbekannten erhalten wir nun durch sukzessives Lösen mithilfe dieser berechneten „Unbekannten".

Beispiel 5.3 Wir betrachten das Gleichungssystem

$$x_1 + 2 \cdot x_2 = 1$$
$$x_1 + x_2 = 5.$$

Wenn wir die erste Gleichung nach x_1 auflösen, so erhalten wir hierfür den Ausdruck

$$x_1 = 1 - 2 \cdot x_2.$$

Setzt man dies nun (dem oben beschriebenen Verfahren entsprechend) in die zweite Gleichung ein, so erhält man die Gleichung

$$1 - 2 \cdot x_2 + x_2 = 5 \quad \text{bzw. nach geeigneten Umformungen} \quad x_2 = -4.$$

Dies setzen wir nun (wie in dem obigen Verfahren beschrieben) in die erste Gleichung ein und erhalten:

$$x_1 - 2 \cdot 4 = 1,$$

woraus sich

$$x_1 = 9$$

ergibt. Somit haben wir die eindeutige Lösung $x_1 = 9$ und $x_2 = -4$ des gegebenen Gleichungssystems gefunden.

> **Feststellung 5.1b)**
> *Der zweite denkbare Fall ist der, dass wir durch das oben beschriebene Verfahren auf eine Gleichung ohne Unbekannte gestoßen sind. Allerdings muss diese Gleichung aufgrund des oben beschriebenen Verfahrens eine falsche Aussage beinhalten. In diesem Fall besitzt das Gleichungssystem keine Lösung.*

Beispiel 5.4 Als Beispiel für diesen zweiten Fall betrachten wir das Gleichungssystem

$$x_1 + x_2 = 1$$
$$x_1 + x_2 = 5.$$

Wenn wir die erste Gleichung nach x_1 auflösen, so erhalten wir hierfür den Ausdruck

$$x_1 = 1 - x_2.$$

Setzt man dies nun (dem oben beschriebenen Verfahren entsprechend) in die zweite Gleichung ein, so erhält man die Gleichung

$$1 - x_2 + x_2 = 5$$

bzw. den Widerspruch

$$1 = 5.$$

Da dies eine falsche Aussage ist, besitzt das angegebene Gleichungssystem somit keine Lösung.

Feststellung 5.2

Ist $m < n$, so ist das Problem unlösbar. Wenn m echt kleiner als n ist, kann man aus den Gleichungen m-viele herauswählen, die entweder keine oder genau eine Lösung besitzen. Andererseits erlaubt uns dieser Fall, auch ein zweites Paar von m-vielen Gleichungen zu betrachten, das sich von den zunächst ausgewählten m Gleichungen unterscheidet. Auch dieses andere Gleichungssystem lässt sich entweder eindeutig lösen oder besitzt keine Lösung. Somit erhält man entweder automatisch die Aussage, dass keine Lösung für das Gleichungssystem existiert, oder man erhält zwei eindeutige Lösungen von zwei unterschiedlichen Gleichungssystemen. Diese beiden Lösungen stimmen aber nicht überein. Damit kann es also keine Lösung des Gleichungssystems mit n Gleichungen geben.

Beispiel 5.5 In diesem Beispiel betrachten wir das Gleichungssystem:

$$x_1 + x_2 = 1$$
$$50x_1 + 5x_2 = 95$$
$$3x_1 + 2x_2 = 8$$
$$10x_1 + x_2 = 19.$$

Wenn wir das Gleichungssystem genauer anschauen, stellen wir fest, dass es sich auf drei (echt) unterschiedliche Gleichungen (es kommen also keine Linearkombinationen vor) mit nur zwei Unbekannten reduzieren lässt. Nach den vorhin gemachten Überlegungen kann dieses Gleichungssystem keine Lösung besitzen. Die Lösungsmenge ist also die leere Menge $\emptyset$.

Feststellung 5.3a)

Ist $m > n$, so gibt es entweder keine oder unendlich viele Lösungen. In dem ersten Fall enthält das Gleichungssystem eine Anzahl von Gleichungen, deren Linearkombination zu einem Widerspruch führt, bzw. es gibt Gleichungen, die ineinander eingesetzt eine falsche Aussage ergeben.

Beispiel 5.6 Wir betrachten das Gleichungssystem:

$$x_1 + x_2 = 1$$
$$x_1 + x_2 = 5$$
$$x_1 + x_2 + 4 \cdot x_3 + x_4 = 14.$$

Wie wir bereits gesehen haben, können die ersten beiden Gleichungen nicht gleichzeitig gelten. Damit kann dieses Gleichungssystem keine Lösung besitzen.

Feststellung 5.3b)

In dem zweiten Fall führt unser oben beschriebenes Vorgehen auf eine Gleichung mit mehr als einer Unbekannten. Wir können also diese ermittelte Gleichung nicht ohne Weiteres lösen, sondern nur nach einer dieser Unbekannten auflösen und sie mithilfe der verbleibenden darstellen. Da wir die verbleibenden Variablen nicht berechnen können, sie somit also frei wählbar bleiben, erhalten wir unendlich viele Lösungen des Gleichungssystems, die wir mithilfe der verbleibenden $m - n$ Unbekannten ausdrücken können.

Beispiel 5.7 Wir betrachten das Gleichungssystem:

$$x_1 + x_2 = 1$$
$$5x_1 + 5x_2 = 5.$$

Obwohl wir hier zwei Gleichungen mit den zwei Unbekannten x_1 und x_2 angegeben haben, liegt tatsächlich nur eine Gleichung mit zwei Unbekannten vor, da die zweite Gleichung nichts anderes als die erste Gleichung, lediglich mit der Zahl 5 multipliziert, ist. D. h., unser Problem lautet:

$$x_1 + x_2 = 1.$$

Wir können die Gleichung z. B. nach x_1 auflösen und erhalten:

$$x_1 = 1 - x_2.$$

Da wir für x_2 keine weiteren Informationen haben, können wir es frei wählen. Wir setzen es daher gleich einem Parameter. Hierfür wählen wir als Notation den griechischen Buchstaben λ (gesprochen Lambda). D. h., wir setzen

$$x_2 = \lambda$$

und erhalten so

$$x_1 = 1 - \lambda.$$

Die Lösungsmenge ist dann durch die Menge aller Paare (x_1, x_2) gegeben, die sich als $x_1 = 1 - \lambda$ und $x_2 = \lambda$ für eine reelle Zahl λ schreiben lassen. Alternativ gibt man dies mit der nachfolgenden Notation an:

$$\{(x_1, x_2) \mid x_1 = 1 - \lambda,\ x_2 = \lambda \quad \text{für } \lambda \in \mathbb{R}\}.$$

Das Gleichungssystem in Beispiel 5.2 stellt also – nach dem Übergang zu den Variablen x_i – ein Gleichungssystem mit vier Gleichungen und vier Unbekannten dar, das sich somit (wie wir vorhin berechnet haben) eindeutig lösen lässt.

5.3 Matrizen

Gleichungssysteme lassen sich auch anders als in dem vorangegangenem Abschnitt angeben bzw. aufschreiben. Hierfür muss man jedoch den Begriff der *Matrix* bzw. der *Matrizen* einführen und für diese Rechenoperationen erklären.

Anstatt die Gleichungen wie in (5.1) ausführlich anzugeben, kann man auch die Koeffizienten in einer Art „Tabelle" bzw. in einem rechteckigen Schema angeben. In jede Zeile werden die Koeffizienten der entsprechenden Gleichung geschrieben. Hierdurch stehen diese dann in einem Schema, das wie folgt aussicht:

$$\begin{pmatrix} a_{11} & a_{12} & \cdots & a_{1(m-1)} & a_{1m} \\ \vdots & \vdots & \vdots & \vdots & \vdots \\ a_{n1} & a_{n2} & \cdots & a_{n(m-1)} & a_{nm} \end{pmatrix}.$$

Ein solches Schema nennt man $(n \times m)$-*Matrix*, da es aus n Zeilen und m Spalten besteht. Jeder einzelne Eintrag a_{ij} heißt Element oder Komponente der Matrix. Im Sonderfall, dass $m = 1$ ist, spricht man von einem *Spaltenvektor* und im Sonderfall $n = 1$ von einem *Zeilenvektor*. Mithilfe dieser neuen Begriffe lässt sich das Gleichungssystem auch wie folgt schreiben, wenn man die nachfolgende Multiplikation der Matrix mit einem Vektor noch nachträglich geeignet erklärt:

$$\begin{pmatrix} a_{11} & a_{12} & \cdots & a_{1(m-1)} & a_{1m} \\ \vdots & \vdots & \vdots & \vdots & \vdots \\ a_{n1} & a_{n2} & \cdots & a_{n(m-1)} & a_{nm} \end{pmatrix} \cdot \begin{pmatrix} x_1 \\ \vdots \\ x_m \end{pmatrix} = \begin{pmatrix} b_1 \\ \vdots \\ b_n \end{pmatrix} \qquad (5.2)$$

oder kurz:

$$A \cdot x = b. \qquad (5.3)$$

Hierbei sind

$$A := \begin{pmatrix} a_{11} & a_{12} & \cdots & a_{1(m-1)} & a_{1m} \\ \vdots & \vdots & \vdots & \vdots & \vdots \\ a_{n1} & a_{n2} & \cdots & a_{n(m-1)} & a_{nm} \end{pmatrix}$$

$$x := \begin{pmatrix} x_1 \\ \vdots \\ x_m \end{pmatrix} \quad \text{und} \quad b := \begin{pmatrix} b_1 \\ \vdots \\ b_n \end{pmatrix}.$$

5.3.1 Rechnen mit Matrizen

Wir wollen also Rechenoperationen für Matrizen einführen. Hierfür bemerken wir zunächst, dass man eine Matrix A, die gegeben ist als

$$A := \begin{pmatrix} a_{11} & a_{12} & \cdots & a_{1(m-1)} & a_{1m} \\ \vdots & \vdots & \vdots & \vdots & \vdots \\ a_{n1} & a_{n2} & \cdots & a_{n(m-1)} & a_{nm} \end{pmatrix}$$

auch kurz mit der Schreibweise

$$A = \left(a_{ij}\right)_{n \times m}$$

schreibt.

1. Die Addition und Subtraktion von Matrizen:
   Wenn wir zwei $(n \times m)$-Matrizen $A = \left(a_{ij}\right)_{n \times m}$ und $B = \left(b_{ij}\right)_{n \times m}$ gegeben haben, so können wir diese beiden miteinander addieren, indem wir die Summe aus dem Element in der i-Zeile und der j-ten Spalte der Matrix A und dem Element der Matrix B bilden, das in der i-ten Zeile und j-ten Spalte von B steht. Eine solche Addition impliziert natürlich, dass wir nur Matrizen miteinander addieren können, die die gleiche Zeilen- und Spaltenanzahl haben. Wir halten also fest:

$$\begin{aligned} A + B &= \left(a_{ij}\right)_{n \times m} + \left(b_{ij}\right)_{n \times m} \\ &= \left(a_{ij} + b_{ij}\right)_{n \times m}. \end{aligned} \tag{5.4}$$

   Die Subtraktion zweier Matrizen ist somit analog als

$$\begin{aligned} A - B &= \left(a_{ij}\right)_{n \times m} - \left(b_{ij}\right)_{n \times m} \\ &= \left(a_{ij} - b_{ij}\right)_{n \times m} \end{aligned} \tag{5.5}$$

   definiert.
2. Die Multiplikation mit reellen Zahlen:
   Durch die eben eingeführte Addition und Subtraktion von zwei Matrizen des gleichen Typs können wir für solche Matrizen natürlich auch die Multiplikation mit ganzen Zahlen erklären. Offensichtlich reduziert sich die Addition von A und B im Fall $A = B$ zu:

$$\begin{aligned} 2 \cdot \left(a_{ij}\right)_{n \times m} &= 2 \cdot A \\ &= A + A \\ &= \left(a_{ij}\right)_{n \times m} + \left(a_{ij}\right)_{n \times m} \\ &= \left(2 \cdot a_{ij}\right)_{n \times m}. \end{aligned}$$

Allgemein können wir die Multiplikation mit einer reellen Zahl μ (sprich Müh) wie folgt definieren:

$$\mu \cdot A = \mu \cdot \left(a_{ij}\right)_{n \times m}$$
$$= \left(\mu \cdot a_{ij}\right)_{n \times m}.$$

3. Multiplikation zweier Matrizen:
Eine Multiplikation zweier Matrizen einzuführen, bedarf einiger Voraussetzungen. Schauen wir uns hierfür zunächst noch einmal die schematische Matrizen-Schreibweise von (5.1) und die herkömmliche Schreibweise an. Da diese beiden Schreibweisen dasselbe beschreiben sollen, können wir mithilfe der linken Seite von (5.1) zunächst die Multiplikation einer Matrix mit einem Spaltenvektor erklären. Wenn wir uns die erste Gleichung in (5.1) ansehen, so stellen wir fest, dass die Elemente der ersten Zeile der Matrix A jeweils mit den korrespondierenden Elementen des Spaltenvektors x multipliziert und die so entsprechenden Produkte aufaddiert wurden. Dies ist mit jeder einzelnen Zeile gemacht worden. D. h., dass man eine $(n \times m)$-Matrix mit einem Spaltenvektor mit m Einträgen multipliziert, indem man die entsprechende j-te Komponente der i-ten Zeile der Matrix mit dem j-ten Eintrag des Spaltenvektors multipliziert und dann all die so entstandenen Produkte aufaddiert, d. h.:

$$\begin{pmatrix} a_{11} & a_{12} & \cdots & a_{1(m-1)} & a_{1m} \\ \vdots & \vdots & \vdots & \vdots & \vdots \\ a_{n1} & a_{n2} & \cdots & a_{n(m-1)} & a_{nm} \end{pmatrix} \cdot \begin{pmatrix} x_1 \\ \vdots \\ x_m \end{pmatrix}$$
$$= \begin{pmatrix} a_{11}x_1 + a_{12}x_2 + \cdots + a_{1(m-1)}a_{m-1} + a_{1m}x_m \\ \vdots \\ a_{n1}x_1 + a_{n2}x_2 + \cdots + a_{n(m-1)}a_{m-1} + a_{nm}x_m \end{pmatrix}. \qquad (5.6)$$

Wir hatten bereits erwähnt, dass ein Spaltenvektor ein Spezialfall einer Matrix ist. Genauer gesagt, ist ein Spaltenvektor mit m Elementen eine $(m \times 1)$-Matrix. Wir haben also das Produkt einer $(n \times m)$-Matrix und einer $(m \times 1)$-Matrix gebildet und haben einen Spaltenvektor mit n Einträgen erhalten, also eine $(n \times 1)$-Matrix. Hieraus lässt sich eine wichtige Grundvoraussetzung für die Multiplikationen von zwei Matrizen ablesen.

Feststellung 5.4
Wenn man eine $(n \times m)$-Matrix A mit einer $(k \times s)$-Matrix B multiplizieren will, d. h. $A \cdot B$ berechnen will, so muss $m = k$ gelten. Das Produkt ist dann eine $(n \times s)$-Matrix.

> **Feststellung 5.5**
> *Wenn $n \neq s$ ist, kann man zwar das Produkt einer $(n \times m)$-Matrix A und einer $(m \times s)$-Matrix B bilden, d. h. $A \cdot B$ berechnen; das Produkt $B \cdot A$ hingegen lässt sich jedoch nicht erklären bzw. angeben.*

Wir haben jetzt zwar Aussagen darüber gemacht, welche Matrizen-Produkte man bilden und welche man nicht bilden kann, die Multiplikation haben wir allgemeingültig aber noch immer nicht erklärt. Deshalb wollen wir dies jetzt tun.

Das Produkt zwischen einer $(n \times m)$-Matrix A und einer $(m \times k)$-Matrix B bildet man, indem man jeweils die Zeilen der Matrix A mit den Spalten der Matrix B so miteinander multipliziert, wie es bei der Multiplikation einer Matrix mit einem Spaltenvektor erklärt wurde. Wenn wir das Produkt $A \cdot B$ mit C bezeichnen, so steht an der j-ten Position der i-ten Zeile der Eintrag c_{ij}, der gleich dem Produkt der i-ten Zeile der Matrix A und der j-ten Spalte der Matrix B ist, d. h.

$$c_{ij} = a_{i1}b_{1j} + a_{i2}b_{2j} + \ldots + a_{i(m-1)}b_{(m-1)j} + a_{im}b_{mj}$$

$$= \sum_{r=1}^{m} a_{ir}b_{rj}. \tag{5.7}$$

Beispiel 5.8 (zur Multiplikation von Matrizen) Es seien die Matrizen

$$A := \begin{pmatrix} 2 & -1 & 3 \\ -3 & 4 & 5 \end{pmatrix} \quad \text{und} \quad B := \begin{pmatrix} 1 & 0 & 3 & 1 \\ 3 & 0 & 5 & 1 \\ 2 & 1 & 5 & 1 \end{pmatrix}$$

gegeben. Bildet man das Produkt $A \cdot B$, so müssen wir nach den oben gemachten Überlegungen eine (2×4)-Matrix $C = (c_{ij})_{2 \times 4}$ erhalten, wobei sich die c_{ij} nach der oben genannten Vorschrift berechnen lassen. Führt man diese Rechnungen nun durch, so sieht man, dass

$$c_{11} = \begin{pmatrix} 2 & -1 & 3 \end{pmatrix} \cdot \begin{pmatrix} 1 \\ 3 \\ 2 \end{pmatrix} = 2 \cdot 1 + (-1) \cdot 3 + 3 \cdot 2 = 5$$

$$c_{12} = \begin{pmatrix} 2 & -1 & 3 \end{pmatrix} \cdot \begin{pmatrix} 0 \\ 0 \\ 1 \end{pmatrix} = 2 \cdot 0 + (-1) \cdot 0 + 3 \cdot 1 = 3$$

$$c_{13} = \begin{pmatrix} 2 & -1 & 3 \end{pmatrix} \cdot \begin{pmatrix} 3 \\ 5 \\ 5 \end{pmatrix} = 2 \cdot 3 + (-1) \cdot 5 + 3 \cdot 5 = 16$$

$$c_{14} = \begin{pmatrix} 2 & -1 & 3 \end{pmatrix} \cdot \begin{pmatrix} 1 \\ 1 \\ 1 \end{pmatrix} = 2 \cdot 1 + (-1) \cdot 1 + 3 \cdot 1 = 4$$

$$c_{21} = \begin{pmatrix} -3 & 4 & 5 \end{pmatrix} \cdot \begin{pmatrix} 1 \\ 3 \\ 2 \end{pmatrix} = (-3) \cdot 1 + 4 \cdot 3 + 5 \cdot 2 = 19$$

$$c_{22} = \begin{pmatrix} -3 & 4 & 5 \end{pmatrix} \cdot \begin{pmatrix} 0 \\ 0 \\ 1 \end{pmatrix} = (-3) \cdot 0 + 4 \cdot 0 + 5 \cdot 1 = 5$$

$$c_{23} = \begin{pmatrix} 3 & 4 & 5 \end{pmatrix} \cdot \begin{pmatrix} 3 \\ 5 \\ 5 \end{pmatrix} = (-3) \cdot 3 + 4 \cdot 5 + 5 \cdot 5 = 36$$

$$c_{24} = \begin{pmatrix} -3 & 4 & 5 \end{pmatrix} \cdot \begin{pmatrix} 1 \\ 1 \\ 1 \end{pmatrix} = (-3) \cdot 1 + 4 \cdot 1 + 5 \cdot 1 = 6$$

gilt. Damit erhalten wir also die nachfolgende Gleichung:

$$\begin{pmatrix} 2 & -1 & 3 \\ -3 & 4 & 5 \end{pmatrix} \cdot \begin{pmatrix} 1 & 0 & 3 & 1 \\ 3 & 0 & 5 & 1 \\ 2 & 1 & 5 & 1 \end{pmatrix} = \begin{pmatrix} 5 & 3 & 16 & 4 \\ 19 & 5 & 36 & 6 \end{pmatrix}.$$

Definition 5.1
Es sei A eine gegebene $(n \times m)$-Matrix. Als Null(spalten)vektor bezeichnet man den Spaltenvektor, dessen Einträge alle gleich null sind. Er wird mit dem üblichen Nullsymbol oder mit $\vec{0}$ dargestellt. Wenn das Gleichungssystem

$$A \cdot x = 0 \tag{5.8}$$

nur den Spaltenvektor $x = 0$ als Lösung besitzt, dann sagt man, dass die Spalten(-vektoren) der Matrix A linear unabhängig voneinander sind. Existiert hingegen ein Spaltenvektor x, der zwar ungleich dem Nullvektor ist, aber das Gleichungssystem (5.8) löst, so nennt man die Spalten(-vektoren) der Matrix A linear abhängig voneinander.

Anmerkung 5.1 Damit ein Gleichungssystem

$$A \cdot x = b$$

eine eindeutige Lösung besitzt, müssen die Spalten der Matrix A linear unabhängig voneinander sein.

Neben den Rechenoperationen für Matrizen müssen wir sowohl einige besondere Matrizen als auch einige besondere Eigenschaften von Matrizen erwähnen.

Betrachten wir die $(n \times m)$-Matrix

$$A = \begin{pmatrix} a_{11} & a_{12} & \cdots & a_{1(m-1)} & a_{1m} \\ \vdots & \vdots & \vdots & \vdots & \vdots \\ a_{n1} & a_{n2} & \cdots & a_{n(m-1)} & a_{nm} \end{pmatrix}.$$

Durch Umdrehen der Matrix bzw. durch Vertauschen der Spalten- und Zeilenrollen der Einträge erhält man die *transponierte Matrix*

$$A^T := \begin{pmatrix} a_{11} & a_{21} & \cdots & a_{(n-1)1} & a_{n1} \\ \vdots & \vdots & \vdots & \vdots & \vdots \\ a_{1m} & a_{2m} & \cdots & a_{(n-1)m} & a_{nm} \end{pmatrix}.$$

Die transponierte Matrix oder kurz die *Transponierte* ist somit eine $(m \times n)$-Matrix.

Gilt für eine $(n \times n)$-Matrix B, dass die Einträge b_{ij} mit den Einträgen b_{ji} für alle i und j aus der Indexmenge $\{1, \ldots, n\}$ übereinstimmen, so nennt man die Matrix B symmetrisch. Für symmetrische Matrizen gilt offensichtlich, dass

$$A = A^T$$

gilt. Die $(n \times n)$-Matrix $(a_{ij})_{n \times n}$, die auf der Hauptdiagonalen a_{ii} den Eintrag 1 und an allen anderen Positionen $a_{ij}, i \neq j$, den Eintrag 0 hat, nennt man *Einheitsmatrix*. Man bezeichnet sie mit

$$I := \begin{pmatrix} 1 & 0 & \cdots & 0 & 0 \\ 0 & \ddots & & & 0 \\ \vdots & & \ddots & & \vdots \\ 0 & & & \ddots & 0 \\ 0 & \cdots & \cdots & 0 & 1 \end{pmatrix}.$$

Quadratische Matrizen, also $(n \times n)$-Matrizen, die nur Einträge auf der Diagonalen haben und deren Einträge auf allen anderen Positionen gleich null sind, nennt man Diagonalmatrizen. Eine besondere Diagonalmatrix ist somit die Matrix, deren Einträge alle gleich null sind. Diese Matrix nennt man die *Nullmatrix*.

Schließlich bemerken wir, dass für Matrizen die nachfolgenden Rechenregeln gelten:

1. $A \cdot (B + C) = A \cdot B + A \cdot C$, für eine $(m \times n)$-Matrix A und zwei $(n \times k)$-Matrizen B und C,

2. $(A + B) \cdot C = A \cdot C + B \cdot C$, für zwei $(m \times n)$-Matrizen A und B sowie eine $(n \times k)$-Matrix C,

3. $(A \cdot B) \cdot C = A \cdot (B \cdot C)$, für eine $(m \times n)$-Matrix A, eine $(n \times k)$-Matrix B und eine $(k \times p)$-Matrix C,

4. $(A \cdot B)^T = B^T \cdot A^T$, für eine $(m \times n)$-Matrix A und eine $(n \times k)$-Matrix B.

Zum Abschluss dieser Bemerkung zu den Rechenoperationen für Matrizen wollen wir ein paar Beispiele geben.

Beispiel 5.9 Es seien:

$$A := \begin{pmatrix} 2 & -1 \\ -3 & 4 \end{pmatrix}, D := \begin{pmatrix} 4 & 0 \\ 0 & 5 \end{pmatrix}, F := \begin{pmatrix} 2 & 1 & 5 \\ 3 & 4 & 6 \end{pmatrix} \text{ und } b := \begin{pmatrix} 2 \\ -5 \end{pmatrix}.$$

Nach den eingeführten Rechenregeln gilt:

1. Die Transponierte von A lautet:

$$A^T = \begin{pmatrix} 2 & -3 \\ -1 & 4 \end{pmatrix}.$$

2. Die Matrix F transponiert lautet:

$$F^T = \begin{pmatrix} 2 & 3 \\ 1 & 4 \\ 5 & 6 \end{pmatrix}.$$

3. Das Matrizenprodukt $A \cdot A^T$ ergibt:

$$\begin{pmatrix} 5 & -10 \\ -10 & 25 \end{pmatrix}.$$

4. Das Matrizenprodukt $A^T \cdot A$ ergibt:

$$\begin{pmatrix} 13 & -14 \\ -14 & 17 \end{pmatrix}.$$

5. Das Matrizenprodukt $A \cdot D$ ergibt:

$$\begin{pmatrix} 8 & -5 \\ -12 & 20 \end{pmatrix}.$$

6. Das Matrizenprodukt $A \cdot I$ ergibt:

$$\begin{pmatrix} 2 & -1 \\ -3 & 4 \end{pmatrix}.$$

7. Das Matrizenprodukt $I \cdot A$ ergibt:

$$\begin{pmatrix} 2 & -1 \\ -3 & 4 \end{pmatrix}.$$

8. Das Matrizenprodukt $A \cdot F$ ergibt:

$$\begin{pmatrix} 1 & -2 & 4 \\ 6 & 13 & 9 \end{pmatrix}.$$

9. Die Matrix A mit dem Vektor b multipliziert ergibt:

$$\begin{pmatrix} 9 \\ -26 \end{pmatrix}.$$

Wir bemerken, dass für zwei $(n \times n)$-Matrizen A und B in der Regel

$$A \cdot B \neq B \cdot A$$

gilt. Hingegen gilt für jede $(n \times n)$-Matrix A, dass

$$A \cdot I = I \cdot A$$

ist.

Mithilfe von Matrizen lassen sich auch Populationen beschreiben.

Beispiel 5.10 Die Anzahl an Laubbäumen eines Mischwaldes (siehe Abb. 5.1) im Jahr t sei mit L_t und die Anzahl an Nadelbäumen in dem Wald im Jahr t mit N_t bezeichnet. Wir nehmen nun an, dass, wenn ein Baum stirbt, an derselben Stelle ein neuer Baum wächst. Allerdings kann dieser neue Baum durchaus einer anderen Baumspezies angehören als der abgestorbene Baum. Daher soll nun im Speziellen angenommen werden, dass Laubbäume relativ gesehen länger leben und nur 3 % des Laubbaumbestandes in einem Jahr stirbt. Andererseits nehmen wir an, dass 17 % des Nadelbaumbestandes in einem Jahr absterben.

Da Nadelbäume jedoch schneller als Laubbäume wachsen, werden an frei werdenden Baumstandorten eher Nadelbäume wachsen. Wir nehmen also weiter an, dass 88 % der frei werdenden Baumstandorte von Nadelbäumen besetzt werden

Abb. 5.1 Ein Mischwald am Lake Superior in Minnesota zur Zeit des „Indian Summers". Foto: *Dirk Horstmann*

und nur 12 % von Laubbäumen. Der Wald bzw. die jeweiligen Baumanzahlen im Jahr $t + 1$ können nun mithilfe der nachfolgenden Gleichung beschrieben werden:

$$\begin{pmatrix} L_{t+1} \\ N_{t+1} \end{pmatrix} = \begin{pmatrix} (0{,}97 + 0{,}03 \cdot 0{,}12) \cdot L_t + 0{,}17 \cdot 0{,}12 \cdot N_t \\ 0{,}03 \cdot 0{,}88 \cdot L_t + (0{,}83 + 0{,}17 \cdot 0{,}88) \cdot N_t \end{pmatrix}$$

$$= \begin{pmatrix} 0{,}9736 & 0{,}0204 \\ 0{,}0264 & 0{,}9796 \end{pmatrix} \cdot \begin{pmatrix} L_t \\ N_t \end{pmatrix}.$$

Hiermit kann z. B. der Baumbestand im dritten Jahr berechnet werden. Nehmen wir z. B. an, dass $L_1 = 40$ und $N_1 = 960$ sind. Dann ergibt sich zunächst:

$$\begin{pmatrix} L_2 \\ N_2 \end{pmatrix} = \begin{pmatrix} 0{,}9736 & 0{,}0204 \\ 0{,}0264 & 0{,}9796 \end{pmatrix} \cdot \begin{pmatrix} 40 \\ 960 \end{pmatrix} = \begin{pmatrix} 58{,}528 \\ 941{,}472 \end{pmatrix},$$

womit wir nun schließlich auch den gesuchten Baumbestand L_3 und N_3 durch

$$\begin{pmatrix} L_3 \\ N_3 \end{pmatrix} = \begin{pmatrix} 0{,}9736 & 0{,}0204 \\ 0{,}0264 & 0{,}9796 \end{pmatrix} \cdot \begin{pmatrix} 58{,}528 \\ 941{,}472 \end{pmatrix} = \begin{pmatrix} 76{,}189 \\ 923{,}811 \end{pmatrix}$$

berechnen können, wobei wir bei dieser Rechnung bis auf die dritte Nachkommastelle runden. Da es nur „ganze" Bäume gibt, hat der Wald also im dritten Jahr 76

Laubbäume und 923 Nadelbäume. (Für weitere Beispiele linearer Modelle strukturierter Populationen siehe z. B. [1, Chapter 2].)

5.4 Determinanten und invertierbare Matrizen

Wir haben in dem Abschnitt über die Substitutionsmethode gesehen, dass die Anzahl der tatsächlich vorliegenden Gleichungen eine Rolle bei der Frage der Lösbarkeit von Gleichungssystemen spielt. Damit sollte man erwarten, dass dies auch ein entsprechendes Äquivalent besitzt, wenn wir zur Matrix-Schreibweise übergehen.

Tatsächlich erinnert die Schreibweise

$$A \cdot x = b$$

an das Rechnen mit reellen Zahlen. Wenn nämlich A, x und b einfache (1×1)-Matrizen sind, so können wir die Lösung des Gleichungssystems direkt angeben, wenn $A \neq 0$ ist. Die Lösung wäre dann durch

$$x = \frac{1}{A} \cdot b$$

gegeben. Wir müssen also für die Matrizen ein Analogon zu der Division finden. Die Rechenoperation „*Division*" haben wir für Matrizen nämlich nicht erklärt. Tatsächlich ist richtiges Dividieren für Matrizen nicht definierbar. Wir können aber alleine schon mit der Multiplikation weiterkommen. Wenn nämlich eine Matrix B existiert, derart, dass

$$B \cdot A = I$$

ist, würde eine Multiplikation des Gleichungssystems mit der Matrix B in der Matrix-Schreibweise auf

$$B \cdot A \cdot x = B \cdot b$$

führen, was nichts anderes als

$$I \cdot x = B \cdot b \quad \text{bzw.} \quad x = B \cdot b$$

bedeutet. Die Frage ist nun, wann eine solche Matrix B existiert und wie sie sich berechnen lässt.

Nach den im vorangegangenen Kapitel angestellten Überlegungen macht es nur Sinn, den Fall eines Gleichungssystems mit n Gleichungen und n Unbekannten zu untersuchen, da in diesem Fall eine eindeutige Lösbarkeit des Gleichungssystems zu erhoffen ist. Wenn wir also die normale Vorgehensweise bei einer Gleichung mit einer Variablen für Systeme entsprechend herleiten wollen, so müssen wir demnach die entsprechende Voraussetzung für Systeme formulieren. Wir suchen also für Systeme bzw. Matrizen die Formulierung einer Voraussetzung, die der Bedingung entspricht, dass der Koeffizient vor der Variablen ungleich null ist. Hierfür müssen wir einen weiteren Begriff einführen.

5.4.1 Determinanten

Definition 5.2
Es sei $A = (a_{ij})_{n \times n}$ eine $(n \times n)$-Matrix. Die Determinante der Matrix A (det A) ist wie folgt rekursiv definiert.

1. $n = 1$:
   Im Fall $n = 1$ ist die Matrix $A = a_{11}$ eine einzelne reelle Zahl. Wir definieren

$$\det A = a_{11}.$$

2. $n = 2$:
   In diesem Fall definieren wir $\det A = a_{11} \cdot a_{22} - a_{12} \cdot a_{21}$.
3. $n \geq 3$:
   Ist $a_{11} \neq 0$, so definieren wir

$$\det A = a_{11} \cdot \det \left(\hat{A} - \frac{\alpha^T \beta}{a_{11}} \right),$$

wobei α der Zeilenvektor ist, dessen Einträge die Werte der ersten Spalte der Matrix A unter dem Wert a_{11} sind, also $\alpha := (a_{21}, \ldots, a_{n1})$, β den Zeilenvektor bezeichnet, den man erhält, wenn man die erste Zeile von A nimmt ohne das Element a_{11}, d. h. $\beta := (a_{12}, \ldots, a_{1n})$ und $\hat{A}$ die $((n-1) \times (n-1))$-Matrix definiert, die man erhält, wenn man in der Matrix A die erste Spalte und die erste Zeile streicht, d. h. $\hat{A} := (a_{(i+1)(j+1)})_{(n-1) \times (n-1)}$.

Anmerkung 5.2
1. Wir definieren also für den Fall $n \geq 3$ die Determinante einer $(n \times n)$-Matrix mithilfe der Determinante einer $((n - 1) \times (n - 1))$-Matrix.
2. Die Voraussetzung $a_{11} \neq 0$ erscheint nur auf den ersten Blick als eine Einschränkung. Für eine Matrix A, die nicht nur 0 als Einträge besitzt, kann man tatsächlich immer garantieren, dass diese Voraussetzung erfüllt ist, indem man gegebenenfalls Zeilen und Spalten innerhalb der Matrix vertauscht. Hierbei ist jedoch zu beachten, dass ein solches Vertauschen eine Konsequenz für das Vorzeichen der Determinante der Matrix hat, die man nach dem Vertauschen erhält. Es sei A also eine $(n \times n)$-Matrix, und $\tilde{A}$ sei die $(n \times n)$-Matrix, die man aus der Matrix A erhält, indem man die erste Spalte mit der j-ten Spalte vertauscht. Dann gilt:

$$\det A = -\det \tilde{A}.$$

Das Gleiche gilt, wenn man statt einer Spalte eine Zeile innerhalb der Matrix vertauscht, d. h., ist $\tilde{A}$ die $(n \times n)$-Matrix, die man aus der Matrix A erhält, indem man die erste Zeile mit der i-ten Zeile vertauscht, so gilt auch hier

$$\det A = -\det \tilde{A}.$$

Allgemein ergibt sich somit das Nachfolgende: Ist $\tilde{A}$ die $(n \times n)$-Matrix, die man aus der Matrix A durch k-viele Zeilen- und s-viele Spaltenvertauschungen erhält, so gilt:

$$\det A = (-1)^{s+k} \det \tilde{A}.$$

Dies stellt somit immer sicher, dass $a_{11} \neq 0$ erreicht werden kann, wenn die Matrix A auch nur eine Komponente besitzt, die nicht gleich null ist.
3. Die Determinante der Nullmatrix hat den Wert null.

Wir berechnen die Determinante einer 3×3-Matrix exemplarisch mithilfe der Rekursionsformel. Es sei also

$$A = \begin{pmatrix} a_{11} & a_{12} & a_{13} \\ a_{21} & a_{22} & a_{23} \\ a_{31} & a_{32} & a_{33} \end{pmatrix},$$

und wir nehmen an, dass $a_{11} \neq 0$ ist. Nach der Rekursionsformel ist

$$\alpha = (a_{21}, a_{31}), \; \beta = (a_{12}, a_{13}) \quad \text{und} \quad \hat{A} = \begin{pmatrix} a_{22} & a_{23} \\ a_{32} & a_{33} \end{pmatrix}.$$

Es gilt:

$$\alpha^T \cdot \beta = \begin{pmatrix} a_{12}a_{21} & a_{13}a_{21} \\ a_{31}a_{12} & a_{31}a_{13} \end{pmatrix}$$

und

$$\hat{A} - \frac{1}{a_{11}}\alpha^T \cdot \beta = \begin{pmatrix} a_{22} - \frac{a_{12}a_{21}}{a_{11}} & a_{23} - \frac{a_{13}a_{21}}{a_{11}} \\ a_{32} - \frac{a_{31}a_{12}}{a_{11}} & a_{33} - \frac{a_{31}a_{13}}{a_{11}} \end{pmatrix}$$

Wegen der Definition einer Determinante einer 2×2-Matrix ist also:

$$\det\left(\hat{A} - \frac{1}{a_{11}}\alpha^T \cdot \beta\right)$$
$$= \left(a_{22} - \frac{a_{12}a_{21}}{a_{11}}\right) \cdot \left(a_{33} - \frac{a_{31}a_{13}}{a_{11}}\right) - \left(a_{23} - \frac{a_{13}a_{21}}{a_{11}}\right) \cdot \left(a_{32} - \frac{a_{31}a_{12}}{a_{11}}\right).$$

Insgesamt erhalten wir also:

$$\det A = a_{11} \det\left(\hat{A} - \frac{1}{a_{11}}\alpha^T \cdot \beta\right)$$

$$= a_{11}\left(a_{22} - \frac{a_{12}a_{21}}{a_{11}}\right) \cdot \left(a_{33} - \frac{a_{31}a_{13}}{a_{11}}\right)$$

$$- a_{11}\left(a_{23} - \frac{a_{13}a_{21}}{a_{11}}\right) \cdot \left(a_{32} - \frac{a_{31}a_{12}}{a_{11}}\right)$$

$$= a_{11}a_{22}a_{33} - a_{11}a_{23}a_{32} - a_{12}a_{21}a_{33}$$

$$+ a_{12}a_{31}a_{23} + a_{13}a_{21}a_{32} - a_{13}a_{22}a_{31}.$$

Entsprechend lassen sich nun auch die Determinanten von (4×4)-Matrizen bzw. allgemein $(n \times n)$-Matrizen berechnen.

Anmerkung 5.3 In der Schule werden viele Leser eine andere Methode zur Berechnung von Determinanten kennengelernt haben. Der Vorteil der hier vorgestellten Methode liegt in der rekursiven Definition der Determinanten. Dennoch soll hier auch noch eine alternative Methode zur Berechnung der Determinanten von 3×3-Matrizen angegeben werden. Für eine 3×3-Matrix A mit

$$A := \begin{pmatrix} a_{11} & a_{12} & a_{13} \\ a_{21} & a_{22} & a_{23} \\ a_{31} & a_{32} & a_{33} \end{pmatrix}$$

gilt:

$$\det(A) = a_{11} \cdot (a_{22}a_{33} - a_{23}a_{32}) - a_{21} \cdot (a_{12}a_{33} - a_{13}a_{32})$$

$$+ a_{31} \cdot (a_{12}a_{23} - a_{22}a_{13})$$

$$= a_{11}a_{22}a_{33} - a_{11}a_{23}a_{32} - a_{12}a_{21}a_{33}$$

$$+ a_{12}a_{31}a_{23} + a_{13}a_{21}a_{32} - a_{13}a_{22}a_{31}.$$

Wir sehen, dass diese Methode auf das gleiche Ergebnis wie die „strikte Anwendung" der oben gegebenen Definition führt.

Für Determinanten von $(n \times n)$-Matrizen hat man die folgenden Rechenregeln:

1. $\det(A \cdot B) = \det(A) \cdot \det(B)$.
2. Es sei $\alpha \in \mathbb{R}$, dann gilt: $\det(\alpha \cdot B) = \alpha^n \cdot \det(B)$.
3. $\det(I) = 1$.
4. $\det(A) = \det(A^T)$.

Anmerkung 5.4 Zu einer $(n \times n)$-Matrix A existiert genau dann eine $(n \times n)$-Matrix B mit der Eigenschaft, dass

$$B \cdot A = I$$

ist, wenn $\det(A) \neq 0$ ist. Die $(n \times n)$-Matrix B mit der oben angegebenen Eigenschaft bezeichnet man dann als die zu A *inverse Matrix* oder kurz die *Inverse* und verwendet das Symbol A^{-1}.

Wenn eine Matrix A also eine Inverse A^{-1} besitzt, so gilt neben

$$A^{-1} \cdot A = I \quad \text{auch} \quad A \cdot A^{-1} = I$$

und aus

$$1 = \det(I)$$
$$= \det(A \cdot A^{-1})$$

folgt, dass

$$\frac{1}{(\det(A))} = (\det(A))^{-1}$$
$$= \det(A^{-1})$$

gilt. Es bleibt aber noch zu klären, wie man die Inverse einer Matrix berechnet.

5.4.2 Berechnung der Inversen

Um die Inverse einer Matrix A angeben zu können, müssen wir erst noch die zur Matrix A gehörende *klassische adjungierte Matrix* oder kurz *Adjunkte A^** bestimmen.

Definition 5.3
Es sei $A = (a_{ij})_{n \times n}$ eine gegebene $(n \times n)$-Matrix. Die zur Matrix A gehörende Adjunkte A^* ist als die Transponierte der Matrix $(\tilde{a}_{ij})_{n \times n}$ definiert, also ist

$$A^* := (\tilde{a}_{ij})_{n \times n}^{T},$$

wobei die Komponenten der Matrix $(\tilde{a}_{ij})_{n \times n}$ durch

$$\tilde{a}_{ij} := (-1)^{i+j} \det \begin{pmatrix} 1 & 0 & \cdots & 0 \\ 0 & & & \\ \vdots & & A_{ij} & \\ 0 & & & \end{pmatrix}$$

gegeben sind und die hier angegebene Matrix A_{ij} aus der Matrix A durch Streichen der i-ten Zeile und der j-ten Spalte gewonnen wird.

Jetzt sind wir endlich in der Lage anzugeben, wie man die Inverse einer Matrix bestimmt.

Theorem 5.1
Es sei A eine $(n \times n)$-Matrix mit $\det A \neq 0$. *Dann ist die zu A inverse Matrix durch*

$$A^{-1} = \frac{1}{\det A} A^*$$

gegeben. Für $\det A = 0$ *besitzt A keine Inverse.*

Wir wollen nun in zwei konkreten Beispielen vorrechnen, wie man die Inverse einer Matrix ermittelt.

Beispiel 5.11 Es sei

$$A = \begin{pmatrix} a & b \\ c & d \end{pmatrix}$$

mit $a \cdot d - b \cdot c \neq 0$. Die Inverse von A ist nach dem oben genannten Theorem gegeben durch

$$A^{-1} = \frac{1}{a \cdot d - b \cdot c} \begin{pmatrix} d & -b \\ -c & a \end{pmatrix}.$$

Für (2×2)-Matrizen hat man also eine einfache Formel zur Bestimmung der Inversen zur Hand.

Beispiel 5.12 Es sei nun

$$A = \begin{pmatrix} 2 & 3 & -4 \\ 0 & -4 & 2 \\ 1 & -1 & 5 \end{pmatrix}.$$

Die Berechnung der Determinante ergibt in diesem Fall:

$$\det A = -46.$$

Nun bestimmen wir die Einträge der Matrix $(\tilde{a}_{ij})_{3\times 3}$. Nach der Formel zur Berechnung der Einträge erhalten wir:

$$\tilde{a}_{11} = (-1)^{1+1} \cdot \det \begin{pmatrix} 1 & 0 & 0 \\ 0 & -4 & 2 \\ 0 & -1 & 5 \end{pmatrix} = -18.$$

$$\tilde{a}_{12} = (-1)^{1+2} \cdot \det \begin{pmatrix} 1 & 0 & 0 \\ 0 & 0 & 2 \\ 0 & 1 & 5 \end{pmatrix} = 2,$$

$$\tilde{a}_{13} = (-1)^{1+3} \cdot \det \begin{pmatrix} 1 & 0 & 0 \\ 0 & 0 & -4 \\ 0 & 1 & -1 \end{pmatrix} = 4,$$

$$\tilde{a}_{21} = (-1)^{2+1} \cdot \det \begin{pmatrix} 1 & 0 & 0 \\ 0 & 3 & -4 \\ 0 & -1 & 5 \end{pmatrix} = -11,$$

$$\tilde{a}_{22} = (-1)^{2+2} \cdot \det \begin{pmatrix} 1 & 0 & 0 \\ 0 & 2 & -4 \\ 0 & 1 & 5 \end{pmatrix} = 14,$$

$$\tilde{a}_{23} = (-1)^{2+3} \cdot \det \begin{pmatrix} 1 & 0 & 0 \\ 0 & 2 & 3 \\ 0 & 1 & -1 \end{pmatrix} = 5,$$

$$\tilde{a}_{31} = (-1)^{3+1} \cdot \det \begin{pmatrix} 1 & 0 & 0 \\ 0 & 3 & -4 \\ 0 & -4 & 2 \end{pmatrix} = -10,$$

$$\tilde{a}_{32} = (-1)^{3+2} \cdot \det \begin{pmatrix} 1 & 0 & 0 \\ 0 & 2 & -4 \\ 0 & 0 & 2 \end{pmatrix} = -4,$$

$$\tilde{a}_{33} = (-1)^{3+3} \cdot \det \begin{pmatrix} 1 & 0 & 0 \\ 0 & 2 & 3 \\ 0 & 0 & -4 \end{pmatrix} = -8$$

und somit insgesamt:

$$(\tilde{a}_{ij})_{3\times3} = \begin{pmatrix} -18 & 2 & 4 \\ -11 & 14 & 5 \\ -10 & -4 & -8 \end{pmatrix},$$

woraus:

$$A^{-1} = -\frac{1}{46} \begin{pmatrix} -18 & -11 & 10 \\ 2 & 14 & -4 \\ 4 & 5 & -8 \end{pmatrix}$$

folgt.

Die Berechnung der Inversen einer Matrix ermöglicht es uns somit, die eindeutige Lösung eines Gleichungssystems

$$A \cdot x = b$$

mit einer $(n \times n)$-Matrix A und den n-elementigen Spaltenvektoren x und b anzugeben, indem wir das Gleichungssystem von links mit der Inversen A^{-1} der Matrix A multiplizieren. Dies führt dann für die eindeutige Lösung auf die Gestalt

$$x = A^{-1} \cdot b.$$

5.5 Spezielle Gleichungssysteme und die Eigenwerte einer Matrix

Von besonderem Interesse sind Gleichungssysteme, bei denen auf der rechten Seite nicht ein konstanter Spaltenvektor b steht, sondern ein Vielfaches des Variablenvektors x. Solche Gleichungssysteme haben die Gestalt:

$$A \cdot x = \lambda \cdot x. \tag{5.9}$$

Beispiel 5.13 (Nach [11, Seite 42 f.].) Bei der Beschreibung von Populationen wird oft die Altersstruktur der Population mit berücksichtigt, da sowohl die Geburten- als auch die Sterberaten altersabhängig sind. Die Altersstruktur einer Population kann man durch eine Einteilung der Population in Altersklassen modellieren. Z. B. kann dies dadurch erfolgen, dass man mit dem Alter Null beginnend Altersklassen der gleichen Größe (Länge) Δt bildet und mithilfe dieser „Altersintervalle" bzw. Altersklassen das ganze in der Population auftretende Altersspektrum „überdeckt". Es seien nun

$$[0, \Delta t), [\Delta t, 2\Delta t), \ldots, [m\Delta t, (m+1)\Delta t)$$

derartige Altersklassen. Wir wählen nun die Zeiteinheiten so, dass die einzelnen Altersklassen die Länge 1 haben und somit $\Delta t = 1$ gilt. Folglich erhalten wir so die Altersklassen

$$[0, 1), [1, 2), \ldots, [m, m+1).$$

Die Entwicklung der Altersstruktur der beobachteten Population wird nun in den gleichen Zeitabständen verfolgt, nach denen wir auch die Altersklassen gebildet haben. Das bedeutet, dass wir die Entwicklung zu den Zeiten

$$t_j = j \cdot \Delta t = j,$$

betrachten, da $\Delta t = 1$ angenommen wurde. Nun bezeichne

$$x_j^n = \text{die Anzahl der Individuen der Altersklasse } j \text{ zum Zeitpunkt n.}$$

Durch den Vektor

$$x^n = \begin{pmatrix} x_0^n \\ x_1^n \\ \vdots \\ x_m^n \end{pmatrix} = (x_0^n, x_1^n, \ldots, x_m^n)^T$$

wird somit die Altersstruktur der Population zum Zeitpunkt n beschrieben. Ein Anteil der Individuen x_j^n, die zum Zeitpunkt n im Alter j sind, wird im nächsten Zeitpunkt $n+1$ in der Altersklasse $j+1$ sein. Diesen Anteil wollen wir mit $P_j \cdot x_j^n$ bezeichnen, wobei $P_j \in [0, 1]$, für $j = 1, \ldots, m$ der Überlebensfaktor oder Vitalitätskoeffizient der Altersklasse j genannt wird. Demnach ist

$$x_{j+1}^{n+1} = P_j \cdot x_j^n, \quad \text{für } j = 0, 1, \ldots, m.$$

Um x_0^{n+1} angeben zu können, müssen wir die Geburten im Zeitraum $[n, n+1)$ berücksichtigen. Daher sei mit F_j die Anzahl der Nachkommen eines Individuums vom Alter j im Zeitraum $[n, n+1)$ bezeichnet, die mindestens bis zum Zeitpunkt $n+1$ überleben. (Der Wert von F_j hängt also nicht von n ab und bleibt für jedes Zeitintervall der Länge $\Delta t = 1$ unverändert). In die Altersklasse 0 gehören also zum Zeitpunkt $n+1$ insgesamt

$$x_0^{n+1} = F_0 x_0^n + F_1 x_1^n + \ldots + F_m x_m^n$$

Individuen. Diese Annahmen liefern für den Übergang von einer Generation zur nächsten das nachfolgende System von linearen Rekursionsgleichungen:

$$x_0^{n+1} = F_0 x_0^n + F_1 x_1^n + \ldots + F_m x_m^n$$
$$x_1^{n+1} = P_0 x_0^n$$
$$x_2^{n+1} = P_1 x_1^n$$
$$\vdots \quad \vdots \quad \vdots$$
$$x_m^{n+1} = P_{m-1} x_{m-1}^n$$

oder mithilfe der Matrizen-Schreibweise

$$x^{n+1} = \begin{pmatrix} x_0^{n+1} \\ x_1^{n+1} \\ x_2^{n+1} \\ \vdots \\ \vdots \\ x_m^{n+1} \end{pmatrix} = \begin{pmatrix} F_0 & F_1 & F_2 & \cdots & F_{m-1} & F_m \\ P_0 & 0 & 0 & \cdots & 0 & 0 \\ 0 & P_1 & 0 & \cdots & 0 & 0 \\ \vdots & \vdots & \ddots & & \vdots & \vdots \\ \vdots & \vdots & & \ddots & 0 & \vdots \\ 0 & 0 & 0 & \cdots & P_{m-1} & 0 \end{pmatrix} \begin{pmatrix} x_0^n \\ x_1^n \\ x_2^n \\ \vdots \\ \vdots \\ x_m^n \end{pmatrix}$$

bzw. kurz

$$x^{n+1} = \mathcal{L} x^n.$$

Die Matrix $\mathcal{L}$ heißt Leslie-Matrix, und das obige Modell wird nach dem britischen Biologen und Ökologen P. H. Leslie auch Leslie-Modell genannt. P. H. Leslie leitete in dem Artikel "On the use of matrices in certain population mathematics" [10] erstmalig ein derartiges System zur Beschreibung von Populationsstrukturen her. Wie wir also sehen, haben wir in Beispiel 5.10 ein Leslie-Modell für den Nadelbaum- und Laubbaumbestand eines Waldes bereits kennengelernt. Wenn wir nun die Anfangspopulation x^0 kennen, so können wir die Anzahl der Individuen und die Altersstruktur zum Zeitpunkt n durch

$$x^n = \mathcal{L} x^{n-1} = \mathcal{L}\left(\mathcal{L} x^{n-2}\right) = \ldots = \mathcal{L}^n x^0$$

berechnen. Im Nachfolgenden sind wir nun an der Antwort auf die Frage interessiert, ob es Altersverteilungen gibt, die im Laufe der Zeit konstant bleiben. Eine konstante Altersverteilung bedeutet, dass für alle j gilt, dass

$$\frac{x_j^{n+1}}{\displaystyle\sum_{j=0}^{m} x_j^{n+1}} = \frac{x_j^n}{\displaystyle\sum_{j=0}^{m} x_j^n},$$

für alle n ist, d. h.

$$x_j^{n+1} = \frac{\sum_{j=0}^{m} x_j^{n+1}}{\sum_{j=0}^{m} x_j^{n}} x_j^{n}.$$

Falls nun

$$\frac{\sum_{j=0}^{m} x_j^{n+1}}{\sum_{j=0}^{m} x_j^{n}} = \lambda > 0$$

ist, gilt somit die Gleichung

$$x_j^{n+1} = \lambda x_j^{n},$$

für $j = 0, \dots, m$ bzw.

$$x^{n+1} = \lambda x^{n}.$$

Die Entwicklung einer Population mit konstanter Altersverteilung wird folglich durch die Gleichung

$$\mathcal{L} x^{n} = \lambda x^{n}$$

beschrieben.

Natürlich stellt sich als Erstes die Frage, ob es überhaupt solche Zahlen λ und derartige Vektoren gibt, so dass Gleichungen der Form (5.9) auftreten. Wobei hier zuerst das Augenmerk auf der Frage nach der Existenz derartiger Zahlen λ liegt und man sich erst im zweiten Schritt die Frage nach der Existenz des Vektors x stellt, der diese Gleichung erfüllt und nicht gleich dem Nullvektor ist; also ungleich dem Vektor ist, der nur Einträge besitzt, die gleich null sind. Zunächst stellen wir fest, dass sich (5.9) wie folgt umschreiben lässt:

$$A \cdot x = \lambda \cdot x$$
$$= \lambda \cdot (I \cdot x).$$

Somit können wir die Gleichung weiter in die Gleichung

$$(A - \lambda \cdot I) \cdot x = 0 \tag{5.10}$$

umschreiben. Wenn die Matrix $A - \lambda \cdot I$ invertierbar ist, so ist $x = 0$ die einzige denkbare Lösung von (5.10). Wir suchen aber gerade Lösungen dieser Gleichung, die nicht gleich null sind. Das bedeutet, dass die Matrix $A - \lambda \cdot I$ nicht invertierbar sein darf. Nach dem vorangegangenen Kapitel ist dies genau dann der Fall, wenn

$$\det(A - \lambda \cdot I) = 0 \qquad (5.11)$$

gilt. Wir müssen also gerade die Werte für λ bestimmen, für (5.11) gilt. Da die Berechnung der Determinante von $A - \lambda \cdot I$ auf ein Polynom in der Unbekannten λ führt, nennt man $\det(A - \lambda \cdot I)$ auch *charakteristisches Polynom* der Matrix A und (5.11) *charakteristische Gleichung*.

5.5.1 Eigenwerte und Eigenvektoren

Wir suchen also im ersten Schritt die Nullstellen des charakteristischen Polynoms. Dies machen wir mithilfe der in Abschn. 4.2 eingeführten Methode der Polynomdivision.

Beispiel 5.14 Es sei

$$A = \begin{pmatrix} 1 & 3 \\ 2 & 4 \end{pmatrix}.$$

Wir suchen die λ, für die das charakteristische Polynom der Matrix A null wird. Das charakteristische Polynom ist in diesem Fall gegeben durch

$$\det(A - \lambda \cdot I) = \det \begin{pmatrix} 1 - \lambda & 3 \\ 2 & 4 - \lambda \end{pmatrix}$$
$$= (1 - \lambda)(4 - \lambda) - 6$$
$$= \lambda^2 - 5\lambda - 2.$$

Da es sich in diesem Fall um ein Polynom der Ordnung 2 handelt, können wir die aus der Schule bekannte Darstellung zur Berechnung der Nullstellen eines Polynoms der Gestalt

$$x^2 + px + q \qquad (5.12)$$

verwenden. Die Nullstellen des Polynoms (5.12) sind gegeben durch

$$x_1 = -\frac{p}{2} + \sqrt{\left(\frac{p}{2}\right)^2 - q}$$

und

$$x_2 = -\frac{p}{2} - \sqrt{\left(\frac{p}{2}\right)^2 - q}.$$

Nun ist in unserem Fall $p = -5$ und $q = -2$. Damit erhalten wir als Nullstellen des charakteristischen Polynoms die Werte

$$\lambda_1 = \frac{5}{2} + \sqrt{\frac{33}{4}}$$

und

$$\lambda_1 = \frac{5}{2} - \sqrt{\frac{33}{4}}.$$

Die Nullstellen λ_i des charakteristischen Polynoms der Matrix A bezeichnet man als die *Eigenwerte* der Matrix. Für diese Werte existieren also Vektoren x_{λ_i}, die von 0 verschieden sind und die die entsprechende Gleichung

$$A \cdot x_{\lambda_i} = \lambda_i \cdot x_{\lambda_i} \tag{5.13}$$

lösen. Einen derart besonderen Spaltenvektoren x_{λ_i}, der für einen festen Eigenwert λ_i die entsprechende Gleichung (5.13) löst, nennt man dann einen zum Eigenwert λ_i gehörenden *Eigenvektor*. Zu einem Eigenwert kann es auch mehr als einen Eigenvektor geben, und offensichtlich ist mit x_{λ_i} auch jedes Vielfache dieses Vektors $(c \cdot x_{\lambda_i})$ erneut Eigenvektor zum Eigenwert λ_i.

Wir wollen nun die zu dem vorangegangenen Beispiel gehörigen Eigenvektoren ermitteln.

Beispiel 5.15 Wir suchen also Lösungen der Gleichungssysteme

$$(1 - \lambda_1)x_1 + 3x_2 = 0$$
$$2x_1 + (4 - \lambda_1)x_2 = 0$$

und

$$(1 - \lambda_2)y_1 + 3y_2 = 0$$
$$2y_1 + (4 - \lambda_2)y_2 = 0.$$

Setzt man in diese Gleichungssysteme die im vorangegangenen Beispiel gefundenen Werte für λ_1 und λ_2 ein, so erhält man die Gleichungssysteme

$$\left(1 - \frac{5}{2} - \sqrt{\frac{33}{4}}\right) x_1 + 3x_2 = 0$$

$$2x_1 + \left(4 - \frac{5}{2} - \sqrt{\frac{33}{4}}\right) x_2 = 0$$

und

$$\left(1 - \frac{5}{2} + \sqrt{\frac{33}{4}}\right) y_1 + 3y_2 = 0$$

$$2y_1 + \left(4 - \frac{5}{2} + \sqrt{\frac{33}{4}}\right) y_2 = 0.$$

Betrachten wir zunächst das System:

$$\left(1 - \frac{5}{2} - \sqrt{\frac{33}{4}}\right) x_1 + 3x_2 = 0$$

$$2x_1 + \left(4 - \frac{5}{2} - \sqrt{\frac{33}{4}}\right) x_2 = 0.$$

Multipliziert man die erste Gleichung mit dem Faktor 2 und die zweite mit dem Faktor $1 - \frac{5}{2} - \sqrt{\frac{33}{4}}$, so sieht man, dass es sich tatsächlich nur um eine Gleichung handelt, da

$$\left(1 - \frac{5}{2} - \sqrt{\frac{33}{4}}\right) \cdot \left(4 - \frac{5}{2} - \sqrt{\frac{33}{4}}\right) = 6$$

ist. D. h., man hat in Wirklichkeit nur die Gleichung

$$2x_1 + \left(4 - \frac{5}{2} - \sqrt{\frac{33}{4}}\right) x_2 = 0$$

vorliegen, die nach x_1 aufgelöst uns die Gleichung

$$x_1 = \frac{(-3 + \sqrt{33})}{4} x_2$$

liefert. Wenn wir nun x_2 gleich dem Parameter m setzen, so sehen wir, dass für alle $m \in \mathbb{R}$ Lösungen des Systems durch

$$x_2 = m \text{ und } x_1 = \frac{(-3 + \sqrt{33})}{4} m$$

gegeben sind. Wenn wir $m = 1$ setzen, erhalten wir als einen Eigenvektor zum Eigenwert λ_1 den Vektor

$$x_{\lambda_1} = \begin{pmatrix} \frac{-3 + \sqrt{33}}{4} \\ 1 \end{pmatrix}.$$

Das analoge Vorgehen bei dem Gleichungssystem

$$\left(1 - \frac{5}{2} + \sqrt{\frac{33}{4}}\right) y_1 + 3y_2 = 0$$

$$2y_1 + \left(4 - \frac{5}{2} + \sqrt{\frac{33}{4}}\right) y_2 = 0$$

führt uns hier mit

$$y_{\lambda_2} = \begin{pmatrix} \frac{-3-\sqrt{33}}{4} \\ 1 \end{pmatrix}$$

auf einen zum Eigenwert λ_2 gehörenden Eigenvektor.

Beispiel 5.16 In diesem Beispiel wollen wir uns nun noch den Eigenwerten einer (3×3)-Matrix zuwenden. Wir suchen die Eigenwerte und Eigenvektoren der Matrix

$$A = \begin{pmatrix} 1 & -3 & 3 \\ 3 & -5 & 3 \\ 6 & -6 & 4 \end{pmatrix}.$$

Das charakteristische Polynom lautet in diesem Fall:

$$\det(A - \lambda \cdot I) = \det \begin{pmatrix} (1-\lambda) & -3 & 3 \\ 3 & (-5-\lambda) & 3 \\ 6 & -6 & (4-\lambda) \end{pmatrix}$$

$$= (1-\lambda) \cdot [(-5-\lambda) \cdot (4-\lambda) + 18] - 3 \cdot [(-3) \cdot (4-\lambda) + 18]$$
$$+ 6 \cdot [-9 - 3 \cdot (-5-\lambda)]$$
$$= (4-\lambda)(\lambda + 2)^2.$$

Die Nullstellen des charakteristischen Polynoms lauten also in diesem Fall $\lambda_1 = 4$ und $\lambda_2 = -2$. Wir suchen nun die zu diesen Werten gehörigen Eigenvektoren. Das bedeutet, dass wir die Gleichungssysteme

$$\begin{pmatrix} -3 & -3 & 3 \\ 3 & -9 & 3 \\ 6 & -6 & 0 \end{pmatrix} \cdot \begin{pmatrix} x_1 \\ x_2 \\ x_3 \end{pmatrix} = \begin{pmatrix} 0 \\ 0 \\ 0 \end{pmatrix}$$

und

$$\begin{pmatrix} 3 & -3 & 3 \\ 3 & -3 & 3 \\ 6 & -6 & 6 \end{pmatrix} \cdot \begin{pmatrix} y_1 \\ y_2 \\ y_3 \end{pmatrix} = \begin{pmatrix} 0 \\ 0 \\ 0 \end{pmatrix}$$

lösen müssen. Wie man so etwas macht, haben wir bereits im Abschn. 5.2 über die Substitutionsmethode kennengelernt. Wendet man dieses Wissen hier an, so erhalten wir für das erste Gleichungssystem die Lösung $x_1 = m$, $x_2 = m$ und $x_3 = 2m$ für jedes frei wählbare $m \in \mathbb{R}$. Somit lautet der Eigenvektor zum Eigenwert $\lambda_1 = 4$ mit $m = 1$

$$x_{\lambda_1} = \begin{pmatrix} 1 \\ 1 \\ 2 \end{pmatrix}.$$

Das zweite Gleichungssystem reduziert sich zu der nachfolgenden einen Gleichung mit drei Unbekannten

$$3y_1 - 3y_2 + 3y_3 = 0.$$

D. h., man kann z. B. $y_2 = q$ und $y_3 = p$ setzen für zwei frei wählbare reelle Zahlen p und q und erhält für y_1 die Gleichung $y_1 = q - p$. Vektoriell geschrieben bedeutet das, dass

$$y = q \begin{pmatrix} 1 \\ 1 \\ 0 \end{pmatrix} + p \begin{pmatrix} -1 \\ 0 \\ 1 \end{pmatrix}$$

ist. In diesem Fall ist sowohl der Vektor

$$\begin{pmatrix} 1 \\ 1 \\ 0 \end{pmatrix} \quad \text{als auch der Vektor} \quad \begin{pmatrix} -1 \\ 0 \\ 1 \end{pmatrix}$$

ein Eigenvektor zum Eigenwert $\lambda_2 = -2$.

Anmerkung 5.5 Da jedes Vielfache eines Eigenvektors x_{λ_i} zum Eigenwert λ_i ebenfalls (5.13) löst, sind Eigenvektoren nicht eindeutig bestimmt.

5.6 Komplexe Zahlen

Wie wir gesehen haben, stellte sich bei der Bestimmung der Eigenwerte einer Matrix erneut die Frage nach den Nullstellen eines Polynoms. In Theorem 4.1 hatten wir festgehalten, dass ein Polynom vom Grad n höchstens n verschiedene reelle Nullstellen besitzt. Zwei Worte fallen hierbei auf. Zum einen das Wort „höchstens" und zum anderen „reelle". Es stellt sich also die Frage, warum dies so herausgehoben wurde, bzw. ob es vielleicht noch andere Zahlen außer den uns bisher bekannten Zahlen gibt. Betrachten wir also noch ein Beispiel.

Beispiel 5.17 Es sei die Matrix

$$A = \begin{pmatrix} 3 & 1 \\ -2 & 5 \end{pmatrix}$$

gegeben. Wir wollen nun die Eigenwerte dieser Matrix bestimmen. Hierbei erhalten wir die charakteristische Gleichung

$$\det \begin{pmatrix} 3 - \lambda & 1 \\ -2 & 5 - \lambda \end{pmatrix} = (3 - \lambda)(5 - \lambda) + 2$$
$$= \lambda^2 - 8\lambda + 17$$
$$= 0$$

Mithilfe der p-q-Formel berechnet man nun die Nullstellen

$$\lambda_1 = 4 + \sqrt{-1}$$
$$\lambda_2 = 4 - \sqrt{-1}.$$

Aber macht der Ausdruck $\sqrt{-1}$ überhaupt Sinn?

Das eben betrachtete Beispiel führt uns zu einer ganz neuen Erweiterung der uns bislang bekannten Zahlen. Wir führen nun die sogenannten komplexen Zahlen ein, die mit dem Symbol $\mathbb{C}$ dargestellt werden. Diese Zahlen definieren wir wie folgt:

Definition 5.4

Da keine reelle Zahl existiert, deren Quadrat -1 ist, definieren wir die imaginäre Einheit i durch die Gleichung

$$i^2 = -1.$$

Als die Menge aller komplexen Zahlen $\mathbb{C}$ definieren wir alle Zahlen z, die sich in der Form

$$z = a + i \cdot b$$

darstellen lassen. Hierbei sind a und b reelle Zahlen und i die imaginäre Einheit. Die Zahl a bezeichnet man als Realteil und die Zahl b als Imaginärteil der komplexen Zahl z und schreibt hierfür

$$\operatorname{Re}(z) = a \text{ und } \operatorname{Im}(z) = b.$$

Beispiel 5.18 Für die komplexe Zahl

$$z = 4 + i$$

ist

$$\mathrm{Re}(4 + i) = 4 \quad \text{und} \quad \mathrm{Im}(4 + i) = 1.$$

Beispiel 5.19 Für die komplexe Zahl

$$z = -3i$$

ist

$$\mathrm{Re}(-3i) = 0 \quad \text{und} \quad \mathrm{Im}(-3i) = -3.$$

Exkurs 5.1

Wie ist man jedoch auf diese „komplexen Zahlen" gekommen? Und warum macht die Einführung eines „Symbols" i für die Quadratwurzel aus der Zahl (-1) auch für die „reelle Welt" Sinn? Die Einführung der komplexen Zahlen geht zunächst einmal auf Rafael Bombelli (geboren im Januar 1526, gestorben vermutlich 1572) zurück, der urspünglich ein Ingenieur war und sich „beruflich" mit der Urbarmachung von Land in Mittel- und Süditalien beschäftigte. Bombelli betrachtete bei seinen mathematischen Studien kubische Gleichungen der Form

$$x^3 + px + q = 0, \tag{5.14}$$

die vor ihm bereits von Girolamo Cardano (24.09.1501–21.09.1576) (siehe Abb. 5.2) studiert worden waren. Auf der Suche nach einer „p-q-Formel" für Gleichungen dieser Art hatte Cardano die Lösungsformel

$$x = \sqrt[3]{-\frac{q}{2} + \sqrt{\left(\frac{q}{2}\right)^2 + \left(\frac{p}{3}\right)^3}} + \sqrt[3]{-\frac{q}{2} - \sqrt{\left(\frac{q}{2}\right)^2 + \left(\frac{p}{3}\right)^3}} \tag{5.15}$$

angegeben. Caradano mag auf die Idee gekommen sein, (5.14) mithilfe der Binomischen Formel

$$(u - v)^3 = u^3 - 3u^2v + 3uv^2 - v^3$$

in die Form

$$(u - v)^3 + 3uv(u - v) + (v^3 - u^3)$$

umzuschreiben und hierbei

$$x = u - v, \qquad (5.16)$$

$$p = 3uv \quad \text{und} \qquad (5.17)$$

$$q = v^3 - u^3 \qquad (5.18)$$

zu setzen. Formt man (5.17) nach v um, so erhält man

$$v = \frac{p}{3u}.$$

Diesen Ausdruck in (5.18) eingesetzt, liefert uns nach ein paar Umformungen für u die Gleichung

$$\left(u^3\right)^2 - qu^3 - \left(\frac{p}{3}\right)^3 = 0.$$

Diese Gleichung können wir jedoch mit der uns bekannten „p-q-Formel" für quadratische Gleichungen lösen und erhalten so

$$u^3 = \frac{q}{2} \pm \sqrt{\left(\frac{q}{2}\right)^2 + \left(\frac{p}{3}\right)^3}.$$

Hiermit können wir nun u und v berechnen und erhalten so letztendlich für x die von Cardano angegebene Gestalt der Lösung in (5.15). Wenn der Ausdruck auf der rechten Seite von (5.15) existiert, also die Quadratwurzel des Ausdrucks

$$\left(\frac{q}{2}\right)^2 + \left(\frac{p}{3}\right)^3$$

definiert ist, so kann man mit dieser Formel eine Lösung von (5.14) berechnen. Schauen wir uns hierfür ein Beispiel an:

Wir betrachten die Gleichung

$$x^3 + 6x - 2 = 0.$$

Cardanos Formel liefert uns in diesem Fall also die Lösung:

$$x = \sqrt[3]{-\frac{-2}{2} + \sqrt{\left(\frac{-2}{2}\right)^2 + \left(\frac{6}{3}\right)^3}} + \sqrt[3]{-\frac{-2}{2} - \sqrt{\left(\frac{-2}{2}\right)^2 + \left(\frac{6}{3}\right)^3}}$$

$$= \sqrt[3]{4} + \sqrt[3]{-2}.$$

Wenn jedoch

$$q^2 + \frac{4p^3}{27} < 0$$

Abb. 5.2 Girolamo Cardano
(24.09.1501–21.09.1576).
Zeichnung: *Dirk Horstmann*

gilt, so ist der Ausdruck

$$\sqrt{\left(\frac{q}{2}\right)^2 + \left(\frac{p}{3}\right)^3}$$

nicht mehr definiert. Es scheint als ob man an die Grenzen dieser Lösungsformel gestoßen wäre. Dieser Fall ist in der Literatur immer wieder auch als der sogenannte „casus irreducibilis" zu finden. Bombelli ließ sich hiervon jedoch nicht abschrecken und rechnete einfach weiter (frei nach dem Motto „Was passiert eigentlich, wenn ich es trotzdem mache?"). Hierbei gelangte er am Ende seiner Rechnungen zu einem sinnvollen reellen Ergebnis. Diese Beobachtung veröffentlichte er 1572 in seinem Werk „L'algebra" [2]. Was aber hat Brombelli genau getan?

Betrachten wir hierfür die Gleichung

$$x^3 - 5x - 2 = 0. \tag{5.19}$$

Wie wir sehen gilt in diesem Fall, dass

$$(-2)^2 + \frac{4(-5)^3}{27} = -\frac{392}{27} < 0$$

ist. Cardanos Formel liefert uns in diesem Fall somit zunächst den Ausdruck

$$x = \sqrt[3]{-\frac{-2}{2} + \sqrt{\left(\frac{-2}{2}\right)^2 + \left(\frac{-5}{3}\right)^3}} + \sqrt[3]{-\frac{-2}{2} - \sqrt{\left(\frac{-2}{2}\right)^2 + \left(\frac{-5}{3}\right)^3}}$$

$$= \sqrt[3]{1 + \frac{7}{9}\sqrt{-6}} + \sqrt[3]{1 - \frac{7}{9}\sqrt{-6}}.$$

Nun bemerken wir zunächst, dass

$$\left(1 + \frac{7}{9}\sqrt{-6}\right) = \left(-1 + \frac{1}{3}\sqrt{-6}\right)^3 \quad \text{und}$$

$$\left(1 - \frac{7}{9}\sqrt{-6}\right) = (-1)^3 \left(1 + \frac{1}{3}\sqrt{-6}\right)^3.$$

Rechnet man mit diesem Ausdruck weiter und zieht ganz formal die dritte Wurzel, so erhält man für x die Gleichung

$$x = \left(-1 + \frac{1}{3}\sqrt{-6}\right) - \left(1 + \frac{1}{3}\sqrt{-6}\right) = -2.$$

Wie man nun leicht sieht, ist $x = -2$ tatsächlich eine reelle Lösung von (5.19). Somit ist es also möglich, mithilfe von mit komplexen Zahlen durchgeführten Rechnungen zu reellen Lösungen zu kommen. Folgerichtig kann man die Aufgabe selbst somit nicht als unmöglich bezeichnen. In dieser formalen Rechnung zeigt sich ein echter Nutzen der Einführung der „imaginären" Zahlen.

Wieso der imaginäre Anteil einer komplexen Zahl mit dem Symbol i bezeichnet wird, geht jedoch auf Leonard Euler zurück (siehe Abb. 5.3). Er führte dieses Symbol ein, indem er einen für Mathematiker auch schon zu damaliger Zeit üblichen Schritt unternahm und im Jahre 1777 eine neue Zahl, eben die imaginäre Zahl i, verwendete.

Leonhard Euler (15.04.1707–18.09.1783) war einer der bedeutendsten Mathematiker aller Zeiten. Dies spiegelt sich auch in Aussprüchen wider, die man einigen von seinen Mitmenschen zuschreibt. Wie man in der Literatur finden kann sagten voller Bewunderung und Hochachtung Zeitgenossen über Euler: „Euler rechnete so mühelos, wie andere Menschen atmen oder der Adler in den Lüften schwebt". Ein anderer sehr bekannter Mathematiker wie der Franzose Pierre Simon de Laplace (1749–1827) soll zu seinen Studenten gesagt haben: „Lest Euler, lest Euler, er ist unser aller Meister!" Auch der nicht minder berühmte deutsche Mathematiker Carl Friederich Gauß (1777–1855) (vgl. auch Exkurs 14.1) bewunderte ihn: „Das Studium der Werke Eulers bleibt die beste Schule in den verschiedenen Gebieten der Mathematik und kann durch nichts anderes ersetzt werden." Angeblich nannten Zeitgenossen Euler unter anderem bewundernd auch die „Analysis persönlich".

Abb. 5.3 Leonhard Euler.
Zeichnung: *Dirk Horstmann*

Als ältester Sohn des Pfarrers Paul Euler wollte Leonhard Euler zunächst Mathematik und (den Fußstapfen seines Vaters folgend) auch Theologie studieren. Mit diesen Vorsätzen begann er im Jahre 1720 sein Studium an der Universität Basel und besuchte dort unter anderem die Vorlesungen von Johann Bernoulli (vgl. auch Exkurs 13.2). In seiner bereits drei Jahre später geschriebenen Magisterarbeit befasste sich Euler mit einem Vergleich der Newton'schen und der kartesischen Philosophie. Eulers Hauptinteresse galt den höheren Vorlesungen von Johann Bernoulli. Bernoulli erteilte ihm sogar Einzelunterricht und war einer seiner entscheidenden Förder. Seine ursprüngliche Idee, auch Theologie zu studieren, verfolgte Euler nur kurze Zeit. 1725 schließlich gab er sie ganz auf und konzentrierte sich vollständig auf die Mathematik. Als Mathematiker war Euler äußerst erfolgreich. Bereits 1727 folgte er einem Ruf Daniel Bernoullis (vgl. hierzu auch Exkurs 11.1), dem Sohn seines Lehrers Johann Bernoulli, der ebenfalls Mathematiker (aber auch Mediziner) war, an die Universität Sankt Petersburg. Euler sollte dort die Professur von Daniels verstorbenen Bruder Nikolaus II. Bernoulli übernehmen, was er im Folgenden auch tat. Auf diese Weise wurde Euler 1730 somit zunächst Professor für Physik bis er schließlich drei Jahre später Daniel Bernoulli als Professor für Mathematik nachfolgte, als dieser an die Unversität Basel zurückkehrte. Infolge einer lebensgefährlichen Erkrankung verschlechterte sich das rechte Augenlicht Eulers zunehmend, so dass er schließlich halbseitig erblindet war. Von 1741 bis 1766 ging Euler nach Berlin. Er folgte hierbei einem Ruf Friedrichs des Groß en, der sich Euler als Mitglied an der Berliner Akademie wünschte. Euler wurde in Berlin Mitglied und Direktor der Mathematischen Klasse. Im Jahre 1747 wurde er auch von der Londoner Royal Society und 1755 von der Pariser Akademie zu ihrem auswärtigen Mitglied gewählt. Sicherlich war es verletztem Stolz zuzuschreiben, dass er Preußen im Jahre 1766 wieder verließ, um nach St. Petersburg und an den Hof Katharinas der Großen zurückzukehren, da ihn Friedrich II. nicht zum Akademiepräsidenten ernannte. Gesundheitlich war Euler weiter angeschlagen. Sein Augenleiden verschlechterte sich noch weiter. Aufgrund von Komplikationen nach einer Operation verlor er im Jahre 1771 sein Augenlicht schließlich fast vollständig. Seiner Produktivität verlieh dieser gesundheitliche Schicksalsschlag jedoch keinen Abbruch. In der Tat gilt die zweite Petersburger Zeit als eine der produktivsten Zeiten im wissenschaftlichen Leben Eulers.

Zu seinen wissenschaftlichen Leistungen zählt, dass Euler die Infinitesimalrechnung in der Mechanik verwendete bzw. einsetzte. Dieser Schritt Eulers kann als der Beginn einer neuen „Zeitrechnung" für diesen Forschungsbereich angesehen werden. Eines der wohl beeindruckendsten Werke Eulers ist sein Lehrbuch über die Variationsrechnung (1744), bei der es im weitesten Sinn um Probleme geht, bei denen etwas „optimiert" werden soll. Euler und der Franzose J.-L. Lagrange (25.01.1736–10.04.1813) werden hierbei als die Begründer dieser mathematischen Forschungsrichtung angesehen. Am 18. September 1783 verstarb Leonhard Euler an den Folgen eines Schlaganfalls.

Im Mathematischen Institut der Universität Basel (Rheinsprung 21, CH-4051 Basel) gibt es noch heute das sogenannte Euler-Zimmer zur Erinnerung an einen der größten Söhne der Stadt Basel.

So groß Eulers Verdienste für die Mathematik auch gewesen sind, ist das, was Henri Poincaré (29.04.1854–17.07.1912) nach seinem Tod befürchtete, nicht eingetreten. Poincaré meinte:

> Euler ist der Gott der Mathematik, sein Tod markiert den Niedergang der mathematischen Wissenschaften. (Siehe [4].)

Dieser vermeintliche Ausspruch Poincarés ist umso erstaunlicher, wenn man an Poincarés eigene Beiträge zur Mathematik denkt. Der Ausspruch muss klar als gezielte Übertreibung gewertet werden, um Poincarés Bewunderung für Euler so deutlich wie möglich zu machen. Entgegen dieser Befürchtung sind die „mathematischen Wissenschaften" nämlich noch sehr lebendig, und von ihrem Untergang ist noch lange nichts zu spüren. (Zu diesem Thema und zu Euler siehe auch [4], [7, Seiten 487–493], [8, 12], [13, Seiten 98–116] und [14].)

Die komplexen Zahlen kann man mit Vektoren in der Ebene identifizieren (vgl. Abb. 5.4 und 5.5). Identifiziert man komplexe Zahlen mit Vektoren in der in Grafik 5.4 dargestellten Ebene, so sieht man (mithilfe des Satzes von Pythagoras, der allen aus der Schule bekannt sein dürfte), dass die Definition des Betrags einer komplexen Zahl, die durch

$$|z| := \sqrt{(\mathrm{Re}(z))^2 + (\mathrm{Im}(z))^2}$$

gegeben ist, sinnvoll ist. Der Betrag einer komplexen Zahl entspricht also der Länge des Vektors in der komplexen Ebene.

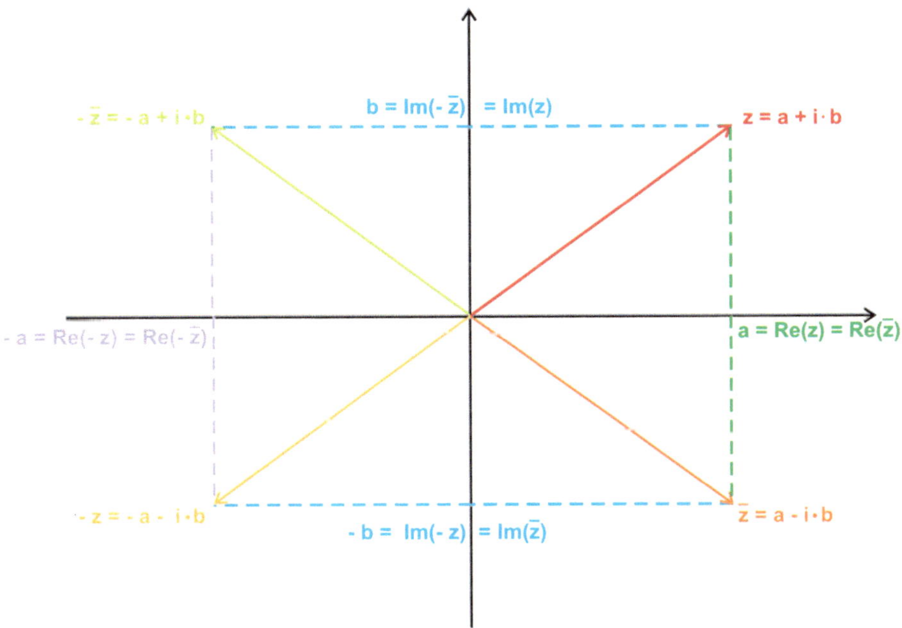

Abb. 5.4 Darstellung von komplexen Zahlen in der komplexen Ebene

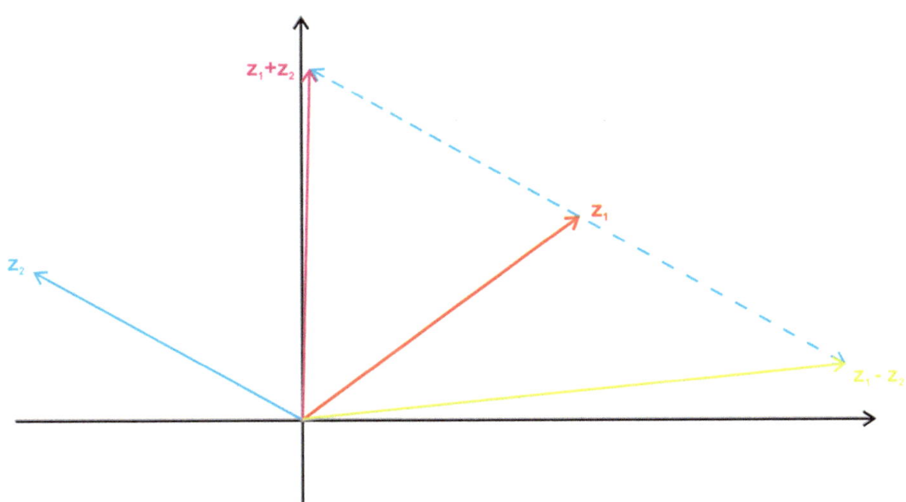

Abb. 5.5 Die Addition und die Subtraktion von komplexen Zahlen dargestellt in der komplexen Ebene (Gauß'schen Zahlenebene)

Beispiel 5.20 Der Betrag der komplexen Zahl $z_1 = 4 + i$ ist somit

$$|z_1| = \sqrt{4^2 + 1^2} = \sqrt{16 + 1} = \sqrt{17},$$

und der der komplexen Zahl $z_2 = 3i$ ist

$$|z_2| = \sqrt{3^2} = 3.$$

Zu jeder komplexen Zahl z existiert auch die zu z konjugierte komplexe Zahl $\bar{z}$.

Definition 5.5

Die zu der komplexen Zahl $z = a + ib$ konjugierte komplexe Zahl $\bar{z}$ ist definiert als

$$\bar{z} = a - ib.$$

Anmerkung 5.6 Wenn wir wieder an die Darstellung der komplexen Zahlen in der Ebene denken, so sehen wir, dass der zu einer komplexen Zahl z konjugierten komplexen Zahl $\bar{z}$ der an der „Realteil-Achse" gespiegelte Vektor zugeordnet wird.

Beispiel 5.21 Wenn $z_1 = 4 + i$ ist, so ist die hierzu konjugierte komplexe Zahl $\bar{z_1} = 4 - i$. Für die komplexe Zahl $z_2 = 3i$ erhalten wir so $\bar{z_2} = -3i$ und für $z_3 = 5$ die komplexe Zahl $\bar{z_3} = 5$ als konjugierte komplexe Zahlen.

Wir sehen also, dass $\mathbb{R} \subset \mathbb{C}$ gilt und für eine reelle Zahl z die komplexe konjugierte Zahl immer die Zahl z selbst ist.

5.6.1   Rechnen mit komplexen Zahlen

Für das Rechnen mit komplexen Zahlen sind die nachfolgenden Rechenvorschriften zu beachten:

1. Addition: Zwei komplexe Zahlen werden miteinander addiert, indem man jeweils die Realteile und Imaginärteile addiert, d. h., für $z_1 = a + ib$ und $z_2 = c + id$ gilt

$$z_1 + z_2 = (\text{Re}(z_1) + \text{Re}(z_2)) + i\,(\text{Im}(z_1) + \text{Im}(z_2)) = (a + c) + i(b + d).$$

2. Multiplikation: Zwei komplexe Zahlen werden miteinander multipliziert, indem man die übliche Multiplikation von „Klammern" anwendet, d. h., für $z_1 = a + ib$ und $z_2 = c + id$ gilt

$$z_1 \cdot z_2 = (a + ib) \cdot (c + id)$$
$$= ac + iad + ibc + (i)^2 db = ac - bd + i(ad + bc).$$

Hieraus folgt insbesondere, dass für eine komplexe Zahl z und ihre konjugierte Zahl $\overline{z}$ auch

$$z \cdot \overline{z} = |z|^2 = (\mathrm{Re}(z))^2 + (\mathrm{Im}(z))^2 \,.$$

gilt.

3. Division: Zwei komplexe Zahlen werden dividiert, indem man den vorliegenden Bruch mit der zum Nenner konjugierten komplexen Zahl erweitert und den resultierenden Bruch in Realteil und Imaginärteil umsortiert. D. h., für $z_1 = a + ib$ und $z_2 = c + id \neq 0$ gilt:

$$\begin{aligned}
\frac{z_1}{z_2} &= \frac{a + ib}{c + id} = \frac{a + ib}{c + id} \cdot \frac{c - id}{c - id} \\
&= \frac{(a + ib)(c - id)}{c^2 + d^2} = \frac{ac + bd + i(bc - ad)}{c^2 + d^2} \\
&= \frac{ac + bd}{c^2 + d^2} + i\frac{bc - ad}{c^2 + d^2} \,.
\end{aligned}$$

Beispiel 5.22 Es seien $z_1 = 4 + i$ und $z_2 = 2 - 3i$. Dann ist:

$$\begin{aligned}
z_1 + z_2 &= (4 + i) + (2 - 3i) = 6 - 2i \\
z_1 \cdot z_2 &= (4 + i) \cdot (2 - 3i) = 11 - 10i \\
z_1 \cdot \overline{z_1} &= (4 + i) \cdot (4 - i) = 17 = |z|^2 \\
\frac{z_1}{z_2} &= \frac{4 + i}{2 - 3i} = \frac{4 + i}{2 - 3i} \cdot \frac{2 + 3i}{2 + 3i} = \frac{5 + 14i}{13} = \frac{5}{13} + i\frac{14}{13} \,.
\end{aligned}$$

Mithilfe der komplexen Zahlen können wir die in Theorem 4.1 formulierte Aussage sogar erweitern.

Theorem 5.2 (Fundamentalsatz der Algebra)
Ein Polynom vom Grad n besitzt (der Vielfachheit nach gezählt) genau n komplexe Nullstellen.

Anmerkung 5.7 Im Abschn. 4.2 über die Polynomdivision haben wir gesehen, dass man jedes Polynom vom Grad n, wenn man nun also auch komplexe Nullstellen zulässt, als Produkt von n-Polynomen der erster Ordnung schreiben kann. Hierbei treten einzelne Faktoren jedoch unter Umständen mehrmals auf. Als Vielfachheit der von den Faktoren ablesbaren Nullstellen des Polynoms bezeichnet man die Häufigkeit, wie oft der entsprechende Term in diesem Produkt vorkommt.

Kehren wir nun zu unserem einleitenden Beispiel dieses Abschnitts zurück. Wir suchen also die Eigenwerte der Matrix

$$A = \begin{pmatrix} 3 & 1 \\ -2 & 5 \end{pmatrix}.$$

Wie wir bereits gesehen haben, sind diese durch

$$\lambda_1 = 4 + i$$
$$\lambda_2 = 4 - \sqrt{-1}$$

gegeben. Nun müssen wir also noch die dazugehörigen Eigenvektoren berechnen. Zu dem Eigenwert $\lambda_1 = 4 + i$ ist somit der dazugehörige Eigenvektor x_1 durch die Lösung des Gleichungssystems

$$\begin{pmatrix} 3 - \lambda_1 & 1 \\ -2 & 5 - \lambda_1 \end{pmatrix} x_1 = 0$$

gegeben. Dies führt z. B. auf den Eigenvektor

$$x_1 = \begin{pmatrix} 1 - i \\ 2 \end{pmatrix}.$$

Ein zu λ_2 gehörender Eigenvektor x_2 lässt sich analog berechnen und lautet:

$$x_2 = \begin{pmatrix} 1 + i \\ 2 \end{pmatrix}.$$

Mehr zu den in diesem Kapitel behandelten Themen kann man unter anderem in den Lehrbüchern [5, 6] und [9] nachlesen.

Übungsaufgaben

5.1 Es seien

$$A = \begin{pmatrix} 1 & 2 & 3 & 4 \\ 5 & 6 & 7 & 8 \end{pmatrix} \quad B = \begin{pmatrix} 2 & 1 & 3 \\ 5 & 4 & 6 \\ 8 & 7 & 9 \\ 11 & 10 & 12 \end{pmatrix} \quad C = \begin{pmatrix} 11 & 10 & 12 \\ 2 & 1 & 3 \\ 8 & 7 & 9 \\ 5 & 4 & 6 \end{pmatrix}$$

$$D = \begin{pmatrix} 4 \\ 7 \\ 9 \end{pmatrix} \qquad E = \begin{pmatrix} 2 & 2 & 1 \\ 1 & 1 & 4 \\ 3 & 5 & 6 \end{pmatrix} \qquad F = \begin{pmatrix} 1 & 2 & 1 \\ 1 & 3 & 4 \\ 9 & 5 & 6 \end{pmatrix}$$

$$G = \begin{pmatrix} 4 \\ 7 \\ 9 \\ 10 \end{pmatrix} \qquad H = \begin{pmatrix} 8 & 4 & 3 & 2 \end{pmatrix}$$

gegeben. Berechnen Sie: (a) $A \cdot B$, (b) $B + C$, (c) $C \cdot D$, (d) $E \cdot D$, (e) $F - E$, (f) $E \cdot F$, (g) $A \cdot G$, (h) $G \cdot H$, (i) $H \cdot G$.

5.2 Bestimmen Sie die Lösungen der nachfolgenden Gleichungssysteme:

(a)
$$\begin{aligned} 2x + 3y &= 4 \\ x - 5y &= -2 \end{aligned}$$

(b)
$$\begin{aligned} x + 5y &= 9 \\ x + y &= 0 \end{aligned}$$

(c)
$$\begin{aligned} 2x + y &= -3 \\ 3x + 5y &= 5 \\ 3x - y &= 6 \end{aligned}$$

(d)
$$\begin{aligned} x + y + z &= 1 \\ 2x + 3y + 4z &= 4 \\ 5x + 7y + 9z &= 3 \end{aligned}$$

(e)
$$\begin{aligned} 2x + 4y - 2z + 4v &= 6 \\ 9x + 10y + v &= 0 \\ 6x + y - z + 2v &= 2 \end{aligned}$$

(f)
$$\begin{aligned} 3x + 5y + 2z &= 2 \\ 4x + 6y &= 4 \\ -8x - 15y - 8z &= 3 \end{aligned}$$

5.3 Überprüfen Sie die nachfolgenden Vektoren jeweils auf lineare Unabhängigkeit:

(a) $\begin{pmatrix} 1 \\ 5 \end{pmatrix}, \begin{pmatrix} 2 \\ 6 \end{pmatrix}, \begin{pmatrix} 3 \\ 7 \end{pmatrix}, \begin{pmatrix} 4 \\ 8 \end{pmatrix}$
(b) $\begin{pmatrix} 2 \\ 1 \\ 3 \end{pmatrix}, \begin{pmatrix} 5 \\ 4 \\ 6 \end{pmatrix}, \begin{pmatrix} 8 \\ 7 \\ 9 \end{pmatrix}$

(c) $\begin{pmatrix} 6 \\ 0 \\ 0 \end{pmatrix}, \begin{pmatrix} 2 \\ 5 \\ 0 \end{pmatrix}, \begin{pmatrix} 3 \\ -3 \\ 7 \end{pmatrix}, \begin{pmatrix} 4 \\ 1 \\ -2 \end{pmatrix}$
(d) $\begin{pmatrix} 6 \\ 2 \\ 3 \\ 4 \end{pmatrix}, \begin{pmatrix} 0 \\ 5 \\ -3 \\ 1 \end{pmatrix}, \begin{pmatrix} 0 \\ 0 \\ 7 \\ -2 \end{pmatrix}$

5.4 Berechnen Sie jeweils die Determinante der nachfolgenden Matrizen:

(a) $A = \begin{pmatrix} 2 & 3 & 4 \\ 5 & 6 & 7 \\ 8 & 9 & 1 \end{pmatrix}$

(b) $B = \begin{pmatrix} 2 & 3 & -4 \\ 0 & -4 & 2 \\ 1 & -1 & 5 \end{pmatrix}$

(c) $C = \begin{pmatrix} 2 & 3 \\ -4 & 2 \end{pmatrix}$

(d) $D = \begin{pmatrix} 3 & -4 \\ -4 & 1 \end{pmatrix}$

(e) $E = \begin{pmatrix} 2 & 3 & -4 \\ -4 & -6 & 8 \\ 1 & -1 & 1 \end{pmatrix}$

(f) $F = \begin{pmatrix} 5 & 4 & 2 & 1 \\ 2 & 3 & 1 & -1 \\ -5 & -7 & -3 & 9 \\ 1 & -2 & -1 & 4 \end{pmatrix}$

5.5 Ermitteln Sie jeweils die Eigenwerte und die dazugehörigen Eigenvektoren der nachfolgenden Matrizen:

(a) $\begin{pmatrix} 3 & 1 & 1 \\ 2 & 4 & 2 \\ 1 & 1 & 3 \end{pmatrix}$

(b) $\begin{pmatrix} 1 & 2 & 2 \\ 1 & 2 & -1 \\ -1 & 1 & 4 \end{pmatrix}$

(c) $\begin{pmatrix} 2 & -1 \\ 1 & 4 \end{pmatrix}$

(d) $\begin{pmatrix} 3 & -1 \\ 1 & 1 \end{pmatrix}$

5.6 Berechnen Sie die Lösungen der nachfolgenden Gleichungen:

(a) $\begin{pmatrix} 1 & 3 \\ 4 & -3 \end{pmatrix} \begin{pmatrix} x \\ y \end{pmatrix} = 3 \begin{pmatrix} x \\ y \end{pmatrix}$

(b) $\begin{pmatrix} 1 & 1 & 0 \\ 0 & 1 & 0 \\ 0 & 0 & 1 \end{pmatrix} \begin{pmatrix} x \\ y \\ z \end{pmatrix} = 1 \begin{pmatrix} x \\ y \\ z \end{pmatrix}$

5.7 Bei Auswertungsverfahren wird mitunter vorgeschrieben, dass für eine die Auswertungsdaten zusammenfassende Matrix X die sogenannte *Kovarianzmatrix* $S = (s_{ij})_{p \times p}$ ermittelt wird. Bei der Bestimmung der Kovarianzmatrix bezeichnet s_{ij} mit $i \neq j$ die *Stichprobenkovarianz* zwischen den aus den Elementen der i-ten und der j-ten Spalte bestehenden Stichprobenwerten. Die Stichprobenkovarianz s_{ij} gibt somit eine Größe an, die die gemeinsame Variation der Merkmalswerte von X_i und X_j beschreibt. Berechnet wird die Stichprobenkovarianz mithilfe der folgenden Rechenvorschrift:

$$s_{ij} = \frac{1}{N-1} \sum_{k=1}^{N} (x_{ki} - \overline{x}_{\cdot i})(x_{kj} - \overline{x}_{\cdot j})$$

Hierbei bezeichnet $\overline{x}_{\cdot i}$ das arithmetische Mittel der Elemente der i-ten Spalte von X. Für $i = j$ ergibt sich somit die aus den Elementen der i-ten Spalte gebildete

Tab. 5.1 Fiktive medizinische Testreihe für sieben Probanden

X_1	2,24	4,78	3,43	2,69	4,51	6,01	3,89
X_2	11,8	12,9	14,8	14,6	15,1	14,4	13,8

Stichprobenvarianz, d. h. $s_{ii} = s_i^2$, die uns bereits aus dem ersten Kapitel bekannt ist.

Wir nehmen nun an, dass bei einer fiktiven medizinischen Testreihe nun an sieben Probanden die in Tab. 5.1 angegebenen Werte der Parameter X_1 und X_2 ermittelt wurden.

Bestimmen Sie die Kovarianzmatrix zu der in Tab. 5.1 gegebenen Datenmatrix X.

5.8 Berechnen Sie die Lösungen der nachfolgenden Gleichungssysteme, indem Sie jeweils die Inversen der Matrizen berechnen und bei der Ermittlung der Lösung verwenden:

$$\text{(a)} \quad \begin{pmatrix} 2 & 3 \\ 1 & -5 \end{pmatrix} \begin{pmatrix} x \\ y \end{pmatrix} = \begin{pmatrix} 8 \\ -3 \end{pmatrix}$$

$$\text{(b)} \quad \begin{pmatrix} 1 & 3 \\ 1 & 1 \end{pmatrix} \begin{pmatrix} x \\ y \end{pmatrix} = \begin{pmatrix} 7 \\ 0 \end{pmatrix}$$

$$\text{(c)} \quad \begin{pmatrix} 1 & 1 & 0 \\ 1 & 1 & 1 \\ 0 & 2 & 1 \end{pmatrix} \begin{pmatrix} x \\ y \\ z \end{pmatrix} = \begin{pmatrix} 3 \\ 2 \\ 4 \end{pmatrix}$$

$$\text{(d)} \quad \begin{pmatrix} 1 & 2 & 2 \\ 3 & 1 & 0 \\ 1 & 1 & 1 \end{pmatrix} \begin{pmatrix} x \\ y \\ z \end{pmatrix} = \begin{pmatrix} 9 \\ 10 \\ 3 \end{pmatrix}$$

$$\text{(e)} \quad \begin{pmatrix} 2 & 3 & -4 \\ 0 & -4 & 2 \\ 1 & -1 & 5 \end{pmatrix} \begin{pmatrix} x \\ y \\ z \end{pmatrix} = \begin{pmatrix} 23 \\ 23 \\ 23 \end{pmatrix}$$

$$\text{(f)} \quad \begin{pmatrix} 1 & 2 & 3 \\ 2 & 3 & 4 \\ 1 & 5 & 7 \end{pmatrix} \begin{pmatrix} x \\ y \\ z \end{pmatrix} = \begin{pmatrix} 4 \\ 12 \\ 8 \end{pmatrix}$$

5.9 Zeigen Sie die nachfolgenden Behauptungen für komplexe Zahlen:

1. $\frac{1+2i}{1+i} = \frac{3+i}{2}$
2. $z_1(z_2 z_3) = (z_1 z_2) z_3$ für beliebige $z_1, z_2, z_3 \in \mathbb{C}$
3. $z_1(z_2 + z_3) = z_1 z_2 + z_1 z_3$ für beliebige $z_1, z_2, z_3 \in \mathbb{C}$

5.10 Bestimmen Sie für $z \in \mathbb{C}$ die Lösungen der Gleichung

$$4z^2 - 12z + 25 = 0.$$

5.11 Durch Zufuhr von Wasserdampf (H_2O) und Energie lässt sich Methan (CH_4) in Wasserstoff H_2 und Kohlenmonoxid (CO) aufspalten. Stellen Sie ein lineares Gleichungssystem für diese Reaktion auf und lösen Sie dieses, indem Sie die Inverse der Koeffizientenmatrix berechnen.

5.12 Schreiben Sie die nachfolgenden komplexen Zahlen in der Form „Realteil $+i\cdot$ Imaginärteil":

1. $1/(13 - 4i)$,
2. $(2 - 7i)/(5 + 3i)$.

5.13 Berechnen oder vereinfachen Sie die nachfolgenden Ausdrücke:

1. $(2 + 3i)(12 - 5i)$,
2. $(14 + 5i) + (11 - 14i)$,
3. $|2 + 3i|$,
4. $|11 - 14i|$,
5. $(4 - 3i)^2$,
6. $\overline{(14 + 5i)} \cdot \overline{(11 - 14i)}$.

Literatur

1. Allman, E. S., Rhodes, J. A.: Mathematical Models in Biology. 1. Aufl., Cambridge University Press, Cambridge (2004)

2. Bombelli, R.: L'Algebra Di Rafael Bombelli da Bologna Diuisa in tre Libri (etc.). Verlag Giovanni Rossi, Bologna (1579)

3. Dehnert, K., Jäckel, M., Oehr, H., Rehbein, U., Seitz, H.: Allgemeine Chemie. Schroedel Schulbuchverlag, Hannover (1979)

4. Fellmann, E. A.: Leonhard Euler. Birkhäuser, Basel (2007)

5. Fischer, G.: Lineare Algebra: Eine Einführung für Studienanfänger (Grundkurs Mathematik). 18., aktual. Aufl. 2014, Springer Spektrum, Heidelberg (2014)

6. Fischer, G., Quiring, F.: Lernbuch Lineare Algebra und Analytische Geometrie: Das Wichtigste ausführlich für das Lehramts- und Bachelorstudium. 2., überarb. und erw. Aufl. 2012, Springer Vieweg, Heidelberg (2012)

7. Hoffmann, D., Laitko, H., Müller-Wille, S. (Hrsg.): Lexikon der bedeutenden Naturwissenschaftler, Spektrum Akademischer Verlag, Heidelberg (2006)

8. Hummenberger, H.: Wie können die komplexen Zahlen in die Mathematik gekommen sein? – Gleichungen dritten Grades und die Cardano-Formel. In: Henning, H., Freise, F. (Hrsg.) Materialien für einen realitätsbezogenen Mathematikunterricht, ISTRON-Schriftenreihe, Band 17, S. 31–45. Franzbecker, Hildesheim (2011)

9. Koecher, M.: Lineare Algebra und analytische Geometrie. 4., erg. u. aktual. Aufl. 1997. Korr. Nachdruck 2002, Springer, Heidelberg (2013)

10. Leslie, P. H.: On the Use of Matrices in Certain Population Mathematics. Biometrika **33**, 183–212 (1945)

11. Neuss-Radu, M.: Mathematik für Biologen 2. Script zur Vorlesung an der Universität Heidelberg, SS 2005. Universität Heidelberg (2005)

12. Roth, J.: Die Zahl i – phantastisch, praktisch, anschaulich. Mathematik lehren **121**, 47–49 (2003)

13. Singh, S.: Fermats letzter Satz. Deutscher Taschenbuch Verlag GmbH & Co. KG, München (2000)

14. Thiele, R.: Leonhard Euler. Teubner, Leipzig (1982)

Immer wieder hat man es bei Experimenten damit zu tun, Beziehungen zwischen verschiedenen Variablen angeben zu müssen. Tatsächlich machen wir dies nicht nur in der Forschung, sondern auch (für viele Menschen jedoch zumeist unbewusst) in unserem alltäglichen Leben. In dem Kapitel über Gleichungssysteme haben wir gesehen, dass ein Gleichungssystem der Form

$$Ax = b$$

in dem Fall, dass die Matrix

$$A = \begin{pmatrix} a_{11} & a_{12} \\ a_{21} & a_{22} \end{pmatrix}$$

eine nicht reguläre (2×2)-Matrix ist, unendlich viele Lösungen haben kann. Diese Lösungen sind dann implizit durch eine Gleichung mit zwei Unbekannten gegeben. Eine derartige Gleichung lautet dann z. B.:

$$a_{11}x_1 + a_{12}x_2 = b_1,$$

wobei a_{11} und a_{12} beide ungleich null seien. Diese Gleichung gestattet es nun, dass man z. B. x_2 in Abhängigkeit von x_1 angeben kann. Dies sieht dann in diesem Fall so aus:

$$x_2 = -\frac{a_{11}}{a_{12}}x_1 + \frac{b_1}{a_{12}}.$$

6.1 Was ist eine Funktion?

Allgemein lässt sich also hier x_2 mithilfe einer Rechenvorschrift f, die nur x_1 betrifft, berechnen. Es ist also

$$x_2 = f(x_1). \tag{6.1}$$

© Springer-Verlag GmbH Deutschland, ein Teil von Springer Nature 2020
D. Horstmann, *Mathematik für Biologen*, DOI 10.1007/978-3-662-62669-6_6

Eine derartige Gleichung nennt man *Funktionsgleichung*, und die Rechenvorschrift f, mit der wir x_2 mithilfe von x_1 berechnen können, nennt man *Funktion von x_1*.

Definition 6.1

Eine Funktion f ist eine Zuordnungsvorschrift, die jedem Element einer Menge D genau ein Element einer Zielmenge Z zuweist. Die Menge D heißt Definitionsbereich der Funktion, und die Menge W, die alle Funktionswerte $f(x)$ enthält, heißt Wertebereich.

Anmerkung 6.1 Offensichtlich ist der Wertebereich eine Teilmenge der Zielmenge, d. h. $W \subset Z$.

Beispiel 6.1 Jedem x aus dem Intervall $D = [-\frac{1}{2}, \frac{1}{2}]$ ordnen wir $f(x) = \sqrt{1 - 4x^2}$ zu, wobei das Wurzelzeichen hier und im Folgenden stets die positive Quadratwurzel bedeutet.

Anmerkung 6.2 Eine Funktion drückt die Abhängigkeit einer Größe von einer anderen aus. Ein anderes für den Begriff der Funktion verwendetes Wort ist zum Beispiel der Begriff der Abbildung.

6.1.1 Wie erhält man eine Funktionsgleichung aus experimentellen Daten?

Wie gelangt man nun von einer konkreten Beobachtung bzw. einem konkreten Experiment zu einer Funktion? Sicherlich kann man mithilfe von experimentell gewonnenen Daten für die Daten eine Art Funktionsgleichung aufstellen. Wir betrachten hierzu das nachfolgende Beispiel.

Beispiel 6.2 Im Kindergarten oder in der Grundschule hat sicher fast jeder schon einmal versucht, eine Pflanze aus einem Samenkorn heranzuziehen (z. B. eine Sonnenblume oder Kresse-Pflanzen). Da dieses einfache „Experiment" somit einer Vielzahl von Lesern vertraut sein dürfte, wollen wir das Wachstum einer Pflanze in Abhängigkeit ihres Alters (in Tagen) mithilfe einer Funktion beschreiben. Wir betrachten hierfür eine Dahlienpflanze, die wir aus einem Samenkorn gezogen und, nachdem sie gekeimt hat, ausgepflanzt haben (siehe Abb. 6.1).

Nun bestimmen wir in regelmäßigen Abständen mithilfe eines Zollstocks die Pflanzenhöhe h. Zehn Tage nach dem Auspflanzen der Dahlie beginnen wir mit den Messungen und wiederholen diese in einem Abstand von jeweils zehn Tagen. Nehmen wir nun an, dass sich hierbei zwischen dem 10. und dem 60. Tag die fiktiven in der Tab. 6.1 zusammengestellten Daten ergeben haben.

Wir können die Höhe h also durch die Vorschrift $h = f(t)$ mithilfe des Alters berechnen, wobei $f(10) = 10{,}4$, $f(20) = 30{,}7$ usw. gelte.

Abb. 6.1 Eine Dahlie (*Dahlia*). Fotos: *Dirk Horstmann*

Tab. 6.1 Fiktive Pflanzenhöhe einer Dahlie in Abhängigkeit ihres Alters in Tagen nach dem Auspflanzen der aus einem Samen gezogenen Pflanze

Pflanzenalter in Tagen	10	20	30	40	50	60
Pflanzenhöhe in cm	10,4	30,7	75,1	97	105	108,5

Das sich hierbei stellende Problem zeigt sich darin, dass diese Zuordnungsvorschrift nur für die gemessenen Werte funktioniert. Was ist zum Beispiel der Funktionswert, bzw. wie viele Zentimeter beträgt die Pflanzenhöhe einer 25 Tage alten Dahlie? Die in dem Beispiel angegebene Funktionsgleichung basiert nur auf den *diskreten* Daten, die man durch die Durchführung eines Experiments gewonnen hatte. Wie kann man also aus solchen Daten eine Funktion gewinnen, die für alle Werte erklärt ist? Da Pflanzen auch nicht sprunghaft wachsen, sondern der Wachstumsprozess *kontinuierlich* abläuft, wollen wir dies auch für die Funktion, die die Pflanzenhöhe beschreibt, fordern, d. h., dass wir keine Sprünge in der Funktion haben wollen. Vielmehr wollen wir also, dass die Funktion, die die Pflanzenhöhe in Abhängigkeit des Pflanzenalters beschreiben soll, ebenfalls *kontinuierlich* ist und somit für ein Planzenalter, das nahe an einem untersuchten Planzenalter liegt, auch einen Funktionswert angibt, der nahe an der beobachteten Pflanzenhöhe ist.

Aber was soll dieses *kontinuierlich* bzw. Nahe-an-den-Werten-liegen genau heißen? Dieser Frage wollen wir uns nun zuerst widmen. Was soll also bedeuten, dass eine Funktion kontinuierlich ist? Wir wollen unsere Forderung wieder mithilfe der mathematischen Sprache formulieren. Wir orientieren uns an dem obigen Beispiel. Wir haben also experimentell gewonnene Datenpaare $(t_k, f(t_k))$ vorliegen, wobei k aus einer durch den Umfang der Messdaten gegebenen Indexmenge $\{1, \ldots, n\}$ ist. Wir wählen nun ein festes, aber beliebiges Datenpaar aus. Unser Wunsch ist es, die Pflanzenhöhe mithilfe einer Funktion f so zu beschreiben, dass die Differenz von

$$f(t) - f(t_k)$$

immer kleiner wird, je näher t an t_k herankommt bzw. je kleiner die Differenz $t - t_k$ wird. Dies entspricht unserer Forderung nach der Kontinuität der Funktion f. Der Mathematiker spricht in diesem Zusammenhang auch von dem Begriff der *Konvergenz*. Mathematisch gesprochen ist die Forderung, dass die Differenz der Funktionswerte immer kleiner wird, die Nachfolgende:

Wenn t gegen den Wert t_k konvergiert, so soll für die Funktionswerte gelten, dass auch $f(t)$ gegen $f(t_k)$ konvergiert.

Was aber bedeutet das Wort „*konvergieren*" in diesem Zusammenhang? Eine Erklärung liefern die folgenden Definitionen.

> **Definition 6.2**
> Eine Folge reeller Zahlen ist eine Zuordnung aus einer Menge der natürlichen Zahlen in die der reellen Zahlen derart, dass jedem $n \in \mathbb{N}$ eine reelle Zahl $a_n \in \mathbb{R}$ zugeordnet wird.

> **Definition 6.3**
> Es sei $(a_n)_{n \in \mathbb{N}}$ eine Folge reeller Zahlen. Die Folge heißt konvergent gegen eine Zahl $a \in \mathbb{R}$, falls zu jedem $\varepsilon > 0$ ein $n_0(\varepsilon) \in \mathbb{N}$ existiert, so dass der Betrag der Differenz $a_n - a$ für alle $n \geq n_0$, d. h. für alle Zahlen in der Zahlenfolge ab dem Index n_0, kleiner als der Wert ε ist. Die Zahl $a \in \mathbb{R}$ nennt man dann den Grenzwert der Zahlenfolge und schreibt hierfür
>
> $$\lim_{n \to \infty} a_n = a \quad \text{oder auch} \quad a_n \to a \quad \text{für } n \to \infty.$$
>
> Ist eine Folge nicht konvergent, so nennt man sie divergent.

Wir wollen Definition 6.3 an einem konkreten Beispiel exemplarisch vorführen.

Beispiel 6.3 Wir behaupten, dass die Folge der $(a_n)_{n \in \mathbb{N}}$ mit $a_n = \sqrt[n]{n}$ konvergent gegen die Zahl 1 ist. Hierfür müssen wir also für jedes vorgegebene $\varepsilon > 0$ ein $n_0 = n_0(\varepsilon)$ finden, so dass

$$|\sqrt[n]{n} - 1| < \varepsilon \quad \text{für alle } n \geq n_0(\varepsilon)$$

gilt. Sei also ein beliebiges $\varepsilon > 0$ fest vorgegeben. Wir setzen nun für jedes $n \in \mathbb{N}$

$$b_n = \sqrt[n]{n} - 1 \tag{6.2}$$

und betrachten zunächst diesen Ausdruck etwas näher. Aus (6.2) folgt, dass (unter Verwendung des binomischen Lehrsatzes (2.9))

$$n = (1 + b_n)^n$$
$$= \sum_{k=0}^{n} \binom{n}{k} b_n^k$$

ist und somit dass ab $n \geq 2$ die Ungleichung

$$n \geq 1 + \binom{n}{2} b_n^2$$

erfüllt ist. Hieraus folgt nach der Definition der Binomial-Koeffizienten, dass

$$n \geq 1 + \frac{n(n-1)}{2} b_n^2,$$

und insbesondere auch, dass

$$\frac{2(n-1)}{n(n-1)} = \frac{2}{n} \geq b_n^2$$

für alle $n \geq 2$ gilt. Wenn wir nun $n_0(\varepsilon) > 2/\varepsilon^2$ wählen, so ist

$$\varepsilon^2 > \frac{2}{n} > b_n^2$$

für alle $n \geq n_0(\varepsilon)$ erfüllt. Diese Ungleichung impliziert aber nichts anderes, als dass

$$|b_n| = |\sqrt[n]{n} - 1| < \varepsilon \quad \text{für alle } n \geq n_0(\varepsilon)$$

gilt, womit wir die Konvergenz der Folge $(a_n)_{n \in \mathbb{N}}$ gegen den Grenzwert 1 nachgewiesen haben.

Beispiel 6.4

1. Die Zahlenfolge, bei der jedes Folgenglied a_n gleich der Zahl 5 ist, ist konvergent. Der Grenzwert der Folge ist gleich 5.
2. Die Zahlenfolge, für die $a_n = 1/n$ ist, ist konvergent. Der Grenzwert der Folge lautet null, d. h.

$$\lim_{n \to \infty} \frac{1}{n} = 0.$$

3. Die Folge, für die $a_n = (-1)^n$ ist, ist divergent.
4. Die Zahlenfolge, für die $a_n = n/(n+1)$ ist, ist konvergent und besitzt den Grenzwert 1.
5. Die Zahlenfolge, für die

$$a_n = \sum_{k=0}^{n} x^k$$

mit einem festen Wert $0 < x < 1$ ist, ist konvergent. Ihr Grenzwert lautet:

$$\lim_{n \to \infty} \sum_{k=0}^{n} x^k = \sum_{k=0}^{\infty} x^k = \frac{1}{1-x}.$$

6. Die Zahlenfolge, für die

$$a_n = \sum_{k=1}^{n} \frac{1}{k}$$

ist, ist divergent.

Für zwei konvergente Folgen $(a_n)_{n \in \mathbb{N}}$ und $(b_n)_{n \in \mathbb{N}}$ mit

$$\lim_{n \to \infty} a_n = a \quad \text{und} \quad \lim_{n \to \infty} b_n = b$$

gelten die nachfolgenden Rechenregeln:

$$1.) \quad \lim_{n \to \infty} (a_n \cdot b_n) = \left(\lim_{n \to \infty} a_n \right) \cdot \left(\lim_{n \to \infty} b_n \right) = a \cdot b$$

$$2.) \quad \lim_{n \to \infty} (a_n + b_n) = \lim_{n \to \infty} a_n + \lim_{n \to \infty} b_n = a + b.$$

Feststellung 6.1
Die Forderung, die wir an die Funktion f stellen, ist also mathematisch geschrieben die, dass die Konvergenz von

$$f(t) \to f(t_k) \quad \text{für} \quad t \to t_k$$

gilt.

Diese von uns geforderte Eigenschaft an die Funktion nennt der Mathematiker auch eine Forderung an die *Stetigkeit* der Funktion f. Wir fordern, dass die Funktion für jeden Wert des Definitionsbereichs D, der in unserem Beispiel durch das Intervall $[10, 60]$ gegeben ist, stetig ist. Hierbei ist die Stetigkeit einer Funktion in einem gegebenen Punkt wie folgt definiert.

Definition 6.4
Eine Funktion f ist stetig an einer Stelle $\tilde{t} \in D$, wenn für jede Folge $(t_n)_{n \in \mathbb{N}}$ aus dem Definitionsbereich D, die gegen den Wert $\tilde{t}$ konvergiert, auch die Folge der Funktionswerte $(f(t_n))_{n \in \mathbb{N}}$ gegen den Funktionswert $f(\tilde{t})$ der Funktion an der Stelle $\tilde{t}$ konvergiert. D. h., eine Funktion ist genau dann stetig in $\tilde{t}$, wenn für jede gegen $\tilde{t}$ konvergente Folge

$$f(t_n) \to f(\tilde{t}) \text{ für } t_n \to \tilde{t}$$

gilt.

Beispiel 6.5 Wir betrachten die Funktion $f(x) = x^2$ an der Stelle $x_0 = 0$. Es sei $(a_n)_{n \in \mathbb{N}}$ eine beliebige Folge, für die $a_n \to 0$ für $n \to \infty$ gilt. Für die Funktion f gilt:

$$f(a_n) = (a_n)^2$$

Da

$$\left(\lim_{n \to \infty} a_n \right) \cdot \left(\lim_{n \to \infty} a_n \right) = \lim_{n \to \infty} a_n^2 = 0$$

gilt, ist die Funktion $f(x) = x^2$ an der Stelle $x_0 = 0$ stetig.

Beispiel 6.6 Wir betrachten nun die Funktion f, für die $f(x) = 0$ für $x \leq 0$ und $f(x) = 1$ für $x > 0$ gilt. Auch diese Funktion überprüfen wir auf Stetigkeit in $x_0 = 0$. Wir betrachten nun die Folgen $(a_n)_{n \in \mathbb{N}}$ mit $a_n := \frac{1}{n}$ und $(b_n)_{n \in \mathbb{N}}$ mit $b_n := -\frac{1}{n}$. Offenbar gilt, dass sowohl a_n als auch b_n für $n \to \infty$ gegen null konvergieren. Für die Funktion f gilt jedoch

$$f(a_n) = 1 \quad \text{und} \quad f(b_n) = 0 \quad \text{für alle } n \in \mathbb{N}.$$

Somit gilt also:

$$\lim_{n \to \infty} f(a_n) = 1 \neq 0 = f\left(\lim_{n \to \infty} a_n \right).$$

Die Funktion ist also an der Stelle $x_0 = 0$ nicht stetig.

Anmerkung 6.3 Stetige Funktionen besitzen somit die nachfolgende Eigenschaft: Es sei f eine auf dem Intervall $[a, b]$ stetige Funktion, und es gelte $f(a) < f(b)$, dann nimmt die Funktion f alle Werte des Intervalls $[f(a), f(b)]$ mindestens einmal an.

Nun gibt es unterschiedliche Vorgehensweisen, wie man aus den experimentell gewonnenen Daten eine kontinuierliche (stetige) Funktion herleiten kann, die die

Pflanzenhöhe beschreibt. Je nach Ansatz führt dies auf eine unterschiedliche Klasse von Funktionen. Damit wir mit den wichtigsten Funktionen vertraut werden, stellen wir sie hier zunächst einmal kurz vor und geben in den einzelnen Teilabschnitten auch die entsprechenden Anwendungsmöglichkeiten an.

6.2   Besondere Klassen von Funktionen

Im bisherigen Verlauf haben wir bereits in den unterschiedlichen Kapiteln verschiedene Funktionen kennengelernt. Wir wollen nun einige spezielle Funktionstypen vorstellen.

6.2.1   Lineare Funktionen

Eine Funktion f, die ihren Definitionsbereich $D \subset \mathbb{R}$ in die reellen Zahlen $\mathbb{R}$ abbildet, heißt *linear*, wenn sie linear in der Variablen ist, d. h., wenn f die Gestalt

$$f(t) = a \cdot t + b \quad \text{für ein } a \in \mathbb{R} \quad \text{und ein } b \in \mathbb{R}$$

hat. Uns sind sogar schon lineare Funktionen mehrerer Veränderlicher bekannt. Die Funktion

$$f(x) = A \cdot x + b$$

mit einer $(m \times n)$-Matrix A und einem Spaltenvektor b mit m Komponenten ist eine lineare Funktion, die aus dem $\mathbb{R}^n$ in den $\mathbb{R}^m$ abbildet. Hierbei symbolisiert die Notation $\mathbb{R}^n$, dass wir n reellwertige Variablen vorliegen haben, und die Notation $\mathbb{R}^m$ weist darauf hin, dass dem Spaltenvektor mit n-Einträgen, der die Variablen symbolisiert, ein Spaltenvektor mit m Einträgen zugeordnet wird.

Lineare Funktionen können bei der Beantwortung unserer Ausgangsfrage für dieses Kapitel weiterhelfen. Betrachten wir das nachfolgende Beispiel.

Beispiel 6.7 Laut [1] wiegen neugeborene Katzen im Durchschnitt 105 g. In der Regel verdoppeln sie ihr Gewicht in der ersten Woche, und auch in der zweiten bis vierten Woche nehmen sie (relativ linear) ca. 100 g zu. Wobei Kater etwas schwerer sind als Katzen. Wenn man nun davon ausgeht, dass die Gewichtszunahme der Kater zwischen der ersten und vierten Woche linear verläuft, so lässt sich mithilfe dieser Werte eine eindeutig bestimmte Gerade angeben. Diese Gerade hat als lineare Funktion die Gestalt

$$y = f(t) = a \cdot t + b.$$

Mithilfe der Angaben lassen sich nun a und b eindeutig bestimmen, wie wir aufgrund unseres Wissens über das Lösen von Gleichungssystemen leicht einsehen.

Offensichtlich muss gelten:

$$210 = a \cdot 1 + b$$
$$510 = a \cdot 4 + b.$$

Löst man dieses Gleichungssystem für a und b, so ergibt sich

$$a = \frac{300}{3} = 100 \quad \text{und} \quad b = \frac{330}{3} = 110$$

und somit die Geradengleichung

$$f(t) = 100 \cdot t + 110.$$

Hiermit können wir nun z. B. das Gewicht der Kater nach $3\frac{1}{2}$ Wochen berechnen.

Allgemein lässt sich bei einer linearen Beziehung von zwei Merkmalsgrößen schnell die gesuchte Funktion zur Beschreibung dieser Abhängigkeit angeben. Hierfür braucht man zwei Datenpaare $(t_1, f(t_1))$ und $(t_2, f(t_2))$. Die gesuchte Gerade $f(t)$ ist dann durch die Gleichung

$$f(t) = \frac{f(t_2) - f(t_1)}{t_2 - t_1} \cdot t + \frac{t_2 \cdot f(t_1) - f(t_2) \cdot t_1}{t_2 - t_1} \tag{6.3}$$

gegeben.

Streng lineare Beziehungen zwischen zwei Merkmalsgrößen bzw. Variablen sind in der Biologie aber sehr selten. Als erste Näherung kann man aber eine „besondere" lineare Funktion schon verwenden.

6.2.2 Lineare Regression

Wenn man für zwei Größen x und y mehr als zwei Punktepaare vorliegen hat, so wird die Analyse der Beziehung zwischen den beiden Größen etwas komplizierter. Stellt man diese (experimentell gewonnenen) Paare (x_i, y_i) als Punkte in einem (x, y)-Koordinatensystem dar, so liegen diese Punkte in der Regel nicht auf einer gemeinsamen Geraden. Dies wird (z. B. aufgrund von Verfahrens- oder Messfehlern, wie in Abschn. 2.4 bereits erwähnt) selbst dann nicht der Fall sein, auch wenn die zwei betrachteten Größen tatsächlich linear von einander abhängen. Eine Methode, die einen bestehenden linearen Zusammenhang zwischen zwei Größen x und y aus vorgegebenen x-Werten und y-Werten zum Vorschein bringen kann, sei nun nachfolgend beschrieben. Ziel ist es also, eine Gerade „möglichst gut" an N vorgegebene Punkte $P_i = (x_i, y_i)$ $(i = 1, \ldots, N)$ anzupassen. Hierfür berechnet man zunächst die *Kovarianz*

$$s_{xy} = \frac{1}{N-1} \sum_{i=1}^{N} (x_i - x_M)(y_i - y_M)$$

der Stichproben bzw. der Messreihe (hierbei bezeichnet x_M wie in Kap. 1 das arithmetische Mittel der x_i und y_M das arithmetische Mittel der y_i). Des Weiteren benötigen wir die Varianz der x_i aus der Messreihe, also:

$$s_x^2 = \frac{1}{N-1} \sum_{i=1}^{N} (x_i - x_M)^2.$$

Durch die Gleichung

$$\hat{y} = \frac{s_{xy}}{s_x^2}(x - x_M) + y_M$$

wird eine Gerade beschrieben, die man *Regressionsgerade* nennt. Der Wert $\hat{y}$ stellt einen Näherungswert für den tatsächlichen Messwert dar. Wie gut die Regressionsgerade als Approximation der durch die Punktepaare gegebenen tatsächlichen Beziehung ist, lässt sich mithilfe des Ausdrucks

$$\mathcal{B} = \frac{\sum\limits_{i=1}^{N} (\hat{y}_i - y_M)^2}{(N-1)s_y^2} \tag{6.4}$$

beurteilen. Hierbei sind die $\hat{y}_i$ die mithilfe der Regressionsgeraden bestimmten Funktionswerte zu den Messwerten x_i und s_y^2 die Varianz der y_i. Der Wert $\mathcal{B}$ ist ein sogenanntes *Bestimmtheitsmaß*. $\mathcal{B}$ liegt immer zwischen dem Wert 0 und dem Wert 1. Hat $\mathcal{B}$ einen Wert, der dem Wert 1 sehr nahe kommt, so ist die Regressionsgerade eine sehr gute Approximation der den Messdaten tatsächlich zugrunde liegenden linearen Beziehung. Hat $\mathcal{B}$ einen Wert nahe bei null, so ist die Regressionsgerade keine gut geeignete Approximation der den Messdaten zugrunde liegenden Beziehung.

Beispiel 6.8 Die europäische Union verzeichnete von 1993 bis 2005 die in Tab. 6.2 (in 10.000 t) an Scholle bzw. Goldbutt (*Pleuronectes platessa*, siehe Abb. 6.2) im Nordost Atlantik zusammengestellten Jahresfänge.

Es wird ein linearer Zusammenhang zwischen den Jahreszahlen und dem Umfang der Jahresfänge vermutet. Dieser soll mithilfe einer Regressionsgeraden angegeben werden. Hierfür berechnet man die arithmetischen Mittel und die Varianzen der Jahreszahlen sowie der Jahresfänge und schließlich auch noch die Kovarianz

Tab. 6.2 Jahresfänge an Scholle bzw. Goldbutt (*Pleuronectes platessa*) in 10.000 t im Nordost Atlantik. Angaben vom Statistischen Amt der Europäischen Gemeinschaften (vgl. [7])

x_i	1993	1994	1995	1996	1997	1998	1999	2000	2001	2002	2003	2004	2005
y_i	13,86	13,41	11,96	10,23	10,39	9,04	10,03	10,27	10,17	8,95	8,35	7,8	6,66

Abb. 6.2 Ein Goldbutt (*Pleuronectes platessa*). Foto: *Dirk Horstmann*

der Datenreihe. Hierbei ergeben sich:

$$x_M = \frac{25.987}{13} = 1999,$$

$$y_M = \frac{13.112}{1300} = \frac{3278}{325},$$

$$s_x^2 = \frac{182}{12} = \frac{91}{6},$$

$$s_y^2 = \frac{320.766.923}{75.000.000},$$

$$s_{xy} = -\frac{8874}{1200}.$$

Setzt man nun die entsprechenden Werte in die Formel für die Regressionsgerade ein, so erhalten wir:

$$\hat{y} = -\frac{8874}{1200} \cdot \frac{6}{91} \cdot (x - 1999) + \frac{3278}{325}$$

$$= -\frac{4437}{9100}x + \frac{8.961.347}{9100}.$$

Hiermit berechnen wir nun die durch die Regressionsgerade beschriebenen Näherungswerte für unsere Jahresfänge, die in Tab. 6.3 angegeben und in Abb. 6.3 dargestellt sind.

Für das Bestimmtheitsmaß ergibt sich, dass

$$\mathcal{B} \approx 0{,}84249$$

ist. Die Approximation durch die Regressionsgerade ist also recht zufriedenstellend.

Tab. 6.3 Mit der Regressionsgeraden berechnete Näherungen der Jahresfänge an Scholle bzw. Goldbutt (*Pleuronectes platessa*) in 10.000 t

x_i	1993	1994	1995	1996	1997	1998	1999	2000	2001	2002	2003	2004	2005
$\hat{y}_i$	13,01	12,52	12,04	11,55	11,06	10,57	10,09	9,6	9,11	8,62	8,14	7,65	7,16

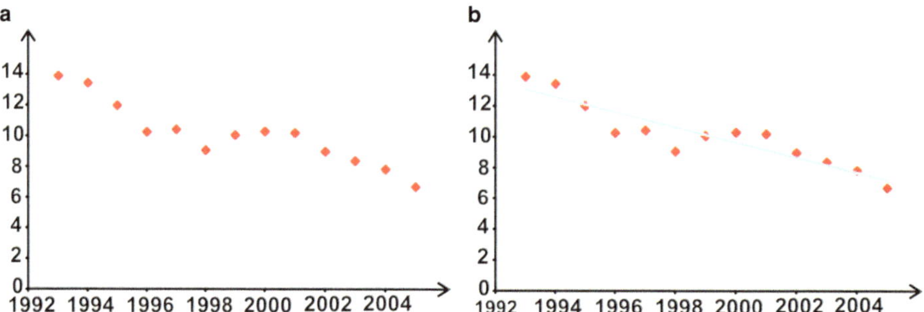

Abb. 6.3 **a** Die Datenpunkte (Punktwolke). **b** Die Punktwolke und die dazugehörige Regressionsgerade

6.2.3 Polynome

Im Abschnitt über die Polynome und die Polynomdivision ist uns der Begriff des Polynoms bereits begegnet. Polynome stellen ebenfalls eine besondere Klasse von Funktionen dar. Eine Funktion der Gestalt

$$f(x) = a_n x^n + a_{n-1} x^{n-1} + \ldots + a_1 x + a_0 = \sum_{k=0}^{n} a_k x^k$$

heißt Polynom. Lineare Funktionen sind somit auch Polynome. Das Polynom f hat den Grad n, wenn $a_n \neq 0$. Mithilfe von Polynomen lässt sich nun eine bessere Antwort auf unsere motivierende Frage geben.

6.2.4 Approximation der Daten mithilfe von Lagrange-Polynomen

Neben der bereits erwähnten Möglichkeit, anhand der Regressionsgeraden aus Messwerten eine Funktion zu erhalten, gibt es noch weitere Vorgehensweisen, aus n gegebenen und als Punkte P_i im (x, y)-Koordinatensystem dargestellten Paaren (x_i, y_i) $(i = 1, \ldots, n)$ von Messwerten Funktionen zu gewinnen. So kann man aus n verschiedenen Punkten (x_i, y_i) (wobei alle x_i paarweise voneinander verschieden seien) genau ein Polynom ermitteln, dessen Grad nicht größer als $n - 1$ ist und dessen Funktionsgraph durch die gegebenen Punkte geht. Dieses eindeutig bestimmte Polynom $P(x)$ ist durch die Konstruktionsvorschrift

$$P(x) = \sum_{i=1}^{n} y_i \left(\prod_{k=1, k \neq i}^{n} \frac{x - x_k}{x_i - x_k} \right)$$

zu gewinnen. Man bezeichnet es als das zu den Daten gehörige *Lagrange-Polynom*, das nach dem französischen Mathematiker J.-L. Lagrange (25.01.1736–10.04.1813) benannt ist.

Beispiel 6.9 Wie in Beispiel 6.7 bereits (etwas ungenauer) angegeben, wiegen neugeborene Katzen laut [1] im Durchschnitt 105 g. Wie wir bereits wissen, verdoppeln sie ihr Gewicht in der Regel in der ersten Woche und auch in der zweiten bis vierten Woche nehmen sie ca. 90 g bis 100 g zu. Wobei Kater etwas schwerer sind als Katzen. So wiegen Kater durchschnittlich nach 3 Wochen 404 g, nach 5 Wochen 605 g und nach 8 Wochen 982 g (vgl. [1]). Auch wenn nach den hier angegebenen durchschnittlichen Gewichtsangaben mit einer linearen Gewichtszunahme zu rechnen ist, wollen wir die Näherungswerte für das durchschnittliche Gewicht der jungen Kater nach t Wochen (im Bereich $0 \leq t \leq 8$) mithilfe eines Polynoms $P(t)$ vom Grad kleiner glcich 3 angeben. Hierfür verwenden wir die oben angegebene Formel und berechnen:

$$P(t) = 105\frac{(t-3)(t-5)(t-8)}{(0-3)(0-5)(0-8)} + 404\frac{(t-0)(t-5)(t-8)}{(3-0)(3-5)(3-8)}$$

$$+ 605\frac{(t-0)(t-3)(t-8)}{(5-0)(5-3)(5-8)} + 982\frac{(t-0)(t-3)(t-5)}{(8-0)(8-3)(8-5)}$$

$$= \frac{73}{120}t^3 - \frac{47}{10}t^2 + \frac{2599}{24}t + 105.$$

Der Graph dieser Funktion ist in Abb. 6.4b dargestellt. Somit können wir Näherungswerte für das durchschnittliche Gewicht der Jungtiere z. B. nach 2, 4, 6 und 7 Wochen berechnen. Es ergeben sich:

$$P(2) = \frac{6153}{20} = 307{,}65, \qquad P(4) = \frac{5019}{10} = 501{,}9,$$

$$P(6) = \frac{14.339}{20} = 716{,}95, \qquad P(7) = \frac{4207}{5} = 841{,}4.$$

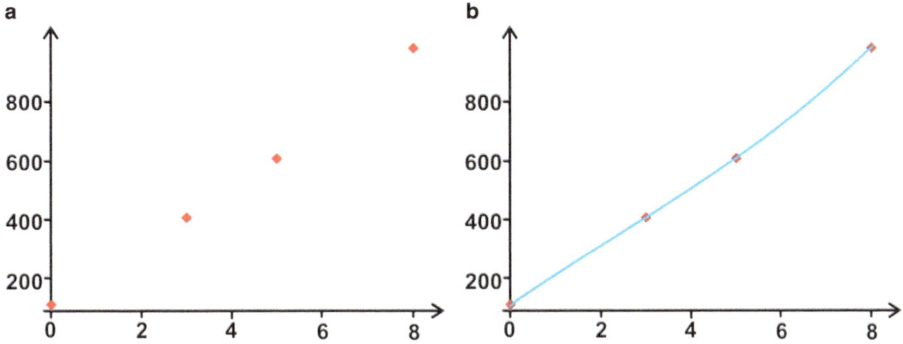

Abb. 6.4 **a** Die Datenpunkte (Punktwolke). **b** Das dazugehörige Lagrange-Polynom

Abb. 6.5 Ein Tagpfauenauge (*Inachis io*). Foto: *Dirk
Horstmann*

Beispiel 6.10 Die Entwicklung eines Schmetterlings, wie die eines in Abb. 6.5
gezeigten Tagpfauenauges, vom Ei bis zum fertigen Falter hängt sehr von Umwelteinflüssen ab. Neben der artspezifischen Komponente hängt die Dauer eines jeden
einzelnen Stadiums auch z. B. vom Klima ab. Eine tropische Art braucht z. B. nur
drei Tage, um aus einem Ei zu schlüpfen; acht Tage für das Leben als Raupe und
sieben Tage für das Puppenstadium (vgl. [3]). In gemäßigtem Klima brauchen selbst
schnell wachsende Arten hierfür statt der 18 Tage etwa acht Wochen.

Es sollen nun die Puppen einer normal wachsenden Schmetterlingsart in einen
Brutschrank gelegt werden. Hierbei beobachtet man, dass bei einer Temperatur von
20 °C das Puppenstadium durchschnittlich 30 Tage dauert. Bei 23 °C sind es nur
noch $24\frac{1}{2}$ Tage und bei 26 °C nur noch $21\frac{3}{4}$ Tage. Um die Dauer des Puppenstadiums
in Abhängigkeit der Umgebungstemperatur für den Temperaturbereich $20 \leq t \leq$
26 anzugeben, berechnet man mithilfe der Daten ein Lagrange-Polynom zweiten
Grades. Wir berechnen also:

$$P(t) = 30\frac{(t-23)(t-26)}{(20-23)(20-26)} + 24{,}5\frac{(t-20)(t-26)}{(23-20)(23-26)}$$

$$+ 21{,}75\frac{(t-20)(t-23)}{(26-20)(26-23)}$$

$$= \frac{11}{72}t^2 - \frac{605}{72}t + \frac{2465}{18}.$$

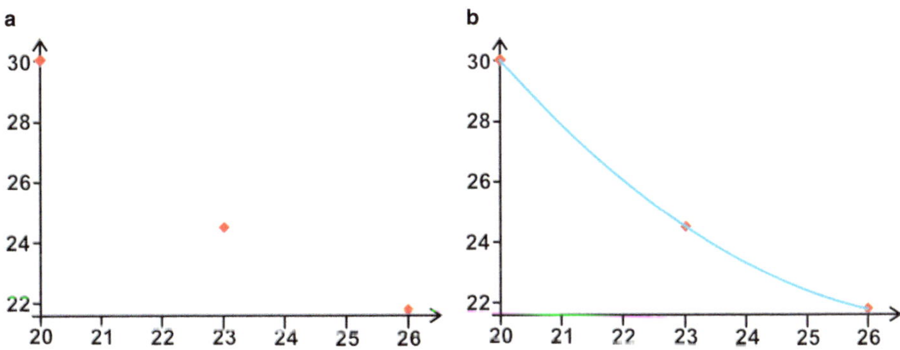

Abb. 6.6 **a** Die Datenpunkte (Punktwolke). **b** Das dazugehörige Lagrange-Polynom

Dieses Polynom, das in Abb. 6.6 grafisch dargestellt ist, kann somit zur Beschreibung der Dauer des Puppenstadiums in Abhängigkeit der Umgebungstemperatur für den Temperaturbereich von 20 bis 26 °C verwendet werden. (Vgl. hierzu auch [11, Beispiel 4, Seite 79].)

Natürlich ist das Lagrange-Polynom nur in dem Intervall $[x_{\min}; x_{\max}]$ (in Beispiel 6.10 also im Intervall $[20, 26]$) eine geeignete Approximation, das durch die Daten, die zu seiner Berechnung verwendet wurden, gegeben ist. Außerhalb dieses Intervalls kann man keine Aussage über die Güte der Approximation durch das Polynom machen.

Anmerkung 6.4 Würde man auf die Idee kommen, die Güte der Approximation der Daten durch das Lagrange-Polynom mit dem Bestimmtheitsmaß $\mathcal{B}$ aus (6.4) überprüfen zu wollen, so erhielte man aufgrund der Konstruktion des Lagrange-Polynoms stets den Wert $\mathcal{B} = 1$. Allerdings taugt dieses Maß nicht dazu, die tatsächliche Güte der Approximation in den interessanten Bereichen (außerhalb der „Stützstellen“) zu bestimmen. Es ist also nur für die lineare Regression ein geeignetes Maß, um die Güte der Approximation zu beschreiben.

6.2.5 Rationale Funktionen

Eine Funktion f heißt rational, wenn sich die Funktion f als Quotient zweier Polynome schreiben lässt, d. h., wenn

$$f(x) = \frac{P(x)}{Q(x)}$$

gilt. Hierbei bildet die Funktion Elemente aus ihrem Definitionsbereich $D \subset \mathbb{R}$ in die Menge der reellen Zahlen ab. Allerdings muss man bei der Bestimmung des Definitionsbereichs vorsichtig sein. Die Funktion ist nur an den Stellen definiert, an denen der Nenner $Q(x) \neq 0$ ist. An den Nullstellen des Nenners hat die Funktion sogenannte Definitionslücken. Um die Nullstellen des Nenners zu finden, verwendet man die uns bereits bekannte Polynomdivision aus Abschn. 4.2. Für eine genauere Analyse von rationalen Funktionen ist es oftmals hilfreich, die Funktionen als Summe von rationalen Funktionen (sogenannten Partialbrüchen) darzustellen. Das hierbei verwendete Vorgehen soll daher im Nachfolgenden behandelt werden.

6.2.6　Partialbruchzerlegung

Die der Partialbruchzerlegung zugrunde liegende Idee ist die, dass man für eine rationale Funktion $f(x) = \frac{P(x)}{Q(x)}$, deren Zähler $P(x)$ einen größeren oder genauso großen Grad besitzt wie ihr Nenner $Q(x)$, zunächst den Nenner $Q(x)$ mithilfe der Polynomdivision in seine *Faktoren* zerlegt, so dass man für ihn die Darstellung

$$Q(x) = (x - \alpha_1)^{r_1} \cdot (x - \alpha_2)^{r_2} \cdot \ldots \cdot (x - \alpha_n)^{r_n} = \prod_{i=1}^{n} (x - \alpha_i)^{r_i}$$

hat. Hierbei sind die α_i die (reellen oder komplexen) Nullstellen des Polynoms $Q(x)$ und die r_i die Vielfachheit der Nullstelle α_i. Wenn sich also der Nenner einer wie hier beschriebenen rationalen Funktion in der oben angegebenen Gestalt darstellen lässt, so muss sich die rationale Funktion in der nachfolgenden Gestalt darstellen lassen:

$$\begin{aligned}
f(x) &= \frac{P(x)}{Q(x)} \\[2mm]
&= g(x) + \frac{p_1(x)}{Q(x)} \\[2mm]
&= g(x) + \frac{A_{11}}{(x - \alpha_1)} + \frac{A_{12}}{(x - \alpha_1)^2} + \ldots + \frac{A_{1r_1}}{(x - \alpha_1)^{r_1}} + \ldots \\[2mm]
&\quad \ldots + \frac{A_{n1}}{(x - \alpha_n)} + \frac{A_{n2}}{(x - \alpha_n)^2} + \ldots + \frac{A_{nr_n}}{(x - \alpha_n)^{r_n}} \\[2mm]
&= g(x) + \sum_{j=1}^{n} \left(\sum_{i=1}^{r_j} \frac{A_{ji}}{(x - \alpha_j)^i} \right).
\end{aligned} \tag{6.5}$$

Die in dieser Gleichung auftauchenden A_{ji} sind reelle oder komplexe Zahlen, die wir dadurch bestimmen können, dass wir die Ausdrücke auf der rechten Seite von (6.5) gleichnamig machen und einen sogenannten Koeffizientenvergleich mit dem Zähler $P(x)$ der ursprünglichen Gestalt der Funktion $f(x)$ vornehmen. Hierbei betrachtet man jeweils die einzelnen gegebenen Koeffizienten der x-Potenzen der

Funktion $P(x)$ und die des Ausdrucks

$$\left(\prod_{k=1}^{n}(x-\alpha_k)^{r_k}\right)\cdot g(x) + \sum_{j=1}^{n}\left(\sum_{i=1}^{r_j}A_{ji}(x-\alpha_j)^{r_j-i}\prod_{k=1,k\neq j}^{n}(x-\alpha_k)^{r_k}\right).$$

Dadurch erhält man ein Gleichungssystem für die unbekannten Koeffizienten A_{ij}, das sich eindeutig mit den Methoden lösen lässt, die wir im Kap. 5 über Gleichungssysteme kennengelernt haben.

Im reellen Fall (also in dem Fall, dass nur nach reellen Nullstellen gesucht wird) lässt sich die Funktion $Q(x)$ jedoch nicht immer derart in einzelne lineare Faktoren zerlegen, wie wir es eben angenommen haben. Da es (wie wir gesehen haben) reelle Polynome vom Grad 2 gibt, die keine Nullstellen besitzen, kann es also auch passieren, dass sich eine rationale Funktion nur in der Form

$$\begin{aligned}
f(x) &= \frac{P(x)}{Q(x)}\\
&= g(x) + \frac{p_1(x)}{Q(x)}\\
&= g(x) + \frac{A_{11}}{(x-\alpha_1)} + \frac{A_{12}}{(x-\alpha_1)^2} + \ldots + \frac{A_{1r_1}}{(x-\alpha_1)^{r_1}} + \ldots\\
&\ldots + \frac{A_{n1}}{(x-\alpha_n)} + \frac{A_{n2}}{(x-\alpha_n)^2} + \ldots + \frac{A_{nr_n}}{(x-\alpha_n)^{r_n}} + \frac{a_1 + a_2\cdot x}{c + bx + ax^2}
\end{aligned}$$

darstellen lässt. Das weitere Vorgehen bleibt aber dasselbe wie auch in dem zuvor beschriebenen Fall. Dies wollen wir nun anhand von zwei Beispielen noch einmal genau anschauen.

Beispiel 6.11 Die Funktion

$$f(x) = \frac{3x - 4}{(x+2)^2(x-1)}$$

kann man als Summe von Partialbrüchen darstellen, indem man den Ansatz

$$f(x) = \frac{3x-4}{(x+2)^2(x-1)} = \frac{A_{11}}{(x+2)} + \frac{A_{12}}{(x+2)^2} + \frac{A_{21}}{(x-1)}$$

macht. Hieraus folgt die Gleichung:

$$\begin{aligned}
\frac{3x-4}{(x+2)^2(x-1)} &= \frac{A_{11}(x+2)(x+1) + A_{12}(x+1) + A_{21}(x+2)^2}{(x+2)^2(x-1)}\\
&= \frac{(A_{11}+A_{21})x^2 + (3A_{11}+2A_{21}+A_{12})x + (2A_{11}+A_{12}+4A_{21})}{(x+2)^2(x-1)}.
\end{aligned}$$

Ein Koeffizientenvergleich führt somit auf das Gleichungssystem:

$$0 = A_{11} + A_{21}$$
$$3 = 3A_{11} + 2A_{21} + A_{12}$$
$$-4 = 2A_{11} + A_{12} + 4A_{21}.$$

Dieses Gleichungssystem liefert uns nun

$$A_{11} = \frac{7}{3}, \quad A_{12} = \frac{2}{3}, \quad A_{21} = -\frac{7}{3}.$$

Damit lässt sich die Funktion $f(x)$ auch als

$$f(x) = \frac{7}{3(x+2)} + \frac{2}{3(x+2)^2} - \frac{7}{3(x-1)}$$

schreiben.

Beispiel 6.12　Die Funktion

$$f(x) = \frac{2x^2 + 5x}{(x-1)^2(x^2+1)}$$

kann mit dem Ansatz

$$f(x) = \frac{2x^2 + 5x}{(x-1)^2(x^2+1)} = \frac{A_{11}}{(x-1)} + \frac{A_{12}}{(x-1)^2} + \frac{a_1 + a_2 x}{(x^2+1)}$$

als Summe von Partialbrüchen dargestellt werden. Hieraus folgt die Gleichung:

$$f(x) = \frac{2x^2 + 5x}{(x-1)^2(x^2+1)}$$
$$= \frac{A_{11}(x-1)(x^2+1) + A_{12}(x^2+1) + (a_1 + a_2 x)\cdot(x-1)^2}{(x-1)^2(x^2+1)}$$
$$= \frac{A_{11}(x^3 - x^2 + x - 1) + A_{12}(x^2+1) + (a_1 x^2 - 2a_1 x + a_1 + a_2 x^3 - 2a_2 x^2 + a_2 x)}{(x-1)^2(x^2+1)}$$
$$= \frac{(A_{11}+a_2)x^3 - (A_{11}-A_{12}-a_1+2a_2)x^2 + (A_{11}-2a_1+a_2)x - (A_{11}-A_{12}-a_1)}{(x-1)^2(x^2+1)}$$

Somit führt ein Koeffizientenvergleich auf die Gleichungen

$$0 = A_{11} + a_2$$
$$2 = -A_{11} + A_{12} + a_1 - 2a_2$$
$$5 = A_{11} - 2a_1 + a_2$$
$$0 = -A_{11} + A_{12} + a_1.$$

Die Lösung dieses Gleichungssystems führt auf:

$$a_1 = -\frac{5}{2}, \quad a_2 = -1, \quad A_{11} = 1, \quad A_{12} = \frac{5}{2}.$$

Damit lässt sich die Funktion $f(x)$ auch wie folgt schreiben:

$$f(x) = \frac{2x^2 + 5x}{(x-1)^2(x^2+1)} = \frac{1}{(x-1)} + \frac{5}{2(x-1)^2} - \frac{5+2x}{2(x^2+1)}.$$

6.2.7 Potenzfunktionen

Spezielle Polynome bzw. spezielle rationale Funktionen sind die sogenannten Potenzfunktionen. Sie haben die Gestalt

$$f(x) = a \cdot x^b,$$

wobei wir hier anders als bei Polynomen zulassen, dass neben dem Koeffizienten a auch der Exponent b eine reelle Zahl ist. Potenzfunktionen kommen in der Biologie relativ häufig vor. So findet man sie z. B. im Zusammenhang mit *Allometrien* bzw. *allometrischen Gesetzen*. Die Allometrie befasst sich mit dem Messen und dem Vergleichen von Beziehungen zwischen einer ausgewählten und beobachteten Größe und deren Verhältnis zu anderen (biologischen) Größen. Beispielsweise ist die Schädelgröße im Vergleich zur gesamten Körperlänge bei Kleinkindern größer als sie es bei einem ausgewachsenen Menschen ist. Die Allometrie bzw. das allometrisches Wachstum bezeichnet somit die Erscheinung, dass Organe und Strukturen in der individuellen Entwicklung (*Ontogenese*) und in der Entwicklung von Arten (*Phylogenese*) nicht linear wachsen, sondern dass es hierbei innerhalb der Wachstums- oder der Entwicklungsphasen zu Proportionsverschiebungen kommt. Das allometrische Wachstum kann somit für die Erklärungen herangezogen werden, warum z. B. Geweihe, Hörner oder Zähne von Tieren möglicherweise ihre eigentliche Optimalgröße überschreiten, wenn für das Tier ein Vorteil in dieser Überschreitung besteht. Oftmals hält sich positives und negatives allometrisches Wachstum „die Waage", da dem positiven allometrischen Wachstum eines Organs zumeist das negative allometrische Wachstum eines anderen Organs „Tribut zollen muss". In der Evolution von Hunden ist z. B. zu beobachten, dass eine Verkürzung der Schnauze vor allem bei Zwergrassen vorkommt. Diese sind verursacht durch eine Veränderung der relativen Wachstumsgeschwindigkeit einzelner Schädelteile (Allometrie), weshalb es jedoch auch zu Gebissfehlstellungen kommt. Bei Haushunden ist in diesem Zusammenhang auch das Verhältnis zwischen dem Körpergewicht und dem Gewicht des Gehirns der Hunderassen zu erwähnen. So haben verglichen mit ihrer Körpergröße große Hunderassen im Gegensatz zu Zwerghunderassen relativ kleine Gehirne.

Bei allometrischen Gesetzen ist die Variable x positiv, d. h., dass der Definitionsbereich der Funktion $f(x) = a \cdot x^b$ bei Anwendungen oftmals nur die nichtnegativen reellen Zahlen darstellt. (Mehr zum Thema Allometrie vgl. auch [4, 6, 9] und [10].)

6.3 Eigenschaften von Funktionen

Wir wollen nun noch kurz einige Eigenschaften von Funktionen einführen. Sei hierfür wieder eine Funktion f mit ihrem Definitionsbereich $D \subset \mathbb{R}$ gegeben, die in die Menge der reellen Zahlen abbildet.

1. Falls für alle $x, y \in D$ mit $x \geq y$ auch $f(x) \geq f(y)$ gilt, so nennt man die Funktion f *monoton steigend*.
2. Ist für alle $x, y \in D$ mit $x \geq y$ die Ungleichung $f(x) \leq f(y)$ erfüllt, so nennt man die Funktion f *monoton fallend*.
3. Analog heißt die Funktion f *streng monoton steigend*, wenn für alle $x, y \in D$ mit $x > y$ auch $f(x) > f(y)$ gilt. Dementsprechend nennt man eine Funktion f *streng monoton fallend*, wenn für alle $x, y \in D$ mit $x > y$ die Ungleichung $f(x) < f(y)$ erfüllt ist.
4. Eine Funktion f heißt *konvex* in einem Intervall $I \subset D$, wenn für alle $x, y \in I$ und alle Zahlen λ mit der Eigenschaft, dass $0 < \lambda < 1$ ist, die Ungleichung

$$f(\lambda x + (1 - \lambda)y) \leq \lambda f(x) + (1 - \lambda)f(y)$$

gilt. Die Funktion f heißt *konkav*, wenn die Funktion $-f$ konvex ist (vgl. Abb. 6.7).

Beispiel 6.13 Die Funktion $f(x) = x^2$ ist eine konvexe Funktion, während die durch die Funktionsgleichung $g(x) = -x^4$ gegebene Funktion g eine konkave Funktion ist.

Für $f(x) = x^2$ sehen wir, dass f konvex ist, wenn die in der Definition gegebene Ungleichung

$$(1 - \lambda)f(x) + \lambda f(y) \geq f\left((1 - \lambda)x + \lambda y\right)$$

erfüllt ist. Hieraus folgt aber:

$$(1 - \lambda)x^2 + \lambda y^2 \geq ((1 - \lambda)x + \lambda y)^2$$
$$= (1 - \lambda)^2 x^2 + 2 \cdot (1 - \lambda) \cdot \lambda x y + \lambda^2 y^2.$$

Bringt man die Ausdrücke der rechten auf die linke Seite der Ungleichung, so erhält man nach entsprechendem Ausklammern die Ungleichung

$$\lambda(1 - \lambda)(x^2 - 2xy + y^2) = \lambda(1 - \lambda)(x - y)^2$$
$$\geq 0.$$

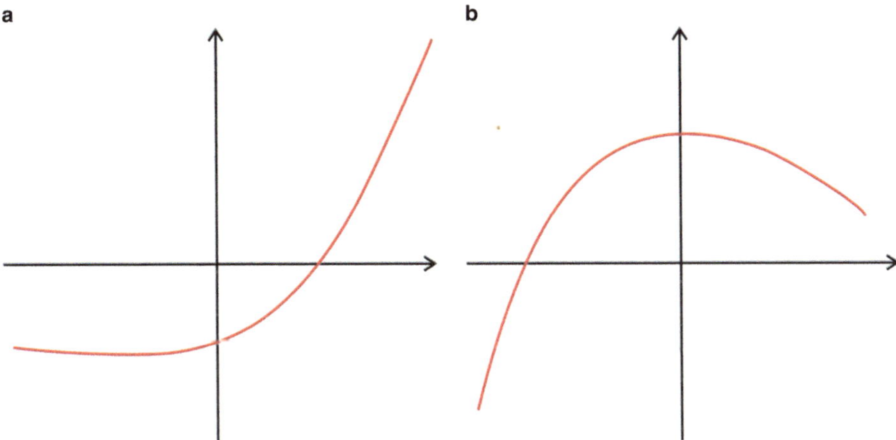

Abb. 6.7 **a** Skizze einer konvexen Funktion. **b** Skizze einer konkaven Funktion

Diese Ungleichung ist aber für alle $0 < \lambda < 1$ erfüllt. Somit ist die Funktion $f(x) = x^2$ konvex und die Funktion $h(x) = -x^2$ konkav, woraus man leicht auch auf die Konkavität von $g(x) = -x^4$ schließen kann.

Aus der strengen Monotonie einer Funktion kann man eine weitere wichtige Eigenschaft von derartigen Funktionen folgern. Man kann zeigen, dass eine streng monotone Funktion eine sogenannte Umkehrfunktion besitzt. Zu einer streng monotonen Funtion gibt es also eine zu ihr passende Funktion, die die vorgenommene Zuordnung wieder rückgängig machen kann.

Diese wichtige Aussage über die Existenz von Umkehrfunktionen für streng monotone Funktionen ist in dem nachfolgenden Satz zusammengefasst:

> **Theorem 6.1 (Existenz der Umkehrfunktion monotoner Funktionen)**
> *Ist eine durch die Funktionsgleichung $y = f(x)$ gegebene Funktion f mit dem Definitionsbereich $D \subset \mathbb{R}$ und dem Wertebereich $W \subset \mathbb{R}$ streng monoton steigend (fallend), so existiert eine auf W definierte Funktion $g(y)$, für die*
>
> $$x = g(y) \quad \text{genau dann gilt, wenn} \quad y = f(x) \quad \text{ist.}$$
>
> *W ist dann der Definitionsbereich von g und D der Wertebereich. Die Funktion $g(y)$ wird als Umkehrfunktion zu $f(x)$ bezeichnet. Offensichtlich gilt für die Funktion f und ihre Umkehrfunktion g*
>
> $$x = g(f(x)) \quad \text{sowie} \quad y = f(g(y)).$$

Da f streng monoton wachsend (fallend) war, ist ihre Umkehrfunktion g ebenfalls streng monoton wachsend (fallend). Ist f zusätzlich auch noch stetig, so gilt dies auch für g.

Hiermit wollen wir die explizit erwähnten Eigenschaften von Funktionen beenden und uns einem neuen Kapitel zuwenden.

Übungsaufgaben

6.1 Bringen Sie die folgenden rationalen Funktionen durch Polynomdivision auf die Form Polynom plus rationale Funktion:

$$\text{a) } \frac{x^5 - 1}{x - 1} \qquad \text{b) } \frac{x^7 + 3x^4 - 19x}{x^2 - 1} \qquad \text{c) } \frac{x^4 + x^3 - 3x + 2}{x^3 + 2}.$$

6.2 Bestimmen Sie zu den in der Tab. 6.4 gegebenen Daten der jährlichen Legehennenbestände in Deutschland (in 100.000 Tieren, siehe Abb. 6.8) die dazugehörige Regressionsgerade.

Abb. 6.8 Ein Hahn. Foto: *Dirk Horstmann*

Tab. 6.4 Jährliche Legehennenbestände in Deutschland (in 100.000 Tieren) entsprechend der Daten des Statistischen Amtes der Europäischen Gemeinschaften (vgl. [7])

Jahr	1991	1992	1993	1994	1995	1996	1997	1998	1999	2000	2001	2002	2003	2004	2005
10^5 Tiere	584	544	507	517	507	506	505	502	501	503	497	484	455	443	454

Tab. 6.5 Näherungswerte für die Entwicklung einer Population von Hefezellen. Werte gerundet nach den Angaben von [5]

t	1	2	3	4	5	6	7	8	9	10
$p(t)$	18	29	47	71	119	174	257	351	441	513

6.3 T. Carlson hat sich 1913 mit der Entwicklung einer Population von Hefezellen beschäftigt (vgl. [2]). Das (gerundete) Ergebnis seiner Untersuchungen bzw. Berechnungen kann man der Tab. 6.5 entnehmen.

Die Zeit t hat dabei die Einheit Stunden, und der Umfang $p(t)$ der Population der Hefezellen ist in µl Zellvolumen pro 100 ml Medium gegeben.

Ermitteln Sie aus den Daten der Tabelle zu den Zeitpunkten ein Polynom $P(t)$ vom Grad kleiner gleich 9, das im Zeitintervall $[1, 10]$ als kontinuierliche Näherungsfunktion für die diskreten Messungen angesehen werden kann.

6.4 Bestimmen sie die Partialbruchzerlegungen der nachfolgenden Funktionen:

$$\text{a) } f(x) = \frac{2x^4 - 5x^2 + 25x - 9}{x^2 - 1} \qquad \text{b) } h(x) = \frac{4x^2 - 3x + 12}{x^3 - 6x^2 + 12x - 8}$$

$$\text{c) } g(x) = \frac{5x^2 - 9}{x^3 + 2x^2 - 15x}.$$

6.5 Gegeben sind die Punkte $(5, 2)$, $(0, -2)$ im $\mathbb{R}^2$. Bestimmen Sie eine Gleichung der Geraden, die senkrecht/parallel zur Geraden durch diese Punkte ist und durch den Punkt $(1, 3)$ verläuft.

6.6 Wie sieht die Menge aller Punkte $(x, y) \in \mathbb{R}^2$ aus, die die Bedingungen $y \geq 2x - 1$ und $\frac{1}{2}x + y \leq 3$ erfüllen (Skizze!)?

6.7 Bestimmen Sie zu den in der Tab. 6.6 gegebenen Daten der jährlichen Kuhmilchaufnahme (siehe Abb. 6.9) in Deutschland y (in 1000 t) die dazugehörige Regressionsgerade.

Tab. 6.6 Jährliche Kuhmilchaufnahme in Deutschland (in 1000 t) entsprechend der Daten des Statistischen Amtes der Europäischen Gemeinschaften (vgl. [7])

$x =$ **Jahr**	1997	1998	1999	2000	2001	2002	2003	2004	2005
y **in** 10^3 **t**	26,99	26,75	26,78	26,98	26,88	26,62	27,32	27,11	27,31

Abb. 6.9 Milchkühe. Foto: *Dirk Horstmann*

6.8 (Nichtlineare Regression) Die rationalen, bzw. um in diesem Fall ganz genau zu sein, die *gebrochen linearen* Funktionsgleichungen

$$y = \frac{ax}{x + b}$$

und

$$y = \frac{a}{x + b}$$

können durch geeignete Transformationen in lineare Funktionen umgewandelt werden. Setzt man $y' = 1/y$ und $x' = 1/x$ in die erste Funktionsgleichung ein, so erhält man durch diese Transformation die Gleichung

$$y' = \frac{b}{a}x' + \frac{1}{a}$$

und die Transformation $y' = 1/y$ und $x' = x$ führt die zweite Funktionsgleichung in die Gleichung

$$y' = \frac{1}{a}x' + \frac{b}{a}$$

über.

Tab. 6.7 Größe der Weltbevölkerung in Millionen entsprechend der offiziellen Angaben der Vereinten Nationen (vgl. [8])

Jahr	1950	1960	1970	1980	1990	2000	2005
$W \cdot 10^6$	2526	3026	3691	4449	5321	6128	6514

Die Gleichung

$$W = \frac{W_0}{1 - c \cdot t}$$

wurde als ein Modell zur Beschreibung des Wachstumverlaufs der Weltbevölkerung vorgeschlagen. Hierbei ist t die Zeit in Jahren, und W steht für die Bevölkerungsgröße in Millionen. W_0 ist die Größe der Weltbevölkerung im Jahr 1650 und c eine Konstante. Diese wird mit 510 Millionen angegeben. Von 1650 an soll das Modell gelten, wobei demnach für 1650 $t = 0$ ist. Entsprechend der offiziellen Angaben der Vereinten Nationen (UN) hat sich die Weltbevölkerung von 1950 bis 2005 wie in Tab. 6.7 angegeben entwickelt.

1. Berechnen Sie zunächst die entsprechenden Werte für die Zeit t.
2. Linearisieren Sie die Gleichung mithilfe einer geeigneten *Reziproktransformation*.
3. Bestimmen Sie für die Parameter W_0 und c Näherungswerte mithilfe der Regressionsgeraden.
4. Welche Prognosen ergeben sich, wenn man mit der Regressionsfunktion die Weltbevölkerung im Jahre 2025 schätzt?

Literatur

1. Baehr W., et al.: Großes Buch der Haustiere. Kapp-Verlag oHG, Bensheim (1976)

2. Carlson, T.: Über Geschwindigkeit und Größe der Hefevermehrung in Würze. Biochemische Zeitschrift **57**, 313–334 (1913)

3. Godden, R.: Die Wunderwelt der Schmetterlinge. Albertros Verlag AG, Zollikon, Schweiz (1977)

4. Lexikon der Biologie: http://www.spektrum.de/lexikon/biologie/allometrie/2273. Spektrum Akademischer Verlag, Heidelberg. Zugegriffen: 01.07.2015

5. National Science Digital Library (NSDL): http://nsdl.oercommons.org/courses/carlson-yeast-data/view (2015). Zugegriffen: 29.06.2015

6. Sedlag, U., Weinert, E.: Biogeographie, Artbildung, Evolution. Fischer, Jena (1987)

7. Statistisches Amt der Europäischen Gemeinschaften (Erostat): http://ec.europa.eu/eurostat/data/database (2015). Zugegriffen: 26.05.2015

8. Population Division of the Department of Economic and Social Affairs of the United Nations Secretariat, World Population Prospects: The 2012 Revision, http://esa.un.org/unpd/wpp/index.htm (2015). Zugegriffen: 26.05.2015

9. Rensch, B.: Die Abhängigkeit der Struktur und der Leistungen tierischer Gehirne von ihrer Größe. DIE NATURWISSENSCHAFTEN **45** (7), 145–154 (1958)

10. Vogel, G., Angermann, H.: dtv-Atlas zur Biologie, Band 3, 4. Aufl., Deutscher Taschenbuch Verlag GmbH & Co. KG, München (1990)

11. Vogt, H.: Grundkurs Mathematik für Biologen. Teubner, Stuttgart (1994)

Die Exponentialfunktion und ihre Anwendung in der Biologie 7

Escheria coli (kurz *E.-coli*) sind Bakterien, die im Darm von Säugetieren und Menschen leben. Ein junges *E.-coli*-Bakterium wächst mit einer konstanten Geschwindigkeit, bis es seine Länge verdoppelt hat. Hierbei behält es seinen Durchmesser bei. Schließlich entstehen durch Zellteilung zwei gleichgroße *E.-coli*-Bakterien. Während dieses Prozesses wird die DNA des *E.-coli*-Bakteriums verdoppelt. Dieser Vorgang dauert ungefähr 40 min. Nach der DNA-Replikation dauert es in der Regel weitere 20 min, bis sich die Zelle geteilt hat. Bei ca. 37 °C variiert zwar die Wachstumsrate eines *E.-coli*-Bakteriums merklich, dennoch kann man für diesen Verdoppelungsprozess ein Zeitintervall von ca. 60 min annehmen.

Betrachtet man also über einem bestimmten Zeitintervall eine *E.-coli*-Population $u(t)$, in der man Bakterien in unterschiedlichen Replikationsstufen vorliegen hat, so kann man hier davon ausgehen, dass

$$u(60\tau + 60) = 2 \cdot u(60\tau)$$

für alle $\tau \in \mathbb{N}_0$ gilt. Insbesondere gilt, dass sich 60 min nach Beobachtungsbeginn die Population verdoppelt hat, also die Gleichung

$$u(60) = 2 \cdot u(0)$$

gilt. Wir können hieraus die Gleichung

$$u(60\tau + 60) = \frac{u(60)}{u(0)} u(60\tau)$$

herleiten.

© Springer-Verlag GmbH Deutschland, ein Teil von Springer Nature 2020
D. Horstmann, *Mathematik für Biologen*, DOI 10.1007/978-3-662-62669-6_7

7.1   Die Exponentialfunktion

Lösen wir uns jetzt etwas von dem konkreten Beispiel. Wir ersetzen die 60 min durch einen Parameter s und nehmen an, dass die Population sich kontinuierlich vervielfacht, die Vermehrung also nicht nur alle s Zeiteinheiten geschieht, jedoch zum Zeitpunkt s eine erneute Messung der Populationsgröße uns den Proportionalitätsfaktor liefert.

$$u(t + s) = \frac{u(s)}{u(0)} u(t)$$

Dividieren wir die Gleichung durch $u(0)$, so erhalten wir

$$\frac{u(t + s)}{u(0)} = \frac{u(s)}{u(0)} \frac{u(t)}{u(0)},$$

oder aber, wenn wir eine neue Funktion $v(t)$ einführen, indem wir $v(t) = \frac{u(t)}{u(0)}$ setzen, die Gleichung

$$v(t + s) = v(s)v(t) \quad \text{für alle } t, s \in \mathbb{R}. \tag{7.1}$$

Durch die Einführung der neuen Funktion haben wir bewirkt, dass $v(0) = 1$ gelten soll. Die neue Funktion ist also „normiert". Die Population wird somit durch eine Funktion beschrieben, die (7.1) und der Anfangsbedingung $v(0) = 1$ genügt. Diese gewünschten Eigenschaften erinnern stark an die uns bereits bekannten Rechenregel für Potenzen, wobei wir dort im Gegensatz zu dem vorliegenden Problem nur rationale Exponenten zugelassen hatten. Es stellt sich uns also die Frage: Welche nichtkonstante Funktion erfüllt diese Eigenschaften? Wir versuchen es zunächst mit uns bereits bekannten Funktionen. Man stellt so fest, dass das Polynom

$$P_n(t) = \sum_{k=0}^{n} \frac{t^k}{k!}$$

das Problem näherungsweise löst und der „Fehler" umso kleiner wird, je größer n wird. Man kann zeigen, dass für $s, t \geq 0$ und $s + t < 1 + \frac{n}{2}$ die Ungleichung

$$0 \leq P_n(t)P_n(s) - P_n(s + t) \leq \frac{2(s + t)^{n+1}}{(n + 1)!} \to 0 \quad \text{für } n \to \infty$$

gilt. Das bedeutet, dass der Grenzwert $\lim_{n \to \infty} P_n(t)$ die gewünschten Eigenschaften besitzt und durch diesen Grenzwert die gesuchte Funktion gegeben ist, falls der Grenzwert für alle $t \in \mathbb{R}$ existiert. Die Konvergenz der Reihe

$$\sum_{k=0}^{\infty} \frac{t^k}{k!}$$

folgt für negative t aus dem sogenannten Leibniz-Kriterium (das in diesem Buch jedoch nicht behandelt wird, weshalb die Leserin/der Leser hier z. B. auf das Buch [2] zum Nachlesen dieses Kriteriums verwiesen sei) und für nichtnegative t aus der Konvergenz der Teilsummenfolge.

Definition 7.1

Wir definieren daher die Funktion

$$\exp\colon \mathbb{R} \to \mathbb{R}$$

$$t \to \exp(t) := \sum_{k=0}^{\infty} \frac{t^k}{k!}$$

und nennen sie Exponentialfunktion. Hierbei ist

$$e := \exp(1) = \sum_{k=0}^{\infty} \frac{1}{k!}$$

die Euler'sche Zahl.

Aus der Definition der Exponentialfunktion und der Eigenschaft, dass

$$\exp(s + t) = \exp(s)\exp(t)$$

gilt, können wir direkt einige ihrer wichtigsten Eigenschaften ablesen. Es gilt:

1. $\exp(t) \geq 1 + t$ woraus sich $\exp(t) \to \infty$ für $t \to \infty$ folgern lässt.
2. Für $n \in \mathbb{N}$ gilt: $\exp(nt) = (\exp(t))^n$ und für $p, q \in \mathbb{N}$, mit $q \neq 0$

$$(\exp(t))^p = \exp(pt)$$
$$= \exp\left(\frac{p}{q}qt\right)$$
$$= \left(\exp\left(\frac{p}{q}t\right)\right)^q.$$

Somit folgt auch

$$(\exp(t))^{\frac{p}{q}} = \exp\left(\frac{p}{q}t\right)$$
$$= \sqrt[q]{\exp(pt)}.$$

3. Des Weiteren gilt:

$$1 = \exp(0)$$
$$= \exp(t - t)$$
$$= \exp(t)\exp(-t).$$

Hieraus aber ergibt sich

$$\exp(-t) = \frac{1}{\exp(t)}.$$

Somit folgt insgesamt, dass

$$\exp(t) \to 0 \quad \text{für } t \to -\infty$$

gilt.

4. $\exp(t) \geq 0$
5. $\exp(t)$ ist streng monoton wachsend, d. h.

$$\exp(t_1) = \exp(t_1 - t_2)\exp(t_2) > \exp(t_2) \quad \text{für } t_1 > t_2.$$

6. $\exp : \mathbb{R} \to (0, \infty)$
7. Für beliebige $t, s \in \mathbb{R}$ setzen wir $(\exp(t))^s = \exp(st)$. Dies impliziert auch, dass

$$\exp(t) = \exp(1 \cdot t) = (\exp(1))^t = e^t$$

gilt. Daher schreiben wir für $\exp(t)$ auch e^t.

Außerdem sieht man leicht, dass $\exp(t)$ stetig für alle t ist. Wir sehen also, dass sich jeder Prozess, der der Wachstumsbedingung

$$u(t + s) = c \cdot u(t)$$

genügt, durch die Funktion $u(t) = a \cdot \exp(\lambda t)$ beschreiben lässt. In diesem Fall spricht man von einem exponentiellen Wachstum. Tatsächlich sieht man leicht, dass

$$u(t + s) = a \cdot \exp(\lambda(t + s)) = \exp(\lambda s)\,(a \cdot \exp(\lambda t)) = \exp(\lambda s)u(t)$$

mit $c = \exp(\lambda s)$ gilt und somit die gewünschte Wachstumsbedingung erfüllt ist.

Beispiele für exponentielles Wachstum findet man nicht nur in der Mikrobiologie. In Abb. 7.1 betrachten wir z. B. das Wachstum der deutschen Bevölkerung im Gebiet der alten Bundesrepublik von 1816 bis 1995 und das der Weltbevölkerung von 0 bis 1995.

Exkurs 7.1

Nach dem Ansatz von T. R. Malthus lässt sich die Bevölkerung eines Landes mithilfe von exponentiellem Wachstum erklären. Allerdings ist dieses Modell nur für kurze Zeitabschnitte anwendbar, da Zu- und Abwanderungen von Bevölkerungsteilen in dem Modell nicht berücksichtigt werden.

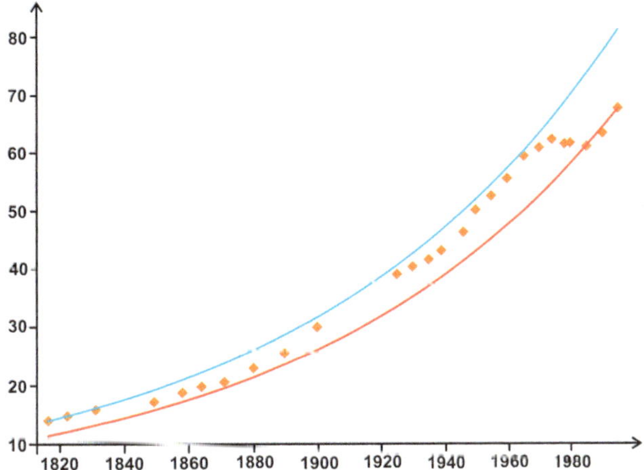

Abb. 7.1 Bevölkerungs-
daten auf dem Gebiet der
alten BRD. Die zugrunde liegenden Daten stammen aus
Publikationen des Statistischen Bundesamtes (vgl. [5])

Jeder technologische Fortschritt und jede Änderung in der weltpolitischen Lage geht mit Ängsten und Sorgen einher. Dies war auch gegen Ende des sogenannten „Zeitalters der Aufklärung" in England der Fall. Bei der englischen Bevölkerung wuchs damals die Sorge vor zunehmender Armut. Mit seinem Buch „Essay on the Principle of Population" schürte T. R. Malthus (1766–1834) diese Sorge sogar noch weiter. In diesem Buch sagte Malthus voraus, dass die Menschen das Schicksal aller Pflanzen- und Tierarten teilen werden. So würde den Menschen als unausweichliches Schicksal nur der Kampf bzw. Krieg und die Auseinandersetzung bleiben. Sein Buch war das erste, das eine systematische Untersuchung der menschlichen Gesellschaft vorstellte. Hierbei waren Malthus' Kernannahmen die Nachfolgenden:

1. Nahrung ist für das menschliche Leben unerlässlich.
2. Sexuelles Begehren ist eine konstante Größe im menschlichen Leben.

Als Konsequenzen dieser Kernannahmen folgerte er, dass es zwangsläufig zu Hungersnöten kommen muss, wenn die Bevölkerungsgröße nicht in Grenzen gehalten wird, da die Bevölkerung schneller wächst als die Nahrung. Als „natürliche Hemmnisse" für diese von ihm hergeleitete Gesetzmäßigkeit identifizierte Malthus lediglich die Säuglingssterblichkeit, mögliche Epidemien, Hungersnöte und die Prostitution. T. R. Malthus erhielt im Jahre 1805 die erste Professur für Ökonomie in England. Sein Buch hatte auch einen besonderen Einfluss auf die Evolutionstheorie. Die beiden Naturwissenschaftler Charles Darwin (1809–1882) und Alfred Russel Wallace (1823–1913) identifizierten in der Mathus'schen Theorie die natürliche Selektion als treibende Kraft und „Motor" der Evolution. (Vgl. hierzu auch [6, Seite 110].)

Andere Beispiele sind die reinen Wachstumsphasen von Drosophila Populationen, für die dies von R. Pearl unter anderem in „The growth of Populations"

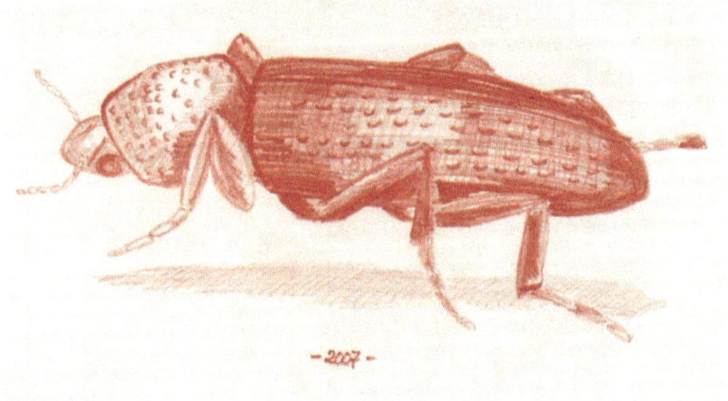

Abb. 7.2 Zeichnung eines Getreidekapuziners (*Rhizopertha dominica*). Zeichnung: *Dirk Horstmann*

in [3] dokumentiert wurde, und auch die reinen Vermehrungsphasen des Getreidekapuziners (vgl. Abb. 7.2), der seit einigen Jahren häufig auch in Deutschland vorkommt. In den USA ist er der Hauptgetreideschädling. Siehe hierzu auch die Arbeit „*On competition between different species of graminivorous insects*" [1] von A. C. Crombie.

Wie man exponentielles Wachstum erkennt, ist eine Fragestellung für sich. Man braucht ein Verfahren, wie man entscheiden kann, ob die gegebenen Daten ungefähr einem exponentiellen Wachstumsgesetz genügen und gegebenenfalls auch einen Parameter, der die Bestimmung dieses Gesetzes erlaubt. Derartige Verfahren sollen aber nicht Bestandteil dieses Kapitels sein.

7.2 Die Logarithmusfunktion

Als streng monotone Funktion, die die ganzen reellen Zahlen $\mathbb{R}$ auf das Intervall $(0, \infty)$ abbildet, besitzt die Exponentialfunktion nach dem Satz über die Existenz einer Umkehrfunktion (siehe Theorem 6.1 in Abschn. 6.3) aus dem vorangegangenen Kapitel eine Umkehrfunktion.

Definition 7.2
Die Umkehrfunktion der Exponentialfunktion exp ist der natürliche Logarithmus ln

$$\ln : (0, \infty) \to \mathbb{R}.$$

Somit gilt:

$$\ln(y) = t \quad \text{genau dann, wenn} \quad y = e^t,$$

oder anders ausgedrückt:

$$\ln(e^x) = x \quad \text{und} \quad e^{\ln(y)} = y.$$

Für den natürlichen Logarithmus lassen sich nun schnell die nachfolgenden Rechenregeln herleiten:

1. $\ln(u \cdot v) = \ln(u) + \ln(v)$, da $u \cdot v = e^{\ln(u)} \cdot e^{\ln(v)} = e^{\ln(u)+\ln(v)}$ gilt.
2. $\ln(u^{\frac{p}{q}}) = \frac{p}{q}\ln(u)$, da $u^{\frac{p}{q}} = e^{\frac{p}{q}\ln(u)}$ ist.

Anmerkung 7.1 Wenn die Variablen x und y in einer allometrischen Beziehung zueinander stehen, d. h., wenn z. B.

$$y = bx^c \quad (\text{mit } b > 0)$$

gilt, so kann man durch Logarithmieren hieraus die Form

$$\ln(y) = \ln(bx^c) = \ln(b) + c\ln(x)$$

gewinnen. Das bedeutet, dass zwischen den neuen Variablen $y' = \ln(y)$ und $x' = \ln(x)$ eine lineare Abhängigkeit besteht, die durch die Gleichung

$$y' = cx' + \ln(b)$$

beschrieben wird. Eine derartige Transformation nenne man eine doppelt-logarithmische Variablentransformation oder kurz eine ln / ln-Transformation. Wir sehen also, dass man mithilfe der Logarithmusfunktion allometrische Zusammenhänge in lineare Beziehungen überführen kann. Dies ist besonders nützlich, da man die lineare Beziehung mithilfe einer Regressionsgeraden approximieren kann, weshalb die ln / ln-Transformation auch bei der nichtlinearen Regression ihre Anwendung findet.

Mithilfe unseres neuen Wissens über die Logarithmusfunktion können wir uns nun einer weiteren Anwendung der Exponentialfunktion zuwenden.

7.2.1 Die Radiocarbon-Methode

Die Radiocarbon-Methode oder ^{14}C-Methode ist eine von mehreren unterschiedlichen Methoden zur Altersbestimmung von organischen Stoffen, wie z. B. Knochen vom Menschen und vom Tier, angefertigte Gegenstände, Überreste von Behausungen usw., die insbesondere in der Archäologie angewendet wird. Sie basiert auf dem Zerfall des radioaktiven Kohlenstoff-Isotops ^{14}C. Mit dieser Methode können Alter bis etwa 50.000 Jahre bestimmt werden. Sie wird überwiegend verwendet, um das Alter von Fossilien aus der Bronzezeit und nachfolgenden Epochen zu bestimmen. Die Radiocarbon-Datierung wurde 1946 von W. F. Libby entwickelt, der im Jahr 1960 für die Entwicklung dieser Methode den Nobelpreis für Chemie erhielt.

Die Radiocarbon-Methode basiert auf folgenden Überlegungen: Das Verhältnis vom radioaktiven Kohlenstoff 14 (^{14}C) zum stabilen Kohlenstoff 12 (^{12}C) ist nahezu konstant. In einem lebenden Organismus ist dieses Verhältnis dasselbe wie in der Erdatmosphäre, da für lebende Organismen eine Unterscheidung zwischen den beiden Kohlenstoff-Isotopen ^{14}C und ^{12}C nicht von Bedeutung ist. Stirbt der Organismus ab, so nimmt er keinen Kohlenstoff mehr auf. Somit gilt dann für das Verhältnis

$$v = \frac{N_{^{14}\text{C}}}{N_{^{12}\text{C}}},$$

dass

$$v(t) = v(0) \cdot \mathrm{e}^{-\lambda t}$$

ist, wobei λ die Zerfallsrate von ^{14}C angibt. Die Halbwertzeit von ^{14}C beträgt ungefähr 5730 Jahre. D. h.

$$\frac{1}{2} v(0) \simeq v(0) \cdot \mathrm{e}^{-\lambda 5730 \,\text{Jahre}}$$

und somit

$$\lambda \simeq \frac{\ln(2)}{5730 \,\text{Jahre}} \simeq 1{,}2096 \times 10^{-4} \,\text{Jahre}^{-1}.$$

Misst man dieses Verhältnisses an einem fossilen Gegenstand, so lässt sich die Zeit vom Tod des fossilen Gegenstandes bis zum Zeitpunkt der vorgenommenen Messung ermitteln und somit das Alter der Fossilie angeben. Die Messung von $\frac{v(t)}{v(0)}$ erlaubt es uns somit, einen genauen Wert für die Zeit t zu bestimmen. Betrachtet man hierfür die Gleichung

$$\mathrm{e}^{-\lambda t} = \frac{v(t)}{v(0)}$$

so folgt die Gleichung

$$-\lambda t = \ln(\mathrm{e}^{-\lambda t}) = \ln\left(\frac{v(t)}{v(0)}\right),$$

bzw.

$$t = -\frac{1}{\lambda} \ln\left(\frac{v(t)}{v(0)}\right) = \frac{1}{\lambda} \ln\left(\frac{v(0)}{v(t)}\right).$$

So leicht nun diese Anwendung der ^{14}C-Methode heutzutage erscheinen mag, so schwierig war der Weg dahin, die Methode zu entwickeln.

Exkurs 7.2 (Eine populäre Anwendung der ^{14}C-Methode)
Im Herbst 1991 entdeckten Wanderer in den Ötztaler Alpen in Südtirol eine mumifizierte Leiche. Diese Mumie wurde in der Presse unter dem Spitznamen „Ötzi" bekannt. Naürlich lag das erste Hauptinteresse der Forscherinnen und Forscher darin, das Alter des Leichnams zu bestimmen, da man bis zu diesem Fund eigentlich angenommen hatte, dass die Eisregionen der Alpen wegen ihrer Unwegsamkeiten in der Steinzeit von den Menschen gemieden wurden. Die Bestimmung des Alters dieser Mumie erfolgte dann mit der oben dargestellten ^{14}C-Methode.

Mehr über die Radiocarbon-Methode kann man auch in [6, Seite 346], nachlesen. Weitere Anwendungen und Beispiele kann man auch in [4, Kapitel 3] nachlesen.

7.3 Die allgemeine Exponentialfunktion

Mithilfe einer Kombination der Exponentialfunktion und der Logarithmusfunktion lassen sich natürlich auch unter Berücksichtigung der Logarithmen-Gesetze weitere Exponentialfunktionen einführen. Dies machen wir auch diesmal mithilfe einer Definition.

Definition 7.3
Für eine positive reelle Zahl a definieren wir für alle $x \in \mathbb{R}$ die Exponentialfunktion zur Basis a durch die Gleichung:

$$\exp_a(x) = \exp\left(x \ln(a)\right) = \exp\left(\ln(a^x)\right) =: a^x. \qquad (7.2)$$

Die Umkehrfunktion zu der positiven, stetigen, streng monoton wachsenden Exponentialfunktion zur Basis a ist die sogenannte Logarithmusfunktion zur Basis a. Für sie wird die Notation $\log_a$ verwendet (vgl. Abb. 7.3).

Anmerkung 7.2 Demnach gilt für jedes $y > 0$:

$$\log_a(y) = x \quad \text{genau dann, wenn} \quad y = \exp_a(x)$$

erfüllt ist.

Die Rechenregeln für die Exponentialfunktion und die für den Logarithmus implizieren auch die nachfolgenden Rechenregeln für die Exponentialfunktion zur Basis a bzw. für die Logarithmusfunktion zur Basis a.

1. $\log_a(u \cdot v) = \log_a(u) + \log_a(v)$.
2. $\log_a(u^{\frac{p}{q}}) = \frac{p}{q} \log_a(u)$.
3. $\log_a(b) \log_b(u) = \log_a(u)$.
4. $\exp_a(n) = a^n$ für alle $n \in \mathbb{Z}$.
5. $\exp_a(t + s) = \exp_a(t) \cdot \exp_a(s)$ für alle $t, s \in \mathbb{R}$.
6. Für $p, q \in \mathbb{N}$, mit $q \neq 0$ ist

$$\exp_a\left(\frac{p}{q}\right) = a^{\frac{p}{q}} = \sqrt[q]{a^p}.$$

7. $\exp_a(0) = 1$.

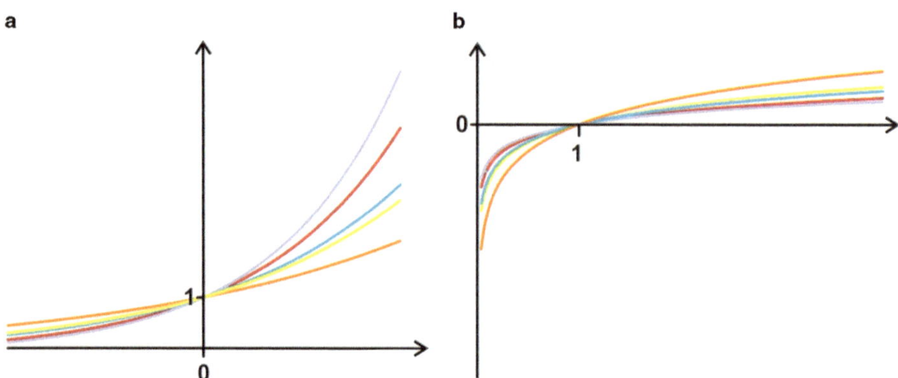

Abb. 7.3 **a** Der qualitative Verlauf von allgemeinen Exponentialfunktionen. **b** Der qualitative Verlauf von allgemeinen Logarithmusfunktionen

7.4 Logistisches Wachstum

Kehren wir zum Abschluss dieses Kapitels nun noch einmal zu den *E.-coli*-Bakterien zurück. Die Beobachtungen einer *E.-coli*-Population zeigen, dass das Wachstum nicht die ganze Zeit exponentiell ist. Nachdem die Mikroorganismen in ein frisches Nährmedium gelassen wurden, erhöht sich die Anzahl der Individuen zunächst nicht. Nach dieser sogenannten „lag phase" (Ruhephase) schließt sich die exponentielle Wachstumsphase an. Nach einer Weile nimmt die Zuwachsrate aber ab, und die Wachstumskurve wird horizontal (vgl. Abb. 7.4). Hieran schließt sich nach einer erneuten längeren Wartezeit die Sterbephase der Population an. Ein solches Wachstum (ohne die Sterbephase) wird von der logistischen Funktion

$$L(t) = \frac{1}{a + b\mathrm{e}^{-\lambda t}}, \quad \text{mit } a, b, \lambda > 0$$

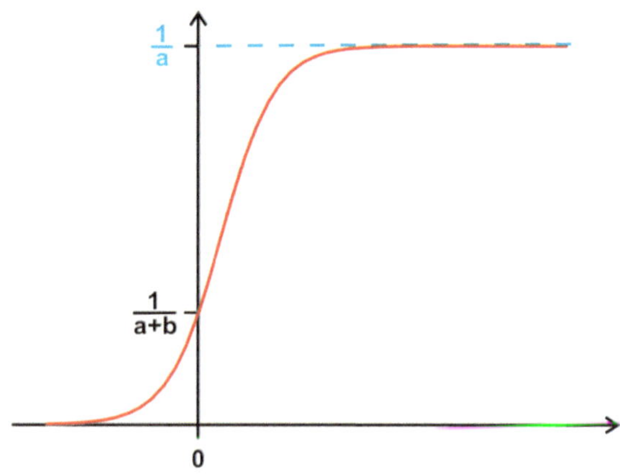

Abb. 7.4 Qualitativer Verlauf der logistischen Funktion

beschrieben. Die logistische Funktion löst ein realistischeres Modell für das Wachstum von Populationen, das wir noch in einem späteren Kapitel dieses Buches kennenlernen werden, wenn wir die Theorie der Differentialgleichungen durchnehmen.

Übungsaufgaben

7.1 Für welche x gilt die Ungleichung $e^{-(x+4)^2} \leq \frac{3}{4}$? Skizzieren Sie die Funktion $f(x) = e^{-(x+4)^2}$ und illustrieren Sie Ihr Ergebnis aus der vorangegangenen Frage.

7.2 Die Population von wilden Murmeltieren (siehe Abb. 7.5) in einem Nationalpark in den kanadischen Rocky Mountains erhöht sich in sieben Jahren von 2300 auf 3245.

1. Geben Sie die Population zum Zeitpunkt t als eine Funktion $N(t)$ an, wobei $N(t)$ die Gestalt $N(t) = N_0 \cdot \exp(\lambda \cdot t)$ habe.
2. Wie groß war die Population am Ende des ersten Jahres?
3. Wie lange dauert es, bis die Population sich verdoppelt hat?

Abb. 7.5 Ein Eisgraues Murmeltier (*Marmota caligata*) in den kanadischen Rocky Mountains. Foto: *Dirk Horstmann*

7.3 Wir nehmen an, dass in Deutschland jährlich x Tonnen CO_2 ausgestoßen werden. Wenn eine jährliche Reduktion des CO_2-Ausstoßes um 5 % verwirklicht werden könnte, wann hat man dann den ursprünglichen Wert halbiert?

7.4 Zeigen Sie, dass die Funktion

$$L(t) = \frac{1}{a + be^{-\lambda t}}, \quad \text{mit } a, b, \lambda > 0$$

monoton wachsend ist und dass $L(t) \to \frac{1}{a}$ für $t \to \infty$ und $L(t) = \frac{1}{a+b}$ für $t \to 0$ gilt.

7.5 Lösen Sie die Gleichung $\log_2(-2x) + 4\log_4(x + 3) = 3$.

7.6 Es bezeichne $y(t)$ die Menge einer Substanz, die radioaktiv zerfällt. Es gilt das nachfolgende Gesetz des radioaktiven Zerfalls:

$$y(t) = y(0)2^{-\frac{t}{T}}.$$

Hierbei ist T die Halbwertzeit der Substanz, d. h. die Zeit, in der die Hälfte der Substanz zerfallen ist, und t bedeutet die Zeit.

Bei der Ausgrabung einer Steinzeitsiedlung werden einige Holzkohlestückchen sichergestellt. Es stellt sich heraus, dass der ^{14}C-Anteil in dieser Holzkohle nur 40 % des üblichen Anteils beträgt. Wie alt ist die Siedlung, wenn man bei der Rechnung berücksichtigt, dass die Halbwertzeit von ^{14}C mit 5750 Jahren gegeben ist?

Literatur

1. Crombie A. C.: On Competition Between Different Species of Graminivorous Insects. Proceedings of the Royal Society of London. Series B, Biological Sciences 132, 362–395 (1945)

2. Forster O.: Analysis I, 7. verbesserte Aufl., Vieweg Verlag, Wiesbaden (2004)

3. Pearl R., Slobodkin L.: The Growth of Poulations. The Quarterly Review of Biology **51**, 50th Anniversary Special Issue, 1926–1976, 6–24 (1927)

4. Portenier C. und Gromes W.: Mathematik für Humanbiologen und Biologen. Fachbereich Mathematik und Informatik Philipps-Universität Marburg (2005)

5. Statistisches Bundesamt: Statistisches Jahrbuch 1996 für die Bundesrepublik Deutschland, Metzler-Poeschel, Stuttgart (1996)

6. Tallack P. (Hrsg.): Meilensteine der Wissenschaft. Spektrum Akademischer Verlag Heidelberg, Berlin (2002)

Die trigonometrischen Funktionen

8

Die trigonometrischen Funktionen sind vielen bereits aus der Schule im Zusammenhang mit Winkelberechnungen bekannt. Wir definieren diese Funktionen hier aber auf eine Art und Weise, die den meisten Leserinnen und Lesern noch unbekannt sein wird.

Definition 8.1

Für jedes $x \in \mathbb{R}$ definieren wir die Funktion „Cosinus von x" als:

$$\cos(x) := \lim_{n \to \infty} \sum_{k=0}^{n} (-1)^k \frac{x^{2k}}{(2k)!}. \tag{8.1}$$

Den „Sinus von x" definieren wir für jedes $x \in \mathbb{R}$ als

$$\sin(x) := \lim_{n \to \infty} \sum_{k=0}^{n} (-1)^k \frac{x^{2k+1}}{(2k+1)!}. \tag{8.2}$$

Mithilfe dieser Funktionen können wir nun auch eine reelle Zahl definieren, die viele als die sogenannte Kreiszahl bereits kennen.

Theorem 8.1

Es existiert eine eindeutig bestimmte positive Zahl x_0 in dem Intervall $[0,2]$, für die $\cos(x_0) = 0$ ist. Multipliziert man diese Zahl mit dem Faktor 2, so erhält man die Zahl π (sprich „Pi").

Vergleiche hierzu auch Abb. 8.1.

© Springer-Verlag GmbH Deutschland, ein Teil von Springer Nature 2020
D. Horstmann, *Mathematik für Biologen*, DOI 10.1007/978-3-662-62669-6_8

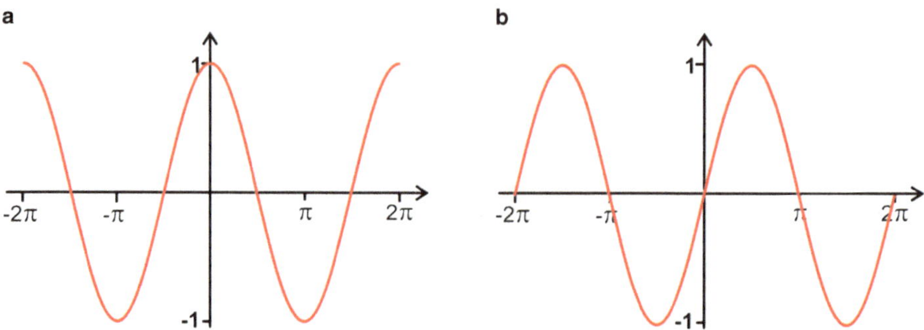

Abb. 8.1 **a** Die Funktion $\cos(x)$ auf dem Intervall $(-2\pi, 2\pi)$. **b** Die Funktion $\sin(x)$ auf dem Intervall $(-2\pi, 2\pi)$

Exkurs 8.1

Es gibt Menschen, für die war der 14. März 2015 ein ganz spezieller Tag. Wenn man das Datum dieses Tages in der amerikanischen Schreibweise aufschreibt, also in der Form Monat/Tag/Jahr, so wird daraus 3/14/15. Die Menschen, die ich hier meine, haben diesen Tag als Pi-Tag (π-day) gefeiert und an diesem Tag Freunde und Verwandte zu Feiern eingeladen, die um 9 Uhr 26 und 53 Sekunden beginnen sollten. Erstmalig (und für eine ganz lange Zeit auch einmalig) konnte so der Pi-Tag zu einem Zeitpunkt begangen werden, der die ersten zehn Ziffern der Zahl π beschreibt (vgl. Abb. 8.2). Die Zahl π ist eine reelle Zahl, die nicht in der Menge der rationalen Zahlen enthalten ist. Sie hat näherungsweise den Wert

$$\pi = 3{,}1415926535\ldots$$

Die Zahl π kann man nicht nur so wie von uns eingeführt erklären, sondern auch mithilfe des Umfangs oder der Fläche eines Kreises definieren. So ist π zum einen das Verhältnis des Umfangs eines Kreises zu seinem Durchmesser und kann zum anderen auch als die Fläche eines Kreises mit dem Radius 1 definiert werden.

Die Zahl π hat die Menschheit schon sehr früh in ihrer Geschichte beschäftigt, und auch noch heute zieht sie die Menschen in ihren Bann. So taucht das Symbol π im Namen von Parfums, als Teil eines Firmennamens oder im Kino als Filmtitel auf. Tatsächlich gibt es in Seattle (USA) sogar eine π-Skulptur, wegen der dort sicherlich niemand mehr schlaflos sein wird.

Bereits vor den Griechen wurde diese „magische" Zahl π untersucht. Allein schon aufgrund von vielen im alltäglichen Leben wiederkehrenden Begebenheiten wurde immer wieder von Menschen versucht, eine Näherung des Kreisumfangs anzugeben. Will man z. B. Fässer füllen, so ist natürlich ihr Volumen von besonderer Wichtigkeit. Selbst im Alten Testament der Bibel lässt sich ein derartiges Problem und somit eine Näherung der Zahl π finden. Im ersten Buch der Könige, Kapitel 7, Vers 23 (vgl. [1]) heißt es:

Abb. 8.2 Die ersten 299 Stellen der Zahl π mit einheitlich farbig hinterlegten Ziffern

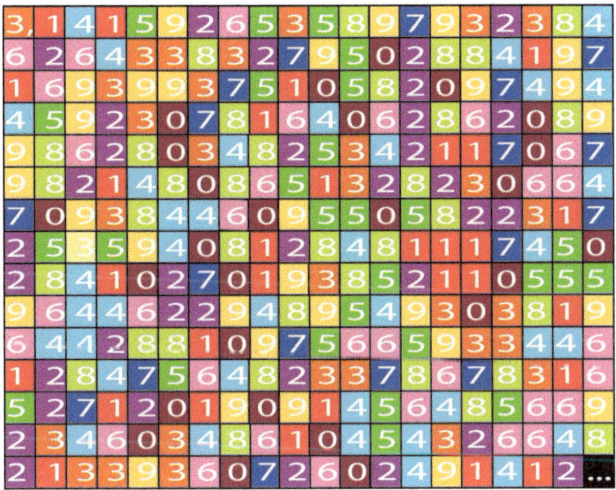

... Dann machte er das Meer. Es wurde aus Bronze gegossen und maß zehn Ellen von einem Rand zum anderen; es war völlig rund und fünf Ellen hoch. Eine Schnur von dreißig Ellen konnte es ringsumspannen.

Die Zahl π wird an dieser Textstelle also mit dem Wert 3 approximiert. Im Talmud hingegen heißt es (vgl. [9, Seite 23]):

Was im Umfange drei Handbreiten hat, ist eine Hand breit.

D. h., dass hier – wie in der Bibel auch – für π der Wert 3 angenommen wird. Dieser Wert wurde auch im alten China benutzt.

Belege für erste Näherungen der Zahl π durch die Ägypter sind u. a. in dem sogenannten „Moskauer Papyrus" aus dem Jahre 1850 v. Chr. und dem sogenannten „Papyrus von Rhind", das auf die Zeit von 1650–1550 vor Chr. datiert wird, zu finden. Das „Papyrus von Rhind" enthält Aufgaben zur Geometrie, die dem Schreiber Ahmes zugeschrieben werden (vgl. [2]). In einer der in dem Papyrus aufgeführten Aufgaben wird die Behauptung aufgestellt, dass der Kreisinhalt eines Quadrats 8/9 des Durchmessers eines Kreises ist. Diese Gleichung führt uns auf die Gleichung

$$\frac{64}{81}d^2 = \frac{\pi^2}{4}d^2$$

und somit auf

$$\pi = \frac{256}{81} \approx 3{,}1605.$$

(Vergleiche hierzu auch [2, Seite 98].) Im Jahre 1999 haben D. Takahashi und Y. Kanada 206.158.430.000 Stellen der Zahl π bestimmt. Wenn man im Internet nachforscht (vgl. [8]), so stellt man fest, dass heute bei der Erstellung der zweiten Auflage des Buches der Weltrekord bei der Bestimmung von 12.100.000.000.050 Dezimalstellen der Zahl π liegt. Auf den Internetseiten

Abb. 8.3 Fiktives Porträt von Johann Heinrich Lambert (26.08.1728–25.09.1777). Zeichnung: *Dirk Horstmann*

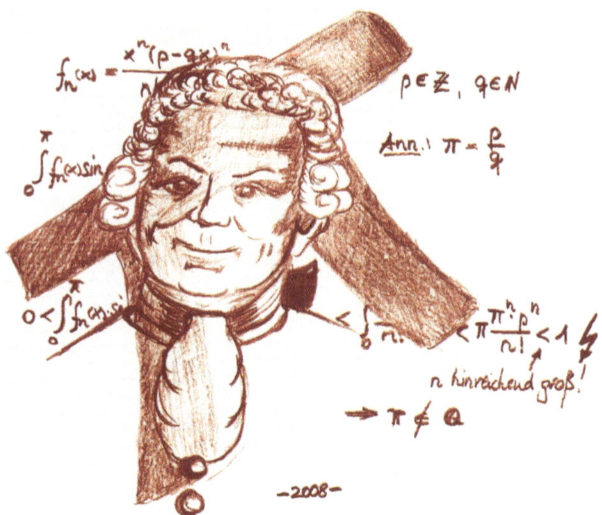

http://www.pibel.de [3] kann man z. B. eine 1000 Seiten umfassende PDF-Datei finden, in der die ersten 10.000.000 Stellen der Zahl π aufgelistet sind. Mit Sicherheit findet man im Internet auch noch weitere vergleichbare Seiten mit unter Umständen noch umfassenderen Angaben für π.

Wer nun glaubt, dass dies etwas ist, für das sich Mathematiker faszinieren bzw. interessieren können, der irrt gewaltig. Tatsächlich ist es für Mathematiker gar nicht von Interesse, möglichst viele Stellen der Zahl π genau zu kennen. Es ist für Mathematiker sogar absolut uninteressant. Den Mathematikern reicht es zu wissen, dass man π eben gar nicht als endliche Zahl oder als Bruch darstellen kann.

Diese von den Mathematikern gehegte Vermutung wurde im Jahre 1767 Gewissheit, als Johann Heinrich Lambert (siehe auch Abb. 8.3) die Irrationalität von π beweisen konnte. Die Vermutung, dass π irrational ist, war bereits lange zuvor vermutet worden. Dass es neben den rationalen Zahlen eben auch noch weitere sogenannte irrationale Zahlen gibt, war seit dem Satz des Pythagoras ja bereits den Griechen mit der Irrationalität von $\sqrt{2}$ bekannt gewesen (den Beweis dafür haben wir in Abschn. 2.1.1 ja ebenfalls schon geführt). Die Kenntnis über die Existenz von irrationalen Zahlen war für die Griechen jedoch bei Weitem noch kein Grund, deshalb bei der Flächenberechnung eines Kreises die rationale Darstellbarkeit direkt auszuschließen.

Wie Ferdinand von Lindemann 1882 gezeigt hat, gibt es kein Polynom mit rationalen Koeffizienten, dessen Nullstelle durch π gegeben ist. Zahlen mit einer derartigen Eigenschaft nennen die Mathematiker transzendente Zahl. Somit gehört π zu diesen transzendenten Zahlen. Eine direkte Konsequenz aus dieser Tatsache ist auch, dass sich π eben nicht mit ganzen Zahlen oder Brüchen und Wurzeln ausdrücken lässt. Des Weiteren ergibt sich hieraus, dass die Quadratur des Kreises nicht möglich ist.

Abb. 8.4 **a** Mäanderbildung bei einem ins Meer abfließenden Bachs bei eintretender Ebbe. Foto: *Dirk Horstmann*. **b** Albert Einstein. Zeichnung: *Dirk Horstmann*

Neben dem Auffinden von möglichst effizienten Berechnungsalgorithmen, die mit der Berechnung von Nachkommastellen der Zahl π lediglich getestet werden und der dabei parallel stattfindenden Überprüfung der Leistungsfähigkeit von Supercomputern, ist eine andere Sache, die den Naturwissenschaftler und den Mathematiker interessieren dürfte, das Auftreten der Zahl π auch noch im Zusammenhang mit der Gesamtlänge von Flüssen und der direkten Entfernung von Quelle und Mündung. Der Geologe Hans Henrik Størlum untersuchte dieses Verhältnis und stellte fest, dass es im Mittelwert, wenn man mehrere Flüsse beobachtet, ungefähr der Kreiszahl π entspricht. D. h.: Flusslänge $\approx \pi \cdot$ Entfernung. Natürlich gilt dieses Verhältnis nur approximativ, doch wird es am genauesten bei Flüssen erreicht, die Landschaften mit einem leichten Gefälle durchfließen. Auch Albert Einstein hatte sich zu Flussbiegungen und -verläufen seine Gedanken gemacht (siehe Abb. 8.4). Bezogen auf die Määnderung von Flüssen bemerkte er, dass Flüsse immer stärkere Windungen ausbilden, weil auch schon kleinste Biegungen zu schnellere Strömungen am Uferrand führen, die wiederum größere Erosion als Konsequenz haben. Derartiges lässt sich zuweilen auch am Strand beim Eintreten der Ebbe beobachten. Der stärker werdenden Erosion auf der einen Seite und der daraus resultierenden Flusskrümmung und der Beschleunigung der Fließ geschwindigkeit am Uferrand des Flusses, die wiederum zur stärkeren Erosion führt, auf der anderen Seite wird durch fast kreisförmige Flusswindungen entgegengewirkt. Der Fluss dreht sozusagen um und versucht, „zur Ruhe zu kommen". Ist dies (zum Teil) erfolgt, so fließt er wieder geradeaus. Unter Umständen wird so eine Flusswindung mit der Zeit auch wieder zu einem toten Nebenarm des Flusses. Man kann somit oftmals den Versuch des Flusses beobachten, diese beiden sich beeinflussenden Prozesse in einen Gleichgewichtszustand zu bringen. Hierdurch verursacht, stellt sich somit zwischen der tatsächlichen Flusslänge und der direkten Entfernung zwischen Quelle und Mündung das durchschnittliche Verhältnis π ein. Diese Erkenntnisse scheinen nun die Aussage Kroneckers über die natürlichen Zahlen und das Menschenwerk (vgl. das entsprechende Zitat in Abschn. 2.1) ins Wanken zu bringen. (Vgl. auch [5, Seiten 37–44] und [7, Seite 92].)

Auch in der aktuellen Presse tauchen immer wieder Nachrichten sowie Meldungen über neuerliche Entdeckungen und Erkenntnissen auf, die in Zusammenhang mit der Zahl π gebracht werden. So war zum Beispiel am 19.01.2015 in [6] ein Artikel zu lesen, der darüber berichtete, dass es nun eine Software gibt, die die ISB-Nummern von gedruckten Büchern aufspürt. Allerdings gibt es bislang keinen Beweis dazu, dass man tatsächlich alle ISB-Nummern in π finden kann. Dennoch hat diese Nachricht einen gewissen spielerischen Reiz, und man kann auch selbst aktiv in π nach einer beliebigen von sich zusammengestellten Zahlenkombination suchen lassen. In dem Artikel wird z. B. auf die Webseite „The Pi-Search Page" (http://www.angio.net/pi/piquery.html) [4] hingewiesen, auf der man die ersten 200 Millionen Stellen der Zahl π nach beliebigen Zahlenkombinationen durchsuchen lassen kann.

8.1   Rechenregeln für die Sinus- und die Cosinusfunktion

Aus der Definition der Sinusfunktion und der Cosinusfunktion folgen durch Nachrechnen die nachfolgenden Rechenregeln, die wir ohne Beweis hier angeben wollen.

1. Für alle $x \in \mathbb{R}$ gilt $\cos(x) = \cos(-x)$ und $\sin(-x) = -\sin(x)$.
2. Für alle $x \in \mathbb{R}$ ist $\cos^2(x) + \sin^2(x) = 1$.
3. Für alle $x \in \mathbb{R}$ und alle $y \in \mathbb{R}$ gilt:

$$\cos(x + y) = \cos(x)\cos(y) - \sin(x)\sin(y) \tag{8.3}$$

und

$$\sin(x + y) = \sin(x)\cos(y) + \cos(x)\sin(y).$$

4. Für alle $x \in \mathbb{R}$ und alle $y \in \mathbb{R}$ gilt außerdem:

$$\cos(x) - \cos(y) = -2\sin\left(\frac{x+y}{2}\right)\sin\left(\frac{x-y}{2}\right)$$

und

$$\sin(x) - \sin(y) = 2\cos\left(\frac{x+y}{2}\right)\sin\left(\frac{x-y}{2}\right).$$

5. Weiter gilt für alle $x \in \mathbb{R}$:

$$\cos(x + 2\pi) = \cos(x) \quad \text{und} \quad \sin(x + 2\pi) = \sin(x).$$

Man sagt auch, dass die beiden Funktionen 2π-periodisch sind, da sich die Funktionswerte in einem Abstand eines Intervalls der Länge 2π wiederholen.

6. Für alle $x \in \mathbb{R}$ gilt außerdem:

$$\cos(x) = \sin\left(\frac{\pi}{2} - x\right) \quad \text{und} \quad \sin(x) = \cos\left(\frac{\pi}{2} - x\right).$$

8.1.1 Anwendung von Cosinus und Sinus

Vielen sind die Cosinus- und die Sinusfunktion in einem anderen Zusammenhang bereits aus der Schule bekannt.

So ist in einem rechtwinkligen Dreieck (vgl. Abb. 8.5) der Sinus eines Winkels $\alpha \neq 90$ definiert als

$$\sin(\alpha) = \frac{\text{Länge der Gegenkathete}}{\text{Länge der Hypotenuse}}$$

und der Cosinus des Winkels α ist gegeben als

$$\cos(\alpha) = \frac{\text{Länge der Ankathete}}{\text{Länge der Hypotenuse}}$$

Mit diesen Formeln lassen sich also fehlende Winkel und Seitenlängen in Dreiecken berechnen.

8.1.2 Winkelmaße

In diesem Zusammenhang ist auch auf die unterschiedlichen Winkelmaße einzugehen. Alle Winkelmaße beruhen auf Kreisteilungen. Man unterscheidet zwischen dem *Bogenmaß* und dem *Gradmaß*.

Abb. 8.5 Ein rechtwinkliges Dreieck

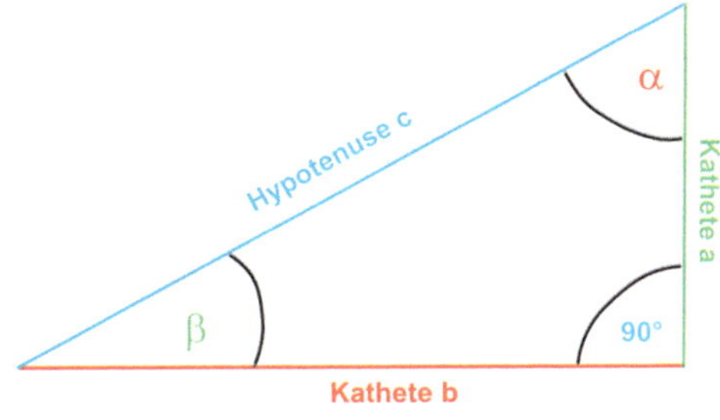

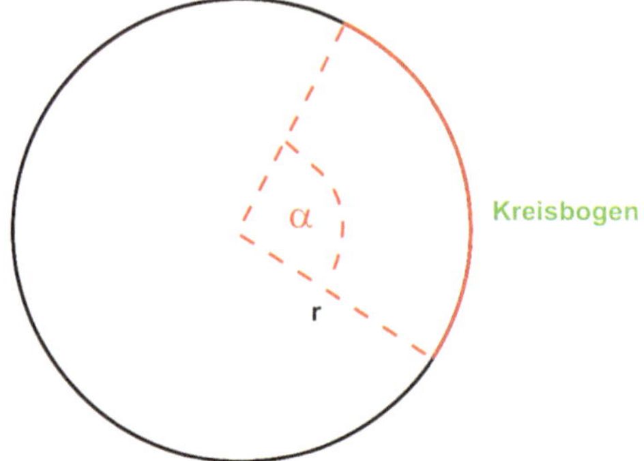

Abb. 8.6 Ein Kreisbogen mit dem dazugehörigen Zentriwinkel α

8.1.2.1 Das Gradmaß

Beim Gradmaß wird ein beliebiger Kreis durch Radien in 360 gleiche Teile geteilt. Hierbei entsteht ein Richtungsunterschied zwischen zwei Radien, die vom Kreismittelpunkt zu benachbarten Teilpunkten auf dem Kreis führen. Dieser Richtungsunterschied ergibt die Maßeinheit 1 *Grad* (1°) für die Winkelmessung.

8.1.2.2 Das Bogenmaß

Beim Bogenmaß basiert die Unterteilung des Kreises auf einer anderen Idee.

In einem Kreis ist die Länge eines Kreisbogens b proportional zu der Größe des Zentriwinkels (Mittelpunktswinkels) α (siehe die Abb. 8.6) und dem Radius, da sich die Kreisumfanglänge zu der Bogenlänge genauso verhält, wie 360° zu der Zentriwinkelgröße, d. h.:

$$\frac{2\pi r}{b} = \frac{360°}{\alpha}.$$

Somit ist also das Verhältnis der Längen von Bogen und Radius nur von der Größe des zugehörigen Zentriwinkels abhängig. Das bedeutet, dass man dieses Längenverhältnis zum Messen der Größe des zugehörigen Zentriwinkels benutzen kann. Man bezeichnet das Verhältnis der Bogenlänge zum Radius b/r als Bogenmaß des Winkels und ordnet diesem die Maß Einheit *Radiant* (rad) zu. Demnach ist die Bogenlänge das Produkt aus dem Radius und dem Zentriwinkel in rad.

8.2 Tangens und Cotangens

Zum Abschluss dieses Kapitels wollen wir nun noch zwei weitere Funktionen einführen, die mithilfe des Sinus und des Cosinus erklärt sind. Auch diese Funktionen sind bei der Ermittlung fehlender Angaben in einem Dreieck hilfreich.

Definition 8.2
Die Funktion, die man für alle $x \in (-\pi/2, \pi/2)$ erhält, indem man den Sinus von x durch den Cosinus von x teilt, nennt man den „Tangens von x", d. h.

$$\tan(x) = \frac{\sin(x)}{\cos(x)}. \tag{8.4}$$

Den Kehrwert dieses Bruchs definiert für alle $x \in (0, \pi)$ den „Cotangens von x", d. h.

$$\cot(x) = \frac{1}{\tan(x)}. \tag{8.5}$$

Im Hinblick auf die Definition des Sinus und des Cosinus eines Winkels α in einem rechtwinkligen Dreieck sehen wir also, dass

$$\tan(\alpha) = \frac{\text{Länge der Gegenkathete}}{\text{Länge der Ankathete}}$$

und

$$\cot(\alpha) = \frac{\text{Länge der Ankathete}}{\text{Länge der Gegenkathete}}$$

gilt.

8.2.1 Die Umkehrfunktionen des Sinus, Cosinus, Tangens und Cotangens

Wie wir gesehen haben, sind sowohl die Cosinus- als auch die Sinusfunktion auf geeigneten Teilintervallen monotone Funktionen. Somit gibt es zu ihnen, dem Satz über die Existenz einer Umkehrfunktion (Theorem 6.1 in Abschn. 6.3) nach, auf solchen Teilintervallen jeweils auch eine Umkehrfunktion. Auch der Verlauf des Tangens und des Cotangens (siehe Abb. 8.7) implizieren die Existenz von Umkehrfunktionen für diese beiden Funktionen. Diese Erkenntnis können wir somit in den nachfolgenden Defintionen zusammenfassen.

Definition 8.3
1. Die Umkehrfunktion der Cosinusfunktion ist die Arcuscosinusfunktion arccos

$$\arccos: [0, \pi] \to [1, -1].$$

   Somit gilt:

$$\arccos(y) = x \quad \text{genau dann, wenn} \quad y = \cos(x).$$

Abb. 8.7 **a** Die Funktion $\tan(x)$ auf dem Intervall $(-\pi/2, \pi/2)$. **b** Die Funktion $\cot(x)$ auf dem Intervall $(0, \pi)$

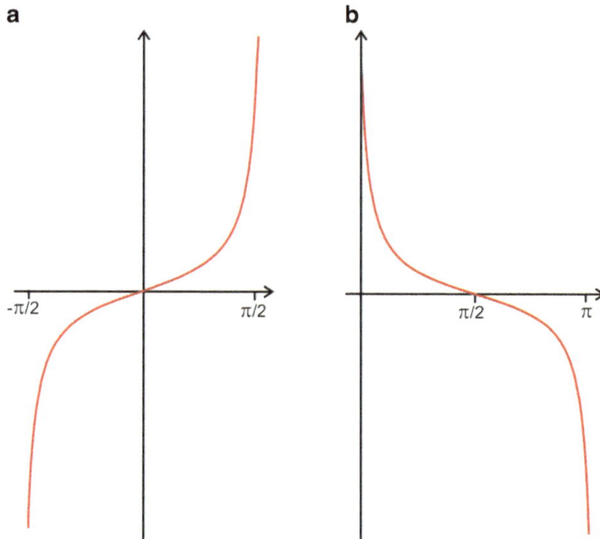

2. Die Umkehrfunktion der Sinusfunktion ist die Arcussinusfunktion arcsin

$$\arcsin\colon \left[-\frac{\pi}{2}, \frac{\pi}{2}\right] \to [-1,1].$$

Somit gilt:

$$\arcsin\left(\sin(x)\right) = x \quad \text{und} \quad \sin\left(\arcsin(y)\right) = y.$$

3. Die Umkehrfunktion der Tangensfunktion ist die Arcustangensfunktion arctan

$$\arctan\colon \mathbb{R} \to \left(-\frac{\pi}{2}, \frac{\pi}{2}\right).$$

Somit gilt:

$$\arctan\left(\tan(x)\right) = x \quad \text{und} \quad \tan\left(\arctan(y)\right) = y.$$

4. Aufgrund der Definition des Cotangens sehen wir, dass für die Umkehrfunktion arccot (die Arcuskotangensfunktion)

$$\operatorname{arccot}\colon \mathbb{R} \to (0, \pi)$$

die nachfolgende Gleichung erfüllt ist:

$$\operatorname{arccot}(x) = \arctan\left(\frac{1}{x}\right).$$

8.3   Die Darstellung der komplexen Zahlen mit der Exponential-, der Sinus- und der Cosinusfunktion

Wenn man sich die Gauß'sche Zahlenebene (siehe Abb. 5.4 in Abschn. 5.6) noch einmal anschaut, so sieht man, dass sich der Real- und der Imaginärteil einer komplexen Zahl auch mithilfe der Sinus- und der Cosinusfunktion darstellen lassen. So gibt es für eine beliebige komplexe Zahl $z \in \mathbb{C}$ einen eindeutig bestimmten Winkel φ, so dass

$$\mathrm{Re}(z) = R \cdot \cos(\varphi) \quad \text{und} \quad \mathrm{Im}(z) = R \cdot \sin(\varphi)$$

ist, wobei $R \in (0, \infty)$ die Länge des mit z in der Gauß'schen Zahlenebene identifizierten Ortsvektor ist (vgl. Abb. 8.8). Da sich jedes derartige $R \in \mathbb{R}$ als Funktionswert der Exponentialfunktion an einer durch R eindeutig bestimmten Stelle $r \in \mathbb{R}$ darstellen lässt, gelangen wir für jede komplexe Zahl z zu der Darstellung:

$$\begin{aligned} z &= R \cdot (\cos(\varphi) + \mathrm{i} \cdot \sin(\varphi)) \\ &= \exp(r) \cdot (\cos(\varphi) + \mathrm{i} \cdot \sin(\varphi)) \,. \end{aligned}$$

Verwendet man die Reihendarstellungen des Cosinus und des Sinus, so sieht man an diesen Überlegungen auch, dass

$$\cos(\varphi) + \mathrm{i} \cdot \sin(\varphi) = \exp(\mathrm{i}\varphi)$$

ist. Somit lässt sich jede komplexe Zahl $z \in \mathbb{C}$ auch in der Gestalt

$$\begin{aligned} z &= \exp(r) \cdot \exp(\mathrm{i}\varphi) \\ &= \exp(r + \mathrm{i}\varphi) \\ &= \mathrm{e}^{r+\mathrm{i}\varphi} \end{aligned} \tag{8.6}$$

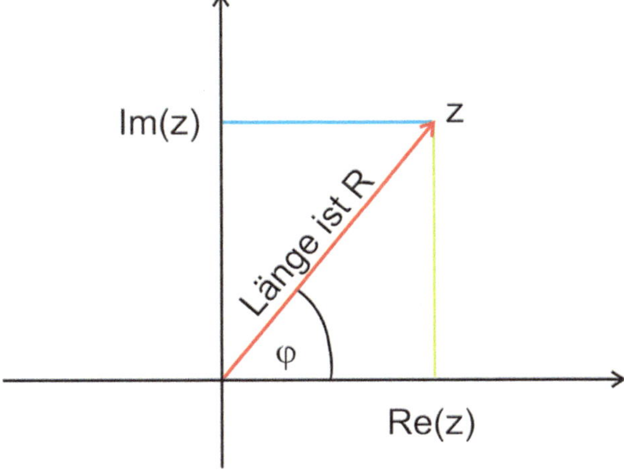

Abb. 8.8 Darstellung des Real- und des Imaginärteils einer komplexen Zahl mithilfe von der Sinus- und der Cosinusfunktion

schreiben. Andererseits lassen sich auch der Cosinus, der Sinus, der Tangens und der Cotangens mithilfe der Exponentialfunktion ausdrücken. Hierbei gelten die folgenden Beziehungen:

$$\sin(x) = \frac{e^{ix} - e^{-ix}}{2i}, \qquad \cos(x) = \frac{e^{ix} + e^{-ix}}{2}$$

$$\tan(x) = -i \cdot \frac{e^{ix} - e^{-ix}}{e^{ix} + e^{-ix}}, \qquad \cot(x) = i \cdot \frac{e^{ix} + e^{-ix}}{e^{ix} - e^{-ix}}.$$

Literatur

1. Die Bibel Einheitsübersetzung: Altes und Neues Testament. Herder, Freiburg, Basel, Wien (1980)

2. Eisenlohr, A.: Ein mathematisches Handbuch der alten Ägypter. Buchhandlung J. C. Hinrichs. Leipzig (1877)

3. Pibel.de: http://www.pibel.de (2009). Zugegriffen: 26.05.2015

4. The Pi-Search Page: http://www.angio.net/pi/piquery.html (2015). Zugegriffen: 26.05.2015

5. Singh, S.: Fermats letzter Satz. Deutscher Taschenbuch Verlag GmbH & Co. KG, München (2000)

6. Spiegel-online: http://www.spiegel.de/wissenschaft/mensch/mathematik-software_findet_buchnummern-in-Kreiszahl-pi-a-1013772.html (2015). Zugegriffen: 19.01.2015

7. Tallack, P. (Hrsg.): Meilensteine der Wissenschaft. Spektrum Akademischer Verlag Heidelberg, Berlin (2002)

8. Yee, A. J. und Kondo, S.: 12.1 Trillion Digits of Pi. http://www.numberworld.org/misc_runs/pi-12t (2013). Zugegriffen: 16.06.2015

9. Zuckermann, B.: Das Mathematische IM Talmud: Beleuchtung und Erläuterung der Talmudstellen. Jahresbericht des Jüdisch-Theologischen Seminars Fraenckel'scher Stiftung. Jungfer, Breslau (1878)

Differentialrechnung

Um Funktionen genauer zu untersuchen bzw. sie zu analysieren, ist es notwendig, etwas über ihren Verlauf, das qualitative Verhalten der Funktion, sagen zu können. Wo wächst die Funktion an, fallen die Funktionswerte in einem Bereich, wo nimmt die Funktion den maximalen Funktionswert an, wo den minimalen, und wie sieht die Funktion für unendlich große positive und negative Werte aus?

9.1 Die Ableitung einer Funktion

In diesem Kapitel sei D, falls nicht anders gesagt, ein Intervall. Betrachten wir hierfür in Abb. 9.1 zunächst den Graphen einer beliebigen Funktion. Den Graphen kann man näherungsweise durch Geradenstücke approximieren.

Diese Geradenabschnitte haben nun bestimmte Steigungen, die dem Steigungsverhalten der Funktion f ähneln. Die Steigung $DQ_f(x_0, h)$ eines solchen Geradenabschnittes im Intervall $(x_0, x_0 + h)$ ist durch

$$DQ_f(x_0, h) = \frac{f(x_0 + h) - f(x_0)}{h}$$

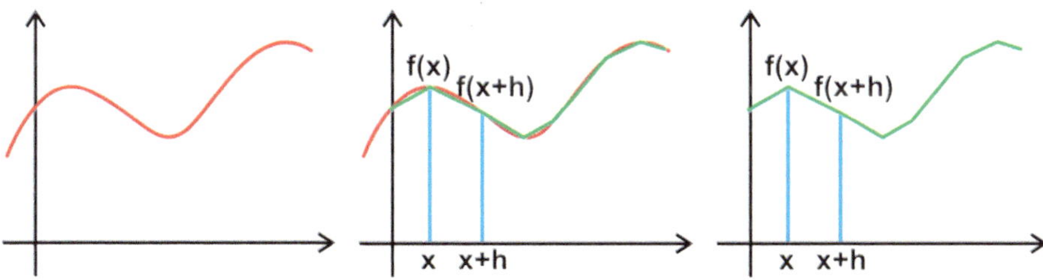

Abb. 9.1 Der Graph einer Funktion und seine Approximation durch „Geradenstücke"

© Springer-Verlag GmbH Deutschland, ein Teil von Springer Nature 2020
D. Horstmann, *Mathematik für Biologen*, DOI 10.1007/978-3-662-62669-6_9

gegeben. Je kleiner h wird, umso mehr approximiert die Steigung eines solchen Geradenabschnittes die Steigung einer Tangente an den Graphen der Funktion f in dem Punkt $(x_0, f(x_0))$. Die Steigung dieser Tangente bezeichnet man als die Steigung der Funktion in x_0 und bezeichnet sie mit $\frac{df}{dx}(x_0)$ oder $f'(x_0)$. Falls also der Grenzwert

$$\lim_{h \to 0} \frac{f(x_0 + h) - f(x_0)}{h}$$

existiert, so gilt demnach

$$f'(x_0) = \lim_{h \to 0} \frac{f(x_0 + h) - f(x_0)}{h}.$$

Notwendig für die Existenz des Grenzwertes ist hierbei, dass die Funktion f stetig ist.

Beispiel 9.1 Betrachten wir die durch die Funktionsgleichung $f(x) = 2x$ gegebene Funktion f und berechnen wir die Steigung dieser Funktion an der Stelle $x_0 = 2$. Es gilt:

$$DQ_{2x}(2, h) = \frac{2(2 + h) - 4}{h} = \frac{2h}{h} = 2.$$

Somit sehen wir, dass

$$f'(2) = \lim_{h \to 0} \frac{2(2 + h) - 4}{h} = \lim_{h \to 0} 2 = 2$$

ist. Für ein beliebiges $x_0 \in \mathbb{R}$ sehen wir, dass

$$f'(x_0) = \lim_{h \to 0} \frac{2(x_0 + h) - 2x_0}{h} = \lim_{h \to 0} 2 = 2$$

gilt.

Beispiel 9.2 In diesem Beispiel betrachten wir die durch die Funktionsgleichung $f(x) = x^2$ gegebene Funktion f und berechnen die Steigung dieser Funktion an der Stelle $x_0 = 2$. Es gilt:

$$DQ_{x^2}(2, h) = \frac{(2 + h)^2 - (2)^2}{h} = \frac{(4 + 4h + (h)^2) - 4}{h} = 4 + h.$$

Somit sehen wir, dass

$$f'(2) = \lim_{h \to 0} \frac{(2 + h)^2 - (2)^2}{h} = \lim_{h \to 0} 4 + h = 4$$

ist. Für ein beliebiges $x_0 \in \mathbb{R}$ sehen wir, dass

$$f'(x_0) = \lim_{h \to 0} \frac{(x_0 + h)^2 - (x_0)^2}{h} = \lim_{h \to 0} 2x_0 - h = 2x_0$$

gilt.

Beispiel 9.3 Betrachten wir nun die Funktion $\cos(x)$ und berechnen die Steigung der Funktion an einer beliebigen Stelle $x_0 \in \mathbb{R}$. In diesem Fall berechnen wir:

$$
\begin{aligned}
DQ_{\cos(x)}(x_0, h) &= \frac{\cos(x_0 + h) - \cos(x_0)}{h} \\
&= \frac{\cos(x_0)\cos(h) - \sin(x_0)\sin(h) - \cos(x_0)}{h}.
\end{aligned}
$$

Hierbei haben wir von bereits eingeführten Rechenregeln für den Cosinus Gebrauch gemacht. Wir erinnern uns nun an die folgenden Eigenschaften der Cosinus- und der Sinusfunktion:

$$
\lim_{h \to 0} \cos(h) = 1 \text{ und } \sin(x_0)\sin(h) = \sin(x_0) \sum_{k-0}^{\infty} (-1)^k \frac{(h)^{2k+1}}{(2k+1)!}.
$$

Damit sehen wir, dass

$$
\lim_{h \to 0} \cos(x_0)\cos(h) = \cos(x_0),
$$

$$
\frac{\sin(x_0)\sin(h)}{h} = \sin(x_0) \sum_{k=0}^{\infty} (-1)^k \frac{(h)^{2k}}{(2k+1)!}
$$

$$
= \sin(x_0) + \sin(x_0) \sum_{k=1}^{\infty} (-1)^k \frac{(h)^{2k}}{(2k+1)!}
$$

gilt und somit

$$
\lim_{h \to 0} \frac{\sin(x_0)\sin(h)}{h} = \sin(x_0)
$$

ist. Insgesamt erhalten wir damit, dass

$$
\lim_{h \to 0} \frac{\cos(x_0)\cos(h) - \sin(x_0)\sin(h) - \cos(x_0)}{h} = -\sin(x_0)
$$

ist.

Beispiel 9.4 Als letztes Beispiel betrachten wir die Betragsfunktion $f(x) = |x|$ an der Stelle $x_0 = 0$. Wir sehen in diesem Fall, dass

$$
DQ_{|x|}(x_0, h_0) = \frac{|h|}{h}
$$

ist. Das bedeutet aber, dass $DQ_{|x|}(x_0, h) = -1$ für h links und $DQ_{|x|}(x_0, h) = 1$ rechts von $x_0 = 0$ gilt. Somit existiert $\lim_{h \to 0} DQ_{|x|}(x_0, h)$ nicht, und wir können die Steigung in $x_0 = 0$ nicht berechnen.

Statt der Steigung einer Funktion spricht man auch von ihrer Ableitung.

Definition 9.1

Es sei $f\colon D \subset \mathbb{R} \to \mathbb{R}$ eine Funktion. Die Funktion f heißt an der Stelle $x_0 \in D$ differenzierbar, wenn

$$\lim_{h \to 0} \frac{f(x_0 + h) - f(x_0)}{h} = f'(x_0)$$

existiert. Ist die Funktion f an jeder Stelle $x_0 \in D$ differenzierbar, so nennt man f kurz differenzierbar. Die Funktion $f'\colon D \subset \mathbb{R} \to \mathbb{R}$ (bzw. $\frac{\mathrm{d}f}{\mathrm{d}x}$) heißt dann die Ableitung der Funktion f oder kurz die Ableitung. Ist f' stetig, so nennt man die Funktion f stetig differenzierbar.

Wie wir von der Motivation her gesehen haben, beschreibt die Ableitung einer Funktion ihr Steigungsverhalten. Damit ist das nachfolgende Theorem offensichtlich.

Theorem 9.1

Ist $f\colon D \to \mathbb{R}$ eine differenzierbare Funktion und gilt $f'(x) \geq 0$ in ganz D ($f'(x) > x$ in ganz D), so ist f (streng) monoton wachsend. Gilt hingegen $f'(x) \leq 0$ in ganz D ($f'(x) < x$ in ganz D), so ist f (streng) monoton fallend.

Analog zu der ersten Ableitung einer Funktion kann man auch weitere Ableitungen der Funktion f erklären, indem man z. B. als zweite Ableitung der Funktion f die erste Ableitung der Funktion f' definiert. Für n-te Ableitung der Funktion f wird die Notation

$$f^{(n)} \text{ oder } \frac{d^n f}{\mathrm{d}x^n}$$

verwendet.

9.2 Differentiationsregeln

Nun ist es nicht nötig, zur Berechnung der Ableitung einer Funktion immer die oben angegebenen Grenzwertbetrachtungen durchzuführen, sondern man kann auf einige Rechenregeln zurückgreifen. Hierbei gelten die nachfolgenden Regeln:

$$\frac{\mathrm{d}}{\mathrm{d}x}(x^n) = n \cdot x^{n-1} \quad \text{für alle } n \in \mathbb{R},$$

$$\frac{\mathrm{d}}{\mathrm{d}x}(\exp(x)) = \exp(x),$$

$$\frac{\mathrm{d}}{\mathrm{d}x}(\ln(x)) = \frac{1}{x}.$$

Insbesondere folgt aus der ersten Ableitungsregel, dass die Ableitung einer Konstanten stets gleich null ist. Sind $f\colon D \to \mathbb{R}$ und $g\colon D \to \mathbb{R}$ zwei beliebige differenzierbare Funktionen, so gilt:

$$\frac{\mathrm{d}}{\mathrm{d}x}(f(x) + g(x)) = \frac{\mathrm{d}f}{\mathrm{d}x}(x) + \frac{\mathrm{d}g}{\mathrm{d}x}(x), \tag{9.1}$$

$$\frac{\mathrm{d}}{\mathrm{d}x}(f(x) \cdot g(x)) = g(x)\frac{\mathrm{d}f}{\mathrm{d}x}(x) + f(x)\frac{\mathrm{d}g}{\mathrm{d}x}(x), \tag{9.2}$$

$$\frac{\mathrm{d}}{\mathrm{d}x}\left(\frac{f(x)}{g(x)}\right) = \frac{g(x)\frac{\mathrm{d}f}{\mathrm{d}x}(x) - f(x)\frac{\mathrm{d}g}{\mathrm{d}x}(x)}{(g(x))^2}. \tag{9.3}$$

Die zweite Ableitungsregel bezeichnet man als *Produkt-* und die dritte Ableitungsregel als *Quotientenregel.*

Beispiel 9.5 Es seien $f(x) = \sin(x)$ und $g(x) := x^{3/4}$. Dann ist:

$$\frac{\mathrm{d}}{\mathrm{d}x}\left(\sin(x) + x^{3/4}\right) = \cos(x) + \frac{3}{4} \cdot x^{-1/4},$$

$$\frac{\mathrm{d}}{\mathrm{d}x}\left(\sin(x) \cdot x^{3/4}\right) = \cos(x) \cdot x^{3/4} + \frac{3}{4} \cdot x^{-1/4} \cdot \sin(x),$$

$$\frac{\mathrm{d}}{\mathrm{d}x}\left(\frac{\sin(x)}{x^{3/4}}\right) = \frac{\cos(x) \cdot x^{3/4} - \frac{3}{4} \cdot x^{-1/4} \cdot \sin(x)}{x^{6/4}}$$

$$= \frac{\cos(x) \cdot x - \frac{3}{4}\sin(x)}{x^{7/4}}.$$

Sind hingegen $f\colon D \to W$ und $g\colon W \to \mathbb{R}$ zwei differenzierbare Funktionen, so gilt für die Hintereinanderausführung $g(f(x))$ dieser beiden Funktionen:

$$\frac{\mathrm{d}}{\mathrm{d}x}(g(f(x))) = \frac{\mathrm{d}f}{\mathrm{d}x}(x) \cdot \frac{\mathrm{d}g}{\mathrm{d}x}(f(x)). \tag{9.4}$$

Diese Rechenregel nennt man auch die *Kettenregel.*

Beispiel 9.6 Es seien erneut $f(x) = \sin(x)$ und $g(x) := x^{3/4}$. Dann ist $g(f(x)) = (\sin(x))^{3/4}$. Berechnet man nun nach der Kettenregel die Ableitung dieser Hintereinanderausführung, so erhält man:

$$\frac{\mathrm{d}}{\mathrm{d}x}(g(f(x))) = \frac{\mathrm{d}}{\mathrm{d}x}\left((\sin(x))^{3/4}\right)$$

$$= \cos(x) \cdot \left(\frac{3}{4}(\sin(x))^{-1/4}\right).$$

Wenn man zu einer Funktion $f\colon D \to W$ auch die Umkehrfunktion $f^{-1}\colon W \to D$ kennt, d. h. $f\left(f^{-1}(x)\right) = x$, so lässt sich die Ableitung der Umkehrfunktion mithilfe der nachfolgenden Regel bestimmen. (Man beachte hierbei, dass $f^{-1}(x) \neq (f(x))^{-1}$ gilt.)

Offensichtlich gilt

$$\frac{\mathrm{d}}{\mathrm{d}x}(x) = 1 = \frac{\mathrm{d}}{\mathrm{d}x}\left(f\left(f^{-1}(x)\right)\right).$$

Wendet man hingegen auf $\frac{\mathrm{d}}{\mathrm{d}x}\left(f\left(f^{-1}(x)\right)\right)$ die Kettenregel an, so sieht man, dass

$$\frac{\mathrm{d}}{\mathrm{d}x}\left(f\left(f^{-1}(x)\right)\right) = \frac{\mathrm{d}f^{-1}}{\mathrm{d}x}(x) \cdot \frac{\mathrm{d}f}{\mathrm{d}x}\left(f^{-1}(x)\right)$$

gilt. Wenn nun $\frac{\mathrm{d}f}{\mathrm{d}x}\left(f^{-1}(x)\right) \neq 0$ ist, so erhalten wir auf diese Weise, dass

$$\frac{\mathrm{d}f^{-1}}{\mathrm{d}x}(x) = \frac{1}{\frac{\mathrm{d}f}{\mathrm{d}x}\left(f^{-1}(x)\right)}$$

ist. D. h., die Ableitung der Umkehrfunktion lässt sich mithilfe des Kehrwertes der eigentlichen Funktion bestimmen.

Beispiel 9.7 Wie wir aus einem vorangegangenen Abschnitt wissen, ist die Exponentialfunktion die Umkehrfunktion der Logarithmusfunktion und umgekehrt. Wenn wir die Ableitung der Logarithmusfunktion mithilfe der angegebenen allgemeinen Formel zur Berechnung der Ableitung von Umkehrfunktionen bestimmen wollen, ergibt sich:

$$\begin{aligned}
\frac{\mathrm{d}}{\mathrm{d}x}(\ln(x)) &= \frac{\mathrm{d}f^{-1}}{\mathrm{d}x}(x) \\
&= \frac{1}{\frac{\mathrm{d}f}{\mathrm{d}x}\left(f^{-1}(x)\right)} \\
&= \frac{1}{\left(\frac{\mathrm{d}}{\mathrm{d}x}\exp\right)(\ln(x))} \\
&= \frac{1}{\exp(\ln(x))} = \frac{1}{x}.
\end{aligned}$$

Mithilfe von Ableitungen lassen sich auch Aussagen über das qualitative Verhalten von Funktionen treffen. So weiß man zum Beispiel, dass eine Funktion f in ihrem Definitionsbereich D *konvex* (nach links gekrümmt) ist, falls ihre zweite Ableitung an allen Stellen des Definitionsbereichs größer oder gleich null ist. Die Funktion ist also konvex, wenn

$$\frac{\mathrm{d}^2 f}{\mathrm{d}x^2}(x) \geq 0 \quad \text{für alle } x \in D$$

erfüllt ist. Eine Funktion f ist in ihrem Definitionsbereich D *konkav* (nach rechts gekrümmt), wenn

$$\frac{\mathrm{d}^2 f}{\mathrm{d}x^2}(x) \leq 0 \quad \text{für alle } x \in D$$

gilt. Ein in der Mathematik häufig gebrauchtes und sehr wichtiges Theorem ist der sogenannte *Mittelwertsatz*. Dieses Theorem beschreibt die nachfolgende geometrische Eigenschaft von auf dem Intervall $[a, b]$ differenzierbaren Funktionen, die man sich an Abb. 9.2 auch noch einmal verdeutlichen kann. Für stetige Funktionen gilt, dass es einen Wert $\xi \in (a, b)$ gibt, für den die Steigung der Tangente an den Graphen von f an der Stelle $(\xi, f(\xi))$ gleich der Steigung der Sekante durch die Punkte $(a, f(a))$ und $(b, f(b))$ ist. Dies lässt sich auch wie folgt ausdrücken:

> **Theorem 9.2 (Mittelwertsatz)**
> *Es sei $a < b$ und $f : [a, b] \to \mathbb{R}$ eine stetige und in dem offenen Intervall (a, b) differenzierbare Funktion. Dann existiert ein $\xi \in (a, b)$, so dass*
>
> $$\frac{f(b) - f(a)}{b - a} = f'(\xi)$$
>
> *ist.*

Wofür kann man Ableitungen einer Funktion sonst noch gebrauchen? Nun, mithilfe der Ableitung kann man auch angeben, ob die Funktion in einem gegebenen Punkt einen *kritischen Punkt* besitzt oder nicht.

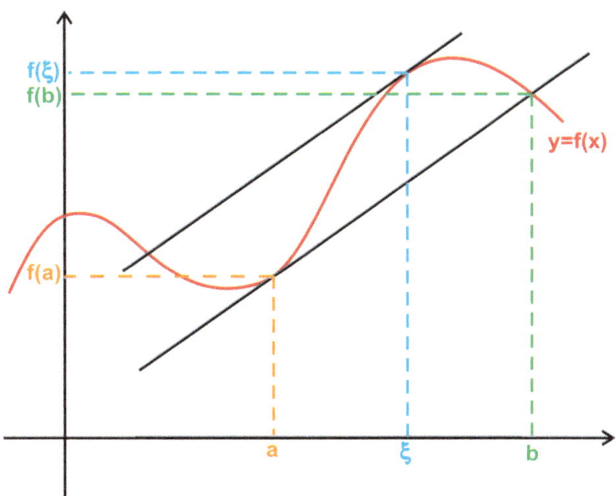

Abb. 9.2 Geometrische Interpretation des Mittelwertsatzes

Definition 9.2
Es sei $D \subset \mathbb{R}$ und $f\colon D \to \mathbb{R}$ eine differenzierbare Funktion. Dann nennt man für $\xi \in D$ den Punkt $(\xi, f(\xi))$ einen *kritischen Punkt* von f, falls $f'(\xi) = 0$ ist.

Aber wann existieren solche kritischen Punkte überhaupt? Hierfür schauen wir uns noch einmal den Mittelwertsatz an. Wenn $f(a) = f(b)$ ist, hat die Sekante durch die Punkte $(a, f(a))$ und $(b, f(b))$ die Steigung null. Der Mittelwertsatz liefert uns nun die Existenz eines Wertes ξ für den $f'(\xi) = 0$ ist, der uns also, wie in der Definition beschrieben, einen kritischen Punkt $(\xi, f(\xi))$ liefert. Wir wollen diese Schlussfolgerung kurz festhalten:

Folgerung 9.1 *Es sei $a < b$ und $f\colon [a,b] \to \mathbb{R}$ eine differenzierbare Funktion mit $f(a) = f(b)$. Dann existiert ein $\xi \in (a,b)$ mit $f'(\xi) = 0$.*

Was zeichnet diese kritischen Punkte gegenüber anderen Punkten aus? Nun, in den kritischen Punkten *kann* sich das Steigungsverhalten der Funktion verändern. Entweder die Steigung ändert sich von positiver Steigung in eine negative (man wäre in dem kritischen Punkt also in einem *lokalen Maximum* der Funktion), oder sie ändert sich von negativer Steigung in eine positive Steigung (in diesem Fall wäre der kritische Punkt ein *lokales Minimum* der Funktion), oder aber das Steigungsverhalten der Funktion ändert sich nicht. In diesem letzten Fall nimmt die Funktion entweder in einem kleinen Teilintervall I mit $\xi \in I$ immer denselben Wert an, oder sie behält ihr ursprüngliches Steigungsverhalten bei und hat nur in dem kritischen Punkt die Steigung null. In diesem Fall läge ein sogenannter Sattelpunkt vor. Aber wie kann man unterscheiden, was für ein kritischer Punkt vorliegt? Hier hilft das nachfolgende Theorem weiter:

Theorem 9.3
Es sei $D \subset \mathbb{R}$ und $f\colon D \to \mathbb{R}$ eine differenzierbare Funktion. Weiter sei f in $x_0 \in D$ zweimal differenzierbar mit $f'(x_0) = 0$ und $f''(x_0) > 0$. Dann besitzt die Funktion f an der Stelle x_0 ein strenges lokales Minimum. Ist hingegen $f'(x_0) = 0$ und $f''(x_0) < 0$, so hat die Funktion f an der Stelle x_0 ein strenges lokales Maximum.

Nun haben wir neben den *lokalen Extrema* auch *Sattelpunkte* kennengelernt. Diese erkennt man wie folgt:

Anmerkung 9.1 Falls die Funktion f in x_0 dreimal stetig differenzierbar ist und $f'(x_0) = f''(x_0) = 0$ sowie $f'''(x_0) \neq 0$ gilt, so ist der Punkt $(x_0, f(x_0))$ ein Sattelpunkt.

Es sei an dieser Stelle darauf hingewiesen, dass diese „Klassifizierungskriterien" für kritische Punkte nur *hinreichende* Kriterien sind. Sie sind jedoch nicht *notwendig*. Wenn zum Beispiel für eine viermal stetig differenzierbare Funktion f neben der ersten auch die zweite und die dritte Ableitung an der Stelle x_0 gleich null ist, die vierte Ableitung der Funktion an der Stelle x_0 jedoch echt größer null ist, so ist der Punkt $(x_0, f(x_0))$ ein strenges lokales Minimum. Man kann also mithilfe von höheren Ableitungen ebenfalls noch Aussagen über die Art des vorliegenden kritischen Punktes treffen.

Ein anderes „Anwendungsgebiet" der Differenzierbarkeit ist durch die *Regeln von de l'Hospital* gegeben. Diese Regeln verbinden das Thema Differenzierbarkeit mit der Berechnung von Grenzwerten. Die Regeln von de l'Hospital lauten wie folgt:

Theorem 9.4

Es seien die Funktionen f und g reellwertig und auf einem Intervall (a, b) (mit $-\infty \leq a < b \leq \infty$) stetig differenzierbar. Weiter sei $g'(x) \neq 0$ für alle $x \in (a, b)$, und es existiere der Grenzwert

$$\lim_{x \to b} \frac{f'(x)}{g'(x)} =: c \in \mathbb{R}.$$

Dann gilt:

1. *Falls $\lim\limits_{x \to b} f(x) = \lim\limits_{x \to b} g(x) = 0$ und $g(x) \neq 0$ für alle $x \in (a, b)$ ist, so ist*

$$\lim_{x \to b} \frac{f(x)}{g(x)} = c.$$

2. *Falls $\lim\limits_{x \to b} f(x) = \lim\limits_{x \to b} g(x) = \pm\infty$ und $g(x) \neq 0$ für alle $x \geq x_0$ mit $a < x_0 < b$ ist, so gilt ebenfalls*

$$\lim_{x \to b} \frac{f(x)}{g(x)} = c.$$

Analoge Aussagen gelten auch für die Grenzwertbetrachtung $x \to a$.

Mithilfe der Regeln von de l'Hospital lassen sich also Aussagen in den Fällen machen, in denen wir bislang nicht weiter wussten, da die Ausdrücke

$$\frac{0}{0} \quad \text{und} \quad \frac{\infty}{\infty}$$

nicht definiert sind. Wie wir hier sehen, lassen sich bei Grenzwertbetrachtungen jedoch Aussagen machen, wenn der Zähler und der Nenner ein unterschiedliches

Steigungs- bzw. Wachstumsverhalten aufweisen. Auch hier wollen wir die Aussagen anhand von Beispielen verdeutlichen.

Beispiel 9.8 Es sei $f(x) = \ln(x)$ und $g(x) = x^\alpha$ für ein $\alpha > 0$. Offenbar gilt

$$\lim_{x \to \infty} f(x) = \infty \text{ und auch } \lim_{x \to \infty} g(x) = \infty.$$

Die Frage, die sich nun stellt, ist, ob der Grenzwert

$$\lim_{x \to \infty} \frac{\ln(x)}{x^\alpha}$$

existiert oder nicht. Hierfür wollen wir nun die Regeln von de l'Hospital anwenden. Zunächst berechnen wir die Ableitungen der beiden gegebenen Funktionen. Es gilt:

$$f'(x) = \frac{1}{x} \quad \text{und} \quad g'(x) = \alpha x^{\alpha - 1}.$$

Weiter sehen wir, dass

$$\frac{f'(x)}{g'(x)} = \frac{\frac{1}{x}}{\alpha x^{\alpha - 1}} = \frac{1}{\alpha x^\alpha}$$

ist. Da nun

$$\lim_{x \to \infty} \frac{f'(x)}{g'(x)} = \lim_{x \to \infty} \frac{1}{\alpha x^\alpha} = 0$$

gilt, folgern wir, dass auch der Grenzwert

$$\lim_{x \to \infty} \frac{f(x)}{g(x)}$$

existiert und dass nach den Regeln von de l'Hospital

$$\lim_{x \to \infty} \frac{f(x)}{g(x)} = \lim_{x \to \infty} \frac{\ln(x)}{x^\alpha} = \lim_{x \to \infty} \frac{f'(x)}{g'(x)} = 0$$

ist.

Beispiel 9.9 Manchmal ist es nötig, die Regeln von de l'Hospital mehrfach anzuwenden, um den gesuchten Grenzwert ermitteln zu können. Als ein Beispiel für einen solchen Fall wollen wir überprüfen, ob der Grenzwert

$$\lim_{x \to 0} \left(\frac{1}{\sin(x)} - \frac{1}{x} \right)$$

existiert oder nicht. Um die Regeln von de l'Hospital anwenden zu können, müssen wir die betrachtete Funktion erst einmal in die geeignete Form überführen. Für $x \neq 0$ gilt:

$$\frac{1}{\sin(x)} - \frac{1}{x} = \frac{x - \sin(x)}{x \sin(x)}.$$

D. h., dass in diesem Fall $f(x) = x - \sin(x)$ und $g(x) = x \sin(x)$ sind. Da $\lim_{x \to 0} f(x) = f(0) = 0$ und $\lim_{x \to 0} g(x) = g(0) = 0$ sind, ist zu untersuchen, ob der Grenzwert

$$\lim_{x \to 0} \frac{f'(x)}{g'(x)} = \lim_{x \to \infty} \frac{1 - \cos(x)}{\sin(x) + x \cos(x)}$$

existiert. Allerdings gilt auch hier, dass $\lim_{x \to 0} f'(x) = f'(0) = 0$ und $\lim_{x \to 0} g'(x) = g'(0) = 0$ sind. Ein einmaliges Anwenden der Regeln führt uns also auf ein Problem, das unserem Ausgangsproblem entspricht. Wir wenden also ein zweites Mal die Regeln an und berechnen, dass

$$f''(x) = \sin(x) \quad \text{und} \quad g''(x) = 2\cos(x) - x \sin(x)$$

gilt. Nun sehen wir, dass

$$\lim_{x \to 0} f''(x) = \lim_{x \to 0} \sin(x) = 0$$

ist und dass

$$\lim_{x \to 0} g''(x) = \lim_{x \to 0} (2\cos(x) - x \sin(x)) = 2$$

gilt. Der Grenzwert

$$\lim_{x \to 0} \frac{f''(x)}{g''(x)}$$

existiert also, denn

$$\lim_{x \to 0} \frac{f''(x)}{g''(x)} = \lim_{x \to 0} \frac{\sin(x)}{2\cos(x) - x \sin(x)} = \frac{0}{2} = 0.$$

Somit existiert aber auch der Grenzwert

$$\lim_{x \to 0} \frac{f'(x)}{g'(x)}$$

und den Regeln von de l'Hospital folgend auch der Grenzwert

$$\lim_{x \to 0} \frac{f(x)}{g(x)}.$$

Insgesamt ergibt sich also in diesem Fall

$$\lim_{x \to 0} \frac{f(x)}{g(x)} = \lim_{x \to 0} \frac{f'(x)}{g'(x)} = \lim_{x \to 0} \frac{f''(x)}{g''(x)} = 0.$$

Viele werden sich nun fragen:

Wofür brauchen wir den „ganzen Mist" hier eigentlich?

Wenden wir uns zur Beantwortung dieser Frage einem Beispiel zu.

Abb. 9.3 Eine Graugans (*Anser anser*). Foto: *Dirk Horstmann*

Beispiel 9.10 Eine Kolonie Graugänse (siehe Abb. 9.3) bestand am 1. August 2005 aus 41 Tieren und am 1. August 2007 aus 137 Vögeln. Ein Ornitologe will nun die durchschnittliche Wachstumsrate der Grauganskolonie pro Monat ermitteln. Zwischen dem 1. August 2005 und dem 1. August 2007 liegen 24 Monate. Hieraus kann man nun eine durchschnittliche Wachstumsrate von

$$\frac{(\text{Größe der Gänsekolonie am } 01.08.07) - (\text{Größe der Gänsekolonie am } 01.08.05)}{24 \text{ Monate}}$$

$$= \frac{137 \text{ Tiere} - 41 \text{ Tiere}}{24 \text{ Monate}} = \frac{96 \text{ Tiere}}{24 \text{ Monate}}$$

$$= 4 \text{ Tiere pro Monat}$$

berechnen.

Was ist aber nun, wenn für die Tierpopulation nicht explizite Messdaten vorliegen, sondern nur bekannt ist, dass sich die Population mittels einer Funktion $G(t)$ beschreiben lässt? Um die Berechnung der durchschnittlichen Wachstumsrate, die wir eben durchgeführt haben, zu verallgemeinern, würde man also die Funktion zu zwei unterschiedlichen Zeiten t_1 und t_2 auswerten und wie oben den nachfolgenden Bruch betrachten:

$$\frac{G(t_2) - G(t_1)}{t_2 - t_1}.$$

Wenn wir ohne Beschränkung der Allgemeinheit annehmen, dass $t_2 > t_1$ ist, würde uns dieser Bruch die durchschnittliche Wachstumsrate in dem Intervall liefern. Ist nun $G(t)$ eine stetige, ja sogar differenzierbare Funktion, so könnte man natürlich auch nach der Wachstumsrate der Population in kleineren Zeitintervallen fragen, ja sogar fragen, wie stark die Population gerade zum Zeitpunkt t_1 selbst ansteigt. Mathematisch ausgedrückt bedeutet dies, dass wir an dem Grenzwert

$$\lim_{t_2 \to t_1} \frac{G(t_2) - G(t_1)}{t_2 - t_1}$$

interessiert sind. Dies ist aber genauso ein Ausdruck wie wir ihn am Anfang des Kapitels schon einmal gesehen haben. Wenn dieser Grenzwert existiert, so wissen wir aufgrund der in diesem Kapitel angestellten Überlegungen, dass er gleich der Ableitung der Funktion G im Punkt t_1 ist. Wir brauchen Ableitungen und die Differentiation also, um Aussagen über Wachstumsraten treffen zu können. (Zu diesem Beispiel vgl. auch [1], Example 9.1.1, Seite 234f.)

Mit diesen Überlegungen wollen wir das Kapitel über die Differentiation von Funktionen schließen. Das Thema „Differentiation und Ableitungen von Funktionen" wird uns aber noch in einem späteren Kapitel über Differentialgleichungen wieder begegnen.

Mehr zur Differentialrechnung kann man u. a. in [2–4] und [5] nachlesen.

Übungsaufgaben

9.1 Bestimmen Sie mithilfe der im vorangegangenen Kapitel angegebenen Ableitungsregeln die Ableitungen der nachfolgenden Funktionen:

(a) $f(x) = \sin(x)\cos(x)$ (b) $g(x) = \tan(x)$ (c) $h(x) = (\sin(x))^n$

(d) $p(x) = \ln(\cos(x))$ (e) $r(x) = e^{-x^2}$ (f) $w(x) = xe^{-x}$

(g) $v(x) = \frac{x-1}{x}$ (h) $u(x) = \frac{(x^2-1)(x+3)}{x^2+4}$

9.2 Zeichnen Sie die Funktion $f(x) = \frac{1}{5}(x^2 - 1)^3 - x^2$ in ein Koordinatensystem und skizzieren Sie (ohne Rechnung) den Verlauf der ersten, zweiten und dritten Ableitung dieser Funktion in dasselbe Koordinatensystem.

9.3 Zeichnen Sie die Funktion $f(x) = (x^2 - 1)(x + 2)$ in ein Koordinatensystem und skizzieren Sie (ohne Rechnung) in dieses Koordinatensystem den Verlauf der ersten, zweiten und der dritten Ableitung.

9.4 Bestimmen und klassifizieren Sie alle kritischen Punkte der Funktionen:

(a) $f(x) = -x^3 + 2x^2 - 7x + 4,$ (b) $g(x) = xe^{-x},$

(c) $u(x) = \dfrac{(x - 1)(x + 3)}{x^2 + 4}.$

Skizzieren Sie den Verlauf der Funktionen.

9.5 Für $t \geq 0$ sei die Funktion

$$L(t) = \frac{1}{1 + 3\exp(-2t)}$$

gegeben. Skizzieren Sie die Funktion $L'(t)$ und beantworten Sie die nachfolgenden Fragen:

1. Wie viele mögliche relative Extrema besitzt $L'(t)$? Begründen Sie Ihre Antwort!
   Hinweis: Bestimmen Sie zur Beantwortung dieser Frage die Funktion $L''(t)$ mithilfe der Quotientenregel!
2. Wie verhält sich $L'(t)$ für $t \to \infty$?

9.6 Mithilfe eines geschätzten Startwertes x_0 und der Iterationsvorschrift

$$x_{n+1} = x_n - \frac{f(x_n)}{f'(x_n)} \, (n = 0, 1, 2, \ldots)$$

lässt sich näherungsweise die Lösung x^* der Gleichung $f(x) = 0$ bestimmen, falls $f'(x^*) \neq 0$ ist. Die Stelle x^* bezeichnet man als Nullstelle der Funktion f. Dieses nach Isaac Newton benannte *Newton-Verfahren* liefert schnell gute Näherungswerte, wenn der Startwert hinreichend nahe bei x^* liegt. Als *Abbruchkriterium* nimmt man in der Regel den (relativen) Fehler

$$F_r := \left| \frac{x_{n+1} - x_n}{x_n} \right| = \left| \frac{f(x_n)}{x_n f'(x_n)} \right|$$

des n-ten Iterationsschritts. Ist dieser z. B. kleiner oder gleich einer vorgegebenen, gewünschten Genauigkeit $\varepsilon > 0$ also ($F_r \leq \varepsilon$), so würde man das Verfahren abbrechen.

Bestimmen Sie für $f(x) = x^2 - 2$ die im Intervall $(0, \infty)$ liegende Lösung der Gleichung $f(x) = 0$ mit einer Genauigkeit von sechs Nachkommastellen.

9.7 Mithilfe ihrer Ableitungen kann man für differenzierbare Funktionen auch Polynome zur Approximation der Funktion bestimmen. So kann man die differenzierbare Funktion f für die Entwicklungsstelle x_0 mit dem nachfolgenden *Taylorpolynom*

$$p_n(x) = \sum_{k=0}^{n} \frac{1}{k!} \frac{d^k f}{dx^k}(x_0)(x - x_0)^k$$

vom Grad n approximieren. Der Fehler, der durch diese Approximation entsteht, ist durch

$$f(x) - p_n(x) = R_{n+1}(x) = \frac{1}{(n+1)!} \frac{d^{n+1} f}{dx^{n+1}}(\xi)(x - x_0)^{n+1}$$

gegeben, wobei ξ eine im Allgemeinen unbekannte Stelle zwischen x_0 und x bezeichnet. Bestimmen Sie für

$$\text{(a)} \quad f(x) = \sin(x) \text{ und } x_0 = 0, \quad \text{(b)} \quad f(x) = \left(\frac{1}{1+x} \right)^3 \text{ und } x_0 = 0$$

das Taylorpolynom vom Grad 6.

9.8 Untersuchen Sie die Funktion

$$f(x) = x^{1/x}$$

für $x > 0$ auf Extrema und skizzieren Sie ihren Verlauf. Was passiert für $x \to \infty$?

9.9 Weisen Sie mithilfe des Prinzips der vollständigen Induktion nach, dass sich die n-te Ableitung der Funktion des Produkts zweier beliebig oft differenzierbarer Funktionen f und g für alle $n \in \mathbb{N}$ durch

$$\frac{d^n}{dx^n}(fg) = \sum_{k=0}^{n} \binom{n}{k} \frac{d^k f}{dx^k} \frac{d^{n-k} g}{dx^{n-k}}$$

darstellen lässt.

9.10 Es seien

$$f(x) = \begin{cases} x^2, & \text{für } x \geq 2 \\ 2x, & \text{für } x < 2 \end{cases} \quad \text{und} \quad g(x) = \begin{cases} x^2, & \text{für } x \geq 2 \\ 4(x-1), & \text{für } x < 2 \end{cases}.$$

Sind diese Funktionen an der Stelle $x_0 = 2$ stetig? Sind sie an dieser Stelle differenzierbar?

9.11 Eine Population der Größe y wachse in Abhängigkeit von der Zeit t exponentiell nach der Formel

$$y(t) = y_0 e^{rt}$$

an. Bestimmen Sie die Wachstumsrate der Population, d. h. die Änderung der Populationsgröße bezogen auf die Zeitdauer, in der die Veränderung erfolgt.

9.12 In der Enzymkinetik spielt die sogenannte Michaelis-Menten-Gleichung eine wichtige Rolle. Hierbei steht die Umwandlungsgeschwindigkeit y mit der Konzentration x des Substrats näherungsweise in dem Zusammenhang

$$y(x) = \frac{ax}{x+b},$$

wobei a und b positive Konstanten sind. Ist die Funktion $y(x)$ monoton? Ist sie konvex oder konkav? Was passiert, wenn $x \to \infty$? An welcher Stelle ist die Funktion maximal, wo minimal? Skizzieren Sie den Verlauf der Funktion.

9.13 Bestimmen Sie den Definitionsbereich und die Ableitung der nachfolgenden Funktionen

$$\text{(a)} \quad f(x) = (3x^5 - 2x^2)(1 - 2x^4) \qquad \text{(b)} \quad g(x) = \frac{(3x^2 - 2\exp(x))}{x^2 + 1}$$

$$\text{(c)} \quad h(x) = \ln\left(\sqrt{3x^2 + 5}\right) \qquad \text{(d)} \quad p(x) = \frac{1}{1 - |x|}$$

$$\text{(e)} \quad r(x) = \sin\left(\tfrac{1}{x}\right) \qquad \text{(f)} \quad w(x) = x(1 - x^2)^{1/4}$$

$$\text{(g)} \quad w(x) = e^{2 + 3\ln(1+x)} \qquad \text{(h)} \quad u(x) = \frac{1 + x}{1 - (1 - \frac{x}{1+x})}$$

$$\text{(i)} \quad v(x) = \frac{e^{3\ln(\sqrt{x^2 - 1})}}{x - 1}.$$

Literatur

1. Batschelet, E.: Introductions to Mathematics for Life Scientists. 3. Aufl., Springer, Berlin, New York (1979)

2. Blickensdörfer-Ehlers, A., Eschmann, W. G., Neunzert, H., Schelkes, K.: Analysis 1: ein Lehr- und Arbeitsbuch für Studienanfänger. Springer, Berlin, Heidelberg, New York (1980)

3. Heuser, H.: Lehrbuch der Analysis: Teil 1. 7. durchgesehene Aufl., Teubner-Verlag Stuttgart (1990)

4. Königsberger, K.: Analysis 1. Springer, Berlin, Heidelberg, New York (1990)

5. Walter, W.: Analysis I. 2. Aufl., Springer, Berlin, Heidelberg, New York (1990)

Integralrechnung **10**

In diesem Kapitel wollen wir uns der Integralrechnung zuwenden. Hierbei stellt sich natürlich direkt die Frage, was „Integralrechnung" überhaupt ist und wozu man sie braucht. Betrachten wir daher zunächst einmal ein Beispiel.

Beispiel 10.1 Es sei mit $G(t)$ die von der Zeit t abhängige Funktion bezeichnet, die die Anzahl der Gänse in einer Gänsekolonie beschreibt. Im Zusammenhang mit der Differentiation haben wir in Beispiel 9.10 die durchschnittliche Wachstumsrate der Population der Gänsekolonie

$$\frac{G(t + \Delta t) - G(t)}{\Delta t}$$

kennengelernt. Diese Wachstumsrate bezeichnen wir nun mit $g(t)$ und nehmen an, dass $g(t) > 0$ für alle $t \geq 0$ gilt. Außerdem betrachten wir ein festes Zeitintervall von der Zeit t_0 bis zur Zeit t_x und unterteilen es in n kleinere Teilintervalle. Das erste Intervall geht somit vom Zeitpunkt t_0 bis zum Zeitpunkt t_1 und das letzte Intervall vom Zeitpunkt t_{n-1} bis zum Zeitpunkt $t_n = t_x$. Mit $g_1(t_1), \ldots, g_n(t_n)$ wollen wir die durchschnittlichen Wachstumsraten auf diesen Intervallen bezeichnen, wobei die g_i durch

$$g_i(t_i) = \frac{G(t_i) - G(t_{i-1})}{t_i - t_{i-1}}$$

gegeben sind. Eine Frage, die man nun in diesem Zusammenhang stellen kann, ist die Frage, wie groß der Gesamtanstieg der Population insgesamt ist, wenn man ihn in Abhängigkeit von g ausdrücken will?

Im i-ten Zeitintervall ist der Anstieg durch

$$G(t_i) - G(t_{i-1}) = g_i(t_i) \cdot (t_i - t_{i-1})$$

gegeben. Daher ergibt sich als Gesamtanstieg:

$$G(t_n) - G(t_0) = \sum_{i=1}^{n} [G(t_i) - G(t_{i-1})] = \sum_{i=1}^{n} g_i(t_i) \cdot (t_i - t_{i-1}).$$

© Springer-Verlag GmbH Deutschland, ein Teil von Springer Nature 2020

D. Horstmann, *Mathematik für Biologen*, DOI 10.1007/978-3-662-62669-6_10

Was aber passiert, wenn man auf der rechten Seite dieser Gleichung n unendlich groß werden lässt, das Intervall also in unendlich viele gleich große Teilintervalle unterteilt? Eine Antwort hierauf gibt die *Integralrechnung*. (Zu diesem Beispiel vgl. auch [1, Example 9.4.1, Seite 253f].)

Die Integralrechnung ist wie die Differentialrechnung auch eine mathematische Disziplin der Analysis. Das Integral ordnet einer Funktion für einen gegebenen Integrationsbereich durch die sogenannte *Integration* einen Zahlenwert zu. Man kann die *Integration* auch als die zur Differentiation *inverse Rechenoperation* interpretieren. Leider ist die Integration meist schwieriger als die uns im letzten Kapitel begegnete Differentiation. Die Integration erfordert manchmal geschicktes Raten, die Verwendung von speziellen Umformungen oder das Zurückgreifen auf Integrationstafeln bzw. Integrationstabellen. In der Praxis erfolgt die Integration zuweilen auch nur mithilfe von Computern und numerischen Verfahren.

10.1 Der Begriff des Integrals

Zur Einführung des Integralbegriffs betrachten wir nun zunächst eine auf dem Intervall $[a, b]$ stetige, positive Funktion $f : [a, b] \to \mathbb{R}$. Als *Integralfläche* wird von uns nun zunächst die Fläche bezeichnet, die vom Intervall $[a, b]$, dem über dem Intervall liegenden Teil des Funktionsgraphen und den beiden Strecken, die die Punkte $(a, 0)$ und $(a, f(a))$ bzw. $(b, 0)$ und $(b, f(b))$ verbinden, eingeschlossen wird (vgl. die Skizze in Abb. 10.1). In dieser Situation (d. h. unter den gemachten Voraussetzungen) kann man einer (wie oben definierten) Integralfläche eine positive Zahl bzw. ein Flächeninhalt zuordnen.

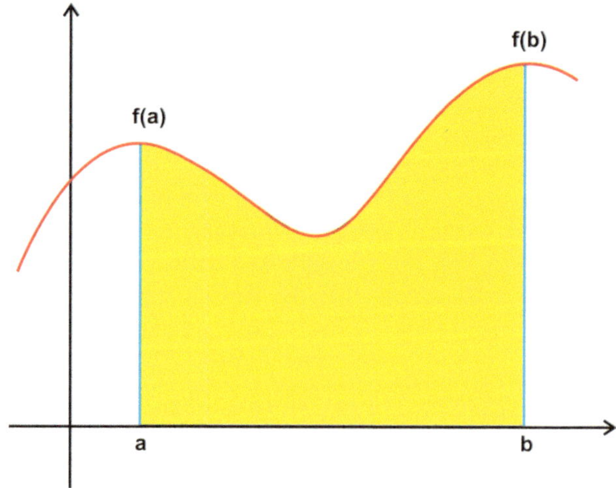

Abb. 10.1 Die Integralfläche der Funktion f über dem Intervall $[a, b]$

Abb. 10.2 Die Integralfläche der Funktion f über dem Intervall $[a, b]$ wird durch den Flächeninhalt eines Rechtecks mit einer Grundseite der Länge $(b - a)$ und der Höhe M_f von oben sowie durch den Flächeninhalt eines Rechtecks mit einer Grundseite der Länge $(b - a)$ und der Höhe m_f von unten beschränkt

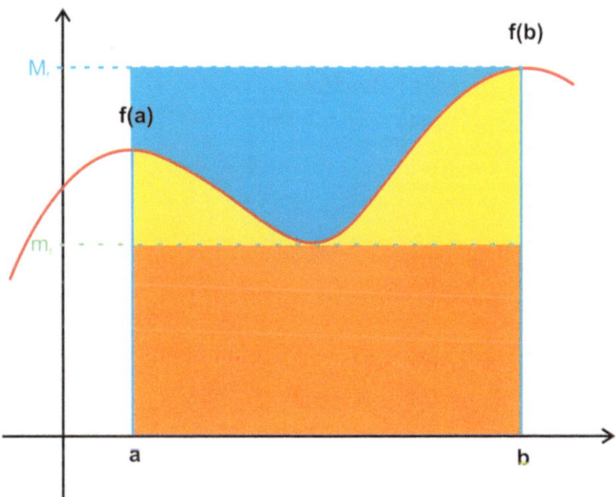

Anmerkung 10.1 Es sei hier bereits erwähnt, dass wir in Kap. 14 dieses Buches Wahrscheinlichkeiten von bestimmten Ereignissen mithilfe von Integralflächen bzw. mittels Integration berechnen werden. Daher müssen wir in diesem Kapitel zunächst eine in sich schlüssige mathematische Theorie zur Bestimmung von Integralflächen entwickeln.

Ohne zunächst auf mögliche Probleme hierbei näher einzugehen, folgen wir nun diesem Gedanken und verwenden für diesen Flächeninhalt das Symbol

$$\int_a^b f(x)\mathrm{d}x. \tag{10.1}$$

Dieses Symbol wird als

das Integral von a bis b über $f(x)$ nach $\mathrm{d}x$

bezeichnet. Hierbei nennt man a untere Integrationsgrenze, und b wird obere Integrationsgrenze genannt. Die Funktion $f(x)$ ist in diesem Zusammenhang der sogenannte *Integrand*. Wie man leicht aus der Skizze in Abb. 10.2 entnehmen kann, gilt

$$m_f \cdot (b - a) \leq \int_a^b f(x)\mathrm{d}x \leq M_f \cdot (b - a), \tag{10.2}$$

wobei

$$m_f := \min\{f(x) | a \leq x \leq b\} \quad \text{und} \quad M_f := \max\{f(x) | a \leq x \leq b\}$$

bezeichnen. Wir können somit den Flächeninhalt der Integralfläche von unten und oben durch die Flächeninhalte von Rechtecken beschränken. Demnach gibt es in einem solchen Fall eine Zahl c_f mit der Eigenschaft, dass sie zwischen m_f und M_f liegt, und für die die Gleichung

$$c_f \cdot (b - a) = \int_a^b f(x)\mathrm{d}x$$

erfüllt ist. Da wir vorausgesetzt haben, dass die Funktion f eine stetige Funktion ist, gibt es somit nach Bemerkung 6.3 einen Wert ξ mit $a \le \xi \le b$ und $f(\xi) = c_f$, so dass

$$f(\xi) \cdot (b - a) = \int_a^b f(x)\mathrm{d}x \tag{10.3}$$

ist. Wir wollen uns nun allgemeinen stetigen Funktionen zuwenden und uns von der zunächst vorläufig gemachten Voraussetzung trennen, dass f eine positive Funktion ist. Damit die Eigenschaften (10.2) und (10.3) auch für allgemeine stetige Funktionen gelten, muss das Integral über $f(x)$ für eine negative Funktion f auch negativ sein. Daher bezeichnet das Integral in diesem Fall den mit einem negativen Vorzeichen versehenen Wert der Integralfläche. Für Funktionen, die sowohl positive als auch negative Werte annehmen, betrachtet man dann jeweils die Abschnitte, in denen die Funktion negative Werte hat, und die, in denen sie positive Werte annimmt, separat. Allgemein definieren wir daher die Integraladdition bzw. die Addition von Integralflächen für $a < b < c$ durch:

$$\int_a^b f(x)\mathrm{d}x + \int_b^c f(x)\mathrm{d}x = \int_a^c f(x)\mathrm{d}x. \tag{10.4}$$

Wenn man für beliebige a und b nun

$$\int_a^b f(x)\mathrm{d}x = -\int_b^a f(x)\mathrm{d}x$$

setzt, so gilt (10.4) auch für beliebige Grenzen a, b, c, ohne dass man die Größenbeziehung voraussetzen muss. Des Weiteren setzt man

$$\int_a^a f(x)\mathrm{d}x = 0.$$

Offensichtlich ist durch den Ausdruck

$$F(y) := \int_a^y f(x)\mathrm{d}x$$

eine Funktion der Variablen y gegeben. Das weitere Ziel dieses Unterkapitels ist nun die Berechnung dieser Funktion $F(y)$. Hierfür können wir zunächst einmal schon das Nachfolgende festhalten:

Theorem 10.1
Wenn $f(x)$ eine auf dem Intervall $[a, b]$ stetige, reellwertige Funktion ist, so ist für alle y mit $a < y < b$ die Funktion

$$F(y) = \int_a^y f(x)\mathrm{d}x$$

differenzierbar und es gilt: $\frac{\mathrm{d}F}{\mathrm{d}y}(y) = F'(y) = f(y)$.

Dieses Theorem wird der Hauptsatz der Integralrechnung genannt. Eine unmittelbare Konsequenz dieses Hauptsatzes ist der folgende Satz.

Theorem 10.2
Wenn die Funktion $f(x)$ auf dem Intervall $[a, b]$ stetig ist und $\mathcal{F}(x)$ eine auf dem Intervall (a, b) differenzierbare und auf ganz $[a, b]$ stetige Funktion mit Ableitung $\mathcal{F}'(x) = f(x)$ ist, so ist

$$\int_a^b f(x)\mathrm{d}x = \mathcal{F}(b) - \mathcal{F}(a).$$

Man nennt die Funktion $\mathcal{F}(x)$ dann eine *Stammfunktion* zu der Funktion $f(x)$. Man kann $\mathcal{F}(x)$ aber auch *unbestimmtes Integral* von $f(x)$ nennen, wogegen

$$\int_a^b f(x)\mathrm{d}x$$

bestimmtes Integral von $f(x)$ genannt wird.

Anmerkung 10.2 Aus den Differentiationsregeln des letzten Kapitels, um genau zu sein, aus der Tatsache, dass die Ableitung einer Konstanten immer gleich null ist, folgt, dass die Stammfunktion $\mathcal{F}(x)$ zu der Funktion $f(x)$ bis auf die Addition von Konstanten eindeutig bestimmt ist. Mit $\mathcal{F}(x)$ ist nämlich auch

$$\tilde{F}(x) := (\mathcal{F}(x) + \text{Konstante})$$

eine Stammfunktion zu $f(x)$, da auch für $\tilde{F}(x)$ die Voraussetzungen des letzten Satzes erfüllt sind.

Da die Stammfunktion einer Funktion, wie wir gerade bemerkt haben, nicht eindeutig bestimmt ist, ist die Gleichung $\int f(x)\mathrm{d}x = F(x)$ so zu verstehen, dass **eine** Stammfunktion zu $f(x)$ durch die Funktion $F(x)$ gegeben ist.

Mithilfe einer Stammfunktion kann man somit für eine Funktion den Inhalt einer Integralfläche berechnen. Grundvoraussetzung hierbei ist natürlich stets, dass man der Integralfläche einen solchen „Inhalt" überhaupt zuordnen kann. Zur Überprüfung, ob sich für eine allgemeine stetige Funktion f der Inhalt einer Integralfläche definieren lässt, geht man nun wie folgt vor. Man zerlegt in diesem Fall das Intervall $[a,b]$ wie in unserem Eingangsbeispiel in n Teilintervalle $I_i := [c_{i-1}, c_i]$ ($i \in \{1,\ldots n\}$) der Länge ($c_i - c_{i-1}$), wobei i von 1 bis n „läuft". Hierbei müssen die Teilintervalle nicht gleich lang sein. Es ergibt sich also:

$$\sum_{i=1}^{n}(c_i - c_{i-1}) = (b - a).$$

Außerdem sehen wir, dass für zwei beliebige Intervalle I_i und I_j, wobei $j \neq i + 1$ und $j \neq i$ gelten soll, die Schnittmenge der beiden Intervalle die leere Menge ist. Der Schnitt der beiden Intervalle I_i und I_{i+1} ($i \in \{1,\ldots,n\}$ ist jedoch gleich $\{c_i\}$. Die hier verwendete Notation impliziert, dass $c_0 = a$ und $c_n = b$ sind.

Mit m_f^i sei nun das Minimum und mit M_f^i das Maximum der Funktion $f(x)$ auf dem Teilintervall I_i gemeint. Da die Funktion $f(x)$ auf dem Intervall $[a,b]$ stetig war, existieren diese Werte, und wir sehen, dass offenbar

$$m_f \cdot \sum_{i=1}^{n}(c_i - c_{i-1}) \leq \sum_{i=1}^{n}(c_i - c_{i-1})m_f^i$$

sowie

$$\sum_{i=1}^{n}(c_i - c_{i-1})M_f^i \leq \sum_{i=1}^{n}(c_i - c_{i-1})M_f^i \leq M_f \cdot \sum_{i=1}^{n}(c_i - c_{i-1})$$

und insbesondere

$$\sum_{i=1}^{n}(c_i - c_{i-1})m_f^i \leq \sum_{i=1}^{n}(c_i - c_{i-1})M_f^i$$

gilt (vgl. Abb. 10.3). Die linke Summe dieser letzten Ungleichung nennt man Untersumme, und die rechte Summe wird Obersumme zu der gegebenen Zerlegung des Intervalls $[a,b]$ in n Teilintervalle genannt.

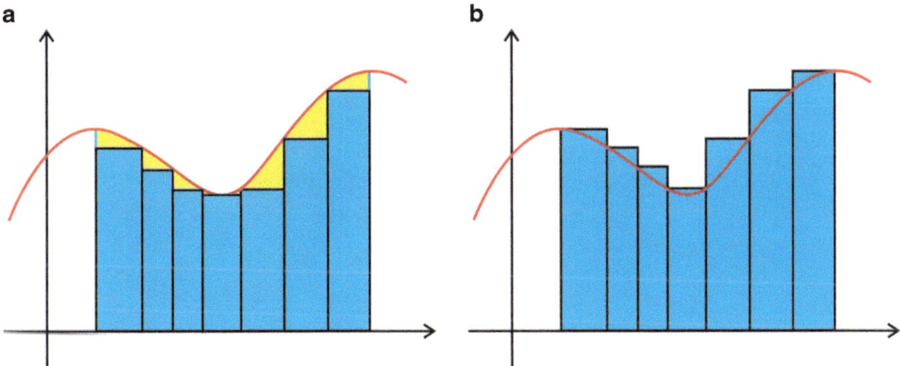

Abb. 10.3 Schematische Darstellung einer Untersumme (**a**) und einer Obersumme (**b**) für die Integralfläche der Funktion f über einem gegebenem Intervall

Um zu unserer ursprünglichen Absicht zurückzukehren, einen mathematisch geeigneten Begriff für den Flächeninhalt der Integralfläche zu definieren, bemerken wir, dass der von dem Graphen der Funktion und der horizontalen Achse eingeschlossene Flächeninhalt sicherlich kleiner als die Obersumme und größer als die hier angegebene Untersumme ist. Der Flächeninhalt ist demnach aber sowohl nach unten als auch nach oben beschränkt.

Anmerkung 10.3 Als Zerlegungsfolge für ein gegebenes Intervall $[a, b]$ bezeichnen wir eine Folge von Zerlegungen, für die das Intervall $[a, b]$ für alle $n = 1, 2, \ldots$ in n Teilintervalle derart zerlegt wird, dass für $n \to \infty$ die (möglicherweise unterschiedlichen) Intervalllängen der Teilintervalle gegen null konvergieren.

Wenn die zu untersuchende Funktion auf dem betrachteten Intervall stetig ist, so lässt sich nun eine Aussage über die Konvergenz der Ober- und der Untersummen für alle Zerlegungsfolgen machen.

Theorem 10.3
Wenn $f(x)$ eine auf dem Intervall $[a, b]$ stetige Funktion ist, dann konvergieren die Untersumme und die Obersumme von $f(x)$ über $[a, b]$ für jede beliebige Zerlegungsfolge gegen denselben Grenzwert.

Die Obersummen und die Untersummen konvergieren also (für stetige Funktionen) für alle möglichen, beliebigen Zerlegungsfolgen gegen denselben Wert. Von unserer Anschauung her ist dieser Wert gleich dem gesuchten Flächeninhalt. Und tatsächlich definiert man:

> **Definition 10.1 (Das Riemann'sche Integral)**
> Wenn die Unter- und die Obersummen der auf dem Intervall $[a, b]$ stetigen
> Funktion $f(x)$ für jede Zerlegungsfolge des Intervalls $[a, b]$ gegen denselben
> Grenzwert konvergieren, dann wird dieser Grenzwert das Riemann'sche Inte-
> gral von a bis b über $f(x)$ nach $\mathrm{d}x$ genannt. Für das Riemann'sche Integral
> schreiben wir
> $$\int_a^b f(x)\,\mathrm{d}x.$$

10.2   Integrationsregeln

Wie wir zu Beginn dieses Kapitels angedeutet haben, ist die Integration so etwas wie
die zur Differentiation inverse Rechenoperation. Basierend auf diesem Gedanken
lassen sich einige Integrationsregeln leicht angeben. Kommen wir somit zu den
Integrationsregeln, die sich durch „einfaches Umkehren" der aus Kap. 9 bekannten
Differentiationsregeln gewinnen lassen.

1.   Integriert man die Funktion, die konstant gleich null ist, so sieht man, dass

$$\int 0\,\mathrm{d}x = c$$

      ist, wobei c eine beliebige Konstante ist.

2.   Integriert man die Summe zweier auf demselben Integrationsgebiet stetiger
      Funktionen, so erhält man:

$$\int (f(x) + g(x))\,\mathrm{d}x = \int f(x)\,\mathrm{d}x + \int g(x)\,\mathrm{d}x.$$

3.   Eine Konsequenz der vorangegangenen Regel ist somit:

$$\int c \cdot f(x)\,\mathrm{d}x = c \cdot \int f(x)\,\mathrm{d}x,$$

      wobei $c \in \mathbb{R}$ hier eine beliebige Konstante bezeichnet.

4.   Für $n \in \mathbb{N}$ ist

$$\int x^n\,\mathrm{d}x = \frac{1}{n+1}x^{n+1}.$$

5.   Denkt man an die Einführung der Exponentialfunktion in Abschn. 7.1 zurück,
      so ist auch die Regel

$$\int \exp(x)\,\mathrm{d}x = \exp(x)$$

schnell nachzuvollziehen.

6. Für $a > 0$ ist

$$\int a^x \mathrm{d}x = \frac{a^x}{\ln a}.$$

Diese Regel ist klar, wenn man an die Definition der allgemeinen Exponentialfunktion in Abschn. 7.3 zurückdenkt.

7. Für $a \in \mathbb{R}$ mit $a \neq -1$ gilt:

$$\int x^a \mathrm{d}x = \frac{1}{a+1} x^{a+1}.$$

8. Für den Spezialfall $a = -1$ gilt die Regel:

$$\int \frac{1}{x} \mathrm{d}x = \ln|x| \quad \text{für } x \neq 0.$$

Wir weisen hierbei explizit daraufhin, dass die angegebene Stammfunktion der natürliche Logarithmus des Betrags von x ist, da dieser nur für positive Werte definiert ist.

9. Falls sich x als Funktion einer Variablen u darstellen lässt und $a = x(\alpha)$ sowie $b = x(\beta)$ gilt, so ist

$$\int\limits_a^b f(x)\mathrm{d}x = \int\limits_\alpha^\beta f(x(u))x'(u)\mathrm{d}u.$$

Diese Regel ist auch als *Substitutionsregel* der Integralrechnung bekannt. Sie ist im Prinzip die Umkehrung der uns bei den Differentiationsregeln begegneten Kettenregel (siehe (9.4)).

10. Um Produkte von zwei Funktionen integrieren bzw. ihre Stammfunktion bestimmen zu können, greift man auf die Regel

$$\int f'(x)g(x)\mathrm{d}x = f(x)g(x) - \int f(x)g'(x)\mathrm{d}x$$

zurück. Diese Regel wird auch *partielle Integration* genannt. Sie ist die „Umkehrung" der Produktregel (siehe (9.2)), die wir in dem Kapitel über Differentiation kennengelernt haben.

11. Für die trigonometrischen Funktionen haben wir die Integrationsregeln:

$$\int \sin(x)\mathrm{d}x = -\cos(x)$$

und

$$\int \cos(x)\mathrm{d}x = \sin(x).$$

12. Wenn $g(y)$ die Umkehrfunktion zu der Funktion $f(x)$ ist, d. h., wenn $x = g(f(x))$ und $y = f(g(y))$ gilt, und $f'(x)$ in dem betrachteten Bereich ungleich null ist, dann ist

$$g(y) = \int \frac{1}{f'(g(y))} \, dy.$$

13. Mithilfe der Integration durch Substitution und der 8. Integrationsregel der hier angegebenen Liste lässt sich auch schnell die nachfolgende Regel überprüfen:

$$\int \frac{f'(x)}{f(x)} \, dx = \ln |f(x)| \, .$$

Um die nicht ganz so schnell einsichtigen Integrationsregeln besser zu verdeutlichen, wollen wir uns nun ein paar konkreten Beispielen widmen.

Beispiel 10.2 Wir suchen eine Stammfunktion der Funktion $\cot(x)$. Es gilt:

$$\begin{aligned}
\int \cot(x) dx &= \int \frac{\cos(x)}{\sin(x)} dx \\
&= \int \frac{(\sin(x))'}{\sin(x)} dx \\
&= \ln |\sin(x)| .
\end{aligned}$$

Beispiel 10.3 (Beispiel zur Integration mittels Substitution)
1. Wir wollen eine Stammfunktion zu der Funktion $h(x) = \cos^2(x) \cdot \sin(x)$ bestimmen. Hierfür substituieren wir $y = \cos(x)$ und sehen somit, dass

$$\int \cos^2(x) \cdot \sin(x) dx = -\int y^2 dy = -\frac{1}{3} y^3 = -\frac{1}{3} \cos^3(x)$$

gilt.
2. In diesem Beispiel wollen wir uns der Integration mithilfe von Substitutionen widmen. Hierfür suchen wir eine Stammfunktion der Funktion

$$f(x) = \frac{x - 2}{\sqrt{x + 2}}$$

auf dem Intervall $[2, 3]$. Wir setzen

$$x(t) = t^2 - 2, \quad \text{und somit ist } t = \sqrt{x + 2}.$$

In diesem Fall ist $x'(t) = 2 \cdot t$ und $2 = x(2)$ sowie $3 = x(\sqrt{5})$. Wenden wir nun die in der 9. Regel angegebene Formel an, so sehen wir, dass

$$
\int_2^3 \frac{x-2}{\sqrt{x+2}}\,dx = \int_2^{\sqrt{5}} \frac{t^2-4}{t} \cdot 2t\,dt = \int_2^{\sqrt{5}} 2(t^2-4)\,dt
$$

$$
= \frac{2}{3}t^3 - 8t \Big|_2^{\sqrt{5}} = \frac{2}{3}\left(\sqrt{5}\right)^3 - 8\sqrt{5} - \frac{2}{3}(2)^3 + 8 \cdot 2
$$

$$
= \frac{32}{3} - \frac{14}{3}\sqrt{5}
$$

ist.

3. Zur Bestimmung einer Stammfunktion der Funktion $h(x) = \left(\sin(x^3)\right) \cdot 3 \cdot x^2$ substituieren wir zunächst $y = x^3$. Hiermit sehen wir, dass

$$
\int \left(\sin(x^3)\right) \cdot 3 \cdot x^2\,dx = \int \sin(y)\,dy = -\cos(y) = -\cos(x^3)
$$

gilt. Eine Stammfunktion der Funktion h ist also durch die Funktion $\cos(x^3)$ gegeben.

Beispiel 10.4 (Beispiele zur partiellen Integration)
1. Wir suchen die Stammfunktion zur Funktion $h(x) = \sin^2(x)$. Zunächst stellen wir die gegebene Funktion als Produkt von zwei auf ganz $\mathbb{R}$ stetigen Funktion dar, indem wir $f(x) = \sin(x)$ und $g'(x) = \sin(x)$ setzen. Mittels der Formel für die partielle Integration des Produkts zweier Funktionen ergibt in diesem Fall:

$$
\int \sin^2(x)\,dx = -\sin(x) \cdot \cos(x) + \int \cos^2(x)\,dx.
$$

Ersetzt man nun $\cos^2(x)$ durch den Ausdruck $1 - \sin^2(x)$, so ergibt sich also:

$$
\int \sin^2(x)\,dx = -\sin(x) \cdot \cos(x) + \int 1 - \sin^2(x)\,dx
$$

und somit:

$$
\int \sin^2(x)\,dx = \frac{x - \sin(x) \cdot \cos(x)}{2}.
$$

2. Gesucht ist eine Stammfunktion zu der Funktion $h(x) = x \cdot \exp(-x)$. Die gegebene Funktion ist also ein Produkt zweier auf ganz $\mathbb{R}$ stetiger Funktionen. Wir wollen die Funktion mithilfe der oben angegebenen 10. Regel integrieren. Hierfür setzen wir die Funktion $g(x) = x$ und die Funktion $f'(x) = \exp(-x)$. Warum wir genau diese Wahl treffen, wird leichter ersichtlich, wenn wir diese

Ausdrücke nun in die in der 10. Regel angegebene Formel einsetzen. Wir sehen somit, dass

$$\int x \cdot \exp(-x)\mathrm{d}x = -x \cdot \exp(-x) + \int \exp(-x)\mathrm{d}x$$

gilt, da $g'(x) = 1$ und $f(x) = -\exp(-x)$ ist. Das letzte Integral auf der rechten Seite können wir ebenfalls angeben, so dass wir also als eine Stammfunktion von $h(x)$ die nachfolgende Funktion erhalten:

$$\int x \cdot \exp(-x)\mathrm{d}x = -x \cdot \exp(-x) - \exp(-x).$$

Hätten wir die Wahl der Funktionen $f(x)$ und $g(x)$ andersherum getroffen, also $f'(x) = x$ und $g(x) = \exp(-x)$ gesetzt, so hätte uns die Integrationsregel auf

$$\int x \cdot \exp(-x)\mathrm{d}x = \frac{1}{2}x^2 \cdot \exp(-x) + \int \frac{1}{2}x^2 \cdot \exp(-x)\mathrm{d}x$$

geführt. Die Frage nach einer Stammfunktion der Funktion

$$\tilde{h}(x) = \frac{1}{2}x^2 \cdot \exp(-x)$$

hätte eine erneute partielle Integration nötig gemacht, die uns jedoch auch nicht weiter zum Ziel gebracht hätte.

3. Wir suchen nun eine Stammfunktion der Funktion $h(x) = \ln(x)$. Manch einer mag sich nun zunächst erstaunt fragen, warum wir hierfür die partielle Integration verwenden wollen, obwohl doch die Funktion $h(x)$ kein Produkt zweier Funktionen ist. Dies stimmt aber nur bedingt, da ja auch $h(x) = 1 \cdot \ln(x)$ gilt. Setzt man hier $f'(x) = 1$ und $g(x) = \ln(x)$, so erhalten wir nach dem Einsetzen in die Formel für die partielle Integration:

$$\int \ln(x)\mathrm{d}x = x \cdot \ln(x) - \int 1\mathrm{d}x = x \cdot \ln(x) - x.$$

Die größte Schwierigkeit bei der Integration mithilfe von Substitution ist das Auffinden einer geeigneten Substitution. Hierbei gibt es leider kein „Allheilmittel", und es hilft in der Regel nur geschicktes Raten weiter.

Dennoch gibt es zur Bestimmung der Stammfunktion für spezielle Funktionen auch noch ein weiteres Hilfsmittel. In Formelsammlungen und Nachschlagewerken für Mathematik (wie z. B. [1]) sind einige Stammfunktionen von ausgewählten Funktionen tabellarisch aufgelistet. Wenn man also Glück hat, so wurde die Stammfunktion zu der Funktion, die man gerade selbst betrachtet, bereits berechnet und ist somit bekannt. Dennoch ist man in den allermeisten Fällen auf sein eigenes Geschick und die richtige Anwendung der hier angegebenen Regeln angewiesen.

Um nicht nur auf die späteren Anwendungen der Integration im Zusammenhang mit biologischen Fragestellungen verweisen zu müssen, wenden wir uns nun noch einem konkreten Anwendungsbeispiel zu.

Abb. 10.4 Herbstfärbung eines Zuckerahorns während des „Indian Summers" in Minneapolis (USA). Foto: *Dirk Horstmann*

Beispiel 10.5 Die japanischen Botaniker Masami Monsi und Toshiro Saeki stellten in einer ihrer Arbeiten [7] aus dem Jahre 1953 ein Modell für die Fotosyntheseproduktion von Pflanzen vor, das mittlerweile als das klassische und wohl auch als das einfachste Modell für die Fotosyntheseproduktion von Pflanzen angesehen werden kann. In ihrem Modell gingen Monsi und Saeki davon aus, dass sich das Licht im Kronendach eines Baumes exponentiell abschwächt (siehe Abb. 10.4). Die Abnahme der Strahlungsintensität des Lichts beim Durchgang durch eine absorbierende Substanz bzw. ein absorbierendes Medium wird in der Regel mittels des nach den deutschen Mathematikern und Physikern Johann Heinrich Lambert (26.08.1728–25.09.1777) und August Beer (31.07.1825–18.11.1863) benannten „Lambert-Beer'schen Gesetzes" beschrieben.

Auch in dem von Monsi und Saeki entwickelten Modell wird angenommen, dass sich die Lichtintensität im Baumkronendach mithilfe dieses Gesetzes beschreiben lässt. Wir gehen also bei unseren nachfolgenden Überlegungen davon aus, dass sich die Lichtintensität I nach dem Lambert-Beer'schen Gesetz mit dem über dem Kronendach des betrachteten Baumes aufsummierten Blattflächenindex z abnimmt. (Hierbei ist der Blattflächenindex definiert als die Blattfläche pro Bodenoberfläche.) Unter diesen Annahmen gilt somit Gleichung

$$I(z) = I_0 \cdot e^{-\alpha z},$$

wobei mit I_0 die im Jahresmittel über dem Kronendach einfallende Strahlung und mit α der Absorptionskoeffizient bezeichnet sind. In dem Modell von Monsi und Saeki wird die Fotosyntheserate als Sättigungskurve einer Michaelis-Menten-Gleichung in Abhängigkeit der Lichtintensität I angenommen. D. h., dass sich die Lichtabhängigkeit der Fotosyntheserate P in einer vereinfachten Form mithilfe der Gleichung

$$P(I) = \frac{P_{\max}\beta I}{(\beta I + P_{\max})}$$

beschreiben lässt. Hierbei ist β eine positive Konstante und $P_{\max}$ entspricht der maximalen Fotosyntheseproduktion des Baumes. Nach Thornley (vgl. [8]) lässt sich die totale Fotosyntheserate P_{total} durch die Bestimmung des Integrals

$$P_{\text{total}} = \int_0^z P \, \mathrm{d}t$$

ermitteln. Wir wissen also, dass

$$P_{\text{total}} = \int_0^z \frac{P_{\max}\beta I_0 \cdot \mathrm{e}^{-\alpha t}}{(\beta I_0 \cdot \mathrm{e}^{-\alpha t} + P_{\max})} \, \mathrm{d}t$$

ist. Mithilfe der Integration durch Substitution kann man das Integral relativ leicht berechnen. Wir setzen

$$x = \beta I_0 \cdot \mathrm{e}^{-\alpha t} + P_{\max}$$

und erhalten so, dass

$$\frac{\mathrm{d}x}{\mathrm{d}t} = -\alpha\beta I_0 \cdot \mathrm{e}^{-\alpha t}$$

ist. Insgesamt ergibt sich somit:

$$\int \frac{P_{\max}\beta I_0 \cdot \mathrm{e}^{-\alpha t}}{(\beta I_0 \cdot \mathrm{e}^{-\alpha t} + P_{\max})} \, \mathrm{d}t = -\int \frac{P_{\max}}{\alpha x} \, \mathrm{d}x = -\frac{P_{\max}}{\alpha} \ln|x| + \text{Konstante}$$

$$= -\frac{P_{\max}}{\alpha} \ln|\beta I_0 \cdot \mathrm{e}^{-\alpha t} + P_{\max}| + \text{Konstante}.$$

Für P_{total} erhalten wir somit den Ausdruck

$$P_{\text{total}} = -\frac{P_{\max}}{\alpha} \ln|\beta I_0 \cdot \mathrm{e}^{-\alpha z} + P_{\max}| + \frac{P_{\max}}{\alpha} \ln|\beta I_0 + P_{\max}|$$

$$= \frac{P_{\max}}{\alpha} \ln\left|\frac{\beta I_0 + P_{\max}}{\beta I_0 \cdot \mathrm{e}^{-\alpha z} + P_{\max}}\right|.$$

(Siehe hierzu auch [5] und vgl. [9, Beispiel 4.23, Seite 163f.].)

Exkurs 10.1

Neben der Lambert-Beer'schen Formel hat J. H. Lambert auch noch andere wichtige Ergebnisse in den Bereichen der Physik und Mathematik erzielt. So hat er, wie wir ja bereits erfahren haben, auch als Erster die Irrationalität der Zahl π nachgewiesen. Lambert kam aus einer Hugenottenfamilie, die sich im damals zur schweizerischen Eidgenossenschaft gehörigen Mülhausen angesiedelt hatte. Leonhard Euler (vgl. Exkurs 5.1 in Abschn. 5.6) schlug ihn als Mitglied der Akademie der Wissenschaften in Berlin vor, zu deren Mitglied er 1764 ernannt wurde. Mit seinen Arbeiten schaffte er die Grundlage der modernen Fotometrie, also der Lehre von der Intensitätsmessung des Lichts. (Siehe auch [3].)

10.3 Uneigentliche Integrale

Neben dem im letzten Abschnitt von uns kennengelernten Integralbegriff gibt es auch noch den des *uneigentlichen Integrals*. Hiervon spricht man, wenn eine der Integrationsgrenzen keine feste Zahl ist, sondern den „Wert" plus oder minus unendlich hat. Bislang hatten wir immer angenommen, dass die Grenzen bei der bestimmten Integration endlich sind. Wird aber statt über ein abgeschlossenes, endliches Intervall über ein unendliches Intervall integriert, so ist der von uns eingeführte Begriff des Integrals noch nicht zu verwenden. Daher definieren wir:

Definition 10.2

Falls der Grenzwert $\lim\limits_{b\to\infty} \int\limits_a^b f(x)\mathrm{d}x$ existiert, so setzen wir

$$\int\limits_a^\infty f(x)\mathrm{d}x = \lim_{b\to\infty} \int\limits_a^b f(x)\mathrm{d}x.$$

Analog definieren wir

$$\int\limits_{-\infty}^b f(x)\mathrm{d}x = \lim_{a\to-\infty} \int\limits_a^b f(x)\mathrm{d}x$$

und

$$\int\limits_{-\infty}^\infty f(x)\mathrm{d}x = \lim_{a\to-\infty} \int\limits_a^c f(x)\mathrm{d}x + \lim_{b\to\infty} \int\limits_c^b f(x)\mathrm{d}x,$$

für ein beliebiges $c \in \mathbb{R}$, vorausgesetzt, die hier vorkommenden Grenzwerte existieren.

Betrachten wir zur Veranschaulichung dieser Definition ein Beispiel.

Beispiel 10.6 Es sei $f(x) = \frac{1}{x^4}$. Dann gilt:

$$\int\limits_1^\infty \frac{1}{x^4}\,\mathrm{d}x = \lim_{b\to\infty} \int\limits_1^b \frac{1}{x^4}\,\mathrm{d}x = \lim_{b\to\infty}\left(-\frac{1}{3x^3}\bigg|_1^b\right)$$

$$= \lim_{b\to\infty}\left(\frac{1}{3} - \frac{1}{3b^3}\right) = \frac{1}{3}.$$

Genauso kann man auch die Definition des Integrals erweitern, wenn die Funktion $f(x)$ an einer der Integrationsgrenzen nicht definiert ist. Hierbei geht man wie folgt vor.

Definition 10.3
Wenn die Funktion $f(x)$ für den Wert $x = a$ nicht definiert ist, so setzt man

$$\int\limits_a^b f(x)\mathrm{d}x = \lim_{\delta\to 0} \int\limits_{a+\delta}^b f(x)\mathrm{d}x,$$

vorausgesetzt, dass der Grenzwert auf der rechten Seite der Gleichung existiert. Analog definiert man für den Fall, dass $F(x)$ für den Wert $x = b$ nicht definiert ist, das Integral

$$\int\limits_a^b f(x)\mathrm{d}x = \lim_{\delta\to 0} \int\limits_a^{b-\delta} f(x)\mathrm{d}x,$$

wenn der Grenzwert auf der rechten Seite der Gleichung existiert.

Auch diese Definition wollen wir uns anhand eines Beispiels verdeutlichen.

Beispiel 10.7
1. Der vorangegangenen Definition zufolge ist:

$$\int\limits_0^1 \ln(x)\mathrm{d}x = \lim_{\delta\to 0} \int\limits_\delta^1 \ln(x)\mathrm{d}x = \lim_{\delta\to 0}\left(x\cdot\ln(x) - x\big|_\delta^1\right)$$

$$= \lim_{\delta\to 0}(-1 - \delta\cdot\ln(\delta) + \delta) = -1.$$

Dass die letzte Gleichung gilt, sieht man mithilfe der Regeln von de l'Hospital. Hierfür muss man nachweisen, dass

$$\lim_{\delta \to 0} \delta \cdot \ln(\delta) = 0$$

ist. Um dies nachzuweisen, schreibt man

$$\delta \cdot \ln(\delta) = \frac{\ln(\delta)}{\frac{1}{\delta}}.$$

Nun wendet man die Regeln von de l'Hospital an, woraus sich die Behauptung folgern lässt. Diesen Schritt überlassen wir dem Leser als eine zusätzliche Übungsaufgabe.

2. Wenden wir erneut die vorangegangene Definition an, so sehen wir, dass

$$\int_0^1 \frac{1}{x^{3/4}}\mathrm{d}x = \lim_{\delta \to 0} \int_\delta^1 \frac{1}{x^{3/4}}\mathrm{d}x = \lim_{\delta \to 0}\left(4x^{1/4}\Big|_\delta^1\right)$$

$$= \lim_{\delta \to 0}\left(4 - 4\delta^{1/4}\right) = 4.$$

Mehr zur Integration bzw. Integralrechnung kann die interessierte Leserin/der interessierte Leser auch in [2, 4, 6] und [10] finden.

Übungsaufgaben

10.1 Berechnen Sie die nachfolgenden Integrale:

(a) $\displaystyle\int_0^1 \frac{2x}{1+x^2}\mathrm{d}x,$ (b) $\displaystyle\int_0^{\frac{\pi}{2}} \sin(x)\mathrm{d}x$ (c) $\displaystyle\int_0^2 \left(x^2 + 6x + 9\right)\mathrm{d}x,$

(d) $\displaystyle\int_0^1 \frac{\sqrt{x} + x^{1+\frac{1}{6}}}{x^{\frac{1}{3}}}\mathrm{d}x,$ (e) $\displaystyle\int_0^2 x2^x\mathrm{d}x,$ (f) $\displaystyle\int_0^1 x\sqrt{1+x}\,\mathrm{d}x.$

10.2 Bestimmen Sie mithilfe partieller Integration eine Stammfunktion zu:

(a) $\displaystyle\int xe^x\mathrm{d}x,$ (b) $\displaystyle\int \sin^2(x)\mathrm{d}x$ (c) $\displaystyle\int \cos^2(x)\mathrm{d}x,$

(d) $\displaystyle\int x^3 \sin(x)\mathrm{d}x,$ (e) $\displaystyle\int x^\alpha \ln(x)\mathrm{d}x,$ (f) $\displaystyle\int x^2 \cos(2x)\mathrm{d}x.$

10.3 Bestimmen Sie mithilfe der angegebenen Substitutionen die nachfolgenden Integrale:

$$\text{a)} \quad \int_{-1}^{1} \sqrt{1 - x^2}\,dx \qquad \text{(Substituieren Sie } x = \sin(t)\text{),}$$

$$\text{b)} \quad \int \frac{e^{-x}}{(1 + e^{-x})^2}\,dx \qquad \text{(Substituieren Sie } t = e^{-x}\text{).}$$

Literatur

1. Batschelet, E.: Introductions to Mathematics for Life Scientists. 3. Aufl., Springer, Berlin, New York (1979)

2. Blickensdörfer-Ehlers, A., Eschmann, W. G., Neunzert, H., Schelkes, K.: Analysis 1: ein Lehr- und Arbeitsbuch für Studienanfänger. Springer, Berlin, Heidelberg, New York (1980)

3. Bauer, F. L.: Johann Heinrich Lambert (1728–1777). Akademie aktuell – Zeitschrift der Bayerischen Akademie der Wissenschaften **16**, 12–15 (2006)

4. Heuser, H.: Lehrbuch der Analysis: Teil 1. 7. durchgesehene Aufl., Teubner-Verlag, Stuttgart (1990)

5. Köhler, P.: Ein individuenbasiertes Wachstumsmodell zur Simulation tropischer Regenwälder. Diplomarbeit im Fachbereich Physik und am Wissenschaftlichen Zentrum für Umweltsystemforschung, Universität Kassel (1996)

6. Königsberger, K.: Analysis 1. Springer, Berlin, Heidelberg, New York (1990)

7. Monsi, M. and Saeki, T.: Über den Lichtfaktor in den Pflanzengesellschaften und seine Bedeutung für die Stoffproduktion. Japanese Journal of Botany **14**, 22–52 (1953)

8. Thornley, J. H. M.: Mathematical Models in Plant Physiology. Academic Press, New York (1976)

9. Timischl, W.: Biomathematik. 2. Aufl., Springer, Wien, New York (1995)

10. Walter, W.: Analysis I. 2. Aufl., Springer, Berlin, Heidelberg, New York (1990)

Bei der Modellierung biologischer und chemischer Prozesse sind *Differentialgleichungen* ein wichtiges Hilfsmittel. Das einfachste Beispiel, bei dem Differentialgleichungen hilfreich sein können, ist uns im Zusammenhang mit der Einführung der Exponentialfunktion in Kap. 7 bereits begegnet. Kehren wir also noch einmal zu den E.-coli-Bakterien zurück. Wir erinnern an die Angaben, die dort über die Vermehrung von E.-coli-Bakterien gemacht wurden (vgl. Kap. 7).

> „Ein junges *E.-coli*-Bakterium wächst mit einer konstanten Geschwindigkeit, bis es seine Länge verdoppelt hat. Hierbei behält es seinen Durchmesser bei. Schließlich entstehen durch Zellteilung zwei gleichgroße *E.-coli*-Bakterien. Während dieses Prozesses wird die DNA des *E.-coli*-Bakteriums verdoppelt. Dieser Vorgang beträgt ungefähr 40 Minuten. Nach der DNA-Replikation dauert es in der Regel weitere 20 Minuten, bis sich die Zelle geteilt hat. Bei ca. 37 °C variiert zwar die Wachstumsrate eines *E.-coli*-Bakteriums merklich, dennoch kann man für diesen Verdoppelungsprozess ein Zeitintervall von ca. 60 Minuten annehmen.“

Wir wollen nun mit $P(t)$ die *E.-coli*-Population (bzw. die Größe der Population) zum Zeitpunkt t bezeichnen. Da sich innerhalb einer *E.-coli*-Population nicht alle Bakterien im gleichen Entwicklungsstadium befinden, ist es sinnvoll, anzunehmen, dass die Population sich durch eine stetige Funktion der Zeit t beschreiben lässt, und dass die Zunahme der Population innerhalb eines kleinen Zeitintervalls $[t, t+h]$ proportional zu der Populationsgröße zu einer Zeit $\tilde{t}(h)$ ist, wobei $t \leq \tilde{t}(h) \leq t+h$ gilt. Das bedeutet nichts anderes, als dass wir annehmen, dass die Gleichung

$$P(t+h) - P(t) = \alpha P\left(\tilde{t}(h)\right)(t+h-t)$$

gilt. Hierbei bezeichnet die Konstante α die Proportionalitätskonstante. Eine entsprechende Gleichung ist uns bereits in Beispiel 9.10 begegnet. Wenn wir die Gleichung nun durch die Zeitspanne h teilen, erhalten wir die Gleichung

$$\frac{P(t+h) - P(t)}{h} = \alpha P\left(\tilde{t}(h)\right).$$

© Springer-Verlag GmbH Deutschland, ein Teil von Springer Nature 2020

D. Horstmann, *Mathematik für Biologen*, DOI 10.1007/978-3-662-62669-6_11

Betrachtet man nun auf beiden Seiten den Grenzwert $h \to 0$, so erhalten wir die Gleichung

$$P'(t) = \lim_{h \to 0} \frac{P(t+h) - P(t)}{h} = \lim_{h \to 0} \alpha P\left(\tilde{t}(h)\right) = \alpha P(t).$$

Das letzte Gleichheitszeichen gilt, da wegen $t \leq \tilde{t}(h) \leq t + h$ auch

$$\lim_{h \to 0} \tilde{t}(h) = t$$

gilt und wir angenommen haben, dass sich die Populationsgröße durch eine stetige Funktion der Zeit darstellen lässt. Eine derartige Funktionalgleichung, in der eine gesuchte Funktion und die Ableitungen dieser Funktion auftauchen, nennt man *Differentialgleichung*. In der Überschrift dieses Kapitels steht nun zusätzlich auch noch das Wort „gewöhnlich". Dies weist darauf hin, dass es sich um Funktionen einer Veränderlichen handelt.

Anmerkung 11.1 Wie bereits im Kapitel über Funktionen erwähnt (vgl. Abschn. 6.2.1), gibt es auch Funktionen, die von mehreren Veränderlichen abhängen. Auch für derartige Funktionen lassen sich Ableitungen, um genau zu sein partielle Ableitungen, erklären. Dies führt zur Theorie der partiellen Differentialgleichungen, die ebenfalls in der Modellierung biologischer Prozesse ihre Anwendung findet. Allerdings geht eine Einführung in diesen Themenbereich über unsere Zielsetzung weit hinaus. Daher beschäftigen wir uns hier „nur" mit einigen gewöhnlichen Differentialgleichungen sowie mit Lösungsmethoden und -taktiken für diese Art von Differentialgleichungen und verweisen die interessierte Leserin/den interessierten Leser für das Thema „Partielle Differentialgleichung" auf das Lehrbuch von L. C. Evans [1].

Wie man aus einer derartigen Gleichung die gesuchte Funktion $P(t)$ gewinnen kann, wird Hauptbestandteil dieses Kapitels sein. Zunächst wollen wir uns aber noch einem weiteren Beispiel zuwenden.

Beispiel 11.1 Wir nehmen an, dass die Bevölkerung eines Landes die feste Populationsgröße N besitze. In dieser Bevölkerung breche nun zur Zeit t_0 eine Grippe aus. Um die Verbreitung der Grippe innerhalb der Bevölkerung zu beschreiben, werden die nachfolgenden (teilweise vereinfachenden) Annahmen gemacht:

1. Die Anzahl der Erkrankten innerhalb der vorliegenden Bevölkerung (Population) lässt sich mithilfe einer in der Zeit t stetigen Funktion $E(t)$ beschreiben.
2. Alle Individuen der Bevölkerung können sich mit der Grippe anstecken. Es gibt also keine natürliche Immunität, noch kann man sich durch eine Schutzimpfung vor dem Grippeerreger schützen.
3. Die Grippeerkrankung ist so schwer und dauert so lange an, dass in dem betrachteten Zeitraum keine Genesung bzw. Heilung erfolgt. Jedoch hat keine der Erkrankungen einen tödlichen Ausgang.

4. Alle angesteckten bzw. erkrankten Bevölkerungsmitglieder sind selbst wieder ansteckend, und es gibt für Erkrankte keine Quarantäne, d. h., jeder Erkrankte darf sich trotz Erkrankung unbeschwert in der Population bewegen.
5. Innerhalb einer Zeiteinheit hat jedes angesteckte Bevölkerungsmitglied Kontakte zu k anderen Mitgliedern der Population. Jeder dieser Kontakte zu einem noch gesunden Mitglied der Bevölkerungspopulation führt im weiteren Verlauf dazu, dass dieses Mitglied der Population ebenfalls krank wird.

Wir wollen nun die „zeitliche" Ausbreitung der Grippe innerhalb der Bevölkerung bzw. der Population mithilfe einer Differentialgleichung beschreiben. Betrachten wir zunächst den zeitlich variablen Bruchteil der gesunden Mitglieder der Population, den wir mit $G(t)$ bezeichnen wollen. Zur Zeit t ist $G(t)$ durch die Gleichung

$$G(t) = \frac{N - E(t)}{N}$$

gegeben, wobei $E(t)$ die Anzahl der zur Zeit t Erkrankten innerhalb der Bevölkerung bzw. der Population darstellen soll. Pro Zeiteinheit hat (laut den eben gemachten Annahmen) jeder einzelne Erkrankte $k \cdot G(t)$ Kontakte mit Gesunden. In einem kleinen Zeitintervall $(t, t + \Delta t)$ der Länge Δt hat somit jeder Erkrankte insgesamt

$$k \cdot G(t) \cdot \Delta t = k \cdot \frac{N - E(t)}{N} \cdot \Delta t$$

Kontakte mit Gesunden. Da jeder Kontakt zwischen einem Erkrankten und einem Gesunden laut Annahme zu der Erkrankung des Gesunden führt, erhalten wir hiermit auch die Anzahl der neu angesteckten bzw. neu erkrankten Mitglieder der Population. Betrachtet man nun die Differenz der zur Zeit t vorhandenen Erkrankten $E(t)$ und die am Ende des Zeitintervalls $t + \Delta t$ vorhandenen Erkrankten $E(t + \Delta t)$, so erhalten wir den innerhalb des Zeitintervalls entstehenden Zuwachs an Erkrankten der vorliegenden Bevölkerung. Dieser ist durch

$$E(t + \Delta t) - E(t) = E(t) + E(t) \cdot k \cdot \frac{N - E(t)}{N} \Delta t - E(t)$$
$$= E(t) \cdot k \cdot \frac{N - E(t)}{N} \Delta t$$

gegeben. Teilen wir diese Gleichung nun durch Δt, so liefert dies die Gleichung:

$$\frac{E(t + \Delta t) - E(t)}{\Delta t} = E(t) \cdot k \cdot \frac{N - E(t)}{N}.$$

Lässt man nun die Länge des betrachteten Zeitintervalls immer kleiner werden, d. h., betrachtet man also den Grenzwert der Gleichung für $\Delta t \to 0$, so erhält man die Differentialgleichung

$$E'(t) = E(t) \cdot k \cdot \frac{N - E(t)}{N}.$$

Diese Gleichung lässt sich zu der sogenannten *logistischen Differentialgleichung*

$$E'(t) = k \cdot E(t) - \frac{k}{N} E^2(t) = \frac{k}{N} \cdot E(t) \cdot (N - E(t))$$

umformen. Die Lösung dieser Gleichung haben wir bereits in Kap. 7.4 kennenge-lernt. Wenn wir voraussetzen, dass die Grippeepedemie innerhalb der betrachteten Bevölkerung mit einem Erkrankten beginnt, d. h., dass zum Zeitpunkt $t_0 = 0$ auch $E(t_0) = 1$ gilt, so ist die Anzahl der Erkrankten zum Zeitpunkt t durch die Glei-chung

$$E(t) = \frac{N}{1 + (N - 1)\mathrm{e}^{-kt}}$$

gegeben. Wenn wir also den Grenzwert $t \to \infty$ betrachten, sehen wir, dass unter den gemachten Annahmen am Ende alle Mitglieder der Bevölkerungspopulation erkrankt sein müssen. (Zu diesem Beispiel vgl. auch [3, Seite 26 und Aufgabe 9, Seite 35f].)

Exkurs 11.1

In dem vorangegangenen Beispiel hatten wir angenommen, dass die Grippeer-krankung nicht durch eine Schutzimpfung vermieden werden kann. Heutzutage ist es so, dass jeweils vor Beginn der jährlichen Grippesaison sogenannte Ri-sikogruppen aufgefordert werden, sich einer Grippeimpfung mit dem jeweils „aktuellen" Grippeimpfstoff zu unterziehen. Wie wir alle wissen gibt es auch für andere Erkrankungen wie z. B. Mumps, Masern, bestimmte Meningitis-Erkran-kungen, Pneumokokken und andere Erkrankungen Impfstoffe (siehe Abb. 11.1). Jährlich gibt die ständige Impfkommission (STIKO) neue Empfehlungen heraus, welche Impfungen für bestimmte Bevölkerungsgruppen empfohlen werden. Vor der Aufnahme eines neuen Impfstoffs in diese Empfehlungen erfolgt eine „Kos-ten-Nutzen"-Rechnung, in der abgewägt wird, ob eventuelle Nebenwirkungen eines Impfstoffs und die Effektivität der Impfung in einer sinnvollen Relation stehen. Dies war auch schon früher so, und tatsächlich geht der Nachweis der „Effektivität" einer bevölkerungsweiten Pockenimpfung auf die mathematischen Berechnungen des Mediziners und Mathematikers Daniel Bernoulli zurück (vgl. auch Exkurs 5.1 in Abschn. 5.6 und Exkurs 13.2 in Abschn. 13.1).

Seit dem 6. Jahrhundert sind Pockenepidemien in Europa bekannt. Eine Imp-fung gegen eine Pockenerkrankung kennt man seit 1796. Damals inokulierte Edward Jenner (1749–1823) einem achtjährigen Jungen den Eiter einer Kuhpo-ckenpustel einer an Kuhpocken erkrankten Melkerin. Jenners hatte beobachtet, dass Melkerinnen, die sich mit Kuhpocken infiziert hatten, von den oftmals töd-lichen Pocken verschont blieben. Daher hoffte er bei seinem Experiment, dass der achtjährige Junge Antikörper gegen Kuhpocken bilden würde, die ihn ge-gen eine von Jenner absichtlich hervorgerufene Infektion durch Pockenmaterial schützte. Dies war ein riskantes „Spiel" mit einem möglicherweise tödlichen Ausgang für den Jungen, der somit Jenners „Versuchskaninchen" war. Glückli-cherweise bildete der Junge in der Tat, wie Jenner es erwartet hatte, Antikörper,

Abb. 11.1 Das Deckblatt
eines internationalen Impf-
passes.

die ihn vor einer späteren Pockenerkrankung schützten. Durch diesen „Men-
schenversuch" entwickelte Jenner die weltweit erste erfolgreiche Impfung gegen
die Pocken. Bis zu der Entdeckung dieser sogenannten Vakzination und damit der eigentlichen Impfung durch Jenner gab es bereits die jedoch mit sehr
viel Risiken behaftete Variolation. Bei dieser Impfmethode wurde einem gesunden Menschen die Lymphe eines Pockenerkrankten injiziert. Basierend auf
den damals verfügbaren statistischen Erhebungen über die Pockenerkrankun-
gen in Breslau stellte der Mathematiker und Mediziner Daniel Bernoulli 1760
ein Modell bestehend aus nichtlinearen gewöhnlichen Differentialgleichungen
vor, das den Verlauf einer Pockenepidemie in einer Bevölkerung modellierte.
Hierbei vernachlässigte er jedoch zunächst die Risiken der Variolation bei seinen Berechnungen. Seine mit dem hergeleiteten Modell angestellten Berechnungen führten auf fiktive „Sterbetafeln" für Breslau, die eine Pockenerkrankung
als Todesursache nicht mehr beinhalteten. Diese Sterbetafeln zeigten, dass bei
der Einführung einer bevölkerungsweiten Impfung gegen Pocken die mittlere Lebenserwartung der Breslauer Bevölkerung um drei Jahre zunehmen würde.

Mit seinen mathematischen Überlegungen zu einer medizinischen Fragestellung hat D. Bernoulli also den Sinn und die Effektivität von (Pocken-)Impfungen
nachweisen können, die nach einer 14 Jahre dauernden Impfkampagne 1980 dazu geführt hat, dass die Pocken von der Weltgesundheitsorganisation (WHO) als
ausgerottet erklärt wurden. (Vgl. hierzu auch [6, Seite 318], [9, Seite 102, „Impfung"] und [10, Beispiel 5.7, Seite 180 ff.].)

Als *Differentialgleichung erster Ordnung* bezeichnet man eine Gleichung, in der
die erste Ableitung der gesuchten Funktion und keine weiteren (höheren) Ableitungen vorkommen. Die Gleichung, die das Wachstum der *E.-coli*-Population in dem
einführenden Beispiel beschreibt, war formal vom Typ

$$\frac{\mathrm{d}y}{\mathrm{d}t} + ay = 0, \tag{11.1}$$

wobei $a \neq 0$ hier eine von t unabhängige Konstante bezeichnet. Eine derartige Gleichung nennt man eine *lineare, homogene Differentialgleichung erster Ordnung mit konstanten Koeffizienten*. Von einer *linearen, inhomogenen Differentialgleichung erster Ordnung mit konstanten Koeffizienten* spricht man hingegen, wenn anstelle der Null auf der rechten Seite von (11.1) eine Konstante oder eine von t abhängige, stetige Funktion steht.

Natürlich kann die Änderungsrate y' einer stetigen Funktion y auch eine nichtlineare Funktion von y sein. In diesem Fall spricht man statt von einer linearen von einer *nichtlinearen Differentialgleichung*. Der belgische Mathematiker Pierre-Francois Verhulst (28.10.1804–15.02.1849) wollte im Jahre 1838 die Entwicklung einer Population $P(t)$ modellhaft beschreiben. Hierbei ging er davon aus, dass bei der Vermehrung einer Population den nachfolgenden Einflüssen Rechnung getragen werden muss.

1. Die Population nimmt „geometrisch" aufgrund der Fortpflanzung der Individuen zu, d. h., die Individuenzahl im Folgejahr ist proportional zur aktuellen Populationsgröße.
2. Durch begrenzte Nahrungsquellen bzw. wegen mangelnde Nahrung kommt es zum Verhungern einzelner Individuern, weshalb sich die Population verringert, d. h., die Individuenzahl im Folgejahr ist proportional zur Differenz zwischen ihrer aktuellen Größe und einer theoretischen Maximalgröße.

Legt man diese Überlegungen zugrunde, so gelangt man für $P(t)$ zu der nichtlinearen Differentialgleichung

$$\frac{dP}{dt} = k_1 P - k_2 P^2,$$

wobei k_1 und k_2 die entsprechenden Proportionalitätskonstanten darstellen. Diese Gleichung nennt man auch *logistische Differentialgleichung*. Die Lösung dieser Gleichung haben wir bereits in Abschn. 7.4 kurz kennengelernt.

Wir wollen uns nun einigen Lösungsmethoden für gewöhnliche Differentialgleichungen zuwenden.

11.1 Die Trennung der Variablen

Wenn man die Lösung einer gewöhnlichen Differentialgleichung (zusammen mit ihren Ableitungen) in die Gleichung einsetzt, so wird diese auf einem (bestimmten) Intervall erfüllt. Hierbei muss die gefundene Lösung bzw. Funktion *nicht* unbedingt eindeutig sein. Wie aber spürt man eine derartige Lösung auf? Differentialgleichungen des speziellen Typs

$$\frac{dy}{dt} = f(t)g(y) \tag{11.2}$$

lassen sich mithilfe der Methode der Trennung der Variablen lösen, wobei hier vorausgesetzt wird, dass die Funktionen f und g in (11.2) auf gewissen Intervallen stetig seien. Die Methode besteht darin, die von y abhängigen Terme in (11.2) formal von den Termen zu trennen, die von t abhängen. Was soll das bedeuten? Wir dividieren die Gleichung zunächst durch $g(y)$. Dann schreiben wir alle Terme auf eine Seite, d. h., wir erhalten die Gleichung:

$$\frac{y'(t)}{g(y(t))} - f(t) = 0.$$

Die linke Seite dieser Gleichung ist aber gerade die Ableitung der Funktion

$$\int \left(\frac{y'(t)}{g(y(t))} \quad f(t) \right) dt$$

nach t. Wenn eine Lösung der Differentialgleichung existiert, dann bedeutet dies, dass für diese Lösung auch

$$\int \frac{y'(t)}{g(y(t))} dt - \int f(t) dt = 0$$

ist. Führt man in dem ersten Integral die Substitution $u = y(t)$ durch, so ergibt sich die Gleichung

$$\int \frac{du}{g(u)} - \int f(t) dt = 0$$

bzw.

$$\int \frac{du}{g(u)} = \int f(t) dt.$$

Die Integration auf der linken Seite liefert uns nach der Rücksubstitution eine Funktion, die wir mit $G(y(t))$ bezeichnen wollen. Auf der linken Seite steht also eine Funktion der Variablen $y(t)$ und auf der rechten Seite eine Funktion $F(t)$ der Variablen t. Nun wird versucht, die so gewonnene Gleichung

$$G(y(t)) = F(t)$$

nach $y(t)$ aufzulösen, um einen geschlossenen Ausdruck für die gesuchte Funktion $y(t)$ zu erhalten. Diese Methode nennt man *Trennung der Variablen*. Sie setzt natürlich voraus, dass die Funktion $G(y(t))$ eine Umkehrfunktion G^* besitzt, so dass die Lösung der Differentialgleichung durch die Funktion

$$y(t) = G^* (F(t))$$

gegeben wird. Dass es sich hierbei tatsächlich um eine Lösung der Differentialgleichung handelt, muss jedoch noch überprüft werden. Dies geschieht, indem man die gefundene Lösung mitsamt ihrer ersten Ableitung in die vorliegende Differentialgleichung einsetzt und die Probe macht.

Beispiel 11.2 Wir betrachten die Differentialgleichung

$$\frac{\mathrm{d}y}{\mathrm{d}t} = a \cdot y,$$

wobei a eine beliebige Konstante bezeichne. Wie lautet eine Lösung dieser Differentialgleichung?

Wir gehen genauso wie oben beschrieben vor. In diesem Beispiel ist die Funktion $g(y) = y$ und die Funktion $f(t) = a$. D. h., für die Lösung muss die Gleichung

$$\int \frac{y'(t)}{y(t)} \mathrm{d}t = \int a \mathrm{d}t$$

gelten. Integriert man nun auf beiden Seiten der Gleichung unbestimmt, so erhält man

$$\ln |y(t)| = at + c,$$

wobei c die Integrationskonstante bezeichne. Die Umkehrfunktion des natürlichen Logarithmus ist die Exponentialfunktion. D. h., die gefundene Gleichung kann nach $y(t)$ aufgelöst werden, und wir erhalten die Gleichung

$$|y(t)| = \mathrm{e}^{at+c}.$$

Die rechte Seite dieser Gleichung ist immer positiv, so dass wir auf der linken Seite die Betragstriche ruhig weglassen können. Wir haben als einen Kandidaten für die Lösung die Funktion

$$y(t) = c_1 \mathrm{e}^{at},$$

mit $c_1 = \mathrm{e}^c$ gefunden. Nun müssen wir uns davon überzeugen, dass es auch wirklich eine Lösung der vorliegenden Differentialgleichung ist. Hierfür berechnen wir

$$\frac{\mathrm{d}y}{\mathrm{d}t}(t) = a \cdot c_1 \mathrm{e}^{at}.$$

Wir sehen nun, dass die rechte Seite dieser Gleichung sich als $a \cdot y(t)$ schreiben lässt. Wir haben also tatsächlich eine Lösung (aber nicht alle) der vorliegenden Gleichung ermittelt.

Beispiel 11.3 In diesem zweiten Beispiel betrachten wir nun die Differentialgleichung

$$\frac{\mathrm{d}y}{\mathrm{d}t} = -a \cdot t \cdot y^2.$$

Auch hier stellen wir wieder die Frage nach einer Lösung der Gleichung. Wenn wir erneut so vorgehen wie oben beschrieben, so führt uns das auf die Gleichung

$$-\int \frac{y'(t)}{y^2(t)} \mathrm{d}t = \int a \cdot t \mathrm{d}t.$$

Führt man auch hier die unbestimmten Integrationen durch, so gelangt man zu

$$\frac{1}{y(t)} = \frac{1}{2}a \cdot t^2 + c,$$

wobei auch hier mit c die Integrationskonstante bezeichnet sei. Auflösen nach $y(t)$ führt uns auf

$$y(t) = \frac{2}{a \cdot t^2 + 2c}.$$

Die nun noch durchzuführende Probe liefert uns

$$\frac{\mathrm{d}y}{\mathrm{d}t}(t) = -\frac{4 \cdot a \cdot t}{(a \cdot t^2 + 2c)^2}$$

$$= -a \cdot t \cdot \left(\frac{2}{a \cdot t^2 + 2c}\right)^2$$

$$= -a \cdot t \cdot y(t)^2.$$

Somit haben wir auch in diesem Fall eine Lösung der vorliegenden Differentialgleichung gefunden.

Die hier vorgestellte Methode kann jedoch nur für Gleichungen des Typs (11.2) angewendet werden. Hat man eine Differentialgleichung von einer anderen Gestalt vorliegen, so muss man sich anders weiterhelfen.

11.2 Die Variation der Konstanten

Wenden wir uns nun den Differentialgleichungen von der Gestalt

$$\frac{\mathrm{d}y}{\mathrm{d}t} = -a \cdot y + b(t) \tag{11.3}$$

zu, wobei hier a eine Konstante ungleich null bezeichne und die Funktion $b(t)$ als stetig vorausgesetzt wird. (Der Fall $a = 0$ lässt sich durch einfache Integration direkt lösen.) Lassen Sie uns zusätzlich annehmen, dass die gesuchte Funktion einer weiteren Bedingung genügen soll. Zum Zeitpunkt t_0 soll sie nämlich den gegebenen Wert y_0 annehmen. Ist eine derartige zusätzliche Vorschrift gegeben, so spricht man von einer Anfangswertaufgabe. Den Spezialfall, dass $b(t)$ eine Konstante ist, können wir mit der im letzten Abschnitt kennengelernten Methode der Trennung der Variablen bereits studieren und Lösungen ermitteln.

Hierbei würden wir zunächst

$$u(t) = y(t) - \frac{b}{a}$$

setzen und würden das „neue" Anfangswertproblem

$$\frac{\mathrm{d}u}{\mathrm{d}t} = -au(t),$$

$$u(t_0) = y_0 - \frac{b}{a}$$

erhalten. Eine solche Gleichung können wir lösen. Die im letzten Abschnitt vorgestellten Techniken liefern uns für $u(t)$ die Gestalt

$$u(t) = \text{Konstante} \cdot \mathrm{e}^{-at}.$$

Nun haben wir jedoch die Anfangsbedingung an die Funktion $u(t)$. Mithilfe dieser Bedingung können wir nun die Konstante explizit angeben, denn es soll ja

$$u(t_0) = y_0 - \frac{b}{a}$$
$$= \text{Konstante} \cdot \mathrm{e}^{-at_0}$$

gelten, woraus sich

$$\text{Konstante} = \left(y_0 - \frac{b}{a}\right) \mathrm{e}^{at_0}$$

ergibt. Das bedeutet, dass die Funktion $u(t)$ in Wirklichkeit durch die Funktionsgleichung

$$u(t) = \left(y_0 - \frac{b}{a}\right) \cdot \mathrm{e}^{-a(t-t_0)}$$

gegeben ist, woraus sich nun wiederum die Funktion

$$y(t) = \left(y_0 - \frac{b}{a}\right) \cdot \mathrm{e}^{-a(t-t_0)} + \frac{b}{a}$$

bestimmen lässt.

Exkurs 11.2

Unter den linearen, inhomogenen Differentialgleichung erster Ordnung mit konstanten Koeffizienten „spielt" die Differentialgleichung

$$\frac{\mathrm{d}y}{\mathrm{d}t} + ay = b, \tag{11.4}$$

mit Konstanten a und b, für die $a \neq 0 \neq b$ gilt, eine ganz besondere Rolle. Diese Gleichung ist unter anderem als die kontinuierliche Version des *Newton'schen Abkühlungsgesetzes* bekannt.

Das hier zugrunde liegende Alltagsproblem ist jedem von uns sicherlich vertraut. Ein heißer Gegenstand (wie z. B. eine Herdplatte, vgl. Abb. 11.2) kühlt

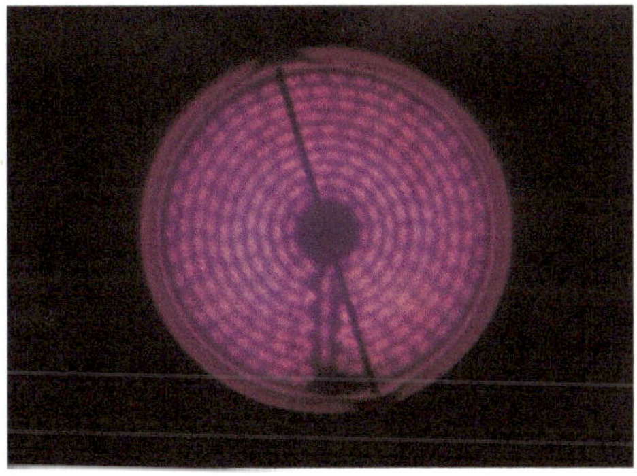

Abb. 11.2 Ein erwärmtes Kochfeld einer Ceran-Herdplatte. Foto: *Dirk Horstmann*

relativ schnell ab. Jedoch fühlt sich die Herdplatte noch lange Zeit warm an. Sir Isaac Newton (vgl. Abb. 11.3) vermutete hinter der kontinuierlichen Abnahme der Temperatur $T(t)$ eine Gesetzmäßigkeit. Das von ihm hergeleitete Newton'sche Abkühlungsgesetz beschreibt die im Zeitverlauf immer langsamer werdende Abkühlungsgeschwindigkeit. Er vermutete, dass für kleine Zeitintervalle der Länge h die Veränderung der Körpertemperatur proportional zu der Länge des Zeitintervalls und der Differenz zwischen der aktuellen Körpertemperatur und der (konstanten) Umgebungstemperatur T_U ist. Diese Annahme führt auf die Differentialgleichung

$$-\frac{\mathrm{d}T}{\mathrm{d}t} = k \cdot (T - T_U).$$

Sir Isaac Newton wurde am 25.12.1642 in Woolsthorpe geboren. (Oftmals findet man auch den 04.01.1643 als sein Geburtsdatum, was hierbei jedoch einzig und allein an der Verwendung des gregorianischen Kalenders liegt.) Er wuchs als

Abb. 11.3 Sir Isaac Newton. Zeichnung: *Dirk Horstmann*

Halbwaise bei seiner Mutter und seiner Großmutter auf. Ohne die Bemühungen eines Onkels hätte er wohl – wie früher üblich – den väterlichen Gutshof übernehmen müssen. So jedoch durfte er seinem starken Interesse an mathematischen Studien, experimentellen Untersuchungen und handwerklichen Konstruktionen nachgehen.

Als Achtzehnjähriger besuchte er die renommierte Universität Cambridge, an der es heute das nach ihm benannte „Isaac Newton Institute for Mathematical Sciences" gibt. Am Trinity College wurde Isaac Barrow, der Inhaber des einzigen dortigen naturwissenschaftlich orientierten Lehrstuhles, ein Freund und Förderer Newtons. Barrow erkannte die besonderen Begabungen Newtons.

Mit 25 wurde Newton „Master of arts" und folgte schon im Jahre 1669 Barrow auf den Lehrstuhl, der zugunsten seines Schülers auf seine Professur verzichtete und Hofprediger des englischen Königs wurde. Zu Newtons Errungenschaften gehören die Einführung der Infinitesimalrechnung und der Reihenlehre. In seiner Arbeit „Enumeratio linearum tertii ordinis" ordnete Newton Kurven nach der Anzahl der Punkte, die sie mit einer Geraden gemeinsam haben können, und erkannte hierbei die Transzendenz aller Spiralen.

In der Mathematik ist Newton, der zu den bedeutendsten Naturwissenschaftlern der Menschheit gehört und der auch grundlegende Beiträge zur Dynamik, Optik, Himmelsmechanik und Chemie geliefert hat, insbesondere in der Analysis und in der Theorie der Differentialgleichungen sowie in der Algebra hervorgetreten. Die von Sir Isaac Newton verfassten „Principia Mathematica" werden allseits als eines der wichtigsten wissenschaftlichen Werke alle Zeiten eingestuft. So wie seine mathematischen Arbeiten sind auch seine physikalischen Werke überragend. Eine seiner historischen Leistungen besteht in der Formulierung eines umfassenden Gravitationsgesetzes und in dem mathematischen Beweis, dass aus dem Gravitationsgesetz die Kepler'schen Gesetze der Planetenbewegung folgen und umgekehrt. Spätestens zwischen 1679 und 1684 muss Newton diesen Beweis besessen haben. Die drei von ihm formulierten physikalischen Bewegungsgesetze (das Trägheitsgesetz, die Wirkung einer Kraft als zeitliche Veränderung der Bewegungsgröße, die er als Produkt aus Masse und Geschwindigkeit eines Körpers verstand, und die Forderung, dass jeder Kraft eine gleich große Gegenkraft entspricht) dürften jedoch seine bekanntesten Ergebnisse sein.

Das Grab von Sir Isaac Newton, der am 31.03.1727 in London/Kensington starb, findet man in der Westminster Abbey in London. (Siehe [2], [3–5, Seite 46 ff.] und vgl. auch [9, „Newtons Principia", Seite 78, „Infinitesimalrechnung", Seite 80 f., „Von Newton bis Einstein", Seite 246 f.].)

Was aber passiert, wenn die Funktion $b(t)$ ungleich einer Konstanten ist? In diesem Fall hilft eine *Variation der Konstanten* weiter. Betrachtet man (11.3), so stellt man zunächst fest, dass zu jeder Lösung dieser Gleichung alle Lösungen der homogenen Gleichung

$$\frac{\mathrm{d}y}{\mathrm{d}t} = -a \cdot y \tag{11.5}$$

dazu addiert werden können und man so weitere Lösungen erhält. Die Bestimmung einer Lösung von (11.5) führt mit den im vorangegangenen Abschnitt vorgestellten Methoden auf Lösungen der Form

$$y_{\text{homogen}}(t) = c \cdot e^{-at},$$

wobei c eine Konstante symbolisiert. Um eine Lösung des inhomogenen Problems zu finden, nehmen wir nun an, dass eine Lösung von (11.3) ebenfalls von dieser Gestalt ist, nur dass statt der Konstanten c eine von der Variablen t abhängige differenzierbare Funktion vorkommt. D. h., wir nehmen an, dass sich die Lösungen von (11.3) in der Gestalt

$$y_{\text{partikulär}}(t) = c(t) \cdot e^{-at}$$

schreiben lassen. Setzt man nun eine derartige Funktion in (11.3) ein, so erhält man eine gewöhnliche Differentialgleichung zur Bestimmung von $c(t)$, denn es gilt:

$$\frac{d}{dt}\left(c(t) \cdot e^{-at}\right) = \frac{dc}{dt} \cdot e^{-at} - ac(t) \cdot e^{-at}$$

und da angenommen wurde, dass $c(t) \cdot e^{-at}$ eine Lösung der Differentialgleichung (11.3) ist, ergibt sich weiter, dass

$$\frac{dc}{dt} \cdot e^{-at} - ac(t) \cdot e^{-at} = -a\left(c(t) \cdot e^{-at}\right) + b(t)$$

gelten soll. Hieraus erhalten wir die Differentialgleichung

$$\frac{dc}{dt} = b(t) \cdot e^{at},$$

die wir durch Integration lösen können und die uns für $c(t)$ auf die Gestalt

$$c(t) = \int b(t) e^{at}\, dt$$

führt. Eine spezielle (*partikuläre*) Lösung der Differentialgleichung (11.3) ist somit durch

$$y_{\text{partikulär}}(t) = \left(\int b(t) e^{at}\, dt\right) e^{-at} \tag{11.6}$$

gegeben.

Beispiel 11.4 Betrachten wir die Differentialgleichung

$$\frac{dy}{dt} = -ay(t) + e^{-kt},$$

wobei wir annehmen, dass für die Konstanten $a \neq k$ gilt. Nach der in (11.6) angegebenen Gestalt der partikulären Lösung ist also

$$y_{\text{partikulär}} = \left(\int e^{-kt} e^{at} \, dt \right) e^{-at} = \frac{1}{a - k} e^{-kt}$$

eine Lösung der betrachteten Differentialgleichung, wovon man sich durch Nachrechnen leicht überzeugen kann.

Jedoch erfüllt diese partikuläre Lösung nicht notwendigerweise das Anfangswertproblem. Hierfür greifen wir einen vorangegangenen Gedanken erneut auf. Wenn wir zu der partikulären Lösung eine Lösung der homogenen Gleichung (11.5) hinzu addieren, erhalten wir wieder eine Lösung von (11.3). Die allgemeine Lösung hat also die Gestalt:

$$y_{\text{allgemein}}(t) = y_{\text{partikulär}}(t) + \text{Konstante} \cdot \text{Lösung der hom. Gleichung}$$
$$= y_{\text{partikulär}}(t) + c \cdot y_{\text{homogen}}(t).$$

Indem man nun

$$y_{\text{allgemein}}(t_0) = y_{\text{partikulär}}(t_0) + c \cdot y_{\text{homogen}}(t_0)$$

betrachtet und dies gleich dem Anfangswert y_0 setzt, kann man durch Bestimmung der Konstanten c sicherstellen, also durch das Auffinden der eindeutigen Lösung der Gleichung

$$y_0 = y_{\text{partikulär}}(t_0) + c \cdot y_{\text{homogen}}(t_0),$$

dass man hieraus auch eine Lösung des Anfangswertproblems gewinnen kann.

11.3   Ansatz vom Typ der rechten Seite

Das Auffinden von partikulären Lösungen stellt sich mitunter deutlich schwieriger dar, als es in dem letzten Abschnitt erscheinen mag. Leider ist die Methode der Variation der Konstanten nämlich nicht immer anwendbar. Dennoch gibt es „Tricks" und Methoden für bestimmte Differentialgleichungen, auf recht einfache Weise eine partikuläre Lösung zu finden. Eine derartige alternative Lösungmethode für bestimmte inhomogene Differentialgleichungen stellt auch der *Ansatz vom Typ der rechten Seite* dar.

Hierbei betrachtet man die allgemeine lineare Differentialgleichung n-ter Ordnung vom Typ

$$a_n y^{(n)}(t) + a_{n-1} y^{(n-1)}(t) + \ldots + a_2 y''(t) + a_1 y'(t) + a_0 y(t) = b(t), \quad (11.7)$$

wobei die $a_i (i \in \{0, \ldots, n\})$ Konstanten mit $a_n \neq 0$ seien. Zunächst ermittelt man alle Lösungen der homogenen Gleichung

$$a_n y^{(n)}(t) + a_{n-1} y^{(n-1)}(t) + \ldots + a_3 y'''(t) + a_2 y''(t) + a_1 y'(t) + a_0 y(t) = 0, \quad (11.8)$$

indem man den Ansatz

$$y_{\text{homogen}} = e^{\lambda \cdot t}$$

macht. Dies führt uns auf die Gleichung

$$a_n \lambda^n + a_{n-1} \lambda^{n-1} + \ldots + a_3 \lambda^3 + a_2 \lambda^2 + a_1 \lambda + a_0 = 0, \qquad (11.9)$$

die auch *charakteristische Gleichung der Differentialgleichung* (vgl. hierzu auch den Begriff der charakteristischen Gleichung einer Matrix) genannt wird. Die linke Seite dieser Gleichung nennt man auch *charakteristisches Polynom der Differentialgleichung*. Diese Gleichung besitzt nach dem Fundamentalsatz der Algebra (Satz 5.2 in Abschn. 5.6.1) n der Vielfachheit nach gezählte Nullstellen λ_i.

Anmerkung 11.2 Da bei Nullstellen des charakteristischen Polynoms auch komplexwertige λ auftreten können, verwenden wir hier die aus Abschn. 8.3 (8.6) bekannte Darstellung:

$$e^{(\alpha + i \cdot \beta)t} = e^{\alpha t} \cdot (\cos(\beta t) + i \sin(\beta t)).$$

Wie üblich kann man zeigen, dass

$$\frac{d}{dt}(e^{(\alpha + i \cdot \beta)t}) = (\alpha + i \cdot \beta) \cdot e^{(\alpha + i \cdot \beta)t}.$$

Somit erhalten wir für die allgemeine Lösung der Differentialgleichung (11.7), als Verallgemeinerung der im letzten Unterkapitel angestellten Überlegungen, bei Kenntnis einer partikulären Lösung, die Lösung

$$y_{\text{allgemein}}(t) = y_{\text{partikulär}}(t) + \text{Summe der jeweils mit Konstanten}$$
$$\text{multiplizierten Lösungen der homogenen Gleichung}$$
$$= y_{\text{partikulär}}(t) + \sum_{i=1}^{n} c_i e^{\lambda_i t}.$$

Hierbei haben wir nun die einschränkende Annahme gemacht, dass es n unterschiedliche Lösungen

$$y_{\text{homogen}}^1(t), y_{\text{homogen}}^2(t), \ldots, y_{\text{homogen}}^{n-1}(t), y_{\text{homogen}}^n(t)$$

der homogenen Gleichung (11.8) gibt, die sich in der obigen Gleichung angeben lassen. Das Auffinden der partikulären Lösung stellt nun jedoch weiterhin die zu lösende Schwierigkeit dar.

Der Ansatz vom Typ der rechten Seite beruht nun auf der Idee, dass Lösungen von (11.7) von derselben Gestalt sein sollten wie die Funktion $b(t)$, die auf der rechten Seite des Gleichheitszeichens steht. Für bestimmte Funktionentypen ist dies tatsächlich eine Erfolg versprechende Methode. Diese Typen sind in Tab. 11.1 zusammen mit dem zu wählenden Ansatz zusammengefasst. Hierbei bezeichne P_λ das charakteristische Polynom der Differentialgleichung. Zur Anwendung von Tab. 11.1 und des hier eingeführten Lösungsansatzes betrachten wir nun einige Beispiele.

Tab. 11.1 Unterschiedliche Lösungsansätze vom Typ der rechten Seite. Siehe [3, Tabelle 16.1, auf Seite 177]

$b(t)$	Lösungsansatz
$b_0 + b_1 t + \ldots + b_m t^m$	1. $A_0 + A_1 t + \ldots + A_m t^m$, falls $P_\lambda(0) \neq 0$ 2. $t^\nu (A_0 + A_1 t + \ldots + A_m t^m)$, falls 0 ν-fache Nullstelle von P_λ
$(b_0 + b_1 t + \ldots + b_m t^m)\, e^{\alpha t}$	1. $(A_0 + A_1 t + \ldots + A_m t^m)\, e^{\alpha t}$, falls $P_\lambda(\alpha) \neq 0$ 2. $t^\nu (A_0 + A_1 t + \ldots + A_m t^m)\, e^{\alpha t}$, falls α ν-fache Nullstelle von P_λ

$(b_0 + b_1 t + \ldots + b_m t^m) \cos(\beta t)$	1. $(A_0 + A_1 t + \ldots + A_m t^m) \cos(\beta t)$
	   $+ (B_0 + B_1 t + \ldots + B_m t^m) \sin(\beta t)$,
	falls $P_\lambda(i\beta) \neq 0$
	
	2. $t^\nu [(A_0 + A_1 t + \ldots + A_m t^m) \cos(\beta t)$
	   $+ (B_0 + B_1 t + \ldots + B_m t^m) \sin(\beta t)]$,
	falls $i\beta$ ν-fache Nullstelle von P_λ

$(b_0 + b_1 t + \ldots + b_m t^m) \sin(\beta t)$	1. $(A_0 + A_1 t + \ldots + A_m t^m) \cos(\beta)$
	   $+ (B_0 + B_1 t + \ldots + B_m t^m) \sin(\beta t)$,
	falls $P_\lambda(i\beta) \neq 0$
	
	2. $t^\nu [(A_0 + A_1 t + \ldots + A_m t^m) \cos(\beta t)$
	   $+ (B_0 + B_1 t + \ldots + B_m t^m) \sin(\beta t)]$,
	falls $i\beta$ ν-fache Nullstelle von P_λ

$(b_0 + b_1 t + \ldots + b_m t^m)\, e^{\alpha t} \cos(\beta t)$	1. $[(A_0 + A_1 t + \ldots + A_m t^m) \cos(\beta t)$
	   $+ (B_0 + B_1 t + \ldots + B_m t^m) \sin \beta t] e^{\alpha t}$,
	falls $P_\lambda(\alpha + i\beta) \neq 0$
	
	2. $t^\nu [(A_0 + A_1 t + \ldots + A_m t^m) \cos(\beta t)$
	   $+ (B_0 + B_1 t + \ldots + B_m t^m) \sin(\beta t)] e^{\alpha t}$,
	falls $\alpha + i\beta$ ν-fache Nullstelle von P_λ

$(b_0 + b_1 t + \ldots + b_m t^m)\, e^{\alpha t} \sin(\beta t)$	1. $[(A_0 + A_1 t + \ldots + A_m t^m) \cos(\beta t)$
	   $+ (B_0 + B_1 t + \ldots + B_m t^m) \sin(\beta t)] e^{\alpha t}$,
	falls $P_\lambda(\alpha + i\beta) \neq 0$
	
	2. $t^\nu [(A_0 + A_1 t + \ldots + A_m t^m) \cos(\beta t)$
	   $+ (B_0 + B_1 t + \ldots + B_m t^m) \sin(\beta t)] e^{\alpha t}$,
	falls $\alpha + i\beta$ ν-fache Nullstelle von P_λ

Beispiel 11.5 Wir betrachten die Differentialgleichung

$$y'''(t) - y(t) = 2 + 7t^2.$$

Der Ansatz $y_{\text{homogen}}(t) = e^{\lambda t}$ zur Bestimmung der Lösungen der homogenen Gleichung führt auf die Gleichung

$$\lambda^3 e^{\lambda t} - e^{\lambda t} = 0,$$

woraus wir nach einer Division durch $e^{\lambda t}$ die charakteristische Gleichung

$$\lambda^3 - 1 = 0$$

erhalten. Nun kann man das Polynom $\lambda^3 - 1$ auch als $(\lambda - 1) \cdot (\lambda^2 + \lambda + 1)$ schreiben, was sich mithilfe einer Polynomdivision leicht nachrechnen lässt. Somit lautet die charakteristische Gleichung also:

$$(\lambda - 1)(\lambda^2 + \lambda + 1) = 0.$$

Dies führt uns auf die Nullstellen

$$\lambda_1 = 1, \lambda_2 = -\frac{1}{2} + i\frac{\sqrt{3}}{2} \quad \text{und} \quad \lambda_3 = -\frac{1}{2} - i\frac{\sqrt{3}}{2}.$$

Die Lösungen der homogenen Gleichung sind also durch die nachfolgende Summe gegeben:

$$y_{\text{homogen}}(t) = c_1 e^t + c_2 e^{\left(-\frac{1}{2} + i\frac{\sqrt{3}}{2}\right)t} + c_3 e^{\left(-\frac{1}{2} - i\frac{\sqrt{3}}{2}\right)t},$$

wobei die c_i ($i \in \{1, 2, 3\}$) beliebige (komplexe) Konstanten bezeichnen.

Anmerkung 11.3 Wie man leicht sieht, sind bei linearen Differentialgleichungen jeweils auch schon der Realteil und der Imaginärteil einer komplexen Lösung selbst schon Lösungen. Insbesondere erhalten wir in diesem Beispiel als reelle Lösung des homogenen Problems die Funktion

$$y_{\text{homogen}}^{(\text{reell})}(t) = C_1 e^t + C_2 e^{-\frac{1}{2}t} \sin\left(\frac{\sqrt{3}}{2}t\right) + C_3 e^{-\frac{1}{2}t} \cos\left(\frac{\sqrt{3}}{2}t\right),$$

wobei hier C_1, C_2 und C_3 reelle Konstanten bezeichnen.

Um eine partikuläre Lösung zu finden, machen wir also den Ansatz vom Typ der rechten Seite und sehen dank der vorhin angegebenen Tabelle, dass wir den Ansatz

$$y_{\text{partikulär}}(t) = A_0 + A_1 t + A_2 t^2$$

wählen sollten, da $P_\lambda(0) \neq 0$ ist. Setzen wir nun diese partikuläre Lösung in die Differentialgleichung ein, so erhalten wir die Gleichung

$$-A_0 - A_1 t - A_2 t^2 = 2 + 7t^2,$$

da für die hier nach dem Ansatz vom Typ der rechten Seite gewählte partikuläre Lösung die dritte Ableitung verschwindet, also

$$y_{\text{partikulär}}'''(t) = 0$$

gilt. Nun sortieren wir in dieser Gleichung nach den einzelnen Potenzen von t um und erhalten so die Gleichung

$$(7 + A_2)t^2 + A_1 t + (A_0 + 2) = 0.$$

Damit die linke Seite dieser Gleichung identisch null ist, müssen die Koeffizienten vor den unterschiedlichen t Potenzen alle gleich null sein. Dies führt uns somit auf

$$A_2 = -7, \quad A_1 = 0 \quad \text{und} \quad A_0 = -2.$$

Wir erhalten als partikuläre Lösung also die Funktion

$$y_{\text{partikulär}}(t) = -2 - 7t^2$$

und als allgemeine Lösungen die Funktionen

$$y_{\text{allgemein}}(t) = -2 - 7t^2 + c_1 \mathrm{e}^t + c_2 \mathrm{e}^{\left(-\frac{1}{2}+i\frac{\sqrt{3}}{2}\right)t} + c_3 \mathrm{e}^{\left(-\frac{1}{2}-i\frac{\sqrt{3}}{2}\right)t}.$$

Beispiel 11.6 Betrachten wir nun die Differentialgleichung

$$y'''(t) - y'(t) = 3t - 2.$$

Der Ansatz $y_{\text{homogen}}(t) = \mathrm{e}^{\lambda t}$ zur Bestimmung der Lösungen der homogenen Gleichung führt diesmal auf die charakteristische Gleichung

$$\lambda^3 - \lambda = 0.$$

Mithilfe einer Polynomdivision sehen wir, dass die linke Seite dieser Gleichung der Identität

$$\lambda^3 - \lambda = \lambda(\lambda - 1)(\lambda + 1)$$

genügt. Somit kann die charakteristische Gleichung auch in der nachfolgenden Form geschrieben werden:

$$\lambda(\lambda - 1)(\lambda + 1) = 0.$$

Als Lösung der homogenen Gleichung erhalten wir folglich

$$y_{\text{homogen}}(t) = c_0 + c_1 \mathrm{e}^t + c_2 \mathrm{e}^{-t}.$$

Wie wir sehen, ist $\lambda = 0$ eine einfache Nullstelle des charakteristischen Polynoms $P_\lambda(\lambda) = \lambda(\lambda - 1)(\lambda + 1)$. Laut Tabelle müssen wir somit den Ansatz

$$y_{\text{partikulär}}(t) = t(A_0 + A_1 t)$$

machen, um eine Lösung der Differentialgleichung zu finden. Berechnet man nun die erste und die dritte Ableitung dieser Funktion und setzt beide in die inhomogene Differentialgleichung ein, so erhalten wir die Gleichung:

$$-(A_0 + 2A_1 t) = 3t - 2.$$

Diesmal sortieren wir die Gleichung in der Art um, dass wir jeweils die unterschiedlichen Potenzen der Variablen x zusammenfassen. Dies führt uns auf die Gleichung:

$$(3 + 2A_1)t + (A_0 - 2) = 0.$$

Hieraus folgern wir, dass $A_0 = 2$ und $A_1 = -3/2$ gelten muss. Die partikuläre Lösung ist also durch

$$y_{\text{partikulär}}(t) = -\frac{3}{2}t^2 + 2t$$

gegeben. Somit lautet die allgemeine Lösung der Differentialgleichung:

$$y_{\text{allgemein}}(t) = -\frac{3}{2}t^2 + 2t + c_0 + c_1 \mathrm{e}^t + c_2 \mathrm{e}^{-t}.$$

Beispiel 11.7 In diesem Beispiel wollen wir nun die allgemeine Lösung der Differentialgleichung

$$y''(t) + 6y'(t) = 2\cos(5t)$$

berechnen. Mit dem nun bereits zweimal vorgeführten Ansatz erhält man als Lösung der homogenen Gleichung das charakteristische Polynom

$$P_\lambda(\lambda) = \lambda^2 + 6\lambda$$

und die Lösung der homogenen Differentialgleichung

$$y_{\text{homogen}}(t) = c_1 + c_2 \mathrm{e}^{-6t}.$$

Da $P_\lambda(5i) \neq 0$ ist ($P(5i) = -25 + 30i \neq 0$), kann man laut Tabelle den Ansatz

$$y_{\text{partikulär}}(t) = A\sin(5t) + B\cos(5t)$$

wählen, um eine partikuläre Lösung der Differentialgleichung zu bestimmen. Setzt man die erste und die zweite Ableitung dieser Funktion in die Differentialgleichung ein, so erhält man (nach geeignetem Umsortieren) die nachfolgende Gleichung:

$$(30A - 25B)\cos(5t) + (-25A - 30B)\sin(5t) = 2\cos(5t).$$

Damit diese Gleichung gilt, muss also

$$30A - 25B = 2 \quad \text{und} \quad -25A - 30B = 0$$

gelten. Wir müssen demnach ein Gleichungssystem für zwei Unbekannte lösen. Wir haben in diesem Fall ein Gleichungssystem mit zwei „unterschiedlichen" Gleichungen für zwei Unbekannte vorliegen, das sich eindeutig lösen lässt. Die Lösung dieses Systems lautet hier:

$$A = \frac{12}{305} \quad \text{und} \quad B = -\frac{2}{61}.$$

Somit lautet die gesuchte allgemeine Lösung der obigen Differentialgleichung:

$$y_{\text{allgemein}}(t) = c_1 + c_2 e^{-6t} + \frac{12}{305}\sin(5t) - \frac{2}{61}\cos(5t).$$

Mit diesen Beispielen wollen wir das Auffinden von Lösungen inhomogener Differentialgleichungen abschließen und uns einem neuen Abschnitt zuwenden. Von Differentialgleichungen geht es nun zu Differentialgleichungssystemen.

11.4 Differentialgleichungssysteme

In der Ökologie kommen nicht nur einzelne Differentialgleichungen vor, sondern man hat häufig mit sogenannten Systemen von gewöhnlichen Differentialgleichungen zu tun. So werden z. B. Räuber-Beute-Beziehungen mithilfe von gewöhnlichen Differentialgleichungen modelliert. Das Prinzip von Räuber-Beute-Modellen ist die Beschreibung der Wechselwirkung von Beutepopulationen und Räuberpopulationen wie z. B. die Interaktion von Wolfpopulationen und den Populationen ihrer Beutetiere. Das beschreibende Differentialgleichungssystem setzt sich grundsätzlich erst einmal aus den nachfolgenden Termen zusammen:

1. Die Veränderung der Beutepopulation resultiert aus dem Populationswachstum der Beute und der Verminderung der Population durch das „Gefressenwerden" durch den Räuber.
2. Die Veränderung der Räuberpopulation ist die Folge eines Populationswachstums der Räuber aufgrund ausreichender Nahrungsquellen (Fressen der Beute) und dem Sterben von Individuen der Räuberpopulation.

Das „natürliche Sterben" (also das nicht durch einen Räuber verursachte Sterben) der Beute wird hierbei mit dem Wachstum der Beute „verrechnet". In abstrakter Form lassen sich somit derartige Modelle in der Form

$$\left.\begin{aligned} u' &= f(u, v) \\ v' &= g(u, v) \end{aligned}\right\} \tag{11.10}$$

schreiben, wobei die stetig differenzierbare Funktion $u(t)$ die Räuberpopulation und die stetig differenzierbare Funktion $v(t)$ die Beutepopulation zum Zeitpunkt t darstellt. Hierbei können drei unterschiedliche Situationen eintreten:

1. Eine Symbiose der beobachteten Spezies: Beide Populationen profitieren voneinander.
2. Eine Konkurrenz der betrachteten Spezies: Beide Populationen behindern sich im Wachstum.
3. Eine Räuber-Beute-Beziehung der beiden (oder mehr) Spezies: Eine Population gedeiht auf Kosten der/einer anderen Population.

Den Räuber-Beute-Modellen wollen wir uns in einem separaten Unterkapitel später noch genauer widmen. Wie aber kann man derartige Modelle, wie sie durch (11.10) gegeben sind, behandeln bzw. lösen?

11.4.1 Von der einzelnen Differentialgleichung n-ter Ordnung zum Differentialgleichungssystem erster Ordnung

Wenn man also eine Differentialgleichung n-ter Ordnung der Form

$$y^{(n)}(t) + a_{n-1}y^{(n-1)}(t) + \ldots + a_0 y(t) = f(t, y_0(t), y'(t), \ldots, y^{(n-1)}(t))$$

vorliegen hat, so kann man diese Gleichung in ein System von Differentialgleichungen erster Ordnung überführen, indem man neue Notationen einführt. Hierbei geht man wie folgt vor: Man setzt $y'(t)$ gleich einer Funktion $u_1(t)$. Analog setzt man $y''(t) = u_2(t)$ bis $y^{(n-1)}(t) = u_{n-1}(t)$. Auf diese Weise erhalten wir also die Gleichungen:

$$y'(t) = u_1(t)$$
$$u_1'(t) = u_2(t)$$
$$\vdots \quad \vdots \quad \vdots$$
$$u_{n-2}'(t) = u_{n-1}(t)$$
$$u_{n-1}'(t) = -a_0 y(t) - \ldots - a_{n-1}u_{n-2}(t)$$
$$+ f(t, y(t), u_1(t), \ldots, u_{n-2}(t), u_{n-1}(t))$$

bzw. als System geschrieben

$$\begin{pmatrix} y(t) \\ u_1(t) \\ \vdots \\ u_{n-2}(t) \\ u_{n-1}(t) \end{pmatrix}' = \begin{pmatrix} 0 & 1 & 0 & \cdots & 0 \\ 0 & \ddots & \ddots & \ddots & \vdots \\ \vdots & \ddots & \ddots & \ddots & 0 \\ 0 & \cdots & 0 & 0 & 1 \\ -a_0 & -a_1 & \cdots & -a_{n-2} & -a_{n-1} \end{pmatrix} \cdot \begin{pmatrix} y(t) \\ u_1(t) \\ \vdots \\ u_{n-2}(t) \\ u_{n-1}(t) \end{pmatrix}$$

$$+ \begin{pmatrix} 0 \\ 0 \\ \vdots \\ 0 \\ f(t, y(t), u_1(t), \ldots, u_{n-2}(t), u_{n-1}(t)) \end{pmatrix}. \tag{11.11}$$

Beispiel 11.8 Die Differentialgleichung dritter Ordnung

$$y^{(3)}(t) - 2y''(t) + y(t) = 2 \cdot (y'(t) - y''(t)y(t))$$

lässt sich in das System

$$\begin{pmatrix} y(t) \\ u_1(t) \\ u_2(t) \end{pmatrix}' = \begin{pmatrix} 0 & 1 & 0 \\ 0 & 0 & 1 \\ -1 & 0 & 2 \end{pmatrix} \cdot \begin{pmatrix} y(t) \\ u_1(t) \\ u_2(t) \end{pmatrix} + \begin{pmatrix} 0 \\ 0 \\ 2 \cdot (u_1(t) - u_2(t)y(t)) \end{pmatrix}$$

von drei Differentialgleichungen erster Ordnung umschreiben.

In dem Fall, dass die Funktion $f(t, y(t), u_1(t), \ldots, u_{n-2}(t), u_{n-1}(t))$ nur von t (und nicht von $y(t)$ und den $u_i(t)$) abhängt, lässt sich dies in der formalen Gestalt

$$Y'(t) = A \cdot Y(t) + b(t)$$

mit einer $(n \times n)$-Matrix A und den Spalten-Vektoren $Y'(t)$, $Y(t)$ und $b(t)$, also als lineares Differentialgleichungssystem erster Ordnung schreiben.

11.4.2 Lösung von linearen Differentialgleichungssystemen erster Ordnung

Das Auffinden einer homogenen Lösung des Systems

$$Y'(t) = A \cdot Y(t) + b(t)$$

ist diesmal gleichbedeutend mit dem Lösen der Gleichung

$$Y'(t) = A \cdot Y(t).$$

Im Prinzip macht man nun den gleichen Ansatz, den man auch im Fall einer einzelnen homogenen Differentialgleichung gemacht hat. An die Stelle der Konstanten tritt in dem Ansatz jedoch ein Spaltenvektor, d. h., wir setzen

$$Y_{\text{homogen}}(t) = e^{\lambda t} \cdot c,$$

wobei c diesmal einen Spaltenvektor darstellt. Dieser Ansatz führt auf

$$\lambda \cdot e^{\lambda t} \cdot c = A \cdot e^{\lambda t} \cdot c \quad \text{bzw. auf} \quad \lambda \cdot c = A \cdot c.$$

Somit suchen wir also die Eigenvektoren und die Eigenwerte der Matrix A. Wie man dies macht, haben wir bereits in Abschn. 5.5 kennengelernt. Das Auffinden einer partikulären Lösung macht man nun mit dem uns ebenfalls aus dem Fall einer einzelnen Differentialgleichung bekannten Ansatz vom Typ der rechten Seite. Allerdings ist hierbei zu beachten, dass durch die Multiplikation des Spaltenvektors $Y(t)$ mit der Matrix A der jeweils durch die i-te Komponente des Spaltenvektors $b(t)$ implizierte Ansatz für die i-te Komponente von $Y(t)$ auch in allen anderen Komponenten des Lösungsvektors $Y(t)$ gewählt werden muss. Am besten veranschaulicht man dies an konkreten Beispielen.

Beispiel 11.9 Wir betrachten zunächst das homogene Differentialgleichungssystem

$$Y'(t) = \begin{pmatrix} 2 & 4 \\ 3 & 5 \end{pmatrix} Y(t).$$

Wie eben beschrieben machen wir also den Ansatz

$$Y(t) = e^{\lambda t} \cdot \begin{pmatrix} v_1 \\ v_2 \end{pmatrix}.$$

Dieser Ansatz führt uns auf die Eigenwertgleichung

$$\lambda \cdot e^{\lambda t} \cdot \begin{pmatrix} v_1 \\ v_2 \end{pmatrix} = \begin{pmatrix} 2 & 4 \\ 3 & 5 \end{pmatrix} \cdot e^{\lambda t} \cdot \begin{pmatrix} v_1 \\ v_2 \end{pmatrix} \quad \text{bzw.} \quad \lambda \cdot \begin{pmatrix} v_1 \\ v_2 \end{pmatrix} = \begin{pmatrix} 2 & 4 \\ 3 & 5 \end{pmatrix} \cdot \begin{pmatrix} v_1 \\ v_2 \end{pmatrix}.$$

Die Matrix

$$A = \begin{pmatrix} 2 & 4 \\ 3 & 5 \end{pmatrix}$$

hat die Eigenwerte

$$\lambda_1 = \frac{7}{2} + \frac{\sqrt{57}}{2} \quad \text{und} \quad \lambda_2 = \frac{7}{2} - \frac{\sqrt{57}}{2}.$$

Die dazugehörigen Eigenvektoren lauten

$$v_{\lambda_1} = \begin{pmatrix} -\frac{1}{2} + \frac{\sqrt{57}}{6} \\ 1 \end{pmatrix} \quad \text{und} \quad v_{\lambda_2} = \begin{pmatrix} -\frac{1}{2} - \frac{\sqrt{57}}{6} \\ 1 \end{pmatrix}.$$

Somit ergibt sich als allgemeine Lösung des in diesem Beispiel betrachteten Differentialgleichungssystems die Funktion

$$Y_{\text{allgemein}}(t) = c_1 \begin{pmatrix} -\frac{1}{2} + \frac{\sqrt{57}}{6} \\ 1 \end{pmatrix} e^{\left(\frac{7}{2} + \frac{\sqrt{57}}{2}\right)t} + c_2 \begin{pmatrix} -\frac{1}{2} - \frac{\sqrt{57}}{6} \\ 1 \end{pmatrix} e^{\left(\frac{7}{2} - \frac{\sqrt{57}}{2}\right)t},$$

wobei c_1 und c_2 beliebige Konstanten bezeichnen.

Beispiel 11.10 Wir betrachten nun das Differentialgleichungssystem

$$Y'(x) = \begin{pmatrix} 1 & 2 \\ 1 & 0 \end{pmatrix} Y(x) + \begin{pmatrix} x \\ \cos(x) \end{pmatrix}.$$

Der Typ vom Ansatz der rechten Seite liefert hier

$$Y_{\text{partikulär}}(x) = \begin{pmatrix} a \cdot \sin(x) + b \cdot \cos(x) + c \cdot x + d \\ e \cdot \sin(x) + f \cdot \cos(x) + g \cdot x + h \end{pmatrix}.$$

Setzt man dies in das Differentialgleichungssystem ein, so gelangt man auf das Gleichungssystem

$$\begin{pmatrix} a \cdot \cos(x) - b \cdot \sin(x) + c \\ e \cdot \cos(x) - f \cdot \sin(x) + g \end{pmatrix}$$

$$= \begin{pmatrix} (a + 2e) \cdot \sin(x) + (b + 2f) \cdot \cos(x) + (2g + c + 1) \cdot x + d + 2h \\ a \cdot \sin(x) + (b + 1) \cdot \cos(x) + c \cdot x + d \end{pmatrix}.$$

Führt man nun einen Koeffizientenvergleich durch, so gelangt man für $a, b, c, d, e,$ $f, g,$ und h auf die acht Gleichungen:

$$a = b + 2f, \quad b = -a - 2e, \quad c = d + 2h$$
$$0 = 2g + c + 1, \quad e = b + 1, \quad a = -f$$
$$g = d, \quad c = 0.$$

Wenden wir unser Wissen aus Abschn. 5.2 an, so sehen wir, dass dieses Gleichungssystem eindeutig lösbar ist. Die Lösung ist durch

$$a = -\frac{1}{5}, \, b = -\frac{3}{5}, \, c = 0, \, d = -\frac{1}{2}, \, e = \frac{2}{5}, \, f = \frac{1}{5}, \, g = -\frac{1}{2}, \, h = \frac{1}{4}$$

gegeben. Insgesamt erhalten wir somit für das oben gegebene Differentialgleichungssystem die spezielle Lösung

$$Y_{\text{partikulär}}(x) = \begin{pmatrix} -\frac{1}{5} \cdot \sin(x) - \frac{3}{5} \cdot \cos(x) - \frac{1}{2} \\ \frac{2}{5} \cdot \sin(x) + \frac{1}{5} \cdot \cos(x) - \frac{1}{2} \cdot x + \frac{1}{4} \end{pmatrix}.$$

Bei Differentialgleichungssystemen gilt es aber auch noch weitere Dinge zu beachten. Lösungen des Systems

$$Y' = A \cdot Y + c,$$

wobei hier c einen konstanten Spaltenvektor bezeichnet, für die

$$0 = A \cdot Y + c$$

gilt, werden *stationäre Punkte* oder *Gleichgewichtspunkte* des Systems genannt. Sie sind von besonderer Bedeutung bei der Analyse von Differentialgleichungssystemen. So gestaltet sich die Behandlung von nichtlinearen Differentialgleichungssystemen (also Systemen, bei denen b nicht nur von t, sondern nichtlinear auch von den Komponenten des Spaltenvektors $Y(t)$ abhängt) im Allgemeinen schwieriger als die von linearen Systemen. Hier kann es passieren, dass man außer der Bestimmung der stationären Punkte und der Analyse dieser Punkte keine weiteren Angaben zur Lösung des Differentialgleichungssystems machen kann, da sich in der Regel keine explizite Lösungsformel für diese Art von Gleichungen angeben lässt.

Allerdings kann man die Lösungen von Differentialgleichungssystemen, die nur von zwei unbekannten Funktionen abhängen, zumindest grafisch darstellen.

11.4.3 Grafische Darstellung der Lösungen bzw. Phasendiagramme

Um die Art, wie man Lösungen von nichtlinearen Differentialgleichungssytemen für zwei gesuchte Funktionen $y_1(t)$ und $y_2(t)$ grafisch darstellen kann, näher zu verdeutlichen, betrachten wir ein konkretes Beispiel. Wir betrachten das Differentialgleichungssystem

$$\begin{pmatrix} y_1'(t) \\ y_2'(t) \end{pmatrix} = \begin{pmatrix} y_1 \cdot (1 - 2y_2) \\ y_2 \cdot (3y_1 - 1) \end{pmatrix}. \tag{11.12}$$

Dieses System hat die stationären Punkte

$$(y_1 = 0, y_2 = 0) \quad \text{und} \quad \left(y_1 = \frac{1}{3}, y_2 = \frac{1}{2} \right).$$

Diese Punkte zeichnet man in ein $y_1 - y_2$-Koordinatensystem ein. Als Nächstes stellt man die Ableitung des Vektors

$$\begin{pmatrix} y_1(t) \\ y_2(t) \end{pmatrix}$$

als orientierte „*Richtungspfeile*" (*Richtungsvektoren*) im $y_1 - y_2$-Raum dar, wobei die Koordinaten dieser Ableitung mithilfe der rechten Seite des Differentialgleichungssystems ausgerechnet werden können, indem man dort für y_1 und y_2 nach und nach unterschiedliche Punkte aus der $y_1 - y_2$-Ebene einsetzt und so jeweils

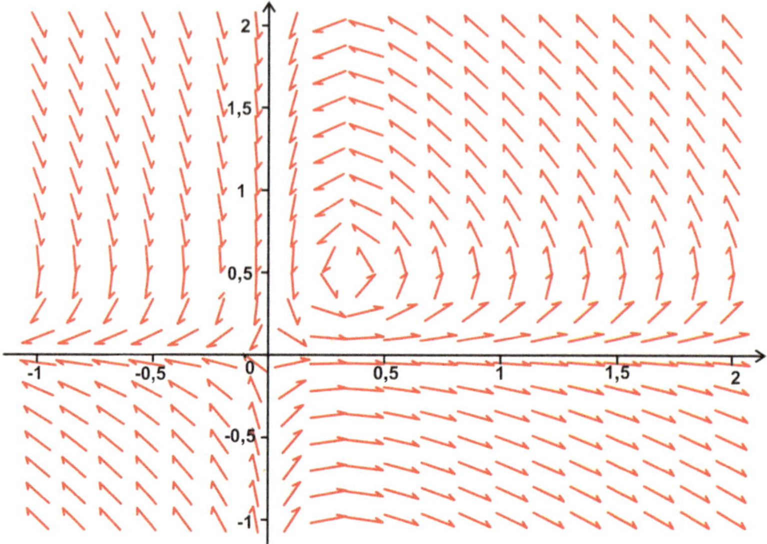

Abb. 11.4 Richtungsfeld des Räuber-Beute-Modells in (11.12)

die dazugehörigen Richtungsvektoren berechnet und dann in das Koordinatensystem einzeichnet (vgl. Abb. 11.4). Auf diese Weise erhält man z. B. für $y_1 = 2$ und $y_2 = 5$ den Richtungsvektor

$$\begin{pmatrix} 2 \cdot (1 - 2 \cdot 5) \\ 5 \cdot (3 \cdot 2 - 1) \end{pmatrix} = \begin{pmatrix} -18 \\ 25 \end{pmatrix}.$$

Von besonderem Interesse ist nun, wie sich die von der Variablen abhängige Lösung nahe bei den stationären Punkten verhält. Wird die Lösung von den stationären Punkten angezogen, abgestoßen oder hängt es von dem Ort ab, von wo man sich dem stationären Punkt nähert, ob die Lösung angezogen oder abgestoßen wird. Diesen Fragen wenden wir uns in dem nun folgenden separaten Abschnitt zu.

11.4.4 Stabilitätsanalyse von stationären Punkten

Was aber versteht man unter der Analyse von stationären Punkten? Wie kann man das durch einen stationären Punkt „Angezogenwerden" bzw. das „Abgestoßenwerden" mathematisch ausdrücken? Um diese Fragen mit uns bereits bekannten Mitteln auszudrücken, müssen wir zunächst einen weiteren Ableitungsbegriff einführen, der eine Verallgemeinerung des uns bereits bekannten Ableitungsbegriffs darstellt. Wenn wir uns die Gleichungen in (11.10) erneut anschauen, so stellen wir fest, dass die Funktionen f und g nicht nur von einer Unbekannten abhängen, sondern von zwei. Beides sind also Abbildungen aus dem $\mathbb{R}^N$ (mit $N = 2$) in die Menge der reellen Zahlen. Was soll dann die Ableitung einer derartigen Funktion sein? Wir definieren hierfür die sogenannten partiellen Ableitungen in Richtungen der jeweiligen Variablen der Funktion.

Definition 11.1
Fasst man bei einer Funktion $f(x_1, \ldots, x_N)$, die aus dem $\mathbb{R}^N$ in die Menge der reellen Zahlen abbildet, die Variablen $x_j \neq x_i$ für $i, j \in \{1, \ldots, N\}$ als Konstanten auf und bildet bzgl. x_i die herkömmliche Ableitung der Funktion, d. h., man leitet die Funktion nach x_i ab, als ob es sich lediglich um eine Funktion der einen Variablen x_i handelt, so nennt man die auf diese Weise gewonnene Ableitung partielle Ableitung der Funktion f nach x_i. Für die partielle Ableitung der Funktion f nach x_i verwendet man die Notation

$$\frac{\partial f}{\partial x_i}(x_1, \ldots, x_N).$$

Beispiel 11.11 Wir wollen die ersten und die zweiten partiellen Ableitungen der Funktion

$$f(x_1, x_2) = x_1 \cdot (1 - 2 \cdot x_2)$$

bilden. Zunächst berechnen wir wie in der eben gegebenen Definition die ersten partiellen Ableitungen nach x_1 und nach x_2. Es gilt:

$$\frac{\partial f}{\partial x_1}(x_1, x_2) = 1 - 2 \cdot x_2$$

$$\frac{\partial f}{\partial x_2}(x_1, x_2) = -2 \cdot x_1.$$

Bei der Berechnung der zweiten partiellen Ableitungen der Funktion f ist zu beachten, dass man diese Funktion auch zunächst einmal nach x_1 und dann einmal nach x_2 und umgekehrt ableiten kann. Auf diese Weise gewinnt man ebenfalls eine zweite partielle Ableitung der Funktion, wobei die Reihenfolge in diesem Fall vertauscht werden darf, da man jeweils die gleiche zweite partielle Ableitung der Funktion f erhält.

$$\frac{\partial^2 f}{\partial x_1^2}(x_1, x_2) = 0$$

$$\frac{\partial^2 f}{\partial x_2^2}(x_1, x_2) = 0$$

$$\frac{\partial^2 f}{\partial x_1 \partial x_2}(x_1, x_2) = -2$$

$$\frac{\partial^2 f}{\partial x_2 \partial x_1}(x_1, x_2) = -2.$$

Beispiel 11.12 Diesmal wollen wir die ersten und zweiten partiellen Ableitungen der Funktion

$$f(x_1, x_2, x_3) = x_1 \cdot e^{2 \cdot x_3} - 2 \cdot x_3 \cdot x_2 - x_2^2 + 4$$

berechnen, also von einer Funktion, die aus dem $\mathbb{R}^3$ in die Menge der reellen Zahlen abbildet. Wir erhalten in diesem Beispiel:

$$\frac{\partial f}{\partial x_1}(x_1, x_2, x_3) = e^{2 \cdot x_3}$$

$$\frac{\partial f}{\partial x_2}(x_1, x_2, x_3) = -2 \cdot x_2 - 2 \cdot x_3$$

$$\frac{\partial f}{\partial x_3}(x_1, x_2, x_3) = 2 \cdot x_1 \cdot e^{2 \cdot x_3} - 2 \cdot x_2$$

$$\frac{\partial^2 f}{\partial x_1^2}(x_1, x_2, x_3) = 0$$

$$\frac{\partial^2 f}{\partial x_2^2}(x_1, x_2, x_3) = -2$$

$$\frac{\partial^2 f}{\partial x_3^2}(x_1, x_2, x_3) = 4 \cdot x_1 \cdot e^{2 \cdot x_3}$$

$$\frac{\partial^2 f}{\partial x_1 \partial x_2}(x_1, x_2, x_3) = 0$$

$$\frac{\partial^2 f}{\partial x_2 \partial x_3}(x_1, x_2, x_3) = -2$$

$$\frac{\partial^2 f}{\partial x_1 \partial x_3}(x_1, x_2, x_3) = 2 \cdot e^{2 \cdot x_3}.$$

Nun haben wir alle Hilfsmittel in der Hand, um die stationären Punkte eines Differentialgleichungssystems erster Ordnung analysieren zu können. Betrachten wir hierzu erneut zunächst das abstrakte System (11.10). O. B. d. A. sei mit (u^*, v^*) ein stationärer Punkt des Systems

$$u'(t) = f(u(t), v(t)),$$
$$v'(t) = g(u(t), v(t))$$

gegeben, d. h., es gilt:

$$0 = f(u^*, v^*),$$
$$0 = g(u^*, v^*).$$

Nun bestimmen wir das sogenannte *linearisierte System*, indem wir zunächst die ersten partiellen Ableitungen nach u und v der Funktionen f und g berechnen und diese an der Stelle (u^*, v^*) auswerten. Auf diese Weise erhalten wir die Matrix:

$$A_{\text{linearisiert}} := \begin{pmatrix} \frac{\partial f}{\partial u}(u^*, v^*) & \frac{\partial f}{\partial v}(u^*, v^*) \\ \frac{\partial g}{\partial u}(u^*, v^*) & \frac{\partial g}{\partial v}(u^*, v^*) \end{pmatrix}.$$

Nun betrachtet man das Gleichungssystem

$$Y'(t) = \begin{pmatrix} \frac{\partial f}{\partial u}(u^*, v^*) & \frac{\partial f}{\partial v}(u^*, v^*) \\ \frac{\partial g}{\partial u}(u^*, v^*) & \frac{\partial g}{\partial v}(u^*, v^*) \end{pmatrix} \cdot Y(t),$$

das man eben „das um den Gleichgewichtspunkt (u^*, v^*) linearisierte System" nennt. Für dieses System ermittelt man die homogenen Lösungen bzw. die Eigenwerte der Matrix $A_{\text{linearisiert}}$. Nun sind mehrere Fälle möglich:

1. Alle Eigenwerte der Matrix $A_{\text{linearisiert}}$ sind negativ bzw. besitzen nur negative Realteile. In diesem Fall nennt man den stationären Punkt (u^*, v^*) stabil. Die von der Variablen abhängige Lösung des ursprünglichen Systems wird hierbei von dem stationären Punkt angezogen, sobald sie hinreichend nahe an diesem stationären Punkt ist.
2. Mindestens ein Eigenwert der Matrix $A_{\text{linearisiert}}$ ist positiv bzw. besitzt einen positiven Realteil. Ist dies der Fall, so bezeichnet man den stationären Punkt als instabil. Es gibt in diesem Fall in der Nähe des stationären Punktes mindestens eine Umgebung, in der die von der Variablen abhängige Lösung von dem stationären Punkt weggeführt wird.
3. Alle Eigenwerte sind rein imaginär. Dieser Fall wird als *neutral stabil* bezeichnet. Der Gleichgewichtspunkt ist ein Zentrum, um das die von der Variablen abhängige Lösung in geschlossenen Bahnen verläuft. In diesem Fall wird die von der Variablen abhängige Lösung jedoch nicht vom Gleichgewichtspunkt angezogen oder abgestoßen.

Anmerkung 11.4 Die hier angestellten Überlegungen zur Stabilität von Gleichgewichtspunkten bzw. stationären Punkten lassen sich auch für Differentialgleichungssysteme mit mehr als zwei Gleichungen übertragen.

Die hier vorgestellte Vorgehensweise zur Analyse von Gleichgewichtspunkten wollen wir nun an dem Beispiel eines Räuber-Beute-Modells noch einmal exemplarisch durchführen.

11.4.5   Räuber-Beute-Modelle

Kehren wir also erneut zu dem Differentialgleichungssystem (11.12) zurück:

$$\begin{pmatrix} y_1'(t) \\ y_2'(t) \end{pmatrix} = \begin{pmatrix} y_1 \cdot (1 - 2 \cdot y_2) \\ y_2 \cdot (3 \cdot y_1 - 1) \end{pmatrix}.$$

Um die nachfolgenden Untersuchungen jedoch allgemeingültiger zu halten, ersetzen wir die „konkreten Zahlen" in diesem System durch Parameter, d. h., wir betrachten das System

$$\begin{pmatrix} y_1'(t) \\ y_2'(t) \end{pmatrix} = \begin{pmatrix} y_1 \cdot (a - b \cdot y_2) \\ y_2 \cdot (c \cdot y_1 - d) \end{pmatrix},$$

wobei wir jedoch annehmen, dass a, b, c, und d positive Konstanten seien. Die Annahmen, die diesem Räuber-Beute-Modell von Volterra aus dem Jahre 1926 zugrunde liegen, sind die Nachfolgenden:

1. Die Beutepopulation $y_1(t)$ wächst entsprechend dem Ansatz von Malthus unbeschränkt, wenn es keinen Räuber gibt. Dies ist durch den Term $a \cdot y_1(t)$ beschrieben.
2. Die Verringerung der Beutepopulation durch die Räuber wird als proportional zu der Beute- und der Räuberdichte angenommen. Dies erklärt den Term $-b y_1(t) y_2(t)$ in der ersten Differentialgleichung des Systems.
3. Umgekehrt wird angenommen, dass die Räuberpopulation ausstirbt, wenn es keine Beutetiere gibt. Für die in diesem Fall zu beobachtende Abnahme der Räuberpopulation wird angenommen, dass sie exponentiell abfällt. Dies wird durch den Term $-d y_2(t)$ widergespiegelt.
4. Schließlich nahm Volterra an, dass das Wachstum der Räuberpopulation von der existierenden Beutepopulation zur Zeit t abhängt. Natürlich muss ein derartiges Wachstum auch von der Räuberpopulation selbst abhängen. Also nahm er auch hier an, dass das Wachstum sowohl proportional zur Räuberdichte als auch zur Beutedichte ist.

Dieses System hat die zwei Gleichgewichtspunkte $(y_1^* = 0, y_2^* = 0)$ und $\left(y_1^\star = \frac{d}{c}, y_2^\star = \frac{a}{b}\right)$. Wir wollen nun nacheinander diese beiden Gleichgewichtspunkte analysieren. Zunächst untersuchen wir den Gleichgewichtspunkt $(y_1^* = 0, y_2^* = 0)$. Das um diesen Gleichgewichtspunkt linearisierte System ist durch

$$Y'(t) = \begin{pmatrix} a & 0 \\ 0 & -d \end{pmatrix} \cdot Y(t)$$

gegeben. Offensichtlich hat die in diesem Fall berechnete Matrix des linearisierten Systems die Eigenwerte a und $-d$. Ein Eigenwert ist also positiv und einer negativ. Der Gleichgewichtspunkt (y_1^*, y_2^*) ist somit instabil.

Wenden wir uns nun dem zweiten Gleichgewichtspunkt $(y_1^\star, y_2^\star)$ zu. In diesem Fall erhalten wir das linearisierte System

$$Y'(t) = \begin{pmatrix} 0 & -\frac{bd}{c} \\ \frac{ac}{b} & 0 \end{pmatrix} \cdot Y(t).$$

Die hier durch die *Linearisierung* gewonnene Matrix

$$\begin{pmatrix} 0 & -\frac{bd}{c} \\ \frac{ac}{b} & 0 \end{pmatrix}$$

hat die Eigenwerte $\lambda_1 = i\sqrt{ad}$ und $\lambda_2 = -i\sqrt{ad}$. Somit liegt also ein neutral stabiler Gleichgewichtspunkt vor.

Was bedeuten nun diese mathematischen Resultate für eine beobachtete Räuber-Beute-Beziehung in der Ökologie? Die Tatsache, dass der Gleichgewichtspunkt $(0, 0)$ instabil ist, bedeutet, dass das Modell ein Aussterben der beiden Populationen ausschließt. Das Modell lässt diesen Fall also nicht zu. Dass der Gleichgewichtspunkt $\left(\frac{d}{c}, \frac{a}{b}\right)$, der eine Koexistenz der beiden Populationen beschreibt, ein Zentrum, also ein neutral stabiler Gleichgewichtspunkt ist, impliziert, dass die Räuber- und die Beutepopulation in dem Beobachtungszeitraum koexistieren. Die beiden Populationen unterliegen in diesem Fall periodischen Schwankungen, die jedoch das Aussterben der Beutepopulation und somit indirekt auch der Räuberpopulation verhindern. Einer Phase, in der die Beutepopulation abnimmt, folgt stets eine „Erholungsphase". Die Räuberpopulation macht diese Schwankungen mit einer leichten Verzögerung nach.

Im Zusammenhang mit mathematischen Modellen für Räuber-Beute-Beziehungen führt kein Weg an den Namen Lotka und Volterra vorbei. Alfred James Lotka (02.03.1880–05.12.1949) war ein österreichisch-US-amerikanischer Mathematiker, theoretischer Biologe, Chemiker, Ökologe und Demograph. Durch seine im Jahre 1926 publizierte mathematische Formulierung von Gesetzen der Populationsdynamik bzw. seiner Beschreibung der Dynamik von Räuber-Beute-Beziehungen wurde Lotka bekannt. Auch der Italiener Vito Volterra (03.05.1860–11.10.1940) studierte solche Beziehungen. Volterra stieß hierbei 1925 unabhängig von Lotka auf die gleichen Zusammenhänge. Vito Volterras mathematische Forschungen lagen auf dem Gebiet der Analysis. Auf diesem Gebiet sind vor allen Dingen seine Arbeiten zu Integralgleichungen bekannt. Die von Lotka und Volterra gefundenen Gesetze der Populationsdynamik werden heutzutage als Lotka-Volterra-Gleichungen oder Volterra-Gesetze bezeichnet.

Allerdings ist generell anzumerken, dass das Lotka-Volterra-Modell als unrealistisch einzustufen ist. Auch sollte stets bedacht werden, dass die Durchführung eines realistischen Experiments im Bereich von Räuber-Beute-Beziehungen sehr schwer sicherzustellen ist, da es hierbei viele Unwegsamkeiten gibt, die man nicht alle in einem Versuchsablauf berücksichtigen kann.

a   b

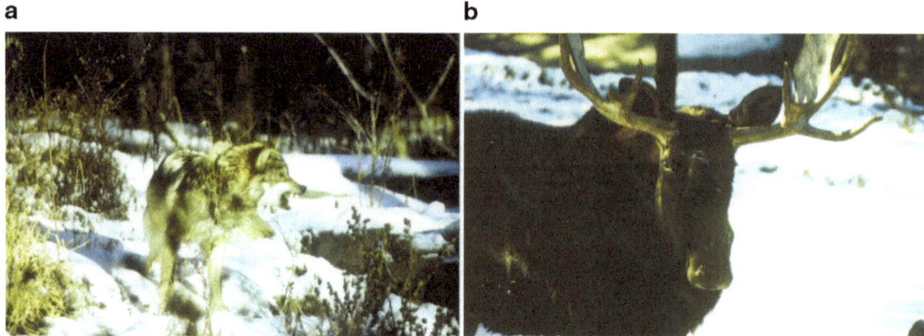

Abb. 11.5 Ein Grauwolf (**a**) und ein Elch (**b**). Fotos: *Dirk Horstmann*

Es scheint hierbei jedoch eine von der Natur geschaffene „Ausnahme" zu geben. Diese Ausnahme stellt die *Isle Royale* in Mitten des *Lake Superior* an der Grenze von Ontario (Kanada), Minnesota (USA) und Wisconsin (USA) dar.

Die Isle Royale stellt ein von der Natur geschaffenes Räuber-Beute-Experiment dar. Während eines besonders strengen Winters im Jahre 1949 fror der Lake Superior teilweise zu, und es entstand eine geschlossene Eisschicht, die bis zur Isle Royale reichte. In diesem Winter kamen einige Wölfe auf die von Elchen bewohnte Insel (siehe Abb. 11.5). Die Elche waren, anders als die Wölfe, auf die Insel gekommen, indem sie vom Festland bis zur Insel schwammen. Seit 1959 werden die Wolf- und die Elchpopulationen beobachtet und ihre Größen genau erhoben. Die von Rolf Peterson und seinen an diesem Projekt mitwirkenden Mitarbeitern (wie z. B. John Vucetich) erhobenen Daten stellen ein einzigartiges Datenmaterial für Räuber-Beute-Beziehungen in freier Wildbahn dar ohne die mitunter idealen Bedingungen eines Laborexperiments. (Zu diesem Thema siehe auch [7] und [8].)

Mit diesen Anmerkungen soll das Kapitel über gewöhnliche Differentialgleichungen abgeschlossen sein. Mehr über Differentialgleichungen kann man auch dem Buch [3] oder [11] entnehmen.

Übungsaufgaben

11.1 Am 01.11.1986 kam es am Rhein zu einem Giftdesaster. Die Verseuchung des Wassers durch Chemikalien war durch den Brand einer Lagerhalle einer Baseler Chemiefirma ausgelöst worden. Wir wollen nun eine derartige Verschmutzung eines Fließgewässers vereinfacht modellieren.

Wir nehmen an, dass die Verunreinigung an einer Begradigung bzw. einem geradlinigen Stück des Flusses geschieht. An dieser Stelle fließt der Fluss somit in eine gegebene x-Richtung. Die Geschwindigkeit der Strömung nehmen wir für die Modellierung als konstant an. Es soll nun an der Stelle $x = 0$ des von uns betrachteten Teilabschnitts des Flusses kontinuierlich eine Fremdflüssigkeit in der Fluss einströrmen. Diese Fremdflüssigkeit vermischt sich sofort und vollständig mit dem Wasser. Dabei entsteht eine (zeitunabhängige) Konzentration p_0.

Die Fremdflüssigkeit wird jedoch mit der konstanten Rate R bestandsproportional abgebaut. Wenn eine hinreichend lange Zeit nach der Einleitung verstrichen ist, stellt sich ein stationärer (also zeitlich unabhängiger) Verlauf der Konzentration der Fremdflüssigkeit ein. Die Konzentration wird hier über den Flussquerschnitt als konstant angenommen. Wie lässt sich die Konzentration als eine Funktion der Ortsvariablen x ausdrücken? (Vgl. hierzu auch [10, Beispiel 5.1, Seite 168].)

11.2 Ein radioaktives Material zerfalle mit einer Rate, die zu der momentan vorhandenen Menge zu einer beliebigen Zeit proportional sei. Die Halbwertzeit des Materials betrage T Jahre. Bestimmen Sie die Menge, die nach t Jahren noch vorhanden ist.

11.3 (Die Methode der Trennung der Variablen)
1. Bestimmen Sie die Lösung(en) zu folgenden Differentialgleichungen

$$\text{i)} \quad y'(t) = 2ty(t)$$
$$\text{ii)} \quad y'(t) + 4ty(t) - 8t = 0.$$

2. Finden Sie die Lösung(en) der nachfolgenden Anfangswertaufgaben

$$\text{i)} \quad u'(x) = 2xu^2(x), u(0) = 1$$
$$\text{ii)} \quad u'(x) - a_1 u(x)(a_2 - u(x)) = 0, u(0) = u_0 (a_1, a_2 > 0).$$

Hinweis: In Aufgabe ii) der Teilaufgabe b) wird eine Partialbruchzerlegung der Form

$$\frac{1}{a_1 s (a_2 - s)} = \frac{A}{a_1 s} + \frac{B}{a_2 - s}$$

benötigt werden. Die in dieser Aufgabe angegebene Differentialgleichung nennt man auch *die logistische Gleichung*.

11.4 (Ansatz vom Typ der rechten Seite) Bestimmen Sie mithilfe des Ansatzes vom Typ der rechten Seite alle Lösungen der Differentialgleichungen

(a) $\quad u''(x) - 2u(x) = \mathrm{e}^x \sin(x)$ (b) $y''(x) - 4y'(x) + 4y(x) = x^3 \mathrm{e}^{2x} + x e^{2x}$

(c) $\quad y''(x) + 4y(x) = x^2 \sin(2x)$ (d) $u''(t) + 4u(t) = 2\cos(t)\cos(3t)$

Tip zu d): Denken Sie an die Rechenregeln für die Sinus- und die Cosinusfunktion!

11.5 Bestimmen Sie die Lösung des Differentialgleichungssystems

$$Y'(x) = AY(x),$$

wobei die Matrix zunächst

$$\text{a)} \quad A := \begin{pmatrix} 1 & 2 \\ 4 & 5 \end{pmatrix} \quad \text{und dann}$$

$$\text{b)} \quad A := \begin{pmatrix} 1 & 1 & 2 \\ 0 & 2 & 1 \\ 0 & 0 & 3 \end{pmatrix}$$

sei.

11.6 Bestimmen Sie die Lösung der nachfolgenden inhomogenen linearen Differentialgleichungssysteme:

$$\text{a)} \quad Y'(x) = \begin{pmatrix} 1 & 3 \\ 4 & -3 \end{pmatrix} Y(x) + \begin{pmatrix} 1 \\ 2 \end{pmatrix}$$

$$\text{b)} \quad Y'(x) = \begin{pmatrix} 1 & 4 \\ 2 & 3 \end{pmatrix} Y(x) + \begin{pmatrix} 3x^2 \\ 2x + 1 \end{pmatrix}$$

11.7

1. Ein großer Behälter B_1 mit einem Fassungsvermögen von $200\,\mathrm{l}$ wird mit Wasser gefüllt. Anschließend werden $7\,\mathrm{kg}$ Zucker in dem Behälter aufgelöst. Einen anderen Behälter B_2 mit einem Fassungsvermögen von $300\,\mathrm{l}$ füllt man ebenfalls mit Wasser und löst hierin $5\,\mathrm{kg}$ Zucker auf. Hiernach wird zum Zeitpunkt $t_0 = 0$ damit begonnen, pro Minute ständig $15\,\mathrm{l}$ Zuckerwasser von B_1 nach B_2 und $15\,\mathrm{l}$ von B_2 nach B_1 zu pumpen, die dann auch sofort verrührt werden. Wie groß ist der Zuckergehalt $z_i(t)$ in B_i ($i \in \{1, 2\}$) zur Zeit $t > 0$? Stabilisiert sich der Zuckergehalt in den beiden Behältern auf einem einheitlichen Niveau?

2. Wir nehmen nun an, dass beide Behälter B_1 und B_2 ein Fassungsvermögen von jeweils $200\,\mathrm{l}$ besitzen. Beide Behälter seien vollständig mit Wasser gefüllt, in dem $7\,\mathrm{kg}$ (in B_1) bzw. $4\,\mathrm{kg}$ Zucker (in B_2) aufgelöst seien. Nun leitet man zum Zeitpunkt $t_0 = 0$ pro Minute $2\,\mathrm{l}$ einer Zuckerlösung der Konzentration $0{,}3\,\mathrm{kg/l}$ in B_1 ein. Gleichzeitig werden $3\,\mathrm{l/min}$ von B_1 nach B_2, $1\,\mathrm{l/min}$ von B_2 nach B_1 herübergepumpt und $2\,\mathrm{l/min}$ aus B_2 in einen Abfluss gelenkt. Wie groß ist der Zuckergehalt $z_i(t)$ in B_i ($i \in \{1, 2\}$) zur Zeit $t > 0$? Konvergiert die Zuckerkonzentration in B_i gegen eine einheitliche Konzentration? Wenn ja, dann geben Sie diese Konzentration explizit an.

Literatur

1. Evans, L. C.: Partial Differential Equations. Graduate Studies in Mathematics Volume 19. American Mathematical Society Providence, Rhode Island (1998)

2. Hermann, A.: Lexikon – Geschichte der Physik A–Z. Aulis-Verlag Deubner & Co KG, Köln (1978)

3. Heuser, H.: Gewöhnliche Differentialgleichungen. 2. durchgesehene Aufl., Teubner, Stuttgart (1991)

4. Heuser, H.: Der Physiker Gottes: Isaac Newton oder die Revolution des Denkens. Herder, Freiburg i. Br. (2005)

5. Hoffmann, D., Laitko, H., Müller-Wille, S. (Hrsg.): Lexikon der bedeutenden Naturwissenschaftler, Spektrum Akademischer Verlag, Heidelberg (2006)

6. Murray, J.: Mathematical Biology: I. An Introduction. 3. Aufl., Springer, New York, Heidelberg, Berlin (2001)

7. Peterson, R. O. und Vucetich, J. A.: Ecological Studies of Wolves on Isle Royale. Annual Report 2005–2006, School of Forest Resources and Enviromental Science, Michigan Technological University, Houghton, Michigan USA 49931-1295 (2006)

8. Strutin, M.: The Smithsonian Guides to Natural America: The Great Lakes: Ohio, Indiana, Michigan, Wisconsin Reissue edition, Random House Inc., New York (1996)

9. Tallack, P. (Hrsg.): Meilensteine der Wissenschaft. Spektrum Akademischer Verlag Heidelberg, Berlin (2002)

10. Timischl, W. Biomathematik. 2. Aufl., Springer, Wien, New York (1995)

11. Walter W.: Gewöhnliche Differentialgleichungen, 6. überarb. und erw. Aufl., Springer, New York, Heidelberg, Tokio (1996)

Differenzengleichungen 12

Gehen wir noch einmal zurück zu dem einleitenden Beispiel des vorangegangenen Kapitels über gewöhnliche Differentialgleichungen in Kap. 11. Dort hatten wir mit $P(t)$ die Dichte einer *E.-coli*-Population (bzw. die Größe der Population) zum Zeitpunkt t bezeichnet. Zusätzlich hatten wir angenommen, dass sich innerhalb einer *E.-coli*-Population nicht alle Bakterien im gleichen Entwicklungsstadium befinden, was sicherlich sinnvoll und realistisch ist. Doch lassen wir diese Annahme für einen Moment einmal außer Acht und nehmen stattdessen – als eine erste Näherung – an, dass die Zunahme der Population innerhalb von festen Zeitschritten erfolgt und wir eine Population in einem einheitlichen Entwicklungsstadium betrachten. Wir nehmen hierbei explizit einmal an, dass die Differenz der Funktion zum Zeitpunkt t und zum Zeitpunkt $t + 2h$ proportional zu der Populationsgröße zu der Zeit $t + h$ und der zeitlichen Differenz dieser beiden Zeitschritte ist. Das bedeutet nichts anderes, als dass wir in dieser Situation annehmen, dass die Gleichung

$$P(t + 2h) - P(t) = \alpha \cdot P(t + h) \cdot 2h$$

gilt. Hierbei bezeichnet die Konstante α die Proportionalitätskonstante. Ohne eine Annahme der Stetigkeit bzw. der Differenzierbarkeit der Funktion P erhält man also eine Gleichung, in der die gesuchte Funktion für gegebene und feste Zeitschrittintervalle rekursiv definiert wird.

Anmerkung 12.1 Wenn man anders, als es eben der Fall gewesen ist, annimmt, dass die Differenz der Funktion zum Zeitpunkt t und zum Zeitpunkt $t + h$ proportional zu der Populationsgröße zu der Zeit t ist, so erhält man das von T. R. Malthus (siehe Exkurs 7.1) für seine Überlegungen zugrunde gelegte und durch die rekursive Gleichung

$$P(t + h) = (1 + \alpha)P(t)$$

gegebene Modell.

© Springer-Verlag GmbH Deutschland, ein Teil von Springer Nature 2020
D. Horstmann, *Mathematik für Biologen*, DOI 10.1007/978-3-662-62669-6_12

Derartige Gleichungen nennt man Differenzengleichungen, da hier die Differenz bzw. Differenzen einer Funktion zu unterschiedlichen Zeitpunkten betrachtet wird bzw. werden. Differenzengleichungen können als diskrete „Version" von Differentialgleichungen angesehen werden, bzw. man kann Differentialgleichungen als Grenzwerte von Differenzengleichungen ansehen, bei denen man die „zeitliche" Schrittweite extrem klein werden lässt (d. h. $h \to 0$) und mit der Annahme der Differenzierbarkeit der gesuchten Funktion eine Differentialgleichung erhält. Gleichungen der Form

$$G\left(t, h, 2h, \ldots, nh, f(t), f(t+h), f(t+2h)\ldots, f(t+nh)\right) = 0$$

werden als Differenzengleichung der Ordnung n bezeichnet, wobei hier die Funktion $f(t)$ gesucht wird. Skaliert man diese Gleichung derart, dass $h = 1$ und $t = 0$ gesetzt wird, so wird hieraus eine Gleichung der Form

$$G\left(0, 1, \ldots, n, f(0), f(1), f(2)\ldots, f(n)\right) = 0.$$

Im Nachfolgenden wollen wir nach Wegen suchen, wie man derartige Gleichungen lösen und die Lösungen genau bestimmen kann. Hierfür wenden wir uns zunächst einem Beispiel zu, das wir bereits im Kap. 2 dieses Buchs kennengelernt haben.

12.1　Die Fibonacci-Gleichung

Im Zusammenhang mit den Fibonacci-Zahlen haben wir für diese Zahlenfolge bereits die Rekursionsformel (2.14)

$$F(n+1) = F(n) + F(n-1) \quad \text{mit} \quad F(1) = F(2) = 1 \qquad (12.1)$$

angegeben. Dort haben wir für die Fibonacci-Zahlen auch schon die Darstellung

$$F(n) := \frac{1}{\sqrt{5}}\left(\left(\frac{1+\sqrt{5}}{2}\right)^n - \left(\frac{1-\sqrt{5}}{2}\right)^n\right).$$

kennengelernt. Wie ist man jedoch auf diese Darstellung gekommen? Bzw. wie gewinnt man aus der Rekursionsformel die durch die obige Gleichung gegebene Lösung?

Durch die Rekursionsformel (12.1) haben wir eine lineare Differenzengleichung mit gegebenen Anfangsdaten vorliegen. Wenn wir in der Gleichung

$$F(n+1) = F(n) + F(n-1)$$

für die Funktion $F(n)$ ähnlich wie bei den homogenen Differentialgleichungen (diesmal zwar statt des Ansatzes mittels der Exponentialfunktion) den Ansatz

$$F(n) = q^n \quad \text{für } n \geq 1$$

(also den potenziellen Ansatz) wählen, so erhalten wir wie auch schon bei den Differentialgleichungen die charakteristische Gleichung

$$q^{n+1} = q^n + q^{n-1} \quad \text{bzw.} \quad q^2 = q + 1 \text{ oder anders ausgedrückt } q^2 - q - 1 = 0.$$

Diese quadratische Gleichung lässt sich nun leicht lösen. Wir erhalten so für q die nachfolgenden möglichen Ausdrücke:

$$q_{1,2} = \frac{1}{2} \pm \sqrt{\frac{1}{4} + 1} = \frac{1 \pm \sqrt{5}}{2}.$$

Damit haben wir die zwei Lösungen

$$F_1(n) = \left(\frac{1 + \sqrt{5}}{2}\right)^n \quad \text{und} \quad F_2(n) \left(\frac{1 - \sqrt{5}}{2}\right)^n$$

für die gegebene lineare, homogene Differenzengleichung gefunden. Wie auch schon bei den Differentialgleichungen erhält man nun durch die Summation von Vielfachen dieser Lösungen eine allgemeine Lösung der linearen Differenzengleichung (12.1), so dass

$$F_{\text{allgemein}}(n) = c_1 F_1(n) + c_2 F_2(n)$$

mit $c_1, c_2 \in \mathbb{R}$ die allgemeine Lösung von (12.1) ist. Wenn man diese nun an die gegebenen Anfangswerte $F(1) = F(2) = 1$ anpassen will, so erhält man das Gleichungssystem

$$1 = c_1 \left(\frac{1 + \sqrt{5}}{2}\right) + c_2 \left(\frac{1 - \sqrt{5}}{2}\right)$$

$$1 = c_1 \left(\frac{1 + \sqrt{5}}{2}\right)^2 + c_2 \left(\frac{1 - \sqrt{5}}{2}\right)^2$$

bzw. wenn man die rechten Seiten geeignet umformt

$$1 = \frac{1}{2} \cdot (c_1 + c_2) + \frac{\sqrt{5}}{2} \cdot (c_1 - c_2)$$

$$1 = \frac{6}{4} \cdot (c_1 + c_2) + \frac{\sqrt{5}}{2} \cdot (c_1 - c_2).$$

Hieraus sieht man nun zunächst, dass

$$c_1 = -c_2$$

gelten muss. Setzt man dies z. B. in die erste Gleichung ein, so ergibt sich:

$$1 = \sqrt{5}c_1 \quad \text{bzw.} \quad c_1 = \frac{1}{\sqrt{5}} \quad \text{und somit} \quad c_2 = -\frac{1}{\sqrt{5}}.$$

Damit erhalten wir für die mit den Anfangswerten versehenen lineare Differenzengleichung die explizite Lösung

$$F(n) := \frac{1}{\sqrt{5}}\left(\left(\frac{1+\sqrt{5}}{2}\right)^n - \left(\frac{1-\sqrt{5}}{2}\right)^n\right),$$

die wir ja schon von (2.15) kennen und nun auch nachgerechnet haben.

12.2 Homogene lineare Differenzengleichungen

In diesem Abschnitt wollen wir uns nun mit allgemeinen homogenen linearen Differenzengleichungen der Form

$$H(n) = a_1 H(n-1) + \ldots + a_k H(k) = \sum_{i=1}^{k} a_i H(n-i) \quad \text{für } n = k, \ldots, 1 \quad (12.2)$$

befassen. Hierbei sind im allgemeinsten Fall die Koeffizienten $a_i \in \mathbb{C}$ gegebene komplexe Zahlen. Falls $a_k \neq 0$, so spricht man von einer Differenzengleichung k-ter Ordnung. Wie schon im vorangegangenen Beispiel kann man nun den Ansatz $H(n) = q^n$ anwenden und gelangt so für alle $n \geq k$ auf die charakteristische Gleichung

$$q^k - a_1 q^{k-1} - \ldots - a_{k+1} q - a_k = 0. \quad (12.3)$$

Die Lösungen dieser Gleichung heißen Eigenwerte. Wie wir Lösungen dieser Gleichung aufspüren, haben wir bereits im Abschn. 4.2 über die Polynomdivision gesehen. Für jeden Eigenwert q der Differenzengleichung haben wir durch die Funktion $H(n) = q^n$ somit eine Lösung der Differenzengleichung (12.2) gefunden. Da wir eine homogene lineare Differenzengleichung vorliegen haben, sind Vielfache dieser Lösungen und auch die Summen von zwei unterschiedlichen Lösungen erneut eine Lösung der gegebenen Differenzengleichung. Somit erhalten wir auch hier die allgemeine Lösung der homogenen Differenzengleichung, indem wir alle möglichen Vielfache und Summen der durch die Eigenwerte implizierten Lösungen bilden.

Theorem 12.1

Falls eine homongene, lineare Differenzengleichung

$$H(n) = \sum_{i=1}^{k} a_i H(n-i) \text{ für } n = k, \ldots, 1 \quad (12.4)$$

k verschiedene Eigenwerte $q_1, \ldots, q_k$ besitzt, so kann die allgemeine Lösung

$$H_{\text{allgemein}}(n) = \sum_{i=1}^{k} c_i q_i^n$$

dieser Gleichung an einen beliebigen Satz $b_0, \ldots b_{k-1}$ von Anfangswerten angepasst werden. Anders ausgedrückt bedeutet dies, dass man Koeffizienten $c_1, \ldots, c_k$ finden kann, so dass $H(j) = b_j$ für $j = 0, \ldots, k - 1$ gilt.

Beispiel 12.1 Wir betrachten die Differenzengleichung

$$H(n) = 3H(n - 1) - 4H(n - 2) + 2H(n - 3) \quad \text{für } n \geq 3.$$

Der Ansatz $H(n) = q^n$ führt auf die charakteristische Gleichung

$$q^3 - 3q^2 + 4q - 2 = 0.$$

Diese Gleichung liefert uns für die gegebene Differenzengleichung die Eigenwerte

$$q_1 = 1, q_2 = 1 + \mathrm{i} \quad \text{und} \quad q_3 = 1 - \mathrm{i}.$$

Die allgemeine Lösung lautet somit:

$$H(n) = c_1 + c_2 \cdot (1 + \mathrm{i})^n + c_3 \cdot (1 - \mathrm{i})^n.$$

Falls nun beliebige Anfangswerte $H(0) = b_0$, $H(1) = b_1$ und $H(2) = b_2$ mit b_0, $b_1, b_2 \in \mathbb{C}$ gegeben sind, so führt uns das auf das Gleichungssystem:

$$
\begin{aligned}
b_0 &= c_1 + c_2 + c_3 \\
b_1 &= c_1 + c_2 \cdot (1 + \mathrm{i}) + c_3 \cdot (1 - \mathrm{i}) \\
b_2 &= c_1 + c_2 \cdot (1 + \mathrm{i})^2 + c_3 \cdot (1 - \mathrm{i})^2
\end{aligned}
$$

oder anders ausgedrückt

$$
\begin{pmatrix} b_0 \\ b_1 \\ b_2 \end{pmatrix} = \begin{pmatrix} 1 & 1 & 1 \\ 1 & (1 + \mathrm{i}) & (1 - \mathrm{i}) \\ 1 & (1 + \mathrm{i})^2 & (1 - \mathrm{i})^2 \end{pmatrix} \cdot \begin{pmatrix} c_1 \\ c_2 \\ c_3 \end{pmatrix}.
$$

Dieses Gleichungssystem besitzt für alle gegebenen b_0, b_1, b_2 eine eindeutige Lösung, wenn

$$\det \begin{pmatrix} 1 & 1 & 1 \\ 1 & (1 + \mathrm{i}) & (1 - \mathrm{i}) \\ 1 & (1 + \mathrm{i})^2 & (1 - \mathrm{i})^2 \end{pmatrix} \neq 0$$

ist. Es gilt:

$$\det \begin{pmatrix} 1 & 1 & 1 \\ 1 & (1+i) & (1-i) \\ 1 & (1+i)^2 & (1-i)^2 \end{pmatrix}$$
$$= [(1-i) - (1+i)]\,[(1+i)(1-i) - (1-i) - (1+i) + 1]$$
$$= -2i$$
$$\neq 0.$$

Somit existiert für jeden Satz von Anfangswerten eine eindeutig bestimmte Lösung der Differenzengleichung, die durch entsprechende Anpassung der Koeffizienten der allgemeinen Lösung der Differenzengleichung gewonnen werden kann.

Gibt es keine k unterschiedlichen Eigenwerte des charateristischen Polynoms (12.3), so ist die allgemeine Lösung der Differenzengleichung nicht ganz so leicht zu finden. In diesem Fall gilt der nachfolgende Satz, den wir ohne Beweis hier angeben wollen.

Theorem 12.2

Falls eine homongene, lineare Differenzengleichung

$$H(n) = \sum_{i=1}^{k} a_i\,H(n-i) \quad \text{für } n = k, \ldots, 1 \tag{12.5}$$

t verschiedene Eigenwerte $q_1, \ldots, q_t$ mit den entsprechenden Vielfachheiten $v_1, \ldots, v_t$ mit

$$\sum_{i=1}^{t} v_i = k$$

besitzt, so ist die allgemeine Lösung der Differenzengleichung von der Gestalt

$$H_{\text{allgemein}}(n) = \sum_{i=1}^{t} P_i(n)q_i^n,$$

wobei $P_i(n)$ für alle $i \in \{1, \ldots, t\}$ ein komplexes Polynom vom Grad $< v_i$ in n bezeichnet.

Beispiel 12.2 Wir suchen nach der allgemeinen Lösung der Differenzengleichung

$$H(n) = 4 \cdot H(n-1) - 5 \cdot H(n-2) + 4 \cdot H(n-3) - 4 \cdot H(n-4) \quad \text{für } n \geq 4.$$

Diese Differenzengleichung hat die charakteristische Gleichung

$$q^4 + 5q^2 - 4q + 4 = 0.$$

Diese Gleichung hat als Lösungen den Wert $q_1 = 2$ mit der Vielfachheit 2 sowie die Werte $q_2 = \mathrm{i}$ und $q_3 = -1$ jeweils mit der Vielfachheit 1. Somit erhalten wir nach dem obigen Theorem die allgemeine Lösung

$$H_{\text{allgemein}}(n) = (c_0 + c_1 n) \cdot 2^n + c_2 \mathrm{i}^n + c_3 (-1)^n.$$

12.3 Lineare Differenzengleichungen erster Ordnung mit variablen Koeffizienten

Wir wollen uns in diesem Abschitt zunächst einmal mit Differenzengleichungen der Gestalt:

$$H(n + 1) = A(n)H(n) + R(n) \tag{12.6}$$

befassen, bei denen $A(n)$ ein von n abhängiger Koeffizient und $R(n)$ eine von n abhängige Funktion sind. Wenn man zunächst die homogene Gleichung

$$H(n + 1) = A(n)H(n)$$

näher analysiert, so sieht man, dass

$$H_{\text{hom}}(n) = c \cdot A(0) \cdot A(1) \cdot \ldots \cdot A(n-1) = c \prod_{k=0}^{n-1} A(k) \quad \text{für } n > 1$$

gilt. Wendet man nun die Methode der *Variation der Konstanten* für Differenzengleichungen an und setzt zunächst die Konstante c im obigen Ausdruck gleich einer Funktion $C(n)$ und danach den somit hergeleiteten Ansatz

$$H_{\text{partikulär}}(n) = C(n) \prod_{k=0}^{n-1} A(k)$$

in die Differenzengleichung ein, so resultiert hieraus die Gleichung

$$C(n + 1) \prod_{k=0}^{n} A(k) = A(n) \cdot C(n) \prod_{k=0}^{n-1} A(k) + R(n)$$

$$= C(n) \prod_{k=0}^{n} A(k) + R(n).$$

Teilt man diese Gleichung durch den Ausdruck $\prod_{k=0}^{n} A(k)$, so hat man das Problem in eine lineare, inhomogene Differenzengleichung erster Ordnung mit konstanten Koeffizienten für die rekursiv definierte Funktion $C(n)$ überführt. Diese Gleichung, die wir nun mit den uns bereits bekannten Hilfsmitteln lösen können, lautet dann:

$$C(n+1) = C(n) + \frac{R(n)}{\prod\limits_{k=0}^{n} A(k)}. \tag{12.7}$$

Wie wir hier sehen, kann man eine partikuläre Lösung des Problems auch finden, indem man die inhomogene Differenzengleichung erster Ordnung (12.6) durch den Faktor $\prod_{k=0}^{n} A(k)$ dividiert und dann für die rekursiv definierte Funktion

$$C(n) = \frac{H(n)}{\prod\limits_{k=0}^{n-1} A(k)}$$

die zu erfüllende Differenzengleichung (12.7) mit den uns bekannten Methoden löst. Den Faktor

$$\frac{1}{\prod\limits_{k=0}^{n} A(k)},$$

mit dem man die gegebene lineare Differenzengleichung erster Ordnung mit variablen Koeffizienten multipliziert, bezeichnet man als den *Summationsfaktor*.

12.4 Allgemeine inhomogene, lineare Differenzengleichungen

Die Lösung von allgemeinen inhomogenen, linearen Differenzengleichungen der Gestalt

$$H(n) = a_1(n)H(n-1) + \ldots + a_k(n)H(n-k) + B(n) \quad \text{für } n = k, \ldots, 1 \tag{12.8}$$

mit den Koeffizienten $a_i(n)$ und einer „rechten Seite" $B(n)$ findet man in sehr ähnlicher Weise, wie wir die Lösung von linearen inhomogenen Differentialgleichungen n-ter Ordnung gefunden haben, also mit einem zum „Ansatz vom Typ der rechten Seite" ähnlichen Vorgehen. Zunächst bestimmt man die allgemeine Lösung der homogenen Gleichung, wie wir es in den vorangegangenen Abschnitten gezeigt haben. Die Lösung von (12.8) ist durch die Summe der allgemeinen Lösung der homogenen Gleichung und einer speziellen Lösung (partikulären Lösung) gegeben, d. h.,

$$H_{\text{allgemein}}(n) = H_{\text{homogen}}(n) + H_{\text{partikulär}}(n).$$

Tab. 12.1 Unterschiedliche Lösungsansätze vom Typ der rechten Seite (vgl. auch [2], Tab. 11.1, auf Seite 155)

$B(n)$	Lösungsansatz
$b_0 + b_1 n + \ldots + b_m n^m$	1. $A_0 + A_1 n + \ldots + A_m n^m$, falls 1 keine Nullstelle des char. Polynoms der Differenzengleichung ist 2. $(A_0 + A_1 n + \ldots + A_m n^m)n^k$, falls 1 k-fache Nullstelle des char. Polynoms der Differenzengleichung ist.
β^n	1. $A_0 \cdot \beta^n$, falls keine Nullstelle des char. Polynoms der Differenzengleichung ist 2. $A_0 n^k \cdot \beta^n$, falls β k-fache Nullstelle des char. Polynoms der Differenzengleichung ist
$(b_0 + b_1 t + \ldots + b_m n^m)\,\beta^n$	$\beta^n\,(A_0 + A_1 n + \ldots + A_m n^m)$
$\cos(\alpha n)$ oder $\sin(\alpha n)$	$A_0 \cos(\alpha n) + B_0 \sin(\alpha n)$
$\beta^n \cos(\alpha n)$ oder $\beta^n \sin(\alpha n)$	$\beta^n\,(A_0 \cos(\alpha n) + B_0 \sin(\alpha n))$

Die partikuläre Lösung kann man dadurch finden, dass man zum Aufspüren der Lösung von (12.8) als Lösungsansatz eine Funktion wählt, die die gleiche Gestalt hat wie es die Funktion $B(n)$ hat, die auf der rechten Seite des Gleichheitszeichens steht. Für bestimmte Funktionentypen ist dies eine erfolgreiche Methode. Diese Typen sind in Tab. 12.1 zusammen mit dem zu wählenden Ansatz aufgeführt. Wie man diese Tabelle anwendet, sieht man am besten an einem Beispiel.

Beispiel 12.3 Gesucht ist die Lösung der inhomogenen Differenzengleichung

$$H(n) - 6H(n-1) + 8H(n-2) = 3n^2 + 2 - 5 \cdot 3^n.$$

Die rechte Seite besteht also aus der Summe eines Polynoms vom Grad 2 und einer Potenz des Werts 3. Die allgemeine Lösung der homogenen Gleichung findet man nun zunächst mit dem Ansatz $H(n) = q^n$. Dies führt auf die charakteristische Gleichung

$$q^2 - 6q + 8 = 0,$$

womit wir die Lösung $H_{\text{homogen}}(n) = c_1 2^n + c_2 4^n$ ermitteln können. Für die partikuläre Lösung müssen wir nun entsprechend der Tabelle den Ansatz

$$H_{\text{partikulär}}(n) = A_0 + A_1 n + A_2 n^2 + B_0 3^n$$

wählen. Dies setzen wir in die Differenzengleichung ein und erhalten so

$$A_0 + A_1 n + A_2 n^2 + B_0 3^n$$
$$- 6\left(A_0 + A_1(n-1) + A_2(n-1)^2 + B_0 3^{n-1}\right)$$
$$+ 8\left(A_0 + A_1(n-2) + A_2(n-2)^2 + B_0 3^{n-2}\right) = 3n^2 + 2 - 5 \cdot 3^n.$$

Ein Koeffizientenvergleich liefert hier

1. für n^0 die Gleichung

$$2 = 3A_0 - 10A_1 + 26A_2,$$

2. für n die Gleichung

$$0 = 3A_1 - 20A_2,$$

3. für n^2 die Gleichung

$$3 = 3A_2,$$

4. für 3^n die Gleichung

$$-5 = B_0 - 2B_0 + \frac{8}{9}B_0 = -\frac{1}{9}B_0.$$

Löst man das hierdurch gegebene Gleichungssystem, so erhält man

$$A_0 = \frac{128}{9}, \quad A_1 = \frac{20}{3}, \quad A_2 = 1 \quad \text{und} \quad B_0 = 45.$$

Somit haben wir für die inhomogene Differenzengleichung die Lösung

$$H_{\text{allgemein}}(n) = c_1 2^n + c_2 4^n + \frac{128}{9} + \frac{20}{3}n + n^2 + 45 \cdot 3^n$$

gefunden. Durch die noch freien Koeffizienten der allgemeinen Lösung der homogenen Gleichung, kann diese Lösung nun an jedes gegebene Paar von Anfangswerten angepasst werden.

Beispiel 12.4 Gesucht ist die Lösung der inhomogenen linearen Differenzengleichung

$$H(n) = 3H(n-1) - 3H(n-2) + H(n-3) + 24(n-1).$$

Zunächst bestimmen wir die allgemeine Lösung der homogenen Gleichung und sehen hierbei, dass die charakteristische Gleichung durch

$$q^3 - 3q^2 + 3q - 1 = 0$$

gegeben ist und somit $q = 1$ dreifacher Eigenwert der Differenzengleichung ist. Laut Tabelle ist somit der Ansatz $A_0 + A_1 n$ zum Aufspüren der partikulären Lösung nicht anwendbar, und wir müssen stattdessen den Ansatz

$$H_{\text{partikulär}}(n) = n^3 \left(A_0 + A_1 n \right) = A_0 n^3 + A_1 n^4$$

wählen. Setzt man dies nun in die Differenzengleichung ein, so erhält man

$$A_0 n^3 + A_1 n^4 = 3 \left(A_0(n-1)^3 + A_1(n-1)^4 \right) - 3 \left(A_0(n-2)^3 + A_1(n-2)^4 \right)$$
$$+ \left(A_0(n-3)^3 + A_1(n-3)^4 \right) + 24(n-1).$$

Der hierzu gehörige Koeffizientenvergleich liefert die Gleichungen

1. für n^0:
$$0 = 24 + 6A_0 - 36A_1 = 0$$

2. für n:
$$24 - 24A_1 = 0$$

und somit für die Koeffizienten die Werte

$$A_0 = 2 \quad \text{und} \quad A_1 = 1.$$

Somit lautet die allgemeine Lösung der gegebenen Differenzengleichung in diesem Fall

$$H_{\text{allgemein}}(n) = c_0 + c_1 n + c_2 n^2 + 2n^3 + n^4.$$

12.5 Erzeugende Funktionen und ihre Anwendungen

Eine weitere Methode, um Lösungen von Differenzengleichungen zu finden, ist die der sogenannten *erzeugenden Funktion*. Laut Definition versteht man unter diesem Begriff das Nachfolgende:

Definition 12.1
Die *erzeugende Funktion* einer reellen oder komplexen Zahlenfolge $a_0, a_1, a_2, \ldots$ ist eine formale Potenzreihe

$$\sum_{n=0}^{\infty} a_n x^n$$

bzw. die in einer Umgebung von Null dadurch gegebene Funktion $h(x) = \sum_{n=0}^{\infty} a_n x^n$.

Definition 12.2
Die *exponentielle erzeugende Funktion* einer reellen oder komplexen Zahlenfolge $a_0, a_1, a_2, \ldots$ ist eine formale Potenzreihe

$$\sum_{n=0}^{\infty} \frac{a_n}{n!} x^n$$

bzw. die in einer Umgebung von Null dadurch gegebene Funktion $h(x) = \sum_{n=0}^{\infty} \frac{a_n}{n!} x^n$.

Wie kann man mittels einer solchen Funktion die Lösung einer Differenzengleichung finden? Die Antwort auf diese Frage werden wir anhand von konkreten Beispielen zeigen.

12.5.1 Lösung von Differenzengleichungen mittels erzeugenden und exponentiell erzeugenden Funktionen

Schauen wir uns einfach einmal die nachfolgenden Beispiele an:

Beispiel 12.5 Wir suchen die Lösung der Differenzengleichung

$$H(n) + H(n-2) = n - 2 \quad \text{für } n \geq 2 \quad \text{und mit } H(0) = 0, H(1) = 1.$$

Wir nehmen für den Lösungsansatz an, dass die rekursiv definierten $H(n)$ die Koeffizienten einer erzeugenden Funktion sind. Das heißt, es gibt eine Funktion, deren Darstellung als Potenzreihe (Potenzreihenentwicklung)

$$h(x) = \sum_{n=0}^{\infty} H(n)x^n = x + \sum_{n=2}^{\infty} H(n)x^n$$

lautet. Multipliziert man die obige Differenzengleichung mit x^n und summiert diese für alle $n \geq 2$ auf, so sehen wir, dass

$$\sum_{n=2}^{\infty} H(n)x^n + \sum_{n=0}^{\infty} H(n)x^{n+2} = \sum_{n=2}^{\infty} (n-2)x^n$$

gilt, woraus nach einer Indexverschiebung und einer Addition von x auf beiden Seiten der Gleichung

$$\sum_{n=0}^{\infty} H(n)x^n + x^2 \cdot \sum_{n=0}^{\infty} H(n)x^n = x + x^2 \sum_{n=0}^{\infty} nx^n$$

folgt. Für die Funktion $h(x)$ gilt also die Gleichung:

$$h(x) + x^2 h(x) = x + x^2 \sum_{n=0}^{\infty} nx^n \text{ bzw. } h(x) = \frac{x + x^2 \sum_{n=0}^{\infty} nx^n}{1 + x^2}.$$

Schaut man nun z. B. in [1] nach, so sieht man, dass der Ausdruck $\sum_{n=0}^{\infty} nx^n$ die Reihenentwicklung der Funktion $g(x) = x/(1-x)^2$ ist. Somit ist die Funktion $h(x)$ also durch

$$h(x) = \frac{(1-x)^2 \cdot x + x^3}{(1+x^2) \cdot (1-x)^2} \tag{12.9}$$

gegeben. Um nun eine Lösung für die Differenzengleichung zu bekommen, müssen wir die Koeffizienten der Reihenentwicklung der Funktion $h(x)$ bestimmen. Hierzu müssen wir zunächst eine Partialbruchzerlegung der rechten Seite von (12.9) vornehmen. Dies führt auf:

$$h(x) = -\frac{1}{1-x} + \frac{1}{2(1-x)^2} + \frac{1-2\mathrm{i}}{4(1-\mathrm{i}x)} + \frac{1+2\mathrm{i}}{4(1+\mathrm{i}x)}.$$

Somit erhalten wir nach Übergang zu den Reihendarstellungen für die Funktion $h(x)$ die Darstellung

$$h(x) = -\sum_{n=0}^{\infty} x^n + \frac{1}{2}\sum_{n=0}^{\infty}(n+1)x^n + \frac{1-2\mathrm{i}}{4}\sum_{n=0}^{\infty}\mathrm{i}^n x^n + \frac{1+2\mathrm{i}}{4}\sum_{n=0}^{\infty}(-\mathrm{i})^n x^n$$

und daher die komplexe Darstellung der Lösung

$$H(n) = -1 + \frac{n+1}{2} + \frac{\mathrm{i}^n - 2\mathrm{i}^{n+1}}{4} + \frac{(-\mathrm{i})^n - 2(-\mathrm{i})^{n+1}}{4}$$

$$= \begin{cases} \frac{n}{2} \text{ für } n = 4\cdot k \text{ mit } k \in \mathbb{N}, \\ \frac{n+1}{2} \text{ für } n = 4\cdot k + 1 \text{ mit } k \in \mathbb{N}, \\ \frac{n-2}{2} \text{ für } n = 4\cdot k + 2 \text{ mit } k \in \mathbb{N}, \\ \frac{n-3}{2} \text{ für } n = 4\cdot k + 3 \text{ mit } k \in \mathbb{N} \end{cases}$$

der Differenzengleichung, die jedoch, wie wir sehen, reelle Werte liefert.

Beispiel 12.6 In diesem Beispiel suchen wir nach der Lösung der Differenzengleichung

$$H(n+2) - 3H(n+1) + 2H(n) = 0, \tag{12.10}$$

wobei wir die Anfangsbedingungen $H(0) = 2$ und $H(1) = 3$ annehmen. Auch diese Differenzengleichung werden wir durch die Anwendung der erzeugenden Funktion lösen. Hierbei gehen wir genauso wie im vorangegangenen Beispiel vor und nehmen zunächst an, dass die $H(n)$ die Koeffizienten einer erzeugenden Funktion $h(x) = \sum\limits_{n=0}^{\infty} H(n)x^n$ sind. Nun multiplizieren wir (12.10) mit x^n und summieren die Gleichung von $n = 0$ bis ∞ auf. Dadurch erhalten wir:

$$\sum_{n=0}^{\infty} H(n+2)x^n - \sum_{n=0}^{\infty} 3H(n+1)x^n + \sum_{n=0}^{\infty} 2H(n)x^n = 0$$

bzw.

$$\sum_{n=0}^{\infty} H(n)x^{n-2} - \sum_{n=0}^{\infty} 3H(n)x^{n-1} + \sum_{n=0}^{\infty} 2H(n)x^n = 0.$$

Für die Funktion $h(x)$ erhalten wir somit die Gleichung

$$\frac{h(x) - H(0) - H(1)x}{x^2} - 3\frac{h(x) - H(0)}{x} - 2h(x) = 0,$$

woraus sich für $h(x)$ die Funktionsgleichung

$$h(x) = \frac{2 - 3x}{(1 - x)(1 - 2x)}$$

ergibt. Eine Partialbruchzerlegung der rechten Seite dieser Gleichung führt auf

$$h(x) = \frac{1}{1 - x} + \frac{1}{1 - 2x} = \sum_{n=0}^{\infty} x^n + \sum_{n=0}^{\infty} (2x)^n = \sum_{n=0}^{\infty} \left(1 + 2^n\right) x^n,$$

wobei wir hier die Darstellung der geometrischen Reihe (siehe Anmerkung 2.5) verwendet haben. Wir sehen somit, dass die Lösung der Differenzengleichung durch

$$H(n) = 1 + 2^n$$

gegeben ist.

Beispiel 12.7 Als Anwendung der exponentiell erzeugenden Funktion suchen wir nun nach der Lösung der Differenzengleichung

$$H(n) = n \cdot H(n - 1) + (-1)^n \text{ mit } H(0) = 1, \quad \text{für alle } n \geq 1.$$

Wir nehmen an, dass die gesuchte Lösung $H(n)$ der gegebenen Differenzengleichung die Koeffizienten einer exponentiellen erzeugenden Funktion

$$h(x) = \sum_{n=0}^{\infty} \frac{H(n)}{n!} x^n$$

sind. Das nun aus den vorangegangenen Beispielen bereits bekannte Vorgehen führt uns auf die Gleichung

$$\sum_{n=1}^{\infty} \frac{H(n)}{n!} x^n = \sum_{n=1}^{\infty} \frac{nH(n - 1)}{n!} x^n + \sum_{n=1}^{\infty} \frac{(-1)^n}{n!} x^n$$

bzw. für $h(x)$ auf

$$h(x) - 1 = x \cdot h(x) + \exp(-x) - 1,$$

woraus

$$h(x) = \frac{\exp(-x)}{1 - x}$$

folgt. Setzt man nun die Reihenentwicklung des sich auf der rechten Seite angegebenen Ausdrucks ein, so kommt man auf die Darstellung

$$h(x) = \sum_{n=0}^{\infty} n! \cdot \left(\sum_{k=0}^{n} \frac{(-1)^k}{k!} \right) \frac{x^n}{n!}.$$

Hieraus erhält man als Lösung der obigen Differenzengleichungen

$$H(n) = n! \cdot \left(\sum_{k=0}^{n} \frac{(-1)^k}{k!} \right).$$

Mehr zu Differenzengleichungen findet man zum Beispiel auch in [2].

Übungsaufgaben

12.1 Bestimmen Sie die Lösung des Populationsmodells

$$P(n + 1) = (1 + \alpha) P(n)$$

von Malthus.

12.2 Beweisen Sie, dass die Fibonacci-Zahlen $F(n)$ die nachfolgenden Gleichungen erfüllen:

1. $\displaystyle\sum_{k=0}^{n} F(k) = F(n + 2) - 1.$

2. $\displaystyle F(n) = \sum_{k=0}^{n} \binom{n - k}{k},$

wobei hier $F(0) = 0$ gesetzt wird. Tipp: Führen Sie jeweils einen Induktionsbeweis.

12.3 Lösen Sie die Rekursion

$$g(n) = \frac{1}{1 + g(n)} \quad \text{mit } g(0) = 1.$$

Tipp: Setzen Sie $g(n) = f(n)/f(n + 1)$ mit $f(0) = f(1) = 1$.

12.4 Wie lautet die Lösung der Differenzengleichung

$$h(n + 2) - 2h(n + 1) + 5h(n) = 0?$$

12.5 Welche Funktion erfüllt die lineare Differenzengleichung

$$h(n + 2) - 4h(n + 1) + 4h(n) = 0$$

mit den Anfangsbedingungen $h(0) = 1$ und $h(1) = 3$?

12.6 Gesucht ist die Lösung der linearen Differenzengleichung

$$h(n + 3) + h(n + 2) - h(n + 1) - h(n) = 0,$$

wobei h die Anfangswerte $h(0) = 2$, $h(1) = -1$ und $h(2) = 3$.

12.7 Lösen Sie die Differenzengleichung

$$H(n) - 5H(n - 1) + 6H(n - 2) = (n - 2)^2$$

$$\text{für } n \geq 2, \text{ mit } H(0) = 0, H(1) = -\frac{1}{2}.$$

12.8 Im Nachfolgenden sind Systeme von Differenzengleichungen und nichtlineare Differenzengleichungen gegeben, die jedoch durch geeignete Umformungen oder aber durch Substitutionen auf eine einzelne lineare Differenzengleichung zurückgeführt werden können. Lösen Sie die nachfolgenden Differenzengleichungen, indem Sie den zum Teil angegebenen Hinweisen folgen.

1. Für $n \geq 1$ ist die Lösung des Differenzengleichungssystems

$$2h(n) + g(n) = h(n - 1) + 3g(n - 1)$$
$$h(n) + g(n) = h(n - 1) + g(n - 1)$$

   gesucht, wobei $h(0) = 1$ und $g(0) = 2$ gelten soll.
   Tipp: Lösen Sie zunächst beide Gleichungen nach $g(n)$ auf.
2. Für $n \geq 1$ ist die Lösung der nichtlinearen Differenzengleichung

$$h(n - 1) + h(n) = h(n - 1)h(n) \quad \text{mit } h(0) = 2$$

   gesucht.
   Tipp: Welche Differenzengleichung erfüllt die Funktion $g(n) = 1/h(n)$?
3. Für $n \geq 2$ ist die Lösung der nichtlinearen Differenzengleichung

$$h(n) \cdot (h(n - 1))^2 \cdot h(n - 2) = 1 \quad \text{mit } h(0) = 2 \text{ und } h(1) = 1$$

   gesucht.
   Tipp: Welche Differenzengleichung erfüllt die Funktion $g(n) = \log_2 (h(n))$?
4. Für $n \geq 1$ ist die Lösung der nichtlinearen Differenzengleichung

$$(h(n))^3 = 3h(n - 1) \quad \text{mit } h(0) = 1$$

   gesucht. Tipp: Welche Differenzengleichung erfüllt die Funktion $g(n) = \log_3 (h(n))$?

12.9 Gesucht ist die Lösung der inhomogenen Differenzengleichung

$$h(n + 2) - 4h(n + 1) + 4h(n) = 3n^2 + 2 - 5 \cdot 3^n.$$

12.10 Wie lautet die Lösung der inhomogenen Differenzengleichung

$$h(n + 2) - 6h(n + 1) + 8h(n) = 24(n + 2).$$

Literatur

1. Bronstein, I. N. und Semendjajew, K. A.: Taschenbuch der Mathematik. 25. durchgesehene Aufl., B. G. Teubner Verlagsgesellschaft, Stuttgart, Leipzig (1991)
2. Spiegel, M. R.: Endliche Differenzen und Differenzengleichungen. Theorie und Anwendung. McGraw-Hill Book Company GmbH, Hamburg, New York, St. Louis, San Francisco, Auckland, Bogota, Johannesburg, London, Madrid, Mexico, Montreal, New Delhi, Panama, Paris, Sao Paulo, Singapore, Sydney, Tokyo, Toronto (1982)

Wahrscheinlichkeitsrechnung 13

Wahrscheinlich werde ich bis zu diesem Kapitel einige der Leserinnen und Leser „abgehängt" haben, auch wenn ich mein ursprüngliches Ziel, möglichst viele Leserinnen und Leser bis zum Ende dieses Buches „mitzunehmen", nicht aus den Augen verlieren will. Aber was bedeutet eigentlich dieses Wort „wahrscheinlich"? Was ist damit gemeint?

Die Wahrscheinlichkeitstheorie hat ihre Ursprünge in den Pariser Salons des siebzehnten Jahrhunderts, in denen Glücksspiele gespielt wurden und in denen man somit an der *Wahrscheinlichkeit* für den Eintritt eines bestimmten Ausgangs des Glücksspiels interessiert war. Glücksspiele wird es vermutlich schon seit Menschengedenken geben. So ist heutzutage ja auch das Lotto-Spiel in allen Ländern der Erde und in allen Gesellschaftsschichten verbreitet und beliebt. Auch beim Roulette (siehe Abb. 13.1) verspielte schon mancher sein ganzes Hab und Gut, da ihm das Glück nicht hold war.

Den Mathematikern stellte sich bei derartigen Spielen jedoch ursprünglich eine andere Frage als den Spielern des Spiels, die an der Wahrscheinlichkeit des Eintritts des für sie günstigsten Ereignisses interessiert waren. Die Mathematiker fragten sich, wie der Spieleinsatz aufzuteilen ist, wenn ein Spiel vorzeitig abgebrochen wird. Wer also das Spiel voraussichtlich nach gewonnen hätte, wenn es nicht zum Spielabbruch gekommen wäre.

Anmerkung 13.1 Vielleicht ist dies ja auch ein Beweis dafür, dass Mathematiker etwas anders „ticken" als die übrigen Menschen.

Heutzutage findet die Wahrscheinlichkeitstheorie bzw. die Wahrscheinlichkeitsrechnung ihre Anwendung in Bereichen der Biologie, der Chemie, der Erziehungswissenschaften, der Ingenieurwissenschaften, der Medizin, der Physik, der Psychologie, der Soziologie und der Wirtschaftswissenschaften. (Vgl. hierzu auch [14, „Regeln des Zufalls", Seite 66].)

© Springer-Verlag GmbH Deutschland, ein Teil von Springer Nature 2020   257
D. Horstmann, *Mathematik für Biologen*, DOI 10.1007/978-3-662-62669-6_13

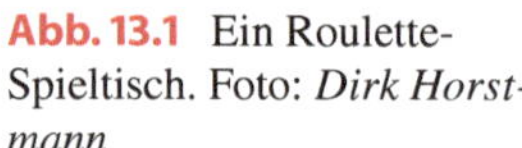

Abb. 13.1 Ein Roulette-Spieltisch. Foto: *Dirk Horstmann*

13.1 Laplace-Wahrscheinlichkeit

Was ist nun zunächst im allgemeinen Sprachgebrauch damit gemeint, dass etwas „wahrscheinlich" ist? Schauen wir als Erstes einmal in den DUDEN für sinn- und sachverwandte Wörter [2]. Dort findet man als ein sachverwandtes Wort das Wort *anscheinend*. Aber das hilft uns hier nicht wirklich weiter.

Im alltäglichen Sprachgebrauch bezeichnen wir etwas bzw. ein *Ereignis* als wahrscheinlich, wenn wir zwar vermuten, dass das Ereignis eintritt, doch „nicht mit hundertprozentiger Sicherheit ausschließen können", dass nicht doch ein anderes Ereignis eintritt. Wie kann man so etwas mathematisch erfassen bzw. was ist eigentlich die Wahrscheinlichkeit dafür, dass ein Ereignis eintritt? Zunächst müssen wir, um einen Vergleich der Wahrscheinlichkeiten, dass ein Ereignis eintritt, vornehmen zu können, uns klarmachen, welche möglichen Ereignisse es eigentlich überhaupt gibt.

Definition 13.1
Die Menge aller möglichen Ereignisse bezeichnet man als *Ergebnismenge* und verwendet hierfür in der Literatur meistens das große griechische Omega, also das Symbol Ω.

Definition 13.2
Einen Vorgang, mit einem nicht voraussagbaren Ausgang, bezeichnet man als ein *Zufallsexperiment*.

Beispiel 13.1 Denken wir z. B. an das Roulette-Spiel (vgl. Abb. 13.1). Eine Runde Roulette, an einem nicht manipulierten Roulette-Tisch, ist demnach ein Zufallsexperiment. Die bei einem solchen Spiel möglichen Ausgänge {(Die Kugel bleibt auf einem schwarzen Feld liegen), (Die Kugel bleibt auf einem roten Feld liegen), (Die Kugel bleibt auf einer geraden Zahl liegen), (Die Kugel bleibt auf einer ungeraden Zahl liegen), (Die Kugel bleibt auf der 0 liegen), (Die Kugel bleibt auf der 1 liegen),..., (Die Kugel bleibt auf der 36 liegen) usw.} bilden die Ergebnismenge Ω. Teilmengen dieser möglichen Ausgänge nennt man Ereignisse. So ist z. B. {(Die Kugel bleibt auf einem schwarzen Feld liegen), (Die Kugel bleibt auf der 36 liegen), (Die Kugel bleibt auf einer ungeraden Zahl liegen)} ebenso ein Ereignis wie das Ereignis {(Die Kugel bleibt auf der 0 liegen)}. Jedoch kann das Ereignis $E = $ {(Die Kugel bleibt auf einem schwarzen Feld liegen), (Die Kugel bleibt auf der 36 liegen), (Die Kugel bleibt auf einer ungeraden Zahl liegen)} offensichtlich nie eintreten.

Beispiel 13.2 Weitere Beispiele für Zufallsexperimente, die jeder, der einen Garten oder Balkon hat, selbst durchführen kann, findet man auch in der Botanik. Wenden wir uns also nun vielleicht „dem" Paradebeispiel aus der Botanik und der Genetik zu. Wir betrachten zwei aufeinanderfolgende Versuche mit unterschiedlich blühenden Löwenmäulchen.

Für dieses Kreuzungsexperiment nimmt man zunächst reinerbige (homozygote) weiß und gelb blühende Löwenmäulchen als Elterngeneration (Parentalgeneration). Durch das Kreuzen dieser Pflanzen (z. B. durch eine Fremdbestäubung der weiß blühenden Pflanzen mit Pollen der gelb blühenden Löwenmäulchen, vgl. Abb. 13.2) erhält man in der ersten Tochtergeneration (1. Filialgeneration F1) nur Pflanzen mit gelben Blüten, d. h., die Pflanzen sind uniform (gleich). Hierbei wird angenommen, dass die Eigenschaft „gelb blühend" gegenüber der Eigenschaft „weiß blühend" dominant ist. Geht man nun bei den Tochterpflanzen untereinander genauso vor, dann erhält man in der zweiten Filialgeneration F2 Pflanzen, die zu 3/4 gelb und zu 1/4 weiß blühen.

Das Kreuzungsexperiment zweier Pflanzen der F1-Generation stellt also ein Zufallsexperiment mit der Ereignismenge

$\Omega = $ {(Die Pflanze der F2-Generation ist (homozygot) gelb blühend),

(Die Pflanze der F2-Generation ist (homozygot) weiß blühend),

(Die Pflanze der F2-Generation ist (heterozygot) gelb blühend

mit Genotyp (gw)), (Die Pflanze der F2-Generation ist (heterozygot)

gelb blühend mit Genotyp (wg))}

dar. Mögliche Ereignisse sind hier z. B.:

$E_1 = $ (Die Pflanze der F2-Generation ist heterozygot),

$E_2 = $ (Die Pflanze der F2-Generation ist homozygot) und

Abb. 13.2 Ein weiß blühendes Löwenmäulchen. Foto: *Dirk Horstmann*

$E_3 =$ (Die Pflanze der F2-Generation ist gelb blühend)

$\quad = \{$(Die Pflanze der F2-Generation ist (homozygot) gelb blühend),

(Die Pflanze der F2-Generation ist (heterozygot) gelb blühend mit

Genotyp (wg)), (Die Pflanze der F2-Generation ist (heterozygot)

gelb blühend mit Genotyp (gw))$\}$.

Man sagt, dass ein Ereignis E einer einem Zufallsexperiment zugrunde liegenden Ergebnismenge Ω eingetreten ist, wenn der Ausgang des Zufallsexperiments in der Menge E enthalten ist. Hierbei sind ein paar Sonderfälle zu beachten. Einelementige Teilmengen von Ω bezeichnet man als Elementarereignisse. Die Ergebnismenge Ω ist eine Teilmenge von sich selbst, somit bildet sie selbst ein Ereignis und wird als das „*sichere Ereignis*" bezeichnet. Schließlich gibt es zu jedem Ereignis E ein *komplementäres Ereignis* $\overline{E}$, das genau dann eintritt, wenn das Ereignis E nicht eintritt. Das zu dem sicheren Ereignis komplementäre Ereignis ist das *unmögliche Ereignis*, für das das Symbol der leeren Menge, also $\emptyset$ verwendet wird. Aus zwei beliebigen Ereignissen können auch weitere Ereignisse gewonnen werden. Wenn wir also zwei Ereignisse E_1 und E_2 vorliegen haben, so können diese wie folgt zusammengesetzt werden:

1. (E_1 oder E_2); dieses Ereignis tritt genau dann ein, wenn entweder E_1 oder E_2 oder beide zusammen eintreten.
2. (E_1 und E_2); dieses Ereignis tritt genau dann ein, wenn sowohl E_1 als auch E_2 eintreten.

Beispiel 13.3 Zur Veranschaulichung denken wir wieder an das Roulette-Spiel. Weiter seien $E_1 = $ (Die Kugel bleibt auf einer ungeraden Zahl liegen) und $E_2 = $ (Die Kugel bleibt auf einer schwarzen Zahl liegen). Für das Ereignis (E_1 und E_2) gilt somit: (E_1 und E_2) $= \{$(Die Kugel bleibt auf einer ungeraden Zahl liegen) und (Die Kugel bleibt auf einer schwarzen Zahl liegen)$\} = $ (Die Kugel bleibt auf einem schwarzen Feld mit einer ungeraden Zahl liegen). Für das Ereignis (E_1 oder E_2) erhält man: (E_1 oder E_2) $= \{$(Die Kugel bleibt auf einer ungeraden Zahl liegen) oder (Die Kugel bleibt auf einer schwarzen Zahl liegen)$\}$.

Definition 13.3

Wenn E_1 und E_2 sich gegenseitig ausschließen, so ist (E_1 und E_2) $= \emptyset$, also gleich dem unmöglichen Ereignis. In diesem Fall nennt man die beiden Ereignisse auch ereignisfremd oder disjunkt. Haben mehrere Ereignisse $E_1, E_2, \ldots, E_N$ alle untereinander die Eigenschaft, dass (E_i und E_j) $= \emptyset$ für $i, j \in \{1, \ldots N\}$ mit $i \neq j$, so nennt man diese Ereignisse paarweise disjunkt oder paarweise verschieden bzw. paarweise ereignisfremd.

Beispiel 13.4 Wir haben bereits bei dem Roulette-Spiel als Beispiel für ein Zufallsexperiment ein Beispiel für ein unmögliches Ereignis kennengelernt. So ist das Ereignis $E = \{$(Die Kugel bleibt auf einem schwarzen Feld liegen), (Die Kugel bleibt auf der 36 liegen), (Die Kugel bleibt auf einer ungeraden Zahl liegen)$\}$ ein Ereignis, das niemals eintreten kann, also ein unmögliches Ereignis.

Wenn man ein Zufallsexperiment mit endlich vielen verschiedenen Ausgängen gegeben hat, so stellt sich die Frage, wie „wahrscheinlich" der Eintritt eines bestimmten Ausgangs ist. Hierfür müssen wir die einzelnen Ausgänge durch sogenannte *Wahrscheinlichkeiten* bewerten, d. h. mit Kennzahlen bewerten, die einen Vergleich der Ausgänge im Hinblick auf den möglichen Eintritt zulassen. Das sichere Ereignis ist das mit der Ergebnismenge Ω identische Ereignis. Es tritt somit immer ein. Daher weist man der Wahrscheinlichkeit für das Eintreten des sicheren Ereignisses den Wert 1 zu. Für die Wahrscheinlichkeit eines Ereignisses E wird die Schreibweise $P(E)$ (wie Probability) verwendet. Für das sichere Ereignis hätte man also mit dieser Schreibweise die Gleichung

$$P(\Omega) = 1.$$

Für die anderen Ereignisse werden nun die Wahrscheinlichkeiten, um genau zu sein die sogenannten *Laplace-Wahrscheinlichkeiten*, wie folgt definiert:

Abb. 13.3 Pierre-Simon Laplace (1749–1827). Zeichnung: *Dirk Horstmann*

Definition 13.4 (Laplace-Wahrscheinlichkeit)
Die Laplace-Wahrscheinlichkeit für das Eintreten eines Ereignisses E ist durch

$$P(E) = \frac{\text{Anzahl der für } E \text{ günstigen Ausgänge}}{\text{Anzahl aller möglichen Ausgänge}} = \frac{|E|}{|\Omega|}$$

gegeben.

Exkurs 13.1

Wahrscheinlich lag es ja an den Irrungen und Wirrungen in Folge der französischen Revolution, daß Napoléon Bonaparte 1799 den französischen Mathematiker und Astronom Pierre Simon (Marquis de) Laplace (28.03.1749–5.03.1827) zum Innenminister Frankreichs ernannte. Vielleicht hätte Laplace (siehe Abb. 13.3) jedoch besser ganz bei der Mathematik bleiben sollen, da er bereits sechs Wochen nach seiner Ernennung durch einen Bruder Napoléons „ausgewechselt" wurde. (Der Spruch „Schuster bleib' bei deinen Leisten" traf also auch für Laplace zu, doch hatte dieser Ausflug in die Politik für Laplace zum Glück nicht die damals durchaus noch üblichen tödlichen Folgen.)

Trotz dieses kurzen Intermezzos und dem schnellen, offensichtlichen politischen Machtverlust zog Laplace seinen Nutzen aus den Machtverhältnissen zu dieser Zeit, da er durch Napoléon zum Mitglied und ab 1803 zum Vizepräsidenten des recht einflusslosen Senats ernannt wurde, wodurch er zu erheblichem Wohlstand gelangte. Das wohl bedeutendste wissenschaftliche Werk von Laplace sind seine Beiträge zur Astromechanik. In seinem Hauptwerk „Traité de Mécanique Céleste" gibt er einen Überblick über die seit Newton gewonnenen Erkenntnisse sowie seiner eigenen Forschungsbeiträge auf dem Gebiet der

Himmelsmechanik. Laplace wendet das von Newton formulierte Gravitationsgesetz z. B. auf das sogenannte Drei-Körper-Problem an, das darin besteht, eine Lösung für den Bahnverlauf von drei Körpern unter dem Einfluss ihrer gegenseitigen Anziehung (Gravitation) zu finden. Laplace konnte auf den Ergebnissen von Newton fußend neue Erkenntnisse mit Methoden und Resultaten zu Reihenentwicklungen gewinnen, die Newton noch nicht bekannt waren. Mit seinen Berechnungen zur Stabilität des Sonnensystems konnte Laplace viele seiner pessimistischen Zeitgenossen beruhigen, die durch die Unregelmäßigkeiten der Planetenbahnen von Jupiter und Saturn sowie der Mondbahn verängstigt waren und Weltuntergangsszenarien fürchteten.

Die Astromechanik war sicherlich eine der große „Forschungsleidenschaft" von Laplace, eine andere war die Wahrscheinlichkeitsrechnung. Laplace sah in ihr den Ausweg aus dem Dilemma, trotz mangelnder Kenntnisse über bestimmte Vorgänge dennoch zu Aussagen zu gelangen, die (bezogen auf die betrachteten Vorgänge) mit einer bestimmten Gewissheit zutrafen. Das von ihm verfasste Werk „Théorie Analytique des Probabilités" enthält viele der Begriffe und Resultate, die wir hier auch kennengelernt haben bzw. noch kennenlernen werden. So sind dort eine Definition des Begriffs der Wahrscheinlichkeit und Abhandlungen zu abhängigen und unabhängigen Ereignissen zu finden. Laplaces Werk widerlegte die unter anderem von d'Alembert (eigentlich Jean-Baptiste le Rond (16.11.1717 – 29.10.1783), er wurde jedoch d'Alembert genannt) vertretene und damals weit verbreiteten Meinung, dass eine rigorose Behandlung der Wahrscheinlichkeit mithilfe der Mathematik nicht möglich ist. (Jean-Baptiste le Rond d'Alembert hatte Laplaces Karriere jahrelang gefördert und ihm im Jahre 1771 eine Professorenstelle an der École Militaire verschafft.) Einige der von Laplace eingeführten und entwickelten mathematischen Verfahren sind heutzutage noch wichtige Bestandteile und Methoden der Mathematik. Pierre Simon (Marquis de) Laplace ist eine der 72 Personen, die namentlich auf dem Eiffelturm verewigt sind.

Neben dem französischen Mathematiker Pierre Simon de Laplace sind auch noch die beiden französischen Mathematiker Blaise Pascal (19.06.1623– 19.08.1662) und Pierre de Fermat (Ende 1607 (oder Anfang 1608)–12.01.1665) zu erwähnen, deren Briefwechsel als die erste Antwort auf die Frage nach dem Aufteilen der Spieleinsätze zu betrachten ist. Während der Name Pascal im Zusammenhang mit dem Pascalschen Dreieck und mit Binomial-Koeffizienten (siehe Abschn. 2.2) auftaucht, ist der Name Fermat im Jahr 1995 erneut in der Weltpresse aufgetaucht, als es dem britischen Mathematiker Andrew Wiles gelang, die Fermat'sche Vermutung, ein über 350 Jahre lang ungelöstes mathematisches Problem, zu beweisen. Der Franzose Pierre de Fermat schrieb an den Rand seiner Ausgabe der „Arithmetica" von Diophantos, dass er angeblich einen „wahrhaft wunderbaren Beweis" für die Aussage besäße, dass es nicht möglich ist, „einen Kubus in zwei Kuben oder ein Biquadrat in zwei Biquadrate und allgemein eine Potenz, höher als die zweite, in zwei Potenzen mit demselben Exponenten zu zerlegen". Leider jedoch reichte der Rand des Papierbogens neben dem Problem 8 in der „Arithmetica" angeblich nicht aus, um den Beweis dort niederzuschreiben. So entstand eines der faszinierendsten Rätsel der Mathematik. Die Tatsache, dass gerade der Engländer Wiles für dieses über 350 Jahre alte Problem, das ein Franzose aufgestellt hatte, einen 130 Seiten langen Beweis gefunden hat, hätte in früheren Zeiten sicher eine gewisse Brisanz besessen. (Die Geschichte, wie Andrew Wiles den Beweis gefunden hat, ist spannend und faszinierend in dem Buch „Fermats letzter Satz" von S. Singh [12] nachzulesen.) Gott sei Dank leben wir heute in einem friedlichen und vereinigten Europa.

Andrew Wiles stellte seinen Beweis von Fermats letztem Satz übrigens zum ersten Mal im „Isaac Newton Institute for Mathematical Sciences" in Cambridge vor, wo es auch ein T-Shirt mit dem nachfolgenden Aufdruck zu kaufen gibt:

Andrew Wiles proved Fermat's last theorem

$$x^n + y^n \neq z^n$$

if $x, y, z, n \in \mathbb{Z}^+$ and $n > 2$ at the Newton Institute, Cambridge on 23 June 1993 but this T-shirt is too small for his elegant proof.

(Siehe hierzu auch [7, 12] und [14, „Die Regeln des Zufalls", Seite 66].)

Beispiel 13.5 Kehren wir zu dem Versuch mit den Löwenmäulchen zurück. Wir haben gesehen, dass es nach der Kreuzung zweier Pflanzen aus der F2-Generation vier unterschiedliche mögliche Ausgänge gibt. Somit ist $|\Omega| = 4$. Wenn wir nun die Wahrscheinlichkeit des Ereignisses $E_1 =$ (Die Pflanze der F2-Generation ist gelb blühend) bestimmen wollen, so sehen wir, dass $E_1 = \{$(Die Pflanze der F2-Generation ist (heterozygot) gelb blühend mit Genotyp (gw)), (Die Pflanze der F2-Generation ist (heterozygot) gelb blühend mit Genotyp (wg)), (Die Pflanze der F2-Generation ist (homozygot) gelb blühend)$\}$ ist und somit $|E_1| = 3$ gilt. D. h., die Laplace-Wahrscheinlichkeit, dass das Ereignis E_1 eintritt, ist

$$P(E_1) = \frac{|E_1|}{|\Omega|} = \frac{3}{4}.$$

Das in dem vorangegangenen Beispiel beschriebene Zufallsexperiment bzgl. der „Blütenfarbe der F2-Generation" ist ein sogenanntes *Bernoulli-Experiment*.

Definition 13.5 (Bernoulli-Experiment)
Als Bernoulli-Experiment bezeichnet man ein Zufallsexperiment, bei dem man sich nur dafür interessiert, ob ein bestimmtes Ereignis eintritt oder nicht.

Beispiel 13.6 Neben den Blutgruppen A, B, AB und 0 wird noch zwischen weiteren Blutgruppensystemen unterschieden. Hierzu gehört auch das „Rhesus-System", das seinen Namen einer Blutgruppensubstanz verdankt, die zuerst bei den Rhesusaffen entdeckt wurde. Menschen, die Antikörper gegen diese Substanz besitzen, werden als Rhesus-positiv bezeichnet, während Menschen, die keine derartigen Antikörper besitzen, somit „Rhesus-negativ" sind. Untersucht man nun durch einen Bluttest einen Menschen darauf, ob er eine Blutgruppe besitzt, die Rhesus-positiv oder Rhesus-negativ ist, so kann man dies durchaus als ein Bernoulli-Experiment verstehen. Wird z. B. von 1500 Personen das Blut untersucht und stellt man hierbei fest, dass 1271 Personen Rhesus-positiv sind, so lässt sich hiermit für die Wahrscheinlichkeit p der Näherungswert

$$p = \frac{1271}{1500} \approx 0{,}8473$$

berechnen. In der Tat ist es so, dass ungefähr 85 % der deutschen Bevölkerung „Rhesus-positiv" sind (vgl. [4]).

Exkurs 13.2

Neben den bereits erwähnten Namen wie Laplace, Fermat und Pascal darf auch der Name Jakob I. Bernoulli nicht fehlen, wenn es um die Ursprünge der Wahrscheinlichkeitsrechnung geht.

Bei Jakob I. Bernoulli (27.12.1654–16.08.1705) handelt es sich um einen Schweizer Mathematiker und Physiker. (Zur Unterscheidung von seinem Großneffen wurde für ihn die Bezeichnung „Jakob I." eingeführt. Konsequenterweise wird sein Großneffe, der ebenfalls Mathematiker war, somit Jakob II. Bernoulli (1759–1809) genannt).

In der Geschichte der Menschheit gab es immer wieder herausragende Familien, die die Politik eines Landes, die Kultur oder die Entwicklung einer Wissenschaft für eine ganze Epoche prägten. Man denke nur an die Familie Medici, die Familie Borgia, die Familie Fugger oder aber auch an die Familie von Weizäcker. Auf dem Gebiet der Mathematik ist die Familie Bernoulli unzweifelhaft eine dieser herausragenden Familien (siehe Abb. 13.4). Zurück geht diese Familie auf den Antwerpener Arzt und niederländische Protestant Leon Bernoulli, der als der Stammvater dieser Familie angesehen wird. Drei Generationen später begründete sein Urenkel, Niklaus Bernoulli (1623–1708), dessen Vater sich in etwa um 1620 in Basel niedergelassen hatte, zusammen mit seiner Ehefrau Margarethe Schönauer den Zweig der Familie Bernoulli, aus dem mit Jakob I., Johann I., Johann II., Nikolaus und Daniel Bernoulli eine Vielzahl von herausragenden Mathematikern hervorging.

So war eben der besagte Jakob I. einer der Söhne von Nikolaus und Margarethe Bernoulli. Er und sein jüngerer Bruder Johann I. Bernoulli (06.08.1667–01.01.1748) (zur Unterscheidung von seinem Sohn Johann II Bernoulli, der ebenfalls Mathematikprofessor in Basel war, wurde für ihn die Bezeichnung „Johann I." eingeführt), den Jakob I. in Mathematik unterrichtete, als dieser ein Jugendlicher war, gehörten zu den bedeutendsten Mathematikern ihrer Zeit und besitzen auch heute noch einen herausgehobenen Platz in der Geschichte der Mathematik. Jakob I. Bernoullis wissenschaftliches Schaffen hat wesentlich zur Entwicklung der Wahrscheinlichkeitstheorie sowie zur Variationsrechnung

Abb. 13.4 *Links*: Johann I. Bernoulli (27.07.1669–01.01.1748). *Mitte*: Jakob I. Bernoulli (27.12.1654–16.8.1705). *Rechts*: Daniel Bernoulli (1700–1782). Zeichnung: *Dirk Horstmann*

und zum Studium von Potenzreihen beigetragen. Zusammen mit seinem Bruder Johann I. Bernoulli trug er entscheidend dazu bei, dass die von ihm bearbeitete bzw. fortgeführte Infinitesimalrechnung von Gottfried Wilhelm Freiherr von Leibniz weiter verbreitet wurde. Ab dem Jahr 1686 verwendete Jakob I. die uns bereits aus Abschn. 2.3 bekannte vollständige Induktion und untersuchte wichtige Potenzreihen, wobei er auch auf die sogenannten Bernoulli-Zahlen stieß. Die Universität Basel ernannte ihn im Jahre 1687 zum Professor für Mathematik. In der Zeit bis 1689 veröffentlichte er Arbeiten zum Gesetz der großen Zahlen, das uns später ebenfalls wieder „über den Weg laufen wird". Zu Beginn der 1690er-Jahre arbeiteten er und sein Bruder vor allem auf dem Gebiet der Variationsrechnung, wo er wichtige Kurven und Differentialgleichungen untersuchte. Unter anderem lösten sowohl Jakob wie auch Johann eines der berühmtesten Variationsprobleme ihrer Zeit, das Brachystochronen-Problem. Dieses Problem stellte die Frage nach der schnellsten Verbindung zweier Punkte durch eine Bahn, auf der ein Massenpunkt unter dem Einfluss der Gravitationskraft reibungsfrei hinabgleitet. Dabei liegt ein Punkt tiefer als der andere, aber nicht direkt senkrecht unter dem anderen. Der Verlauf der Bahn darf durchaus auch tiefer sein als die Lage der beiden Punkte. 1697 fand Johann die Lösung dieses Problems in der Brachystochrone. Im Juniheft der „Acta Eruditorum" von 1696 stellte Johann der damaligen mathematischen Welt diese berühmte Aufgabe vor. Auch Jakob I. hatte sich mit dem Brachystochonen-Problem befasst und ebenfalls eine Lösung gefunden. Während Johanns Lösung auf die explizite Aufgabenstellung bzogen war, bestand Jakobs Lösung aus einem Verfahren, dass auch zur Lösungen ähnlicher Probleme angewendet werden kann. Beide

Lösungen wurden im Maiheft der „Acta Eruditorum" von 1697 publiziert. Auch Gottfried Wilhelm von Leibniz, Marquis de l'Hospital und Ehrenfried Walter von Tschirnhausen haben dieses Problem gelöst. Isaac Newton veröffentlichte ebenfalls eine Lösung, die jedoch in einer englischen Zeitung anonym erschien. Dieser Wettstreit der beiden Bernoulli-Brüder und ihre Resultate zum Brachystochronen-Problem wird aus heutiger Sicht oftmals als der Beginn bzw. als die Geburtsstunde der Variationsrechnung betrachtet.

Nach langjährigen Rivalitäten kam es zwischen den Brüdern zum offenen Bruch und sie gingen vom Jahre 1697 an getrennte Wege. Jakob I. wurde 1699 Mitglied in der Akademie der Wissenschaften von Paris und 1701 Mitglied in der Akademie der Wissenschaften von Berlin. Fünfzigjährig verstarb er am 16. August 1705 in seiner Heimatstadt Basel. Seine Nachfolge als Professor am Mathematischen Institut der Universität Basel hat daraufhin sein Bruder Johann angetreten, der so von der Universität Groningen an die Universität Basel zurückkehrte. Dort in Basel sollte Johann später auch auf das mathematische Talent des jungen Euler aufmerksam werden (vgl. Anmerkung 5.1), dessen Lehrer er wurde.

Die Inschrift von Jakob I. Bernoullis Grabmal lautet voller Bewunderung und Verehrung:

C. S. Jacobus Bernoulli, mathematicus incomparabilis …

(Siehe hierzu auch [6] und [7].)

13.1.1 Eigenschaften der Laplace-Wahrscheinlichkeit

Die Definition der Laplace-Wahrscheinlichkeit impliziert die folgenden (leicht nachrechenbaren) Eigenschaften:

1. *Nichtnegativität*: Für jedes Ereignis E ist $P(E) \geq 0$.
2. *Normiertheit*: Für das sichere Ereignis Ω ist $P(\Omega) = 1$.
3. Sind E_1 und E_2 zwei Ereignisse, so ist

$$P(E_1 \text{ oder } E_2) = P(E_2 \text{ oder } E_1) \geq P(E_1) \quad \text{und} \quad P(E_1 \text{ oder } E_2) \geq P(E_2).$$

4. Ist $E_1, E_2, \ldots, E_{n-1}, E_n$ eine endliche Folge von paarweise unterschiedlichen Ereignissen und E das Ereignis (E_1 oder E_2 oder $\ldots$ oder E_{n-1} oder E_n), dann ist

$$P(E) = \sum_{i=1}^{n} P(E_i).$$

5. $P(E) = 1 - P(\overline{E}) = 1 - P(\Omega \setminus E)$.

Hierbei bezeichnet $\Omega \setminus E$ die Ereignismenge ohne das Ereignis E.

13.2 Bedingte Wahrscheinlichkeit

Der Ausgang eines Zufallsexperiments kann natürlich von dem Ausgang eines vorangegangenen Zufallsexperiments abhängen. Betrachten wir hierfür ein Beispiel:

Beispiel 13.7 Zwei Murmeln sollen aus einem Behälter mit m_1 vielen einfachen Murmeln der Art M_1 und m_2 vielen verzierten Murmeln der Art M_2 zufällig ausgewählt werden (vgl. Abb. 13.5. Mit E soll das Ereignis bezeichnet sein, dass die erste der ausgewählten Murmeln aus M_1 stammt.

Mit F bezeichnen wir das Ereignis, dass die zweite der beiden ausgewählten Murmeln ebenfalls aus M_1 stammt. Für die Ergebnismenge Ω gilt, dass

$$|\Omega| = m(m - 1) = (m_1 + m_2)(m_1 + m_2 - 1)$$

ist, wobei $m = m_1 + m_2$ sei. Bei der Berechnung der Wahrscheinlichkeit des Ereignisses F spielt das Wissen über den Ausgang des ersten Auswahlvorgangs eine Rolle. Das Ereignis F tritt nämlich genau dann ein, wenn das Ereignis $\mathcal{E} = (E$ und $F)$ oder das Ereignis $\mathcal{F} = (\overline{E}$ und $F)$ eintritt. Die Ereignisse $\mathcal{E}$ und $\mathcal{F}$ sind offenbar disjunkt, d. h., nach den in dem vorangegangenen Abschn. 13.1.1 behandelten Eigenschaften der Laplace-Wahrscheinlichkeit lässt sich die Wahrscheinlichkeit $P(F)$ für den Eintritt des Ereignisses F als Summe der Wahrscheinlichkeiten

Abb. 13.5 Ein Glasbehälter mit einfachen und „besonderen" Murmeln. Foto: *Dirk Horstmann*

$P(\mathcal{E})$ und $P(\mathcal{F})$ für den Eintritt der Ereignisse $\mathcal{E}$ bzw. $\mathcal{F}$ schreiben:

$$
\begin{aligned}
P(F) &= P(\mathcal{E}) + P(\mathcal{F}) \\
&= \frac{|\mathcal{E}|}{|\Omega|} + \frac{|\mathcal{F}|}{|\Omega|} \\
&= \frac{m_1(m_1 - 1)}{m(m - 1)} + \frac{m_1 m_2}{m(m - 1)} \\
&= \frac{m_1 m_1 - m_1 + m_1 m_2}{m(m - 1)} \\
&= \frac{m_1(m_1 - 1 + m_2)}{m(m - 1)} \\
&= \frac{m_1(m - 1)}{m(m - 1)} \\
&= \frac{m_1}{m}.
\end{aligned}
$$

Ist jedoch bekannt, dass beim ersten „Ziehvorgang" z. B. eine Murmel aus M_1 ausgewählt wurde, also das Ereignis E eingetreten ist, so kann man dieses Wissen bei der Berechnung der Wahrscheinlichkeit von B mit verwenden. Man spricht dann von dem Ereignis F unter der Bedingung, dass das Ereignis E eingetreten ist, und schreibt hierfür $F|E$. Offensichtlich gilt, dass

$$
P(F|E) = \frac{m_1 - 1}{m - 1}
$$

ist.

Die Wahrscheinlichkeit $P(F|E)$ wird als die *bedingte Wahrscheinlichkeit* bezeichnet, dass F – unter der Voraussetzung, dass E eingetreten ist – ebenfalls eintritt. Man geht davon aus, dass diese Wahrscheinlichkeit proportional zu der Wahrscheinlichkeit des Ereignisses (E und F) ist. Wenn man diese Proportionalität annimmt, so erhält man zunächst, dass

$$
P(F|E) = k \cdot P(E \text{ und } F),
$$

mit einer Proportionalitätskonstanten k, gelten muss. Nun ist das Ereignis ($E|E$) gleich dem sicheren Ereignis, d. h., aus der Definition der Laplace-Wahrscheinlichkeit gilt somit, dass

$$
P(E|E) = k \cdot P(E \text{ und } E) = 1
$$

ist. Andererseits ist $P(E \text{ und } E) = P(E) > 0$. Somit ist der Kehrwert der Proportionalitätskonstante k gleich der Wahrscheinlichkeit, dass das Ereignis E eintritt, also gilt:

$$
\frac{1}{k} = P(E).
$$

Insgesamt erhalten wir somit zur Berechnung der bedingten Wahrscheinlichkeit $P(F|E)$ die Formel:

$$P(F|E) = \frac{P(F \text{ und } E)}{P(E)}.$$

Anmerkung 13.2 Ganz offensichtlich gilt auch:

$$P(F|E) = \frac{P(E \text{ und } F)}{P(E)}.$$

Beispiel 13.8 Man wirft zwei faire (d. h. nicht gezinkte) Würfel. Es wird angenommen, dass die Augensumme gleich 8 ist. Nun soll die Wahrscheinlichkeit dafür bestimmt werden, dass bei einem der beiden Würfel die Ziffer 3 oben liegt. Hierfür sei nun E das Ereignis, dass die Augensumme 8 ergibt, d. h.

$$E = \{(3,5), (4,4), (2,6), (6,2), (5,3)\}.$$

Mit F bezeichnen wir nun das Ereignis, dass ein Würfel eine 3 anzeigt. Somit ist also die Wahrscheinlichkeit $P(F|E)$ gesucht. Offenbar ist $|E| = 5$, und das Ereignis (F und E) ist durch $\{(3,5), (5,3)\}$ gegeben. Folglich ist

$$P(F|E) = \frac{2}{5}.$$

Die Wahrscheinlichkeit des Ereignisses F ist hingegen durch $P(F) = \frac{11}{36}$ gegeben.

Für die bedingten Wahrscheinlichkeiten gelten die Axiome

1. *Nichtnegativität*: $P(F|E) \geq 0$.
2. *Normiertheit*: $P(E|E) = 1$.
3. Für zwei disjunkte Ereignisse F_1 und F_2 gilt:

$$P\left((F_1 \text{ oder } F_2)|\, E\right) = P(F_1|E) + P(F_2|E).$$

13.2.1 Unabhängigkeit von Ereignissen

Aus der Formel zur Berechnung der bedingten Wahrscheinlichkeit sehen wir auch, dass die sogenannte *Multiplikationsregel*

$$P(E \text{ und } F) = P(F|E)P(E) \tag{13.1}$$

gilt. Somit lässt sich also die Wahrscheinlichkeit des Ereignisses (E und F) als Produkt der Wahrscheinlichkeiten des Ereignisses E und des Ereignisses ($F|E$)

schreiben. Offenbar gilt (13.1) auch, wenn E das unmögliche Ereignis und somit $P(E) = 0$ ist. Analog gilt auch, dass

$$P(F \text{ und } E) = P(E|F)P(F)$$

ist. Demzufolge gilt auch:

$$P(F|E)P(E) = P(E|F)P(F).$$

Feststellung 13.1
Sind E und F zwei unabhängige Ereignisse, d. h. $P(F|E) = P(F)$ und $P(E|F) = P(E)$, so gilt offensichtlich, dass

$$P(E \text{ und } F) = P(E)P(F)$$

ist. Diese Gleichung wird auch Multiplikationssatz für unabhängige Ereignisse genannt.

Beispiel 13.9 Wir werfen eine (nicht gezinkte) Münze dreimal hintereinander. Mit Z soll das Ereignis bezeichnet werden, dass die Münze die Seite mit der Zahl zeigt, und mit K wird das Ereignis bezeichnet, dass die Münze die Seite mit dem „Kopf" zeigt. Die Ergebnismenge dieses Zufallsexperiments ist somit durch

$$\Omega = \{(ZZZ), (ZZK), (ZKZ), (ZKK), (KZZ), (KZK), (KKZ), (KKK)\}$$

gegeben. Wir betrachten nun die Ereignisse

$$E_1 = \{1. \text{ Wurf ist Z}\}, E_2 = \{2. \text{ Wurf ist Z}\}$$

und

$$E_3 = \{\text{Es wurde genau zweimal Z hintereinander geworfen.}\}.$$

Offenbar sind die Ereignisse E_1 und E_2 voneinander unabhängig. Es gilt:

$$P(E_1) = \frac{4}{8} = \frac{1}{2} \quad \text{und} \quad P(E_2) = \frac{4}{8} = \frac{1}{2}.$$

Ob nun jedoch auch E_1 und E_3 sowie E_2 und E_3 voneinander unabhängig sind oder vielleicht nicht, sieht man allerdings nicht so leicht. Die Wahrscheinlichkeit, dass das Ereignis E_3 eintritt, ist durch

$$P(E_3) = \frac{2}{8} = \frac{1}{4}$$

gegeben. Weiter gilt:

$$P(E_1 \text{ und } E_2) = \frac{1}{4}, \quad P(E_1 \text{ und } E_3) = \frac{1}{8} \quad \text{und} \quad P(E_2 \text{ und } E_3) = \frac{1}{4}.$$

Demnach gilt:

$$P(E_1 \text{ und } E_2) = P(E_1)P(E_2)$$
$$P(E_1 \text{ und } E_3) = P(E_1)P(E_3)$$
$$P(E_2 \text{ und } E_3) \neq P(E_2)P(E_3).$$

Somit sind die Ereignisse E_1 und E_3 voneinander unabhängig, während die Ereignisse E_2 und E_3 voneinander abhängig sind.

13.3 Satz von der totalen Wahrscheinlichkeit

Man sieht leicht ein, dass bei einem Zufallsexperiment ein Ereignis E genau dann eintritt, wenn entweder das Ereignis $(E \text{ und } F)$ oder das Ereignis $(E \text{ und } \overline{F})$ eintritt, wobei F ein beliebiges Ereignis aus der Ergebnismenge Ω des Zufallsexperiments bezeichne. Folglich gilt für die Wahrscheinlichkeit $P(E)$ die Gleichung:

$$P(E) = P\left((E \text{ und } F)\right) + P\left((E \text{ und } \overline{F})\right).$$

Beispiel 13.10 Betrachten wir erneut Blutgruppenuntersuchungen. Es sei E das Ereignis „Blutgruppe 0" und R das Ereignis „Rhesus-positiv". Das zu R komplementäre Ereignis $\overline{R}$ ist dann das Ereignis „Rhesus-negativ". Die oben angegebene Gleichung

$$P(E) = P\left((E \text{ und } R)\right) + P\left((E \text{ und } \overline{R})\right)$$

besagt in diesem Fall, dass eine Person mit Blutgruppe 0 entweder Rhesus-positiv oder Rhesus-negativ ist, und dass sich die Wahrscheinlichkeit $P(E)$, die Blutgruppe E zu haben, berechnen lässt aus der Summe der Wahrscheinlichkeiten für die Ereignisse „Blutgruppe 0 und Rhesus-positiv" und „Blutgruppe 0 und Rhesus-negativ". Wenn also $P(E \text{ und } R) = 0{,}38$ und $P(E \text{ und } \overline{R}) = 0{,}07$ ist, so ist $P(E) = 0{,}45$. (Siehe hierzu auch [16, Beispiel 5.7, Seite 108].)

Wendet man nun den Multiplikationssatz (13.1) an, so ergibt sich die Gleichung

$$P(E) = P(E|F)P(F) + P(E|\overline{F})P(\overline{F}).$$

Wenn man nun allgemein die Ergebnismenge Ω in n unterschiedliche und ereignisfremde (paarweise disjunkte) Ereignisse F_i ($i = 1, \ldots, n$) mit positiven Wahrscheinlichkeiten $P(F_i) > 0$ zerlegt, so lassen sich zunächst die zusammengesetzten

Ereignisse $D_i = (E$ und $F_i)$ bilden, die ebenfalls alle paarweise disjunkt sind. Das Ereignis E kann somit auch als das Ereignis

$$(D_1 \text{ oder } D_2 \text{ oder } \ldots \text{ oder } D_{n-1} \text{ oder } D_n)$$

geschrieben werden. Wenn wir nun die Eigenschaften der Laplace-Wahrscheinlichkeit anwenden, so erhalten wir:

$$P(E) = P(D_1 \text{ oder } D_2 \text{ oder } \ldots \text{ oder } D_{n-1} \text{ oder } D_n)$$
$$= \sum_{i=1}^{n} P(D_i)$$
$$= \sum_{i=1}^{n} P(E \text{ und } F_i)$$

Feststellung 13.2

Die letzte Gleichung lässt sich nach den vorhin angestellten Überlegungen auch als

$$P(E) = \sum_{i=1}^{n} P(E|F_i)P(F_i) \tag{13.2}$$

schreiben. (13.2) nennt man auch den Satz von der totalen Wahrscheinlichkeit.

Beispiel 13.11 In einer Population mit 1000 diploiden Organismen soll ein Allelpaar (Genpaar) betrachtet werden, das dominant mit dem Allel A und rezessiv mit dem Allel a auftritt. Durch die Kombination dieser Allele ergeben sich somit die Genotypen AA, Aa und aa. Als Genotypfrequenz bezeichnen wir nun die Wahrscheinlichkeiten D, H und R dafür, dass ein zufällig ausgewähltes Individuum vom Genotyp AA, Aa bzw. aa ist. Wir nehmen hier an, dass sich die drei Genotypen auf 490 AA-, 420 Aa- und 90 aa-Individuen aufteilen. Da jedes Individuum zwei Allele in sich trägt, ist die Gesamtzahl der Allele $A + a = 2000$. Mit dem Begriff Genfrequenz bezeichnen wir jeweils die Wahrscheinlichkeiten p und q dafür, dass ein zufällig ausgewähltes Gen vom Typ A bzw. a ist. Wir sind nun an den Wahrscheinlichkeiten p und q interessiert, die sich mithilfe des Satzes von der totalen Wahrscheinlichkeit aus den Genotypfrequenzen berechnen lassen. Wenden wir uns nun zunächst der Genfrequenz p zu. Hierfür modellieren wir die Auswahl eines Gens aus der Population durch ein zweistufiges Zufallsexperiment, bei dem in der ersten Stufe die Auswahl eines Genotyps aus der Population und in der zweiten Stufe die nachfolgende Auswahl eines Gens aus dem Genotyp vorgenommen wird. Wir bezeichnen mit E_1 die Auswahl des Genotyps AA, mit E_2 die Auswahl des Genotyps Aa und mit E_3 die Auswahl des Genotyps aa. Wir haben somit drei paarweise disjunkte Ereignisse vorliegen, die eine Zerlegung der Ergebnismenge des Zufallsexperiments darstellen. Die Wahrscheinlichkeiten dieser Ereignisse sind die Genotypfrequenzen, d. h., wir wissen, dass $P(E_1) = D$, $P(E_2) = H$ und $P(E_3) = R$ ist. Wenn wir nun mit F_1 die Auswahl eines A-Gens bezeichnen, können wir die gesuchte Genotypfrequenz $p = P(F)$ mithilfe des Satzes von der totalen Wahrscheinlichkeit berechnen.

Es gilt:

$$p = P(F_1) = P(F_1|E_1)P(E_1) + P(F_1|E_2)P(E_2) + P(F_1|E_3)P(E_3)$$
$$= 1 \cdot D + \frac{1}{2} \cdot H + 0 \cdot R = D + \frac{H}{2}.$$

In unserem konkreten Zahlenbeispiel sind

$$D = \frac{490 + 490}{2000} = 0{,}49 \quad \text{und} \quad H = \frac{420 + 420}{2000} = 0{,}42.$$

Somit erhalten wir für die Genotypfrequenz p den Wert:

$$p = 0{,}49 + 0{,}21 = 0{,}7.$$

Wenn wir mit F_2 die Auswahl eines a-Gens bezeichnen, erhalten wir analog für die Genotypfrequenz $q = P(F_2)$:

$$q = P(F_2) = P(F_2|E_1)P(E_1) + P(F_2|E_2)P(E_2) + P(F_2|E_3)P(E_3)$$
$$= 0 \cdot D + \frac{1}{2} \cdot H + 1 \cdot R = R + \frac{H}{2}.$$

Auch hier wollen wir dieses Beispiel mit unseren konkreten Zahlen berechnen. Wir erhalten, da

$$R = \frac{90 + 90}{2000} = 0{,}09$$

ist, für die Genotypfrequenz q den Wert

$$q = 0{,}09 + 0{,}21 = 0{,}3.$$

Offenbar befindet sich die in diesem Beispiel betrachtete Population im Hardy-Weinberg'schen Gleichgewicht. (Vgl. hierzu auch [4, Seite 142] und [15, Beispiel 1.5, Seite 10f].)

Exkurs 13.3

Das Hardy-Weinberg'sche Gleichgewicht ist eine nach dem englischen Mathematiker Godfrey Harold Hardy (7.02.1877–01.12.1947) und dem deutschen Arzt und Vererbungsforscher Wilhelm Weinberg (1862–1937) benannte Formel, die, wie wir bereits in Abschn. 2.2.2. gesehen haben, ein Beitrag zur Theorie der Häufigkeit eines gewählten Allels in den Filialgenerationen liefert. Die unter der

Verwendung der Notationen des Beispiels 13.11 gefundenen Gesetzmäßigkeiten lauten als Formeln aufgestellt:

$$H + D + R = 1 \quad \text{und} \quad p + q = 1.$$

Man sagt, dass Populationen, die diese Gleichungen erfüllen, sich dann im Hardy-Weinberg'schen-Gleichgewicht befinden.

In der Literatur findet man oftmals statt der ersten Gleichung die Gleichung

$$H + 2D + R = 1.$$

Dies hat jedoch nur notationstechnische Gründe.

Bei der Herleitung der Formeln sind Hardy und Weinberg jedoch von einer in der Realität nicht existierenden idealen Population ausgegangen, die aus isozygoten (das bedeutet in allen Genen reinerbigen) Individuen besteht. Diese „ideale Population" ist ein künstliches und stark einschränkendes Populationsmodell. Die Eigenschaften dieser idealen Population sind:

1. Die Individuenzahl ist sehr groß: Anders als bei einer kleinen Population, bei der der zufällige Verlust eines Individuums oder ein Gendrift relativ große Auswirkungen hätte, verändert sich die Häufigkeit der Allele bei dieser idealen Population praktisch nicht.
2. Alle Mitglieder der Population haben die gleiche Chance, ihre genetische Information an die nächste Generation weiterzugeben. Die Paarungen von Partnern erfolgen nach dem Zufallsprinzip und sind somit gleich wahrscheinlich und gleich erfolgreich.
3. Es gibt weder Selektionsvorteile noch -nachteile für die Träger bestimmter Gene (Genotyp), die sich phänotypisch auswirken. Somit gibt es keine Selektion.
4. Mutationen finden nicht statt.
5. Es gibt keine Veränderungen in den Allelfrequenzen, da es keine Zu- oder Abwanderungen (Migration) gibt.

In der Realität ist mindestens eine der Eigenschaften, die mit Ausnahme der Individuenzahlen alles Evolutionsfaktoren sind, nicht erfüllt. Somit ist die ideale Population ein rein theoretisches Konstrukt. Konsequenterweise findet somit die Evolution einer Population stets dann statt, wenn die obigen Voraussetzungen nicht erfüllt sind. (Vergleiche auch [4, 8] und [17].)

13.4 Der Satz von Bayes

A posteriori bedeutet so viel wie „von dem, was nachher kommt", während man *a priori* mit „von dem, was vorher kommt" übersetzen kann. Sicherlich ist die Bestimmung von *A-posteriori-Wahrscheinlichkeiten* der Form $P(E_i|F)$ schwierig. So ist es einfacher, die Wahrscheinlichkeit für das Auftreten eines Symptoms zu berechnen, wenn man bereits weiß, dass eine Erkrankung vorliegt, als im umgekehrten Fall von einem Symptom auf eine Krankheit zu schließen. Hierbei hilft jedoch eine Anwendung des Satzes von der totalen Wahrscheinlichkeit weiter. Sei also F das Auftreten eines bestimmten Symptoms, und mit E_i sollen unterschiedliche, paarweise disjunkte Krankheitsursachen bezeichnet sein. Für die bedingte A-posteriori-Wahrscheinlichkeit $P(E_i|F)$ wissen wir, dass sie die Gleichung

$$P(E_i|F) = \frac{P(E_i \text{ und } F)}{P(F)}$$

erfüllt. Wendet man auf den Zähler den Multiplikationssatz und auf den Nenner den Satz von der totalen Wahrscheinlichkeit an, so erhalten wir:

Feststellung 13.3

$$P(E_i|F) = \frac{P(F|E_i)P(E_i)}{P(F)}$$
$$= \frac{P(F|E_i)P(E_i)}{\sum_{j=1}^{n} P(F|E_j)P(E_j)}. \qquad (13.3)$$

Die in (13.3) *gegebene Formel nennt man auch Formel von Bayes oder Satz von Bayes.*

Die Wahrscheinlichkeiten $P(F|E_j)$ sind, wie oben bereits erwähnt, in der Regel einfach zu ermitteln (denken Sie an die Wahrscheinlichkeit des Auftretens eines Symptoms bei Vorliegen einer Erkrankung). Sie erlaubt also Rückschlüsse von der *A-priori-Wahrscheinlichkeit* $P(E_i)$ auf die *A-posteriori-Wahrscheinlichkeit* $P(E_i|F)$.

Beispiel 13.12 In der Medizin bezeichnet man Husten, der länger als drei Wochen anhält, in der Regel als chronischen Husten. Mitte April geht eine junge Frau zu einem Arzt, da sie seit Wochen unter Hustenattacken leidet. Sie weist bei ihrem Arztbesuch chronischen Husten als Symptom auf. Dieses Symptom bezeichnen wir im Nachfolgenden mit dem Ereignis $S = \{\text{chr. Husten}\}$. Der Arzt, der die Frau untersucht, zieht folgende Möglichkeiten in Betracht:

1. Die Patientin ist gesund. (Ereignis E_1.)
2. Die Patientin leidet unter Asthma bronchiale. (Ereignis E_2.)
3. Die Patientin hat Tuberkulose. (Ereignis E_3.)
4. Die Patientin hat eine Allergie (Heuschnupfen). (Ereignis E_4.)

Aus einem Handbuch mit allgemeinen Krankenstatistiken weiß der Arzt die nachfolgenden (hier jedoch rein fiktiv angegebenen) Wahrscheinlichkeiten für das Eintreten der nachfolgenden Ereignisse:

$$P(E_1) = 0{,}5, \qquad P(E_2) = 0{,}009, \quad P(E_3) = 0{,}001, \qquad P(E_4) = 0{,}49$$
$$P(S|E_1) = 0{,}01, \qquad P(S|E_2) = 0{,}9, \quad P(S|E_3) = 0{,}06, \qquad P(S|E_4) = 0{,}7$$

Um eine Diagnose stellen zu können, sind die A-posteriori-Wahrscheinlichkeiten $P(E_i|S)$ zu bestimmen, da die Patientin die Symptome S aufweist. Nach dem Satz von der totalen Wahrscheinlichkeit ergibt sich zunächst:

$$P(S) = \sum_{i=1}^{n} P(S|E_i)P(E_i)$$
$$= 0{,}01 \cdot 0{,}5 + 0{,}9 \cdot 0{,}009 + 0{,}06 \cdot 0{,}001 + 0{,}7 \cdot 0{,}49$$
$$= 0{,}35616.$$

Wenden wir nun den Satz von Bayes an, so sehen wir (wenn man auf vier Nachkommastellen rundet):

$$P(E_1|S) \approx 0{,}0140, \, P(E_2|S) \approx 0{,}0227,$$
$$P(E_3|S) \approx 0{,}0002, \, P(E_4|S) \approx 0{,}9631.$$

Aufgrund dieser Berechnung stellt der Arzt die Diagnose, dass die Patientin an einer Allergie leidet. (Vgl. auch [1, Beispiel 2.35, Seite 44].)

Beispiel 13.13 Tuberkulose oder kurz Tbc ist eine durch das Mycobacterium tuberculosis verursachte Infektionskrankheit. Statistiken belegen, dass die Tuberkulose nach wie vor eine der häufigsten tödlichen Infektionskrankheiten ist. An Tuberkulose, die in der Regel durch eine Tröpfcheninfektion übertragen wird, erkranken zumeist Menschen mit geschwächtem Immunsystem. Wir nehmen nun an, dass bei einer Röntgenuntersuchung des Oberkörpers bzw. der Brust bei Tbc-Trägern zu 95 % auch wirklich eine Tbc entdeckt wird, während für Nicht-Tbc-Träger bei zwei Prozent die Diagnose gestellt wird, dass sie (fälschlicherweise) an Tbc erkrankt seien. Aus einer fiktiven Bevölkerung, von der 0,3 % der Individuen Tbc-Träger seien, unterzieht sich eine Person einer Röntgenstrahlenuntersuchung auf Tbc. Das Ergebnis der Untersuchung ist, dass die Person Tbc-Träger ist. Man ist jedoch an der Wahrscheinlichkeit interessiert, dass die Person wirklich Tbc hat. Hierfür berechnet man zunächst die bedingte Wahrscheinlichkeit dafür, dass die Person ein Tbc-Träger ist unter der Voraussetzung, dass die Röntgenuntersuchung sie als Tbc-Träger einstuft. Mit dem Satz von Bayes gilt in diesem Fall:

$$P(\text{Tbc-Tr.}|\text{pos. Röntgen}) = \frac{P((\text{Tbc-Tr.}) \text{ und } (\text{pos. Röntgen}))}{P(\text{pos. Röntgen})}$$
$$= \frac{0{,}003 \cdot 0{,}95}{0{,}003 \cdot 0{,}95 + 0{,}997 \cdot 0{,}02}$$
$$\approx 0{,}1251.$$

Somit liegt die Wahrscheinlichkeit, dass die untersuchte Person tatsächlich an Tbc erkrankt ist, lediglich bei ca. 12,5 %. (Vgl. auch [1, Aufgabe 2.40, Seite 51].)

Exkurs 13.4

In der Geschichte wurde immer wieder versucht die „Existenz eines Gottes" zu beweisen. Einer der berühmtesten dieser Beweise hat der Mathematiker Kurt Gödel geführt. Erst vor ein paar Jahren war dieser Beweis wieder in der Presse, da der von ihm geführte Beweis angeblich bestätigt wurde. (Siehe hierzu [13].) Auch mithilfe der Formel von Bayes zur Berechnung der bedingten Wahrscheinlichkeit wird immer wieder versucht, skurille Dinge zu beweisen. So kursierte zum Beispiel auch im Jahr 2004 die Nachricht von einem neuen Beweis der Existenz Gottes durch die Medien (z. B. gab es hierzu Berichte im Fernsehen und in den Printmedien (siehe z. B. [3, 5])). Hierbei handelte es sich um die Berechnungen eines britischen Physikers, der mittels der Bayes'sche Formel die Existenz Gottes mit einer Wahrscheinlichkeit von 67 % bewiesen zu haben meinte. Auch wenn manche Literaturquelle andeutet, dass auch er sich mit Gottesbeweisen befasst hat, so ist es schwierig fundierte Belege dafür zu finden, dass der englische Mathematiker Thomas Bayes (1702–1761) jemals daran gedacht hat, dass seine Ergebnisse zur Wahrscheinlichkeitsrechnung für derartige Beweise herhalten müssen. Auch sollte es jedem selber überlassen sein, wie viel man von einem derartigen Beweis halten mag.

13.5   Statistische Wahrscheinlichkeit

Bei vielen Zufallsexperimenten trifft die von uns bei der Definition der Laplace-Wahrscheinlichkeit gemachte Annahme von endlich vielen und gleichwahrscheinlichen Elementarereignissen nicht zu. Um jedoch auch in diesen Fällen von der Wahrscheinlichkeit eines Ereignisses sprechen und diese angeben zu können, hilft man sich wie folgt weiter:

Das Zufallsexperiment wiederholt man, wobei die einzelnen Wiederholungen als voneinander unabhängig vorausgesetzt werden. Mit wachsender Anzahl N der Wiederholungen nähert sich die relative Häufigkeit $h_N(E)$ eines Ereignisses E (also die durch N geteilte Anzahl der Versuche mit Ereignis E als Ausgang) einem konstanten Wert an. Dieser Wert wird als *statistische Wahrscheinlichkeit* $P_{\text{statist}}(E)$ bezeichnet.

Feststellung 13.4

Es gilt somit:

$$P_{\text{statist}}(E) \approx h_N(E)$$

für genügend große N. Dies nennt man das empirische Gesetz der großen Zahlen.

Abb. 13.6 Diagramm der in der Stadt Köln registrierten Mädchengeburten (Angaben in %), basierend auf offiziellen Daten des Landesbetrieb Information und Technik Nordrhein-Westfalen [10] sowie der Landesdatenbank NRW [11]

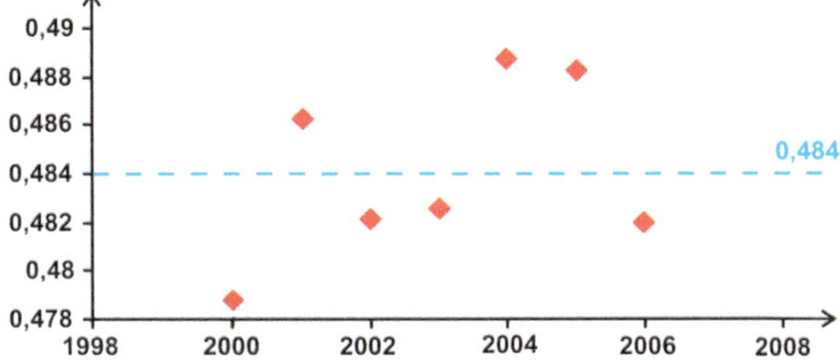

Beispiel 13.14 Die relative Häufigkeit einer Mädchengeburt lag in der Stadt Köln, den Daten der Landesdatenbank NRW [11] zufolge, in den Jahren 2000–2006 bei ungefähr 48,4 %. Somit liegt die statistische Wahrscheinlichkeit einer Mädchengeburt in Köln bei ca. 48,4 % (siehe Abb. 13.6).

Übungsaufgaben

13.1 Wir wollen die Wahrscheinlichkeit dafür berechnen, dass wenigstens zwei von den fünf Kindern einer Familie Mädchen sind! Gehen Sie bei Ihren Berechnungen von den Annahmen aus, dass Jungen- und Mädchengeburten gleichwahrscheinlich sind und der Ausgang einer Geburt das Ergebnis der nächsten nicht beeinflusst.

13.2 Wir betrachten eine Population mit 1000 Individuen, von denen 47 % der Individuen erkrankt sind. 34 % der Population sind untergewichtig, und von diesen sind 7/9 erkrankt. Wie groß ist somit die Wahrscheinlichkeit, dass ein untergewichtiges Individuum erkrankt ist?

13.3 In einer Population, die zu 46,9 % aus Frauen und zu 53,1 % aus Männern besteht, seien 8 % männliche Populationsmitglieder „rot-grün"-blind. Zusätzlich sind 0,38 % der Population weibliche Individuen, die ebenfalls unter „rot-grün"-Blindheit leiden. Berechnen Sie die Wahrscheinlichkeit dafür, dass ein „rot-grün"-blindes Individuum männlich ist.

13.4 Es werden drei faire Würfel geworfen. Wie groß ist die Wahrscheinlichkeit, eine Augensumme von 9 zu würfeln, wenn man weiß, dass mindestens ein Würfel eine 3 zeigt?

13.5 Aus der verkürzten Sterbetafel für Männer 2003/2005 für das Land NRW des [9] entnehmen wir die in Tab 13.1 dargestellten Werte.

Wie groß ist die Wahrscheinlichkeit, dass ein 20-Jähriger (ein 40-Jähriger) 50, 60, 70 bzw. 80 Jahre alt wird?

Tab. 13.1 Verkürzte Sterbetafel für Männer 2003/2005 für das Land NRW (vgl. [9])

Alter	0	10	20	30	40	50	60	70	80	90
Anzahl	100.000	99.293	99.035	98.394	97.384	94.683	87.952	73.515	45.501	12.187

13.6 Es seien die unabhängigen Ereignisse „Blutgruppe 0" und „Rhesus-positiv" mit den Wahrscheinlichkeiten $P(0) = 0{,}41$ und $P(R) = 0{,}85$ gegeben. Berechnen Sie die Wahrscheinlichkeit, dass eine Person Blutgruppe 0 hat und Rhesus-positiv ist.

13.7 Ein Varizellen-Test (Windpocken-Test) habe eine Sensitivität von 96 % und eine Spezifikation von 95,5 %. Dann werden 96 % der Personen mit Antikörpern gegen Varizellen und 95,5 % der Personen ohne Antikörper gegen Varizellenviren richtig klassifiziert. Die Wahrscheinlichkeit, dass eine Person mit Antikörpern gegen Varizellen fälschlicherweise ein negatives Ergebnis erhält, ist 4 %. Die Wahrscheinlichkeit, dass sich bei einer Person ohne Antikörper gegen Varizellen ein falsch-positives Ergebnis ergibt, beträgt 4,5 %. Dieser Test wird nun bei einer Population von 100.000 Personen mit 1000 Personen, die Antikörper gegen Varizellenviren besitzen, angewendet.

1. Wie groß ist die A-posteriori-Wahrscheinlichkeit, dass eine Person mit einem positiven Testergebnis auch tatsächlich Antikörper gegen Varizellenviren besitzt?
2. Wie groß ist die A-posteriori-Wahrscheinlichkeit, dass eine Person mit einem negativen Testergebnis auch tatsächlich keine Antikörper gegen Varizellenviren besitzt?

Literatur

1. Behncke, H.: Mathematik für Biologen II. Osnabrücker Schriften zur Mathematik, Heft 144, Sommersemester 2001. Universität Osnabrück (2001)

2. Der DUDEN: „Die sinn- und sachverwandten Wörter", 2. Aufl., Dudenverlag, Mannheim (1986)

3. Frankfurter Allgemeine Zeitung-online: http://www.faz.net/aktuell/feuilleton/evolutionstheorie-evolutionstheorie-das-theorem-vom-grossen-boss-1258156-p3.html (2005). Zugegriffen: am 29.06.2015

4. Hafner L. und Hoff P. Genetik, Neubearbeitung, Schroedel Schulbuchverlag GmbH, Hannover (1988)

5. Hamburger Abendblatt-online: http://www.abendblatt.de/hamburg/article106854292/Mathematik-Formel-als-Gottesbeweis.html (2004). Zugegriffen: 29.06.2015

6. Heuser, H.: Gewöhnliche Differentialgleichungen. 2. durchgesehene Aufl., Teubner, Stuttgart (1991)

7. Hoffmann, D., Laitko, H., Müller-Wille, S. (Hrsg.): Lexikon der bedeutenden Naturwissenschaftler, Spektrum Akademischer Verlag, Heidelberg (2006)

8. Kull, U. und Knodel, H.: Genetik und Molekularbiologie, 2. Aufl., J. B. Metzlersche Verlagsbuchhandlung und Carl Ernst Poeschel Verlag GmbH, Stuttgart (1980)

9. Landesamt für Datenverarbeitung und Statistik Nordrhein-Westfalen: Statistisches Jahrbuch Nordrhein-Westfalen 2006, 48. Jahrgang (2006)

10. Landesbetrieb Information und Technik Nordrhein-Westfalen (IT.NRW): http://www.it.nrw.de/statistik/a/index.html (2015). Zugegriffen: 26.05.2015

11. Landesdatenbank NRW: https://www.landesdatenbank.nrw.de/ldbnrw/online/logon (2015). Zugegriffen: 26.05.2015

12. Singh, S.: Fermats letzter Satz. Deutscher Taschenbuch Verlag GmbH & Co. KG, München (2000)

13. Spiegel-online: http://www.spiegel.de/wissenschaft/mensch/formel-von-kurt-goedel-mathematiker-bestaetigen-gottesbeweis-a-920455.html (2013). Zugegriffen: 21.06.2015

14. Tallack, P. (Hrsg.): Meilensteine der Wissenschaft. Spektrum Akademischer Verlag Heidelberg, Berlin (2002)

15. Timischl, W.: Biostatistik. 2. Aufl., Springer, Wien, New York (2000)

16. Weiß, C.: Basiswissen Medizinische Statistik, 2. Aufl., Springer, New York, Heidelberg (2002)

17. Wolf, K.: Genetik, 2. überarb. Aufl., Westermann Schulbuchverlag GmbH, Braunschweig (1984)

In der Regel wird bei biologischen Untersuchungen zwischen diskreten und stetigen Merkmalen unterschieden. So ist die Blutgruppe eines Menschen sicherlich ein diskretes Merkmal, während die Körpergröße oder das Körpergewicht stetige Merkmale darstellen. Da jedoch die meisten Merkmale innerhalb einer Art bzw. Gattung kontinuierlich variieren, führt das wiederholte Durchführen von Experimenten, z. B. das Messen einer Merkmalsgröße, unter Umständen zu sehr unterschiedlichen Ergebnissen. Die Messwerte einer Merkmalsgröße unterliegen also selbst einem bestimmten Zufall. Dieser kann z. B. aus Messfehlern für die untersuchte Merkmalsgröße resultieren. Derartige zufällige Schwankungen von Merkmalsgrößen beschreibt man mittels Wahrscheinlichkeitsverteilungen. Dies sind diskrete oder stetige Funktionen (abhängig davon, ob es sich um ein stetiges oder ein diskretes Beobachtungsmerkmal handelt), mit deren Hilfe die Verteilung einer Merkmalsausprägung dargestellt wird. So fand der britische Naturforscher Sir Francis Galton (16.02.1822–17.01.1911), der als Begründer der Verhaltensgenetik gilt und ein Cousin des Evolutionstheoretikers Charles Darwin war, heraus, dass Merkmale in einer Population häufig *glockenförmig* verteilt sind. (Vgl. hierzu auch [9, „Ein Maß der Streuung", Seite 212].)

14.1 Zufallsvariable

Um jedoch die Zufallsvariation eines Merkmals mithilfe der mathematischen Sprache beschreiben und Wahrscheinlichkeitsverteilungen herleiten zu können, bedarf es zunächst der Einführung des Begriffs der *Zufallsvariablen*. Als *Zufallsvariable* oder *stochastische Variable* bezeichnet man eine Größe, die bei einem Zufallsexperiment auftreten kann. Eine Zufallsvariable ordnet jedem Ausgang eines Experimentes eine Zahl zu. Wenn ein Experiment durchgeführt wurde und die Zufallsvariable X hierbei den Wert x angenommen hat, so bezeichnet man x als eine *Realisation von X*. Als *Grundgesamtheit der Zufallsvariablen* oder kurz als *Grundgesamtheit* wird die Menge aller möglichen Realisationen einer Zufallsvariablen bezeichnet, während man unter einer *Stichprobe* die n-fache Realisation der Zu-

© Springer-Verlag GmbH Deutschland, ein Teil von Springer Nature 2020
D. Horstmann, *Mathematik für Biologen*, DOI 10.1007/978-3-662-62669-6_14

fallsvariablen versteht. Insgesamt können wir für Zufallsvariable hier und für den in diesem Buch behandelten Stoff als Definition somit das Nachfolgende festhalten.

Definition 14.1

Eine Funktion X aus der Ergebnismenge Ω eines Zufallsexperiments in die Menge der reellen Zahlen $\mathbb{R}$

$$X: \quad \begin{aligned} \Omega &\to \mathbb{R} \\ E &\mapsto X(E) = x \end{aligned} \qquad (14.1)$$

bezeichnet man als Zufallsvariable. Die Funktionswerte $X(E)$ (bzw. kurz x) nennt man Realisationen der Zufallsvariablen X bzgl. des Ereignisses E.

Die möglichen unterschiedlichen Merkmalsausprägungen werden anhand von Skalen erfasst. Man unterscheidet hierbei zwischen *nominalen* (z. B. Geschlecht, Beruf, Haarfarbe), *ordinalen* (Merkmalsausprägungen, die eine Ordnung zulassen) und *metrischen Skalen* (Intervallskalen; das wiederholte Auftragen der Maßeinheit liefert eine Skala, in der aufeinanderfolgende Skalenpunkte gleich lange Intervalle begrenzen. Vergleiche hierzu auch Abschn. 1.1.).

14.1.1 Diskrete Zufallsvariable

Um die Zufallsvariation von quantitativ diskreten Merkmalen darzustellen, werden *diskrete Zufallsvariablen* verwendet. Hierbei stellt man ein Merkmal durch eine numerische Variable dar. Wie oben bereits angedeutet, wird in der Literatur der Variablen meist die Notation X mit den Werten $x_1, x_2, \ldots$ usw. zugeordnet. Nun bestimmt man zu jedem Variablenwert x_i die entsprechende Wahrscheinlichkeit

$$p_i = P(X = x_i),$$

mit der die Variable X die Realisation x_i hat, um die im Experiment beobachtete zufällige Variation des Merkmals anzugeben. Grundlegende Voraussetzung hierbei ist natürlich, dass die eindeutige Zuordnung einer jeden Realisation x_i zu einem gewissen Ereignis aus der Ergebnismenge des zugrunde liegenden Zufallsexperiments auch wirklich erfolgen kann. In diesem Fall ist X eine diskrete Zufallsvariable, und die Funktion f mit der Eigenschaft

$$f(x_i) = p_i = P(X = x_i)$$

und

$$\sum_i f(x_i) = \sum_i p_i = 1 \qquad (14.2)$$

nennt man die dazugehörige *diskrete Wahrscheinlichkeitsverteilung*.

Anmerkung 14.1 Die in (14.2) gestellte Forderung an die Funktion f ist nichts anderes als die uns bereits bekannte Bedingung, dass das sichere Ereignis die Wahrscheinlichkeit 1 besitzen muss. Die Summe der Wahrscheinlichkeiten aller möglicher Realisationen einer diskreten Zufallsvariablen muss immer den Wert 1 ergeben. Wenn dies nicht gewährleistet ist, so kann es sich bei der angegebenen Funktion f nicht um eine Verteilungsfunktion handeln.

Beispiel 14.1 Wie wir in Beispiel 13.14 gesehen haben, liegt die statistische Wahrscheinlichkeit von Mädchengeburten bei 48,4 %. Wenn man nun die Möglichkeiten von Mehrlingsgeburten ausschließt, so ist die Geburt eines Kindes bzgl. des Geschlechts des Kindes betrachtet ein Bernoulli-Experiment. Wenn man nun ebenfalls voraussetzt, dass das Geschlecht des Kindes bei einer Geburt unabhängig von dem der vorangegangenen Geburten derselben Mutter und in derselben Familie ist, lässt sich ein mehrstufiges Bernoulli-Experiment konstruieren, indem man nach den möglichen Geschlechtern von vier (aufeinanderfolgend geborenen) Kindern aus derselben Familie fragt. Wenn wir für das Ereignis einer Jungengeburt das Symbol J verwenden und für das Ereignis einer Mädchengeburt das Symbol M, so ist die Ergebnismenge dieses Zufallsexperiments durch

$$\Omega = \{(MMMM), (JMMM), (MJMM), (MMJM), (MMMJ), (JJMM),$$
$$(JMJM), (JMMJ), (MJJM), (MJMJ), (MMJJ), (JJJM),$$
$$(JMJJ), (JJMJ), (MJJJ), (JJJJ)\}$$

gegeben. Wir können nun den einzelnen Ereignissen numerische Werte zuordnen, indem wir die Anzahl an Mädchengeburten unter vier aufeinanderfolgenden Geburten derselben Mutter als Untersuchungsmerkmal X betrachten und somit die Reihenfolge der Geburten nicht mit berücksichtigen. Dieses Untersuchungsmerkmal bzw. die nun vorliegende Zufallsvariable X hat somit die möglichen Merkmalsausprägungen/Realisationen $x_1 = 0$, $x_2 = 1$, $x_3 = 2$, $x_4 = 3$ und $x_5 = 4$. Nun setzen wir $P(M) = p = 0{,}484$ und $P(J) = q = 0{,}516$. Für die Wahrscheinlichkeiten der einzelnen Ereignisse $(X = x_i)$ (mit $i \in \{1, \ldots, 5\}$) erhalten wir somit die (auf fünf Nachkommastellen gerundeten) Wahrscheinlichkeiten:

$$P(X = 0) = q^4 = (0{,}516)^4 \approx 0{,}07089$$
$$P(X = 1) = 4q^3 p = 4 \cdot (0{,}516)^3 \cdot (0{,}484) \approx 0{,}26598$$
$$P(X = 2) = 6p^2 q^2 = 6 \cdot (0{,}516)^2 \cdot (0{,}484)^2 \approx 0{,}37423$$
$$P(X = 3) = 4q p^3 = 4 \cdot (0{,}516) \cdot (0{,}484)^3 \approx 0{,}23402$$
$$P(X = 4) = p^4 = (0{,}484)^4 \approx 0{,}05488.$$

Die hierdurch gegebene diskrete Wahrscheinlichkeitsverteilung ist in der Abb. 14.1 mithilfe eines Säulendiagramms dargestellt.

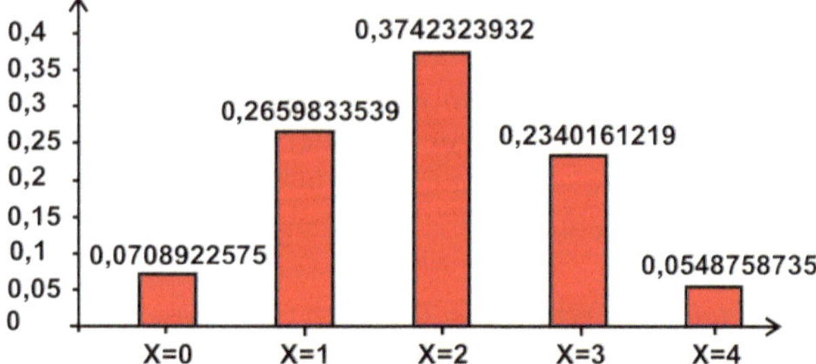

Abb. 14.1 Die zu der Zufallsvariablen X = Anzahl an Mädchengeburten unter vier aufeinanderfolgenden Geburten derselben Mutter gehörende diskrete Wahrscheinlichkeitsverteilung (Angaben mit gerundeten 10 Nachkommastellen)

Des Weiteren sehen wir, dass auch die an eine Wahrscheinlichkeitsverteilung gestellte Forderung

$$\sum_{i=1}^{5} P(X = x_i) = P(X = 0) + P(X = 1) + P(X = 2)$$

$$+ P(X = 3) + P(X = 4)$$
$$= q^4 + 4q^3 p + 6q^2 p^2 + 4qp^3 + p^4$$
$$= (p + q)^4$$
$$= 1$$

erfüllt ist.

Beispiel 14.2 Wenden wir uns nun noch einmal dem „klassischen" in Beispiel 13.2 beschriebenen Kreuzungsversuch mit den gelb und weiß blühenden Löwenmäulchen zu. Diesmal fragen wir nach der Anzahl von gelb blühenden Pflanzen unter den drei Nachkommen einer mischerbigen F2-Pflanze nach der Bestäubung durch eine andere mischerbige F2-Pflanze. Die von uns gesuchte Anzahl als Merkmal betrachtet hat somit die möglichen Merkmalsausprägungen 0, 1, 2 und 3. Dem Merkmal wird also eine Zufallsvariable X zugeordnet, die die möglichen Realisationen $X = 0$, $X = 1$, $X = 2$ und $X = 3$ hat. Wir fragen somit nach den Wahrscheinlichkeiten dieser Realisationen. Mit p wollen wir nun die Wahrscheinlichkeit einer gelb blühenden Pflanze als direkter Nachkomme von zwei F2-Pflanzen bezeichnen, die wir bereits in Beispiel 13.2 berechnet hatten. Wie wir dort gesehen haben, gilt $p = 3/4$ und für die Wahrscheinlichkeit q eines weiß blühenden direkten Nachkommen $q = 1 - p = 1/4$ (vgl. Beispiel 13.2). Betrachten wir nun zunächst einen *Ereignisbaum* zu diesem Zufallsexperiment, um die Ergebnismenge Ω zu ermitteln (siehe Abb. 14.2. Von dem Ereignisbaum lassen sich nun die nachfolgenden Wahrscheinlichkeiten leicht ablesen:

$$P(X = 0) = q^3, \quad P(X = 1) = 3q^2 p,$$
$$P(X = 2) = 3qp^2 \quad \text{und} \quad P(X = 3) = p^3.$$

Abb. 14.2 Ereignisbaum des oben angegebenen Zufallsexperiments und Zuordnung der möglichen Realisationen der Zufallsvariablen X

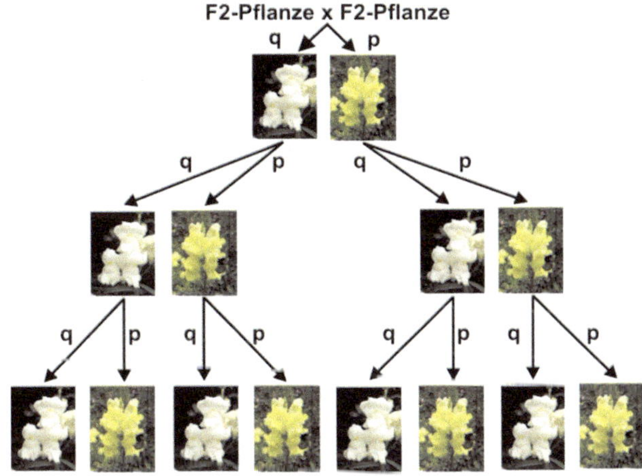

Weiter sehen wir, dass

$$q^3 + 3q^2 p + 3qp^2 + p^3 = (p + q)^3 = \sum_{x=0}^{3} P(X = x) = 1$$

gilt. Die hierzu gehörige diskrete Wahrscheinlichkeitsverteilung ist somit durch

$$P(X = 0) = 0{,}015625,\ P(X = 1) = 0{,}140625,$$
$$P(X = 2) = 0{,}421875,\ P(X = 3) = 0{,}421875,$$

gegeben. (Zu diesem Beispiel vgl. auch [10, Beispiel 2.1, Seite 18].)

14.1.2 Diskrete Wahrscheinlichkeitsverteilungen

In diesem Abschnitt werden nun einige wichtige diskrete Wahrscheinlichkeitsverteilungen zusammengefasst.

14.1.2.1 Diskrete Gleichverteilung

Es sei $\Omega = \{e_1, \ldots, e_n\}$ die Ergebnismenge eines Zufallsexperiments, und die e_i, $i \in \{1, \ldots, n\}$, seien n paarweise disjunkte Elementarereignisse, d. h. paarweise verschiedene einelementige Teilmengen von Ω. Die Laplace-Wahrscheinlichkeit des Ereignisses e_i ist bekanntlich durch

$$P(\{e_i\}) = \frac{1}{n}$$

gegeben, und es gilt $P(\{e_1\}) = \ldots = P(\{e_n\})$ sowie $1 = \sum_{i=1}^{n} P(\{e_i\})$. Dann gilt für $E \subset \Omega$

$$P(E) = \sum_{e_i \in E} P(\{e_i\}) = \frac{|E|}{n}.$$

Es ist direkt einsichtig, dass die Ereignisse e_i, $i \in \{1, \ldots, n\}$, „gleich wahrscheinlich" sind. Ordnet man den e_i nun die Variablenwerte x_i zu, so erhalten wir die diskrete Wahrscheinlichkeitsverteilung

$$f(x_i) = P(\{e_i\}) = \frac{1}{n}.$$

Aus offensichtlichen Gründen nennt man diese Wahrscheinlichkeitsverteilung die *diskrete Gleichverteilung*. Die diskrete Gleichverteilung wird immer dann angewendet, wenn es keinen erkennbaren Grund dafür gibt, dass die Elementarereignisse unterschiedliche Wahrscheinlichkeiten haben.

14.1.2.2 Die Binomialverteilung

Zufallsexperimente mit nur zwei möglichen Ausgängen wie z. B. der Wurf einer Münze (Kopf, Zahl) oder das Geschlecht der eigenen Kinder (Mädchen oder Junge), sind die einfachsten nichttrivialen Zufallsexperimente. Derartige Zufallsexperimente mit zwei Ausgängen werden (wie bereits in Definition 13.5 in Abschn. 13.1 erwähnt) als Bernoulli-Experimente bezeichnet. Hierbei können sie eindeutig durch

$$\Omega = \{E, \overline{E}\}, P(E) = p, P(\overline{E}) = 1 - P(E) = q$$

beschrieben werden. Die Wahrscheinlichkeit des Eintretens des Ereignisses E wird somit mit $0 \leq p \leq 1$ bezeichnet. Wenn man die Zufallsvariable X derart einführt, dass X den Wert 1 oder 0 annimmt, je nachdem ob das Ereignis E oder das Ereignis $\overline{E}$ eintritt, so kann man durch $f(1) = P(X = 1) = p$, $f(0) = P(X = 0) = q$ mit $p + q = 1$ eine Wahrscheinlichkeitsverteilung definieren. Diese Wahrscheinlichkeitsverteilung nennt man in diesem Zusammenhang auch eine *Zweipunktverteilung* mit dem Parameter p.

Durch das mehrmalige Ausführen eines Bernoulli-Experiments kann man weitere Zufallsexperimente und somit auch Wahrscheinlichkeitsmodelle gewinnen, wie wir auch in den Beispielen 14.1 und 14.2 gesehen haben. Es sei jetzt ein Zufallsexperiment betrachtet, das aus $n > 0$ unabhängigen Wiederholungen eines Versuches besteht, der sich als ein Bernoulli-Experiment auffassen lässt. Bei jeder einzelnen Wiederholung tritt hierbei somit entweder das Ereignis E (mit Wahrscheinlichkeit p) oder das hierzu komplementäre Ereignis $\overline{E}$ (mit Wahrscheinlichkeit $1 - p = q$) ein. Derartige Zufallsexperimente werden als *n-stufige Bernoulli-Experimente* bezeichnet. Ist nun X die Anzahl der Wiederholungen mit dem Ereignis E als Ausgang, so ist die Wahrscheinlichkeit $P(X = x)$ dafür, dass der Ausgang E unter den

n Wiederholungen insgesamt x-mal ($x = 0, 1, \ldots, n$) eintritt, durch

$$
\begin{aligned}
P(X = x) &= \binom{n}{x} q^{n-x} p^x \\
&= \binom{n}{x} (1 - p)^{n-x} p^x
\end{aligned}
$$

mit $x = 0, 1, \ldots, n$ gegeben. Nach dem Binomischen Lehrsatz 2.1 in Abschn. 2.2.3 gilt die Gleichung

$$
1 = (p + q)^n = \sum_{x=0}^{n} P(X = x). \tag{14.3}
$$

Somit ist durch die Funktion f, die durch

$$
\begin{aligned}
f(x) = P(X = x) &= \binom{n}{x} q^{n-x} p^x \\
&= \binom{n}{x} (1 - p)^{n-x} p^x
\end{aligned}
$$

gegeben ist, eine Wahrscheinlichkeitsfunktion bzw. Wahrscheinlichkeitsverteilung gegeben, die Binomialverteilung oder auch Bernoulli'sche oder Newton'sche Verteilung genannt wird. Die Zufallsvariable X heißt binomial verteilt oder kurz $B_{n,p}$-verteilt. Diese Binomialverteilung f wird kurz durch $f(x) = B_{n,p}(x)$ bezeichnet (vgl. Abb. 14.3). Zur Bestimmung aller Binomialwahrscheinlichkeiten geht man so vor, dass man zunächst

$$
B_{n,p}(0) = \binom{n}{0} q^{n-0} p^0
$$

berechnet und dann die übrigen Wahrscheinlichkeiten mit der Rekursionsformel

$$
B_{n,p}(x + 1) = B_{n,p}(x) \frac{(n - x)p}{(x + 1)(1 - p)} \quad (\text{für } x = 0, 1, \ldots, n - 1)
$$

ermittelt.

Beispiel 14.3 Wir betrachten erneut den Wurf einer (fairen, ungezinkten) Münze, die auf der einen Seite einen Kopf und auf der anderen Seite eine Zahl zeigt. Es gibt hierbei somit nur zwei unterschiedliche Ereignisse, deren Eintritt jeweils gleich wahrscheinlich ist. Die Wahrscheinlichkeiten sind in diesem Fall durch $p = q = \frac{1}{2}$ gegeben, so dass

$$
q^{n-x} p^x = p^n = \left(\frac{1}{2} \right)^n
$$

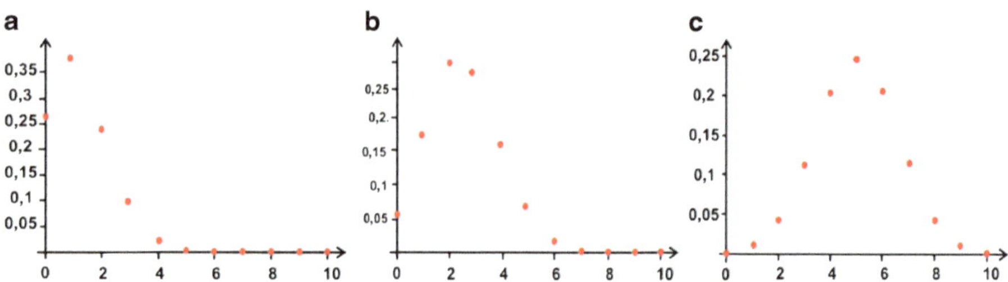

Abb. 14.3 Die Binomialverteilung für $n = 10$ und **a** $p = 0,125$, **b** $p = 0,25$, **c** $p = 0,5$

gilt. Die Wahrscheinlichkeit für das Ereignis E, dass bei n Würfen der Münze k-mal ($0 \leq k \leq n$) die Seite mit dem Kopf zu sehen ist, ist dann durch

$$P(E) = \binom{n}{k} \cdot \left(\frac{1}{2}\right)^n$$

gegeben. Hierbei sind alle möglichen Reihenfolgen, wie k-mal die Seite mit dem Kopf unter den n Würfen angezeigt wird, gleich wahrscheinlich. Da für die diskrete Wahrscheinlichkeitsverteilung nach (14.3) für dieses Zufallsexperiment auch

$$1 = \sum_{k=0}^{n} \binom{n}{k} \cdot \left(\frac{1}{2}\right)^n$$

gilt, folgt hieraus auch, dass die Gleichung

$$2^n = \sum_{k=0}^{n} \binom{n}{k}$$

gilt. Diese Aussage ist uns auch schon aus dem zweiten Kapitel dieses Buches bekannt, wo sie uns als (2.10) ebenfalls schon einmal begegnet ist.

Beispiel 14.4 Bei der Herstellung von Kolbenhubpipetten sind 15 % der produzierten Pipetten fehlerhaft bzw. „Ausschuss-Pipetten". Wie groß ist nun die Wahrscheinlichkeit, dass von fünf zufällig ausgewählten Kolbenhubpipetten a) keine Pipette, b) eine Pipette, c) genau drei Pipetten Ausschussware sind? Die Wahrscheinlichkeit, Ausschussware zu produzieren, beträgt $p = 0,15$ und die Wahrscheinlichkeit keine Ausschussware zu produzieren, demnach $q = 0,85$. Nach den oben angestellten Überlegungen gilt somit (beim Runden auf vier Nachkommastellen):

1. im Fall a):

$$P(\text{kein Ausschuss}) = \binom{5}{0} 0,85^{5-0} 0,15^0 \approx 0,4437$$

2. im Fall b):

$$P(\text{eine Pipette Ausschuss}) = \binom{5}{1} 0{,}85^{5-1} 0{,}15^1 \approx 0{,}3915$$

3. im Fall c):

$$P(\text{genau drei Pipetten Ausschuss}) = \binom{5}{3} 0{,}85^{5-3} 0{,}15^3 \approx 0{,}0244$$

14.1.2.3 Die hypergeometrische Verteilung

Wenden wir uns nun einem Zufallsexperiment zu, das unter anderem in der industriellen Produktion üblich ist. Man hat N Objekte (Produkte wie z. B. Kolbenhubpipetten, usw.) gegeben, wobei insgesamt m Stück dieser Objekte ein besonderes (nicht näher spezifiziertes) Merkmal haben. Diese „Produkte", die ein zu den übrigen „Produkten" abweichendes Merkmal aufweisen, bilden demnach einen Anteil von $p = \frac{m}{N}$ der „Gesamtproduktion". Nacheinander werden jetzt n Objekte ausgewählt, die jeweils nach ihrer Prüfung wieder zurückgelegt werden. Auf diese Weise erhält man nach dem vorangegangenen Abschnitt für die Wahrscheinlichkeit, dass x fehlerhafte Teile auftreten, gerade den Wert

$$\binom{n}{x} (1 - p)^{n-x} p^x.$$

Anders ist es jedoch, wenn man die n Teile nicht zurückgelegt. In diesem Fall kann die Wahrscheinlichkeit, x-fehlerhafte Teile zu finden, durch

$$P(X = x) = \frac{\binom{m}{x}\binom{N-m}{n-x}}{\binom{N}{n}}$$

ermittelt werden. Abstrakt lässt sich das nun wie folgt zusammenfassen.

Die Zufallsvariable X bezeichne die Anzahl der aus einer Menge M gezogenen Objekte vom Typ A bei der zufälligen Ziehung (ohne Zurücklegen) von n-Kombinationen aus M. Das sichere Ereignis Ω wird durch die Gesamtheit aller n-Kombinationen aus M gebildet. Mit $E = (X = x)$ sei das Ereignis bezeichnet, das alle möglichen Kombinationen von n-vielen Objekten umfasst, die aus insgesamt x Objekten vom Typ A und $(n - x)$ Objekten eines anderen Typs bestehen. Insgesamt seien m Objekte vom Typ A und $N - m$ Objekte eines anderen Typs

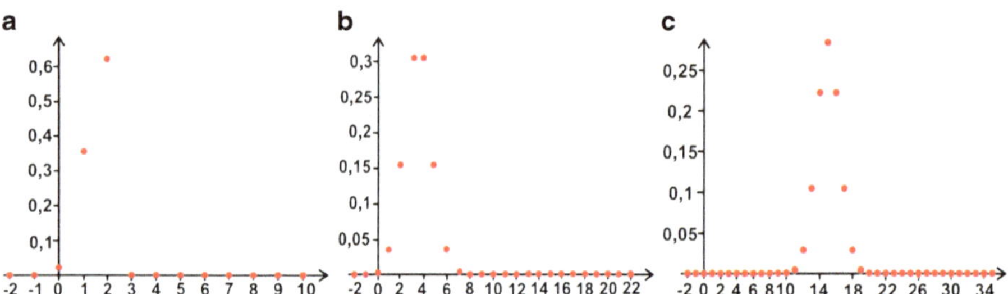

Abb. 14.4 Die hypergeometrische Verteilung für **a** $N = 10$, $m = 8$, $n = 2$, **b** für $N = 30$, $m = 15$, $n = 7$ und für **c** $N = 40$, $m = 30$, $n = 20$

vorhanden. Die Wahrscheinlichkeit des Ereignisses E ist dann durch

$$P(X = x) = \frac{\binom{m}{x}\binom{N - m}{n - x}}{\binom{N}{n}}$$

gegeben. Die entsprechend betrachtete Zufallsvariable X kann hierbei die Realisationen $x = 0, 1, \ldots, m$ mit den oben gegebenen Wahrscheinlichkeiten annehmen. Eine derartige Zufallsvariable wird dann als hypergeometrisch verteilt mit Parametern N, n und $p = m/N$ bezeichnet. Für die dazugehörige hypergeometrische Wahrscheinlichkeitsfunktion verwendet man die Notation $H_{N,n,p}(x)$ (vgl. Abb. 14.4).

Beispiel 14.5 Nehmen wir an, dass wir 11 Studierende vor uns hätten. Von diesen sollen sieben Biologie und vier Chemie studieren. Eine Stichprobe von sechs Studierenden sei ausgewählt worden. Gefragt ist nun nach der Wahrscheinlichkeit, dass unter den sechs Studierenden vier Biologen und zwei Chemiker sind. Hierfür berechnen wir nach den oben angestellten Überlegungen, dass

$$P(\text{vier von sieben Biologen und zwei von vier Chemikern}) = \frac{\binom{7}{4}\binom{11 - 7}{6 - 4}}{\binom{11}{6}}$$

$$= \frac{5}{11} \approx 0{,}45455.$$

Es ist wichtig zu bemerken, dass die hypergeometrische Verteilung durch die Binomialverteilung ersetzt werden kann, wenn n im Vergleich zu N klein ist, da dies in der Praxis von besonderer Relevanz ist. Hierbei meint n klein im Vergleich zu N, dass $n < 0{,}1N$ gelten soll. Wenn diese „Kleinheitsbedingung" erfüllt ist, so gilt näherungsweise, dass sich der Verlauf der hypergeometrischen Verteilung $H_{N,n,p}(x)$ dem der Binomialverteilung $B_{n,p}(x)$ annähert. Dass diese Approximation für kleine n gültig ist, kann man an der nachfolgenden Ungleichung sehen, wobei hier $p = m/N$ ist:

$$\binom{n}{x}\left(p - \frac{x}{N}\right)^x \left(1 - p - \frac{n-x}{N}\right)^{n-x} < \frac{\binom{m}{x}\binom{N-m}{n-x}}{\binom{N}{n}}$$

$$< \binom{n}{x} p^x (1-p)^{n-x} \left(1 - \frac{n}{N}\right)^{-n}.$$

Wenn man nun n und x „festhält" und N und m derart gegen unendlich streben, dass p einen Wert zwischen Null und 1 annimmt, so nehmen die Ausdrücke links und rechts der Ungleichung die Form der Binomialverteilung an. Um eine Vorstellung von dieser Näherung bei *großem N* zu erhalten, betrachten wir ein Beispiel.

Beispiel 14.6 Wir vergleichen die Funktionswerte der hypergeometrischen Verteilung und die der Binomialverteilung für unterschiedliche Parameterwerte tabellarisch.

1. Zunächst der Vergleich mit $m = 5$, $N = 100$, $n = 20$ für die hypergeometrische Verteilung und $p = 0{,}05$, $n = 20$ für die Binomialverteilung (vgl. Tab. 14.1 und Abb. 14.5).
2. Nun ein Vergleich der Verteilungen mit $m = 7$, $N = 28$, $n = 10$ für die hypergeometrische Verteilung und mit $p = 0{,}25$, $n = 10$ für die Binomialverteilung (vgl. Tab. 14.2 und Abb. 14.6).
3. Nun betrachten wir die beiden Verteilungen mit $m = 5$, $N = 100$, $n = 7$ für die hypergeometrische Verteilung und $p = 0{,}05$, $n = 7$ für die Binomialverteilung (vgl. Tab. 14.3 und Abb. 14.7). In diesem Fall ist somit die Bedingung $n < 0{,}1 \cdot N$ erfüllt.

Tab. 14.1 Funktionswerte (gerundet auf sechs Nachkommastellen) einer hypergeometrische Verteilung mit $m = 5$, $N = 100$, $n = 20$ und einer Binomialverteilung mit $p = 0{,}05$, $n = 20$

x	Hypergeometrische Verteilung	Binomialverteilung
0	0,319309	0,358486
1	0,420144	0,377354
2	0,207344	0,188677
3	0,047849	0,059582
4	0,005148	0,013328
5	0,000206	0,002245

Abb. 14.5 Säulendiagramme einer hypergeometrischen Verteilung für $m = 5$, $N = 100$, $n = 20$ (*rot*) und einer Binomialverteilung für $p = 0,05$ und $n = 20$ (*blau*)

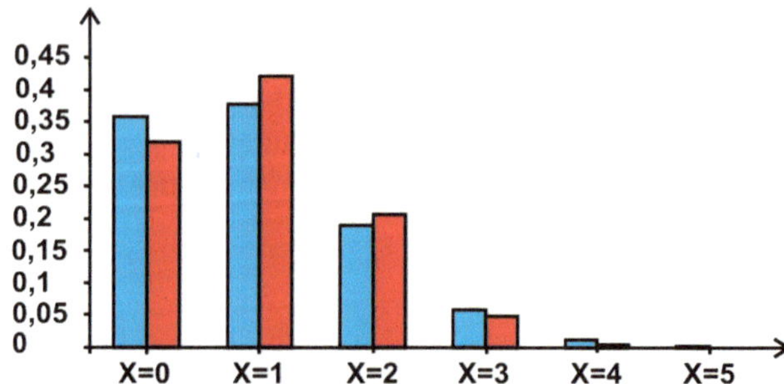

Tab. 14.2 Vergleich der Funktionswerte (gerundet auf sechs Nachkommastellen) einer hypergeometrische Verteilung mit $m = 7$, $N = 28$, $n = 10$ und einer Binomialverteilung mit $p = 0,25$, $n = 10$

x	Hypergeometrische Verteilung	Binomialverteilung
0	0,026877	0,056314
1	0,156785	0,187712
2	0,325631	0,281568
3	0,310125	0,250282
4	0,144725	0,145998
5	0,032563	0,058399
6	0,003192	0,016222
7	0,000101	0,003090

Abb. 14.6 Säulendiagramme einer hypergeometrischen Verteilung für $m = 7$, $N = 28$, $n = 10$ (*rot*) und einer Binomialverteilung für $p = 0,25$ und $n = 10$ (*blau*)

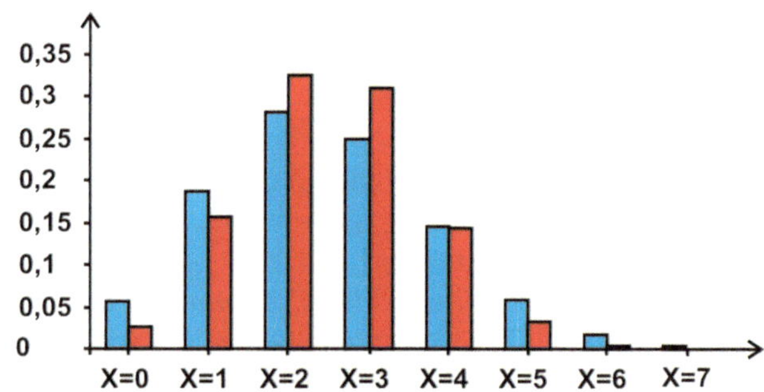

Tab. 14.3 Vergleich der Funktionswerte (gerundet auf sechs Nachkommastellen) einer hypergeometrische Verteilung mit $m = 5$, $N = 100$, $n = 7$ und einer Binomialverteilung mit $p = 0,05$, $n = 7$

x	Hypergeometrische Verteilung	Binomialverteilung
0	0,690304	0,698337
1	0,271468	0,257282
2	0,036196	0,040623
3	0,001989	0,003563
4	0,000043	0,000188
5	0,000000	0,000006

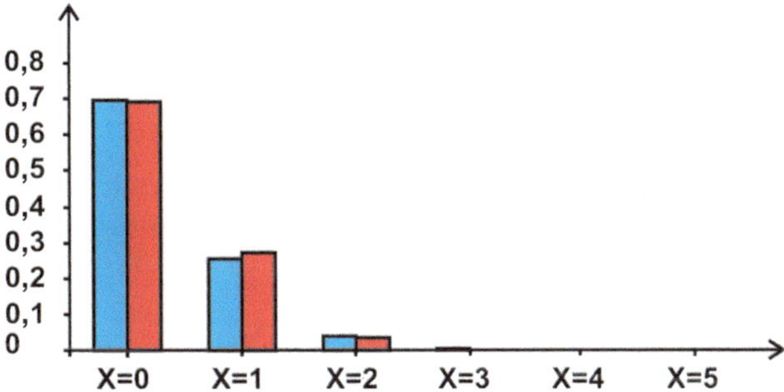

Abb. 14.7 Säulendiagramme einer hypergeometrischen Verteilung für $m = 5$, $N = 100$, $n = 7$ (*rot*) und einer Binomialverteilung für $p = 0,05$ und $n = 7$ (*blau*)

14.1.2.4 Die Poisson-Verteilung

Als Ausgangssituation betrachten wir nun wieder ein n-stufiges Bernoulli-Experiment. Für sehr kleines p, aber andererseits sehr großes n, wird die Berechnung der Wahrscheinlichkeiten $P(X = x)$ sehr aufwendig. Der *Poissonsche Grenzwertsatz* besagt, dass man die Binomialverteilung in diesem Fall durch eine „Grenzverteilung" approximieren kann.

Feststellung 14.1

*Wenn man gleichzeitig n gegen unendlich und p derart gegen null „gehen"
lässt, so dass das Produkt np stets den konstanten Wert $\lambda > 0$ behält, so nähert sich die Binomialverteilung der so genannten* Poisson-Verteilung *an. Die
Berechnung der durch die Poisson-Verteilung gegebenen Wahrscheinlichkeiten erfolgt mit der Formel:*

$$P(X = x) = P_\lambda(x) = e^{-\lambda}\frac{\lambda^x}{x!}\,(x = 0, 1, \ldots).$$

(Siehe hierzu auch Abb. 14.8.)

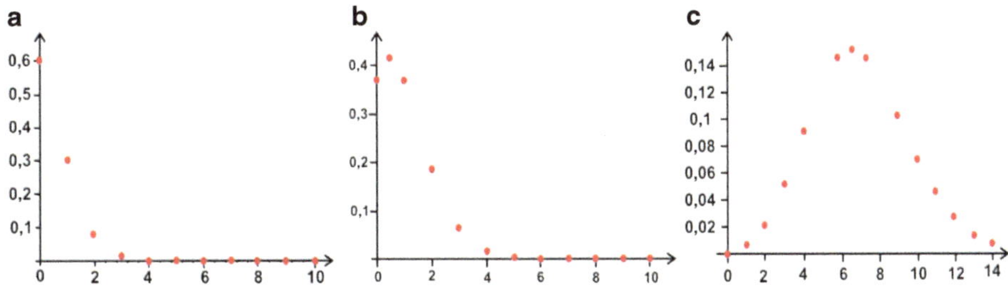

Abb. 14.8 Die Poisson-Verteilung für **a** $\lambda = 0,5$, **b** $\lambda = 1$ und **c** $\lambda = 7$

Sofern die Ungleichung $n \cdot p \leq 10$ erfüllt ist, ist eine Approximation der Binomialverteilung durch die Poisson-Verteilung bereits als geeignet anzusehen. Die Poisson-Verteilung wurde von dem französischen Mathematiker Siméon Denis Poisson (21.06.1781–25.04.1840) gefunden.

Diese Verteilung gilt also, wenn die durchschnittliche Anzahl der Ereignisse das Ergebnis einer sehr großen Anzahl von Ereignismöglichkeiten und einer sehr kleinen Ergebniswahrscheinlichkeit ist. Ein Beispiel hierfür ist unter anderem der radioaktive Zerfall.

Beispiel 14.7 L. Bortkiewicz (siehe [1]) untersuchte die durch einen Pferdehuftritt verursachten Tode von Soldaten in preußischen Kavallerieregimentern. Entsprechend der Angaben der preußischen Armee konnte er die Anzahl der Soldaten in zehn Kavallerieregimentern berechnen, die in einem über 20 aufeinanderfolgende Jahre erstreckenden Zeitraum infolge eines Huftritts starben. Als Ereignis des zugrunde liegenden Zufallsexperiments betrachten wir hier, dass in einem Kavallerieregiment im Laufe eines Jahres X Soldaten durch Huftritte umkamen ($X = 0, 1, 2, \ldots$). Es liegen somit 200 Stichproben vor.

Bei seinen Beobachtungen notierte Bortkiewicz die in Tab. 14.4 angegebenen Häufigkeiten für die unterschiedlichen Werte der Realisation x der hier betrachteten Zufallsvariablen X. Zur Schätzung Parameters λ der charakteristisch für die Poisson-Verteilung ist, berechnet man hier zunächst Stichprobenmittel

$$x_M = \frac{1}{200}\,(0 \cdot 109 + 1 \cdot 65 + 2 \cdot 22 + 3 \cdot 3 + 4 \cdot 1) = 0{,}61.$$

Wenn nun die entsprechenden Wahrscheinlichkeiten mithilfe der Poisson-Verteilung

$$\mathrm{e}^{-0,61}\,\frac{0{,}61^x}{x!}$$

berechnet werden, so ergeben sich (wenn man auf drei Nachkommastellen rundet):

$$P(X = 0) = \mathrm{e}^{-0,61} = 0{,}543,\; P(X = 1) = \mathrm{e}^{-0,61}\,\frac{0{,}61^1}{1!} = 0{,}331,$$

$$P(X = 2) = \mathrm{e}^{-0,61}\,\frac{0{,}61^2}{2!} = 0{,}101,\; P(X = 3) = \mathrm{e}^{-0,61}\,\frac{0{,}61^3}{3!} = 0{,}021,$$

$$P(X = 4) = \mathrm{e}^{-0,61}\,\frac{0{,}61^4}{4!} = 0{,}003.$$

Die mit dieser Poisson-Verteilung berechneten Wahrscheinlichkeiten unterscheiden sich nur wenig von den von Bortkiewicz beobachteten und in der Tabelle angegebe-

Tab. 14.4 Werte der absoulten Häufigkeiten der durch einen Pferdehuftritt verursachten Tode von Soldaten in preußischen Kavallerieregimentern entnommen aus [1, Seite 25]

x	0	1	2	3	4
relative Häufigkeit	0,545	0,325	0,110	0,015	0,005
absolute Häufigkeit	109	65	22	3	1

Tab. 14.5 Mithilfe des geschätzten Parameters berechnete Werte der absoulten Häufigkeiten der durch einen Pferdehuftritt verursachten Tode von Soldaten in preußischen Kavallerieregimentern

x	0	1	2	3	4
theoretische absolute Häufigkeit	108,6	66,2	20,2	4,2	0,6

nen relativen Häufigkeiten. Für die theoretischen absoulten Häufigkeiten berechnet man die in Tab. 14.5 dargestellten Werte.

(Zu diesem Beispiel vgl. auch [4, Beispiel 5.5.1, Scite 173].)

14.1.2.5   Negative Binomialverteilung

Die diskrete Zufallsvariable X folgt einer negativen Binomialverteilung mit den Parametern $0 < k$ und $0 < p < 1$, wenn die Wahrscheinlichkeiten der Realistation x durch

$$P(X = x) = \begin{cases} p^k, & \text{für } x = 0 \\ \frac{k(k+1)(k+2)\cdot\ldots\cdot(k+x-1)}{x!} p^k (1-p)^x, & \text{für } x = 1, 2, \ldots \end{cases}$$

gegeben ist. Wenn die Zufallsvariable X z. B. die Anzahl der Zecken (siehe Abb. 14.9) je Schaf einer Herde beschreibt, so folgt diese Zufallsvariable der negativen Binomialverteilung (vgl. [10], Seite 101).

Auch bei anderen Parasitären Erkrankungen taucht die negative Binomialverteilung auf. Die Pärchenegel *Schistosoma spec.* parasitieren beim Menschen in den Venen von Dünn-, Dickdarm oder der Blase sowie den inneren Geschlechtsorganen. Die embryonierten Eier dieser Pärchenegel werden mit dem Stuhl bzw. Harn und den Geschlechtsprodukten ausgeschieden. So verteilt sich die Menge der durch Schistosomiasis(Bilharziose)-Patienten täglich ausgeschiedenen Eier und seine Wurmlast in den einzelnen Altersklassen negativ binomial (siehe [12]).

Abb. 14.9 Zeichnung einer ausgewachsenen Zecke. Zeichnung: *Dirk Horstmann*

14.1.3 Stetige Zufallsvariable

Wie für die diskreten Merkmale diskrete Zufallsvariablen erklärt werden, so werden für stetige Merkmale, also Merkmale, deren Merkmalswerte kontinuierlich über ein Intervall der reellen Zahlen verteilt sind, auch *stetige Zufallsvariablen* erklärt. Wie auch schon bei den diskreten Zufallsvariablen werden die betrachteten Merkmale durch eine numerische Variable X dargestellt. Die Werte dieser Variablen sind reellen Zahlen, die durch Zufallsexperimente erzeugt wurden. Um für stetige Zufallsvariablen die entsprechenden Verteilungsfunktionen und die Wahrscheinlichkeit für eine bestimmte Realisation der Zufallsvariablen erklären zu können, gehen wir jedoch wie folgt vor. Mit $(x, x + h)$ bezeichnen wir zunächst ein Intervall innerhalb der Menge der reellen Zahlen. Das Ereignis $E = (x < X < x + h)$ beschreibt den Ausgang des Zufallsexperiments, in dem X einen Wert in diesem Intervall annimmt, also eine Realisation hat, die zwischen x und $x + h$ liegt. Die Wahrscheinlichkeit $P(E)$, dass dieses Ereignis E eintritt, hängt demnach in der Regel sowohl von x als auch von h ab.

Hierbei wird vorausgesetzt, dass

$$\lim_{h \to 0} \frac{P(E)}{h} = \lim_{h \to 0} \frac{P(x < X < x + h)}{h} = f(x) \geq 0$$

gilt.

Anmerkung 14.2 Diese Gleichung erinnert also an die Berechnung der Ableitungen von Funktionen.

Das bedeutet, dass sich die Wahrscheinlichkeit $P(E)$ für hinreichend kleine, positive h approximativ schreiben lässt, als: $P(E) \approx f(x)h$. (Auch diese Approximation erinnert an das Kapitel über Funktionen. Vgl. hierzu Theorem 9.2 in Abschn. 9.2.) Der Funktion f kommt bei der Berechnung der Wahrscheinlichkeit des Ereignisses E also eine besondere Bedeutung zuteil. Wir fassen den Inhalt der von dem Funktionsgraphen der Funktion f über dem reellen Intervall $(x, x + h)$ eingeschlossenen Fläche als Wahrscheinlichkeit davon auf, dass die Zufallsvariable X eine Realisation annimmt, die in dem Intervall $(x, x + h)$ liegt. Für diese besondere Funktion f muss somit das Nachfolgende verlangt werden:

$$\text{a)} \quad \int_{-\infty}^{\infty} f(s)\mathrm{d}s = 1 \tag{14.4}$$

$$\text{b)} \quad f(s) \geq 0 \quad \text{für alle } s \in \mathbb{R}.$$

Offensichtlich entspricht die Forderung (14.4) der im diskreten Fall an die Verteilungsfunktion gestellten Bedingung (14.2). Allerdings wird in diesem Fall f nicht als Verteilungsfunktion, sondern als *Wahrscheinlichkeitsdichte* oder kurz als *Dichte* bezeichnet.

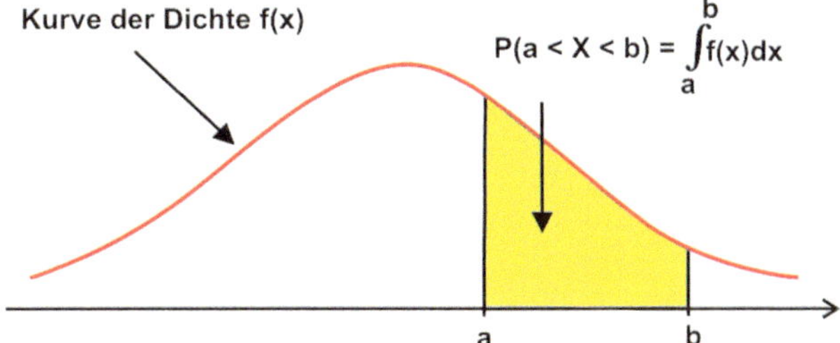

Abb. 14.10 Darstellung der Berechnung von Wahrscheinlichkeiten für eine stetige Zufallsvariable mit gegebener Dichtefunktion $f(x)$

Den eben angestellten Überlegungen folgend, ist die Wahrscheinlichkeit, dass der von einer stetigen Zufallsvariablen angenommene Wert in einem Intervall (a, b) mit $a < b$ liegt, demnach:

$$P(a < X < b) = \int\limits_a^b f(s)\mathrm{d}s.$$

(Siehe hierzu auch Abb. 14.10.) Für die Grenzwertbetrachtung $b \to a$ können wir mit unserem Wissen über die Integration von stetigen Funktionen folgern (vgl. (10.2)), dass

$$\lim_{b \to a} \int\limits_a^b f(s)\mathrm{d}s = 0 \quad \text{und somit } P(X = a) = 0$$

ist. Analog gilt natürlich auch, dass $P(X = b) = 0$ ist. Dies macht in der Tat Sinn, da es bei stetigen Zufallsvariablen in einer kleinen Umgebung der Realisation $x = x_0$ auch unendlich viele andere Realisationen gibt. Wenn man sich nun auf den „naiven" Standpunkt stellt, und die Definition der Laplace-Wahrscheinlichkeit hier auch für stetige Zufallsvariable anwenden will, so wäre die Ergebnismenge unendlich groß, und bei der Berechnung der Laplace-Wahrscheinlichkeit käme (wenn man diese in dem Fall wirklich anwenden könnte) der Wert null heraus.

14.1.4 Stetige Wahrscheinlichkeitsverteilungen

So manchen wird es sicher freuen, dass die Berechnung von Integralen über Dichtefunktionen bei standardmäßigen Arbeiten in der Regel nicht notwendig ist. Für die wichtigsten Dichtefunktionen liegen die dazugehörigen sogenannten *stetigen Verteilungsfunktionen* bereits in tabellarischer Form vor und können für die in der Praxis notwendigen Überlegungen herangezogen werden. Die *Verteilungsfunktion $F(x)$ für eine stetige Zufallsvariable* erhält man mittels der Definition:

$$F(x) := P(X < x) = \int\limits_{-\infty}^x f(s)\mathrm{d}s. \tag{14.5}$$

Kennt man die Verteilungsfunktion, so kann man die Wahrscheinlichkeit von verschiedenen, durch X mittels Ungleichungen definierten Ereignissen ausrechnen. Für zwei Realisationen a und b (mit $b > a$) einer Zufallsvariablen X, gilt z. B.:

$$
\begin{aligned}
P(X < b) &= F(b), \\
P(X \geq a) &= 1 - P(X < a) = 1 - F(a), \\
P(a < X < b) &= F(b) - F(a).
\end{aligned}
$$

Da $P(X = a) = 0 = P(X = b)$ ist, gilt auch $P(a \leq X \leq b) = P(a < X < b)$.

Beispiel 14.8 Man sagt, dass die stetige Zufallsvariable X über dem Intervall $a \leq x \leq b$ gleichverteilt (oder auch rechteckverteilt) ist, wenn die Wahrscheinlichkeitsdichte durch die Funktion

$$
f(x) = \begin{cases} 0 & \text{für } -\infty < x < a, \\ \frac{1}{b-a} & \text{für } a \leq x \leq b, \\ 0 & \text{für } b < x \end{cases}
$$

gegeben ist.

Beispiel 14.9 Bei der Untersuchung einer nicht näher spezifizierten Tierart stellte sich heraus, dass sich das Gewicht dieser Tierart mittels der Dichtefunktion

$$
f(x) = \begin{cases} 0 & \text{für } x \leq 5, \\ \frac{1}{3}x - \frac{5}{3} & \text{für } 5 \leq x \leq 7, \\ -\frac{2}{3}x + \frac{16}{3} & \text{für } 7 \leq x \leq 8. \\ 0 & \text{für } 8 \leq x \end{cases}
$$

beschreiben lässt. Die hierzu gehörende Verteilungsfunktion kann man aufgrund der Definition der Verteilungsfunktion ermitteln, indem man

$$
F(x) = \int_{-\infty}^{x} f(s)\mathrm{d}s
$$

berechnet. Dies führt uns somit auf die Verteilungsfunktion

$$
F(x) = \begin{cases} 0, & \text{für } x \leq 5 \\ \frac{1}{6}x^2 - \frac{5}{3}x + \frac{25}{6}, & \text{für } 5 \leq x \leq 7 \\ -\frac{1}{3}x^2 + \frac{16}{3}x - \frac{61}{3}, & \text{für } 7 \leq x \leq 8 \\ 1, & \text{für } 8 \leq x. \end{cases}
$$

Die Wahrscheinlichkeit, dass ein zufällig ausgewähltes Individuum dieser Tierart ein Gewicht zwischen $\frac{17}{3}$ und $\frac{23}{3}$ hat, ist somit gegeben durch:

$$
P\left(\frac{17}{3} \leq X \leq \frac{23}{3}\right) = F\left(\frac{23}{3}\right) - F\left(\frac{17}{3}\right) = \frac{8}{9}.
$$

Wenden wir uns nun den wichtigsten stetigen Verteilungen zu.

14.1.4.1 Die Normalverteilung

Unbestritten ist die sogenannte *Normalverteilung* die wichtigste stetige Wahrscheinlichkeitsverteilung. Dies liegt auch an dem noch später zu behandelnden Zentralen Grenzwertsatz (siehe Theorem 14.2). Eine standardnormalverteilte Zufallsvariable X kann beliebige reelle Zahlen als Realisation annehmen.

14.1.4.2 Die Standardnormalverteilung

Der Funktionsgraph der Dichtefunktion der Standardnormalverteilung, deren Funktionsgleichung durch

$$f(x) = \frac{1}{\sqrt{2\pi}} e^{-x^2/2}$$

gegeben ist, hat die Form eines zur vertikalen Achse symmetrisch verlaufenden „Zuckerhuts" bzw. einer „Glockenkurve" (siehe hierzu auch Abb. 14.11). Wegen der Symmetrie-Eigenschaft der Dichtekurve gilt für eine standardnormalverteilte Zufallsvariable X, dass $P(X \leq -x) = P(X > x)$ ist, woraus sich für die Verteilungsfunktion Φ der Standardnormalverteilung die Gleichungskette

$$\Phi(-x) = P(X \leq -x) = P(X > x) = 1 - P(X \leq x) = 1 - \Phi(x) \qquad (14.6)$$

folgern lässt. Ist die Realisation x der standardnormalverteilten Zufallsvariablen X negativ, so kann man $\Phi(x)$ folglich stets durch den Wert von Φ für $-x > 0$ ermitteln. Die Funktionswerte der Standardnormalverteilung für positive x sind in Tab. 14.6 tabellarisch angegeben.

Beispiel 14.10 Um zu zeigen wie man mit Tab. 14.6 die Wahrscheinlichkeit einer standardnormalverteilten Zufallsvariablen X angibt, wollen wir die nachfolgenden Wahrscheinlichkeiten berechnen:

1. $P(X \leq 2{,}58) = 0{,}9951$.

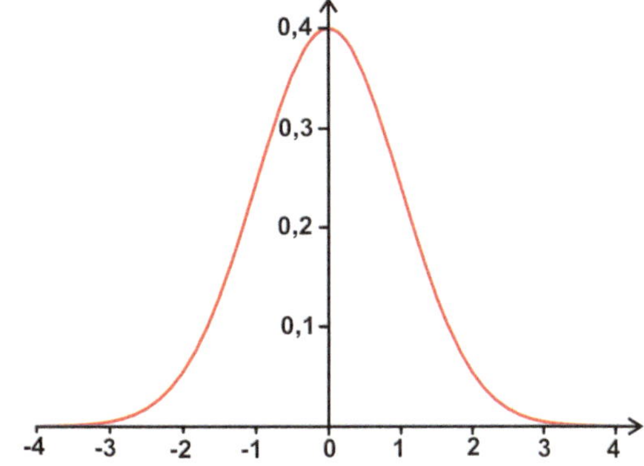

Abb. 14.11 Die zur Standardnormalverteilung gehörende Dichtefunktion $f(x) = \frac{1}{\sqrt{2\pi}} e^{-x^2/2}$

Tab. 14.6 Die Wertetabelle der Standardnormalverteilung

x	0,00	0,01	0,02	0,03	0,04	0,05	0,06	0,07	0,08	0,09
0,0	0,5000	0,5040	0,5080	0,5120	0,5160	0,5199	0,5239	0,5279	0,5319	0,5259
0,1	0,5398	0,5438	0,5478	0,5517	0,5557	0,5596	0,5636	0,5675	0,5714	0,5753
0,2	0,5793	0,5832	0,5871	0,5910	0,5948	0,5987	0,6026	0,6064	0,6103	0,6141
0,3	0,6179	0,6217	0,6255	0,6293	0,6331	0,6368	0,6406	0,6443	0,6480	0,6517
0,4	0,6554	0,6591	0,6628	0,6664	0,6700	0,6736	0,6772	0,6808	0,6844	0,6879
0,5	0,6915	0,6950	0,6985	0,7019	0,7054	0,7088	0,7123	0,7157	0,7190	0,7224
0,6	0,7257	0,7291	0,7324	0,7357	0,7389	0,7422	0,7454	0,7486	0,7517	0,7549
0,7	0,7580	0,7611	0,7642	0,7673	0,7704	0,7734	0,7764	0,7794	0,7823	0,7852
0,8	0,7881	0,7910	0,7939	0,7967	0,7995	0,8023	0,8051	0,8078	0,8106	0,8133
0,9	0,8159	0,8186	0,8212	0,8238	0,8264	0,8289	0,8315	0,8340	0,8365	0,8389
1,0	0,8413	0,8438	0,8461	0,8485	0,8508	0,8531	0,8554	0,8577	0,8599	0,8621
1,1	0,8643	0,8665	0,8686	0,8708	0,8729	0,8749	0,8770	0,8790	0,8810	0,8830
1,2	0,8849	0,8869	0,8888	0,8907	0,8925	0,8944	0,8962	0,8980	0,8997	0,9015
1,3	0,9032	0,9049	0,9066	0,9082	0,9099	0,9115	0,9131	0,9147	0,9162	0,9177
1,4	0,9192	0,9207	0,9222	0,9236	0,9251	0,9265	0,9279	0,9292	0,9306	0,9319
1,5	0,9332	0,9345	0,9357	0,9370	0,9382	0,9394	0,9406	0,9418	0,9429	0,9441
1,6	0,9452	0,9463	0,9474	0,9484	0,9495	0,9505	0,9515	0,9525	0,9535	0,9545
1,7	0,9554	0,9564	0,9573	0,9582	0,9591	0,9599	0,9608	0,9616	0,9625	0,9633
1,8	0,9641	0,9649	0,9656	0,9664	0,9671	0,9678	0,9686	0,9693	0,9699	0,9706
1,9	0,9713	0,9719	0,9726	0,9732	0,9738	0,9744	0,9750	0,9756	0,9761	0,9767
2,0	0,9772	0,9778	0,9783	0,9788	0,9793	0,9798	0,9803	0,9808	0,9812	0,9817
2,1	0,9821	0,9826	0,9830	0,9834	0,9838	0,9842	0,9846	0,9850	0,9854	0,9857
2,2	0,9861	0,9864	0,9868	0,9871	0,9875	0,9878	0,9881	0,9884	0,9887	0,9890
2,3	0,9893	0,9896	0,9898	0,9901	0,9904	0,9906	0,9909	0,9911	0,9913	0,9916
2,4	0,9918	0,9920	0,9922	0,9925	0,9927	0,9929	0,9931	0,9932	0,9934	0,9936
2,5	0,9938	0,9940	0,9941	0,9943	0,9945	0,9946	0,9948	0,9949	0,9951	0,9952
2,6	0,9953	0,9955	0,9956	0,9957	0,9959	0,9960	0,9961	0,9962	0,9963	0,9964
2,7	0,9965	0,9966	0,9967	0,9968	0,9969	0,9970	0,9971	0,9972	0,9973	0,9974
2,8	0,9974	0,9975	0,9976	0,9977	0,9977	0,9978	0,9979	0,9979	0,9980	0,9981
2,9	0,9981	0,9982	0,9982	0,9983	0,9984	0,9984	0,9985	0,9985	0,9986	0,9986
3,0	0,9987	0,9987	0,9987	0,9988	0,9988	0,9989	0,9989	0,9989	0,9990	0,9990
3,1	0,9990	0,9991	0,9991	0,9991	0,9992	0,9992	0,9992	0,9992	0,9993	0,9993
3,2	0,9993	0,9993	0,9994	0,9994	0,9994	0,9994	0,9994	0,9995	0,9995	0,9995
3,3	0,9995	0,9995	0,9995	0,9996	0,9996	0,9996	0,9996	0,9996	0,9996	0,9997
3,4	0,9997	0,9997	0,9997	0,9997	0,9997	0,9997	0,9997	0,9997	0,9997	0,9998

2. $P(X \geq -1{,}9) = 1 - P(X \leq -1{,}9) = 1 - \Phi(-1{,}9) = \Phi(1{,}9) = 0{,}9713$.

3. $P(1{,}5 \leq X \leq 10) = P(X \leq 10) - P(X \leq 1{,}5) = 1 - 0{,}9332 = 0{,}0668$.

14.1.4.3   Die allgemeine Normalverteilung

Eine Zufallsvariable X heißt *normalverteilt* mit dem Mittelpunkt μ und der Varianz σ^2, oder kurz

$$X \sim N(\mu, \sigma^2),$$

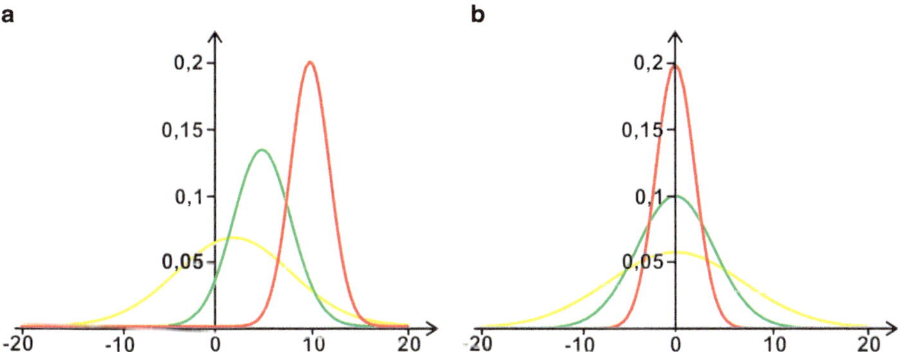

Abb. 14.12 **a** Normalverteilungen mit $\mu = 10, \sigma = 2$ (*rot*), $\mu = 5, \sigma = 3$ (*grün*) und $\mu = 2, \sigma = 6$ (*gelb*). **b** Normalverteilungen mit $\mu = 0$ und $\sigma = 2$ (*rot*), $\sigma = 4$ (*grün*), $\sigma = 7$ (*gelb*)

wenn ihre Dichtefunktion die Gestalt

$$f(x) = \frac{1}{\sigma\sqrt{2\pi}} e^{-(x-\mu)^2/(2\sigma^2)}$$

hat (siehe Abb. 14.12). Für ihre Verteilungsfunktion F gilt dann:

$$F(x) = P(X \leq x) = \Phi\left(\frac{x-\mu}{\sigma}\right). \tag{14.7}$$

Der Wert der Verteilungsfunktion an der Stelle x lässt sich somit mittels der Verteilungsfunktion der Standardnormalverteilung bestimmen und ist gleich dem Wert von Φ an der Stelle $(x-\mu)/\sigma$.

Beispiel 14.11 Wie eben erwähnt kann man mit Tab. 14.6 auch die Wahrscheinlichkeiten einer nicht standard- aber doch normalverteilten Zufallsvarialen X berechnen. So ist zum Beispiel für eine normalverteilte Zufallsvariable X mit den Mittelwert $\mu = 0{,}6$ und der Varianz $\sigma^2 = 4$ die Wahrscheinlichkeit $P(X \geq -2{,}9)$ durch die nachfolgende Rechnung gegeben:

$$
\begin{aligned}
P(X \geq -2{,}9) &= 1 - P(X \leq -2{,}9) \\
&= 1 - F(X) \\
&= 1 - \Phi\left(\frac{-2{,}9 - 0{,}6}{2}\right) \\
&= 1 - \Phi(-1{,}75) \\
&= \Phi(1{,}75) \\
&= 0{,}9599.
\end{aligned}
$$

Abb. 14.13 Carl Friedrich Gauß (30.04.1777–23.02.1855). Zeichnung: *Dirk Horstmann*

Bereits zu Lebzeiten galt Carl Friedrich Gauß als ein mathematisches Genie. Gauß (siehe Abb. 14.13) wurde am 30. April 1777 in Braunschweig geboren. Schon als Schüler war sein mathematisches Talent erkennbar. Oft wird in diesem Zusammenhang die Geschichte der Entdeckung der Gauß'schen Summenformel (vgl. (2.16) in Aufgabe 2.6) angeführt, die er bereits als Schüler aufgeschrieben haben soll. Er selbst behauptete angeblich von sich, dass er das Rechnen vor dem Reden gelernt habe. Gauß hat maßgeblichen Anteil an der Entwicklung der mathematischen Analysis. Die Darstellung komplexer Zahlen in einer Ebene, die wir in dem Abschnitt über komplexe Zahlen kennengelernt haben, geht ebenfalls auf Gauß zurück und ist auch als Gauß'sche Ebene bekannt. Den ersten vollständigen Beweis für den Fundamentalsatz der Algebra, den wir hier bereits als Theorem 5.2 kennengelernt haben, lieferte Gauß 1799 in seiner Dissertation. Seine aus dem Jahre 1796 stammende Arbeit „Disquisitiones Arithmeticae" stellt den Grundstein der modernen Zahlentheorie dar.

Man sagt ihm nach, dass er die Mathematik für die Königin der Wissenschaften hielt und die Arithmetik wiederum als Königin der Mathematik ansah. Mit der Veröffentlichung der „Disquisitiones Arithmeticae" im Jahre 1801 wurde er zu einem der führendsten Mathematiker seiner Zeit. Auch das Gesetz der normalen Fehlerverteilung und somit die Normalverteilung geht auf ihn zurück. Deshalb wird die Normalenverteilung oftmals auch als Gauß'sche Glockenkurve oder Gaußverteilung bezeichnet.

Ebenso wurde Gauß im Zusammenhang mit der Entdeckung eines Asteroiden bekannt, wenngleich er nicht der Entdecker dieses Himmelskörpers war.

Dennoch machte er sich als Astronom im Jahre 1802 einen Namen, als er die Laufbahn des Planetoiden Ceres, den man zwischenzeitlich „aus den Augen verloren hatte", exakt vorausberechnete. (Erst kürzlich war Ceres auch wieder in der Presse, als die Raumsonde Dawn Bilder von ihm zur Erde sendete. Siehe hierzu z. B. [8].) Hierdurch wurde der Asteroid Gauß' Berechnungen folgend erneut gesichtet und konnte weiter beobachtet werden. Zwar wurden seine Methoden zur Bahnberechnung für moderne Rechenanlagen leicht angepasst, sie treffen jedoch im Grundsatz noch heute zu. Im Jahr 1807 bis zu seinem Lebensende übernahm Gauß die Leitung der Sternwarte in Göttingen. Des Weiteren engagierte er sich ab 1820 in der hannoverischen Landesvermessung. Gauß entwarf den Heliotropen (den Sonnenwendespiegel), ein benötigtes Arbeitsgerät der Geodäten zur Sichtbarmachung von Geländepunkten.

Während er sich mit der Geodäsie beschäftigte, stieß Gauß auf die Untersuchung krummer Flächen im dreidimensionalen euklidischen Raum. Hierbei entwickelte er die Gauß'sche Krümmung, ein nach ihm benanntes Maß für die Krümmung einer Fläche. Am 23. Februar 1855 verstarb Carl Friedrich Gauß in Göttingen.

Die Deutsche Mathematiker-Vereinigung (DMV) erinnert an und würdigt diesen großen deutschen Mathematiker mit der jährlichen Gauß-Vorlesung, bei der namhafte Mathematiker in einem festlichen Rahmen allgemeinverständliche Vorträge für eine breite Öffentlichkeit halten. (Siehe hierzu auch [2, 3, 5] und [9, Die Entdeckung eines Asteroiden auf Seite 120 und Maß der Streuung auf Seite 212].)

14.2 Unabhängigkeit von Zufallsvariablen

Analog zu der Unabhängigkeit von Ereignissen, die wir in einem vorangegangenen Kapitel kennengelernt haben, müssen wir nun auch für Zufallsvariablen erklären, was es bedeuten soll, dass sie voneinander unabhängig sind. Hierfür seien X_1, X_2, ..., X_N insgesamt N Zufallsvariablen, die bei einem gegebenen Forschungsproblem untersucht wurden. Es ist sinnvoll, die Untersuchung jeder einzelnen dieser Variablen, die wir hier mit X_i bezeichnen wollen, separat vorzunehmen, wenn die Variation der Zufallsvariablen X_i *unabhängig von den anderen Zufallsvariablen* ist. Hierfür reicht es aus anzunehmen, dass die Verteilung der Zufallsvariablen X_i nicht von den Realisationen der übrigen Zufallsvariablen abhängt. Die Wahrscheinlichkeit für den Eintritt der zusammengesetzten Ereignisse der Form, dass jedes X_i eine bestimmte Realisation x_i annimmt, berechnet man in diesem Fall durch

$$P((X_1 = x_1) \text{ und} \ldots \text{und } (X_N = x_N)) = P(X_1 = x_1) \cdot \ldots \cdot P(X_N = x_N).$$

Dies entspricht eben auch der uns bereits bekannten Definition der Unabhängigkeit von Ereignissen.

14.3 Maßzahlen von Zufallsvariablen

Genauso wie es Maßzahlen von Merkmalen gibt, wie die uns aus dem ersten Kapitel bekannten Begriffe des arithmetischen Mittels oder der Stichprobenvarianz und der Standardabweichung, kann man auch Maßzahlen für eine Zufallsvariable X erklären.

14.3.1 Der Mittelwert bzw. der Erwartungswert einer Zufallsvariablen

Definition 14.2
Für eine diskrete Zufallsvariable mit N unterschiedlichen Realisationen x_i und mit ihrer diskreten Wahrscheinlichkeitsverteilung f definiert man den Erwartungswert $E[X]$ der Zufallsvariablen durch die Gleichung

$$E[X] = \sum_{i=1}^{N} x_i f(x_i).$$

Für diesen Wert verwendet man zuweilen auch das Symbol μ_X.

Definition 14.3
Für eine stetige Zufallsvariable und ihre Wahrscheinlichkeitsdichte f wird der Erwartungswert definiert als

$$\mu_X = E[X] = \int_{-\infty}^{\infty} x f(x)\mathrm{d}x.$$

Beispiel 14.12 Bei unserem Beispiel 14.7 zur Poisson-Verteilung besaß die Zufallsvariable X, die die Anzahl der Leute eines Kavallerieregiments beschrieb, die durch Huftritte umkamen, die Realisationen $x_1 = 0$, $x_2 = 1$, $x_3 = 2$, $x_4 = 3$ und $x_5 = 4$. Die dazugehörigen Funktionswerte der Poisson-Verteilung waren durch $f(x_1) = 0{,}5433508691$, $f(x_2) = 0{,}3314440302$, $f(x_3) = 0{,}1010904292$, $f(x_4) = 0{,}02055505394$ und $f(x_5) = 0{,}003134645726$ gegeben. In Beispiel 14.7 haben wir bereits das Stichprobenmittel berechnet. Wenden wir nun die Formel zur Berechnung des Erwartungswertes an, so erhalten wir (bei auf drei Nachkommastellen gerundeten Werten):

$$E[X] \approx 0 \cdot 0{,}543 + 1 \cdot 0{,}331 + 2 \cdot 0{,}101$$
$$+ 3 \cdot 0{,}021 + 4 \cdot 0{,}003$$
$$\approx 0{,}608$$

Beispiel 14.13 Kehren wir noch einmal zu unserem Beispiel 14.1 mit den Jungen-und Mädchengeburten zurück. Die in diesem Beispiel betrachtete Zufallsvariable X besaß die Realisationen $x_1 = 0$, $x_2 = 1$, $x_3 = 2$, $x_4 = 3$ und $x_5 = 4$. Die entsprechenden Werte der diskreten Wahrscheinlichkeitsverteilung f sind $f(x_1) = q^4$, $f(x_2) = 4q^3 p$, $f(x_3) = 6q^2 p^2$, $f(x_4) = 4qp^3$ und $f(x_5) = p^4$. Wenden wir hier die Formel zur Berechnung des Erwartungswertes an, so sehen wir, dass:

$$\begin{aligned}
E[X] &= 0 \cdot q^4 + 1 \cdot 4q^3 p + 2 \cdot 6q^2 p^2 + 3 \cdot 4qp^3 + 4 \cdot p^4 \\
&= 4p(q^3 + 3q^2 p + 3qp^2 + p^3) \\
&= 4p(p + q)^3 \\
&= 4p
\end{aligned}$$

gilt.

Für die in den vorangegangenen Abschnitten eingeführten Wahrscheinlichkeitsverteilungen halten wir hier fest:

1. Der Erwartungswert der negativen Binomialverteilung ist gegeben durch:

$$E[X] = k/p.$$

2. Für die Hypergeometrische Verteilung ist der Erwartungswert durch $E[X] = n \cdot p$ gegeben.
3. Der Erwartungswert der Poisson-Verteilung lautet $E[X] = \lambda$.
4. Für eine Binomialverteilung lautet der Erwartungswert $E[X] = n \cdot p$.

Für die Bedeutung der oben auftretenden Parameter sei auf die vorangegangenen Abschnitte verwiesen, in denen die entsprechenden Wahrscheinlichkeitsverteilungen eingeführt wurden.

14.3.2   Die Varianz und die Standardabweichung

Die Varianz einer Zufallsvariablen X wird als mittlere quadratische Abweichung der Variablenwerte vom Mittelwert (Erwartungswert) $\mu_X = E[X]$ definiert.

Definition 14.4

Für eine diskrete Zufallsvariable X und ihre Wahrscheinlichkeitsverteilung f definieren wir die Varianz der Zufallsvariablen als

$$\sigma_X^2 = \mathrm{Var}[X] = E[(X - \mu_X)^2] = \sum_i (x_i - \mu_X)^2 f(x_i).$$

Wie schon bei der Standardabweichung für eine Stichprobe bzw. der uns aus Abschn. 1.2 bekannten Stichprobenvarianz wird die Standardabweichung für eine Zufallsvariable definiert als die positive Quadratwurzel aus der Varianz.

Definition 14.5

Es sei X eine diskrete Zufallsvariable und f bezeichne ihre Wahrscheinlichkeitsverteilung.

$$\sigma_X = \sqrt{\sigma_X^2}.$$

Wie für die Stichprobenvarianz gilt auch für die Varianz einer Zufallsvariablen der Verschiebungssatz, der in diesem Fall durch

$$\sigma_X^2 = E[X^2] - (E[X])^2$$

gegeben ist.

Analog zu den eben gegebenen Definitionen definiert man für eine stetige Zufallsvariable X die Varianz wie folgt.

Definition 14.6

Es sei X eine stetige Zufallsvariable und f bezeichne ihre Wahrscheinlichkeitsdichte. Die Varianz der Zufallsvariablen X definieren wir als:

$$\sigma_X^2 = E[(X - \mu_X)^2] = \int\limits_{-\infty}^{\infty} (x - \mu_X)^2 f(x)\mathrm{d}x$$

und die Standardabweichung als $\sigma_X = \sqrt{\sigma_X^2}$.

Beispiel 14.14 Kehren wir noch einmal zu unserem Beispiel 14.7 in Abschn. 14.1.2.4 zurück. Wenn wir hier die Varianz der angegebenen Poisson-Verteilung nach der eben eingeführten Formel berechnen, so ergibt sich (beim Rechnen mit auf drei Nachkommastellen gerundeten Werten):

$$\sigma_X^2 = (0 - 0{,}61)^2 \cdot 0{,}543 + (1 - 0{,}61)^2 \cdot 0{,}331 + (2 - 0{,}61)^2 \cdot 0{,}101$$
$$+ (3 - 0{,}61)^2 \cdot 0{,}021 + (4 - 0{,}61)^2 \cdot 0{,}003$$
$$\approx 0{,}609.$$

Beispiel 14.15 Berechnet man zu der in Beispiel 14.1 gegebenen Zufallsvariablen die entsprechende Varianz, so erhält man unter Verwendung des Verschiebungssatzes und der Tatsache, dass $q = 1 - p$ ist, die nachfolgende Rechnung:

$$\sigma_X^2 = 0^2 \cdot q^4 + 1^2 \cdot 4q^3 p + 2^2 \cdot 6q^2 p^2 + 3^2 \cdot 4qp^3 + 4^2 \cdot p^4 - (4p)^2$$
$$= 4p(q^3 + 6q^2 p + 9qp^2 + 4p^3 - 4p)$$
$$= 4p(1 - 3p + 3p^2 - p^3 + 6p - 12p^2 + 6p^3 + 9p^2 - 9p^3 + 4p^3 - 4p)$$
$$= 4p(1 - p)$$
$$= 4pq.$$

Auch hier wollen wir für die in den vorangegangenen Abschnitten eingeführten Wahrscheinlichkeitsverteilungen die dazugehörigen Varianzen kurz angeben:

1. Die negative Binomialverteilung hat die Varianz $\sigma_X^2 = k \cdot (1 - p)/p$.
2. Für die Hypergeometrische Verteilung gilt die Gleichung

$$\sigma_X^2 = \frac{N - n}{N - 1} \cdot n \cdot p \cdot (1 - p).$$

3. Die Varianz der Poisson-Verteilung ist gegeben durch $\sigma_X^2 = \lambda$.
4. Für die Binomialverteilung ergibt sich die Varianz $\sigma_X^2 = n \cdot p \cdot q$.

Für die Bedeutung der oben auftretenden Parameter sei auch hier auf die vorangegangenen Abschnitte verwiesen, in denen die entsprechenden Wahrscheinlichkeitsverteilungen eingeführt wurden.

Bevor wir nun einen neuen Abschnitt beginnen, wollen wir uns endlich der in Anmerkung 1.2 gestellten Frage nach dem Vorfaktor $1/(N - 1)$ bei der Definiton der Stichprobenvarianz zuwenden. Die in Definition 1.1 eingeführte Stichprobenvarianz soll als Näherung für die exakte Varianz einer Zufallsvariablen dienen. Wenn man die Stichprobenvarianz s_x^2 somit selbst als Zufallsvariable auffasst, so soll der Erwartungswert dieser Zufallsvariablen gerade die Varianz σ_X^2 sein. Das Entsprechende soll auch für das arithmetische Mittel und den Erwartungswert gelten. Tatsächlich gilt der nachfolgende Satz, den wir im Anschluss kurz beweisen wollen.

Theorem 14.1

Es seien N paarweise unabhängige Zufallsvariablen X_1, X_2, ..., X_N gegeben, die alle denselben Erwartungswert μ und die gleiche Varianz σ^2 besitzen. Dann gelten die nachfolgenden Aussagen:

1. *Der Erwartungswert des aus den Zufallsvariablen gebildeten arithmetischen Mittels hat als Zufallsvariable betrachtet den Erwartungswert μ, d. h.:*

$$E(X_M) = E\left(\frac{1}{N}\sum_{i=1}^{N} X_i\right) = \mu.$$

2. *Der Erwartungswert der aus den Zufallsvariablen X_i gebildeten Stichprobenvarianz S^2 ist gleich σ^2, d. h.:*

$$E(S^2) = E\left(\frac{1}{N-1}\sum_{i=1}^{N}(X_i - X_M)^2\right) = \sigma^2.$$

Diese beiden Aussagen lassen sich nun recht einfach und schnell nachrechnen. Zunächst wenden wir uns der Aussage über den Erwartungswert zu. Da die Zufallsvariablen paarweise unabhängig voneinander sind, gilt:

$$E(X_M) = E\left(\frac{1}{N}\sum_{i=1}^{N} X_i\right) = \frac{1}{N}\sum_{i=1}^{N} E(X_i) = \frac{1}{N}\sum_{i=1}^{N}\mu = \frac{N\mu}{N} = \mu.$$

Womit die Behauptung für das arithmetische Mittel der Zufallsvariablen gezeigt wäre. Kommen wir nun zu der Aussage für die aus den Zufallsvariablen gebildete Stichprobenvarianz. Aus Definition 1.1 folgt:

$$(N-1)S^2 = \sum_{i=1}^{N}(X_i - X_M)^2 = \sum_{i=1}^{N}(X_i^2 - 2X_i X_M + X_M^2) = \sum_{i=1}^{N} X_i^2 - N X_M^2$$

$$= \sum_{i=1}^{N} X_i^2 - N\left(\frac{1}{N}\sum_{i=1}^{N} X_i\right)\left(\frac{1}{N}\sum_{j=1}^{N} X_j\right)$$

$$= \sum_{i=1}^{N} X_i^2 - \left(\frac{1}{N}\sum_{i=1}^{N} X_i^2\right) - \left(\frac{1}{N}\sum_{i=1,j=1,i\neq j}^{N} X_i X_j\right)$$

$$= \frac{N-1}{N}\sum_{i=1}^{N} X_i^2 - \frac{1}{N}\sum_{i=1,j=1,i\neq j}^{N} X_i X_j.$$

Hieraus ergibt sich für den Erwartungswert der Stichprobenvarianz:

$$(N-1)E(S^2) = \frac{N-1}{N}\sum_{i=1}^{N} E(X_i^2) - \frac{1}{N}\sum_{i=1,j=1,i\neq j}^{N} E(X_i X_j).$$

Da die Zufallsvariablen paarweise unabhängig waren, gilt für $i \neq j$:

$$E(X_i X_j) = E(X_i)E(X_j) = \mu^2.$$

Somit haben wir die Gleichung

$$(N-1)E(S^2) = \frac{N-1}{N}\sum_{i=1}^{N} E(X_i^2) - (N-1)\mu^2$$

vorliegen. Wenn wir nun den Verschiebungssatz für die Varianz anwenden, so sehen wir, dass

$$(N-1)E(S^2) = \frac{N-1}{N}\sum_{i=1}^{N} E(X_i^2) - (N-1)\mu^2 = \frac{N-1}{N}\sum_{i=1}^{N}\left(E(X_i^2) - \mu^2\right)$$

$$= \frac{N-1}{N}\sum_{i=1}^{N} E(X_i^2 - \mu^2) = \frac{N-1}{N}\sum_{i=1}^{N}\sigma^2 = (N-1)\sigma^2$$

gilt. Wenn wir die Stichprobenvarianz nicht mit dem Faktor $1/(N-1)$ definiert hätten, so könnten wir beide Seiten nicht durch den Faktor $N-1$ teilen und würden somit nicht auf die gewünschte Gleichung für den Erwartungswert der Stichprobenvarianz gelangen. Jetzt aber können wir die Gleichung durch $N-1$ teilen und erhalten die gewünschte Aussage, dass $E(S^2) = \sigma^2$ ist, womit wir die Aussagen des obigen Satzes vollständig bewiesen hätten.

14.3.3 α-Quantile

Weitere Maßzahlen für Zufallsvariablen sind die α-Quantile. Für eine Messreihe/Datenreihe haben wir den Begriff des α-Quantils bereits in Abschn. 1.1 kennengelernt. Analog zu der dort gegebenen Definition ist somit das α-Quantil einer Zufallsvariablen X der Wert ξ_α, für den die Wahrscheinlichkeit, dass die Zufallsvariable eine Realisation besitzt, die kleiner oder gleich dem Wert ξ_α ist, den Wert α beträgt.

Definition 14.7
Für eine Zufallsvariable X definieren wir das α-Quantil ξ_α durch die Gleichung

$$P(X \leq \xi_\alpha) = \alpha. \tag{14.8}$$

Der Median einer Zufallsvariablen X ist gerade das 0,5-Quantil $\xi_{0,5}$, das den Gleichungen

$$P(X \leq \xi_{0,5}) = 0,5 = P(X \geq \xi_{0,5})$$

genügt.

Hierbei sei bemerkt, dass der Median das einzige Quantil ist, für das wir bei dem betrachteten Ereignis das Ungleichheitszeichen auch einfach umdrehen dürfen.

Die Definition der α-Quantile ist sowohl für diskrete als auch für stetige Zufallsvariablen gültig. Für stetige Zufallsvariablen entspricht (14.8) der Gleichung

$$\alpha = \int\limits_{-\infty}^{\xi_\alpha} f(x)\mathrm{d}x. \tag{14.9}$$

Es sei hierbei angemerkt, dass dies eine Gleichung mit nur einer Unbekannten ist, da man die rechte Seite in der Regel explizit berechnen kann. Somit müssen wir zur Ermittlung des α-Quantils nur (14.9) nach ξ_α auflösen.

Beispiel 14.16 Betrachten wir noch einmal die in Beispiel 14.9 gegebene Zufallsvariable und ihre dazugehörige Dichtefunktion

$$f(x) = \begin{cases} 0, & \text{für } x \leq 5 \\ \frac{1}{3}x - \frac{5}{3}, & \text{für } 5 \leq x \leq 7 \\ -\frac{2}{3}x + \frac{16}{3}, & \text{für } 7 \leq x \leq 8 \\ 0, & \text{für } 8 \leq x. \end{cases}$$

Wenn wir für diese Zufallsvariable das 75 %-Quantil berechnen wollen, müssen wir also die Gleichung

$$0,75 = \int\limits_{-\infty}^{\xi_{0,75}} f(x)\mathrm{d}x$$

nach $\xi_{0,75}$ auflösen. Bevor wir mit der Rechnung beginnen, betrachten wir nun zunächst die zu dieser Dichte gehörende Wahrscheinlichkeitsverteilung, die (wie in Beispiel 14.9 berechnet) durch

$$F(x) = \begin{cases} 0, & \text{für } x \leq 5 \\ \frac{1}{6}x^2 - \frac{5}{3}x + \frac{25}{6}, & \text{für } 5 \leq x \leq 7 \\ -\frac{1}{3}x^2 + \frac{16}{3}x - \frac{61}{3}, & \text{für } 7 \leq x \leq 8 \\ 1, & \text{für } 8 \leq x \end{cases}$$

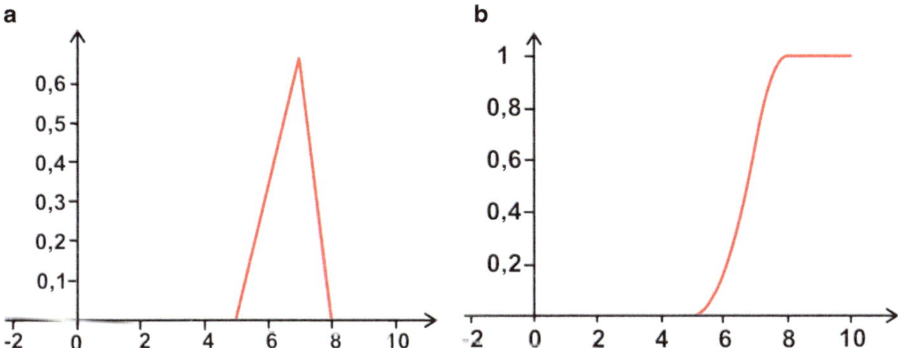

Abb. 14.14 **a** Der Funktionsgraph der in diesem Beispiel angegebenen Dichte. **b** Der Funktionsgraph der (in Beispiel 14.9 berechneten) dazugehörenden Wahrscheinlichkeitsverteilung

gegeben ist. Betrachten wir den Graphen der Wahrscheinlichkeitsverteilung in Abb. 14.14, so sehen wir, dass diese den Wert 0,75 zwischen 7 und 8 annimmt. Somit wird in unserem Beispiel die Gleichung

$$0{,}75 = \int_{-\infty}^{\xi_{0,75}} f(x)\,\mathrm{d}x$$

zu der Gleichung

$$0{,}75 = \int_{-\infty}^{5} 0\,\mathrm{d}x + \int_{5}^{7} \frac{1}{3}x - \frac{5}{3}\,\mathrm{d}x + \int_{7}^{\xi_{0,75}} \left(-\frac{2}{3}x + \frac{16}{3}\right)\mathrm{d}x$$

$$= 0 + \frac{1}{6}7^2 - \frac{5}{3}7 - \frac{1}{6}5^2 + \frac{5}{3}5 - \frac{1}{3}\left(\xi_{0,75}\right)^2 + \frac{16}{3}\xi_{0,75} + \frac{1}{3}7^2 - \frac{16}{3}7$$

$$= -\frac{1}{3}\xi_{0,75}{}^2 + \frac{16}{3}\xi_{0,75} - \frac{61}{3}.$$

Löst man diese Gleichung nach $\xi_{0,75}$ auf, so erhalten wir für das 75 %-Quantil die nachfolgenden möglichen Werte:

$$\xi_{0,75} = 8 + \sqrt{64 - \frac{6325}{100}} \quad \text{oder} \quad \xi_{0,75} = 8 - \sqrt{64 - \frac{6325}{100}}.$$

Da der eine mögliche Wert größer als 8 ist, scheidet er als 75 %-Quantil wegen der vorhin angestellten Überlegungen aus. Das 75 %-Quantil ist somit in diesem Beispiel der Wert

$$\xi_{0,75} = 8 - \sqrt{64 - \frac{6325}{100}} = 8 - \frac{5}{10}\sqrt{3}.$$

14.3.4 Die Kovarianz und der Korrelationskoeffizient

Wie auch schon bei den einfachen Stichproben im ersten Kapitel kann man auch für Zufallsvariablen den Begriff der Kovarianz definieren. Gegeben seien zwei voneinander abhängige Zufallsvariablen X mit dem Erwartungswert μ_X und Y mit dem Erwartungswert μ_Y. Die *Kovarianz* $\mathrm{cov}[X, Y]$ dieser beiden Zufallsvariablen ist dann definiert als der Erwartungswert des Produkts der Differenzen der Zufallsvariablen zu ihren Erwartungswerten, d. h.:

$$\mathrm{cov}[X, Y] := E[(X - \mu_X) \cdot (Y - \mu_Y)].$$

Manchmal ist es hilfreich, zur Berechnung der Kovarianz die Formel

$$\mathrm{cov}[X, Y] = E[X \cdot Y] - E[X] \cdot E[Y] = E[X \cdot Y] - \mu_X \cdot \mu_Y$$

anzuwenden. Für zwei voneinander unabhängige Zufallsvariablen X und Y ist die Kovarianz $\mathrm{cov}[X, Y]$ der beiden identisch gleich null, da in diesem Fall

$$E[X \cdot Y] = E[X] \cdot E[Y]$$

gilt. Ist $\mathrm{cov}[X, Y]$ positiv, so sagt man, dass X und Y *positiv korreliert* sind, und analog spricht man davon, dass X und Y *negativ korreliert* sind, wenn die Kovarianz $\mathrm{cov}[X, Y]$ negativ ist.

Ein Nachteil der Kovarianz ist ihre Abhängigkeit von den zugrunde liegenden Maßeinheiten. Daher verwendet man auch den sogenannten *Korrelationskoeffizienten* $\rho_{X,Y}$, der durch die Gleichung

$$\rho_{X,Y} = \frac{\mathrm{cov}[X, Y]}{\sigma_X \cdot \sigma_Y}$$

gegeben ist. Für zwei voneinander unabhängige Zufallsvariablen ist dieser Korrelationskoeffizient, wie auch die Kovarianz, identisch gleich null. Generell gilt, dass der Korrelationskoeffizient nur Werte zwischen -1 und 1 annehmen kann. Es sei jedoch bemerkt, dass aus $\rho_{X,Y} = 0$ nicht die Unabhängigkeit der Variablen folgen muss. Für diesen Fall sind Gegenbeispiele bekannt.

Beispiel 14.17 Die Zufallsvariable X nehme die Werte $-1, 0, 1$ jeweils mit der Wahrscheinlichkeit $1/3$ an. Die Zufallsvariable $Y = X^2$ nimmt dann konsequenterweise lediglich die Werte 0 und 1 an, wobei $P(Y = 0) = 1/3$ und $P(Y = 1) = 2/3$ ist. Für die Erwartungswerte dieser beiden Zufallsvariablen gilt nun:

$$E[X] = 0 \quad \text{und} \quad E[Y] = \frac{2}{3}.$$

Berechnet man die Kovarianz dieser beiden Zufallsvariablen nach der oben angegebenen Formel, so erhält man:

$$\mathrm{cov}[X, Y] = E[X \cdot Y] - E[X] \cdot E[Y] = E[X^3] = 0.$$

Obwohl die Kovarianz dieser beiden Zufallsvariablen identisch null ist, sind sie jedoch nicht unabhängig voneinander. Nach der Definition müsste im Fall der Unabhängigkeit der Zufallsvariablen X und Y die Gleichung

$$P((X = 1) \quad \text{und} \quad (Y = 0)) = P(X = 1) \cdot P(Y = 0)$$

erfüllt sein. Es gilt jedoch:

$$P((X = 1) \quad \text{und} \quad (Y = 0)) = 0 \neq P(X = 1) \cdot P(Y = 0) = \frac{1}{3} \cdot \frac{1}{3} = \frac{1}{9}.$$

(Vgl. auch [6, Beispiel 107.1, Seite 308] und [11, Beispiel 1, Seite 284].)

14.4 Kenngrößen für Stichproben

Wenn man ein Experiment durchführt und hierbei eine Stichprobe für eine zu untersuchende Zufallsvariable erhebt, so gibt es weitere Kenngrößen, die von Interesse sind. Dies ist zum einen der sogenannte Variationskoeffizient v_X, der das Verhältnis der Standardabweichung der Stichprobe zum arithmetischen Mittel beschreibt. Der Variationskoeffizient ist also durch die Gleichung

$$V[X] = \frac{s_x}{x_M}$$

definiert (vgl. auch Beispiel 1.2 in Abschn. 1.2).

Eine weitere Kenngröße ist die Spannweite R_X der im Experiment gewonnenen Stichprobe. Sie ist ein Streuungsmaß, das uns eine Angabe über den maximalen Abstand zwischen den Stichprobendaten liefert. Die Spannweite ist definiert als

$$R_X = x_{\max} - x_{\min}.$$

14.5 Zentraler Grenzwertsatz

Eine wichtige Beobachtung bei der Untersuchung von Zufallsvariablen liefert der sogenannte Zentrale Grenzwertsatz.

Mit $X_1, X_2, \ldots, X_N$ seien N unabhängige Zufallsvariablen bezeichnet, die jeweils den gleichen Mittelwert μ und die gleiche Varianz σ^2 besitzen. Falls alle diese Zufallsvariablen X_i normalverteilt sind, dann ist auch die Summe $\Sigma_N = X_1 + X_2 + \ldots + X_{N-1} + X_N$ all dieser Zufallsvariablen, selbst als Zufallsvariable betrachtet, ebenfalls normalverteilt, und für ihren Erwartungswert und ihre Varianz gelten die Gleichungen

$$E[\Sigma_N] = N \cdot \mu \quad \text{und} \quad \text{Var}[\Sigma_N] = N \cdot \sigma^2.$$

Der Zentrale Grenzwertsatz besagt nun das Nachfolgende:

Theorem 14.2 (Zentraler Grenzwertsatz)

Es seien X_i $(i = 1, \ldots, N)$ unabhängige, identisch verteilte Zufallsvariablen mit dem Erwartungswert μ und der Varianz σ^2. Dann ist die Summe

$$\Sigma_N = \sum_{i=1}^{N} X_i$$

annähernd normalverteilt mit Erwartungswert $N \cdot \mu$ und Varianz $N \cdot \sigma^2$. Dies wiederum ist gleichbedeutend damit, dass die Variable

$$Z_N = \frac{\Sigma_N - N \cdot \mu}{\sqrt{N}\,\sigma}$$

annähernd standardnormalverteilt ist.

Wir können also bei einer hinreichend großen Anzahl von aufaddierten Zufallsvariablen, die jedoch alle derselben Verteilung folgen müssen, davon ausgehen, dass die so entstehende Summe normalverteilt ist. Es verbleibt jedoch zu klären, was hierbei „*hinreichend viele*" bedeuten soll. In der Literatur findet man, dass bei annähernd symmetrischen Verteilungen an bereits ab 30 Summanden eine vertretbare Approximation einer Normalverteilung erhält (vgl. [7]). Das bedeutet, dass wir hier und im Folgenden stets „*hinreichend viele*" als $N \geq 30$ voraussetzen werden, es sei denn, dass wir explizit einen anderen Wert erwähnen.

Übungsaufgaben

14.1 Berechnen und skizzieren Sie zu den folgenden Dichtefunktionen die dazugehörigen Verteilungsfunktionen.

$$\text{(a)} \quad f(x) = \begin{cases} b\mathrm{e}^{-bx}, & \text{für } x \geq 0, \\ 0, & \text{für } x < 0 \end{cases}$$

$$\text{(b)} \quad f(x) = \begin{cases} 0, & \text{für } x < 1, \\ \frac{7}{x^8}, & \text{für } x \geq 1 \end{cases}$$

$$\text{(c)} \quad f(x) = \begin{cases} x\mathrm{e}^{-x}, & \text{für } x \geq 0, \\ 0, & \text{für } x < 0 \end{cases}.$$

14.2

1. Skizzieren Sie die nachfolgende Dichtefunktion. Berechnen und skizzieren Sie außerdem die dazugehörige Verteilungsfunktion.

$$f(x) = \begin{cases} 0, & \text{für } x < 0 \\ \frac{1}{2}x, & \text{für } 0 \leq x \leq 2, \\ 0, & \text{für } 2 < x \end{cases}$$

2. Berechnen Sie für die Wahrscheinlichkeitsdichte

$$f(x) = \begin{cases} 0, & \text{für } x < 0, \\ e^{-x}, & \text{für } x \geq 0 \end{cases}$$

den Mittelwert und das 75 %-Quantil.

14.3 Bestimmen Sie zu der nachfolgenden Wahrscheinlichkeitsdichte den Mittelwert und die Varianz:

$$f_X(x) = \begin{cases} 0, & \text{für } x \leq 5 \\ \frac{1}{3}x - \frac{5}{3}, & \text{für } 5 \leq x \leq 7 \\ -\frac{2}{3}x + \frac{16}{3}, & \text{für } 7 \leq x \leq 8 \\ 0, & \text{für } x \geq 8 \end{cases}$$

14.4 Bestimmen Sie zu der Wahrscheinlichkeitsdichte aus der vorangegangenen Aufgabe die folgenden Quantile:

1. das 75 %-Quantil,
2. den Median,
3. das 25 %-Quantil,
4. das 30 %-Quantil.

Hinweis: Eine Skizze der Verteilungsfunktion kann hierbei helfen!

14.5 Bestimmen Sie zu der zur Wahrscheinlichkeitsdichte

$$f_X(x) = \begin{cases} 0 & \text{für } x \leq 1, \\ (x-1)^2 & \text{für } 1 \leq x \leq 2, \\ -\frac{3}{4} \cdot x + \frac{5}{2} & \text{für } 2 \leq x \leq \frac{10}{3}, \\ 0 & \text{für } x \geq \frac{10}{3} \end{cases}$$

die folgenden Quantile:

1. das 75 %-Quantil,
2. den Median,
3. das 25 %-Quantil,
4. das 30 %-Quantil.

Hinweis: Eine Skizze der Verteilungsfunktion kann hierbei helfen!

Literatur

1. Bortkiewicz, L.: Das Gesetz der kleinen Zahlen. Teubner, Leipzig (1898)

2. Bühler, W.: Gauß – eine biographische Studie. Springer, Berlin, Heidelberg, New York (1987)

3. Diegl, W., et al.: Meyers großes Taschenlexikon. 4. vollständig überarb. Aufl., B.I.-Taschenbuchverlag, Mannheim, Leipzig, Wien, Zürich (1992)

4. Fisz, M.: Wahrscheinlichkeitsrechnung und mathematische Statistik, 10. Aufl., VER Deutscher Verlag der Wissenschaften, Berlin (1980)

5. Hoffmann, D., Laitko, H., Müller-Wille, S. (Hrsg.): Lexikon der bedeutenden Naturwissenschaftler, Spektrum Akademischer Verlag, Heidelberg (2006)

6. Kreyszig, E.: Statistische Methoden und ihre Anwendungen. Vanderhoeck & Ruprecht, Göttingen (1975)

7. Papula, L.: Mathematik für Ingenieure und Naturwissenschaftler Band 3: Vektoranalysis, Wahrscheinlichkeitsrechnung, Mathematische Statistik, Fehler- und Ausgleichsrechnung. 4. Aufl., Springer, Heidelberg (2013)

8. Spiegel-online: http://www.spiegel.de/wissenschaft/weltall/ceres-fotos-zeigen-struktur-weisser-flecken-a-1039678.html (2015). Zugegriffen: 21.06.2015

9. Tallack, P. (Hrsg.): Meilensteine der Wissenschaft. Spektrum Akademischer Verlag Heidelberg, Berlin (2002)

10. Timischl, W.: Biostatistik. 2. Aufl., Springer, Wien, New York (2000)

11. Vogt, H.: Grundkurs Mathematik für Biologen. Teubner, Stuttgart (1994)

12. Wenk, P. und Renz, A.: Parasitologie. Georg Thieme Verlag, Stuttgart, Berlin, New York (2003)

Parameterschätzung 15

Wenn man die Reaktionszeit einer Testperson auf einen ausgelösten Reiz ermitteln will, so zieht man statistische Methoden zur Bearbeitung dieser Aufgaben heran. Um Aussagen über derartige Fragen machen zu können, müssen Merkmalszahlen der zugrunde liegenden Zufallsvariablen angegeben werden bzw. bei Unkenntnis über deren tatsächlichen Werte Schätzungen der Merkmalszahlen erfolgen. Wie man hierbei genau vorgeht, wollen wir uns in den nachfolgenden Abschnitten näher zuwenden.

15.1 Schätzung des Erwartungswertes

Die Berechnung des arithmetischen Mittels einer durch ein Experiment, das der Untersuchung der zugrunde liegenden Zufallsvariablen dient, gewonnenen Stichprobe stellt sicherlich die häufigste Methode dar, den Erwartungswert einer Zufallsvariablen zu schätzen. Eine erste Näherung für den Erwartungswert ist somit:

$$E[X] \approx \frac{1}{N} \sum_{i=1}^{N} x_i = \frac{1}{N}(x_1 + \ldots + x_N),$$

wobei hier die $x_1, \ldots, x_N$, die n aus der Stichprobe gewonnenen Werte der untersuchten Merkmalsgröße sind. Das arithmetische Mittel x_M der Stichprobe kann als Realisation der Zufallsvariablen

$$X_M = \frac{1}{N} \sum_{i=1}^{N} X_i$$

(*dem mathematischen Stichprobenmittel*) angesehen werden. Diese Realisation dient als Approximation des tatsächlichen Erwartungswerts $E[X]$. Allerdings muss die „Güte dieser Approximation" genauer angegeben werden, damit man weiß, wie gut diese Schätzung wirklich ist. In der Mathematik ist es üblich, immer dann, wenn

© Springer-Verlag GmbH Deutschland, ein Teil von Springer Nature 2020
D. Horstmann, *Mathematik für Biologen*, DOI 10.1007/978-3-662-62669-6_15

man Näherungswerte benutzt, auch festzustellen, wie weit diese Werte im ungünstigsten Fall von dem unbekannten Wert abweichen können. Um dies zu erreichen, wird ein Intervall um den Wert x_M angegeben, das man das *Konfidenzintervall* oder auch den *Vertrauensbereich* $[x_M - d; x_M + d]$ für den Erwartungswert nennt, wobei der Wert d mithilfe des sogenannten *Konfidenzniveaus* der Schätzung noch näher bestimmt werden muss.

Definition 15.1

Als *Konfidenzniveau* zu dem dazugehörigen *Konfidenzintervall* bezeichnet man den Wert $(1 - \alpha)$ der Wahrscheinlichkeit dafür, dass die Zufallsvariable X_M eine Realisation besitzt, die in dem angegebenen Konfidenzintervall liegt, d. h.

$$P\left(x_M - d(\alpha) < X_M < x_M + d(\alpha)\right) = (1 - \alpha).$$

Diese Vorschrift macht deutlich, dass ein großes Konfidenzniveau zu einem großen Konfidenzintervall führt, während ein kleines Konfidenzniveau ein kleines Konfidenzintervall impliziert.

Wir wollen uns nun exemplarisch der Bestimmung des genauen Konfidenzintervalls für den Erwartungswert einer Zufallsvariablen widmen. Hierfür gehen wir davon aus, dass das zu untersuchende Merkmal X annähernd normalverteilt und die Standardabweichung σ der Verteilungsfunktion bekannt ist. Des Weiteren nehmen wir an, dass die vorliegende, aus einem Experiment gewonnene Stichprobe zur Schätzung des Mittelwerts einen Umfang $N \geq 30$ besitzt.

Anmerkung 15.1 Bei einer N-maligen Wiederholung eines Experiments erhält man eine konkrete Stichprobe mit einem Stichprobenumfang N. Die Elemente $x_1, \ldots, x_N$ dieser Stichprobe sind also die Ergebnisse von einzelnen Wiederholungen. Anstatt die Stichprobe als eine Realisation ein und derselben Zufallsvariablen aufzufassen, kann man auch die einzelnen Wiederholungen N unterschiedlichen Zufallsvariablen $X_1, \ldots, X_N$ zuordnen, die die Ergebnisse des Zufallsexperiments bei den einzelnen Wiederholungen beschreibt. Die $X_1, \ldots, X_N$ sind dann eine „*mathematische*" Stichprobe vom Umfang N und Grundgesamtheit X. Hierbei muss jedoch vorausgesetzt werden, dass die X_i die gleiche Wahrscheinlichkeitsverteilung wie X besitzen und paarweise voneinander unabhängig sind. Wenn X eine Zufallsvariable mit Mittelwert μ und Varianz σ^2 ist, dann gilt für das Stichprobenmittel X_M der mathematischen Stichprobe, dass $E[X_M] = \mu$ und $\mathrm{Var}[X_M] = \sigma^2/N$ (siehe auch Theorem 14.2 in Abschn. 14.5).

Anmerkung 15.2 Falls X eine normalverteilte Zufallsvariable mit dem Mittelwert μ und der Varianz σ^2 ist, dann ist auch das Stichprobenmittel X_M normalverteilt. Das „standardisierte Stichprobenmittel" $(X_M - \mu)\sqrt{N}/\sigma$ ist daher

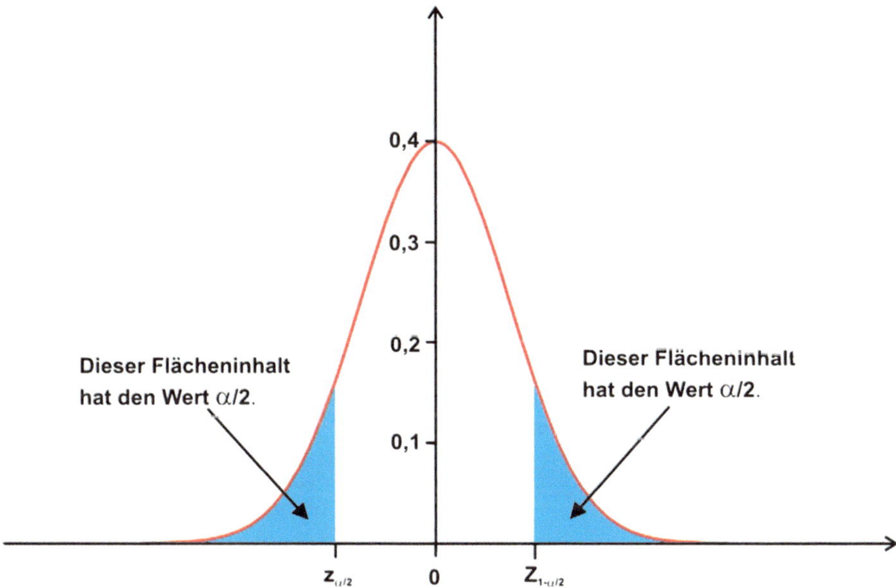

Abb. 15.1 Das $\alpha/2-$ und das $(1-\alpha/2)$-Quantil der Standardnormalverteilung $N(0,1)$

normalverteilt, wenn X eine normalverteilte Zufallsvariable mit Mittelwert μ und Varianz σ^2 ist.

Wir sehen somit, dass die Zufallsvariable $(X_M - \mu)\sqrt{N}/\sigma$ einer Standardnormalverteilung folgt (siehe Theorem 14.2) und

$$P\left(\xi_{\frac{\alpha}{2}} \le \frac{(X_M - \mu)\sqrt{N}}{\sigma} \le \xi_{1-\frac{\alpha}{2}}\right) = (1-\alpha)$$

gelten soll. Der Wert von $d(\alpha)$ wäre somit durch das Maximum der beiden Werte $|\xi_{\frac{\alpha}{2}}|$ und $\xi_{1-\frac{\alpha}{2}}$ gegeben. In dem uns vorliegenden Fall kann man das Konfidenzintervall für den Erwartungswert $E[X] = \mu$ bei einem vorgegebenen Konfidenzniveau von $(1-\alpha)$ mithilfe der Ungleichungen

$$x_M - z_{1-\frac{\alpha}{2}}\frac{\sigma}{\sqrt{N}} \le \mu \le x_M + z_{1-\frac{\alpha}{2}}\frac{\sigma}{\sqrt{N}} \tag{15.1}$$

angeben (vgl. Abb. 15.1). Hierbei ist der Wert $z_{1-\alpha/2}$ das $(1-\alpha/2)$-Quantil der Standardnormalverteilung. Wegen der Spiegelsymmetrie der Standardnormalverteilung zur vertikalen Achse des vorliegenden Koordinatensystems gilt für das $\alpha/2$-Quantil $z_{\alpha/2}$ und das $(1-\alpha/2)$-Quantil $z_{1-\alpha/2}$ der Standardnormalverteilung die nachfolgende Gleichung:

$$z_{\frac{\alpha}{2}} = -z_{1-\frac{\alpha}{2}}.$$

Das Konfidenzintervall wäre somit das Intervall

$$\left[x_M - z_{1-\frac{\alpha}{2}} \frac{\sigma}{\sqrt{N}} ; x_M + z_{1-\frac{\alpha}{2}} \frac{\sigma}{\sqrt{N}} \right].$$

Anmerkung 15.3 Wird z. B. $\alpha = 5\%$ gewählt, so kann man davon ausgehen, dass etwa bei 95 % aller Stichproben, die man wirklich oder nur gedanklich vorliegen hat, das entsprechende Konfidenzintervall den Wert des jeweiligen Stichprobenmittels enthält. Hingegen werden etwa 5 % der Stichprobenmittel nicht in dem angegebenen Konfidenzintervall liegen.

Die entsprechenden Werte für die Quantile kann man aus der Wertetabelle der Standardnormalverteilung die wir als Tab. 15.1 noch einmal angeben, ablesen, indem man durch „Rückwärtslesen" für einige ausgewählte Funktionswerte die entsprechenden Quantile für den Ausdruck $(1 - \alpha/2)$ ermittelt (vergleiche hierzu Abb. 15.2).

Beispiel 15.1 Wir wollen die oben erwähnte Anwendungsmöglichkeit von Tab. 15.1 nun kurz demonstrieren. Hierbei wollen wir ein Quantil der Standardnormalverteilung mittels dieser Tabelle angeben, Hierfür bestimmen wir exemplarisch das 97,5 %-Quantil der Standardnormalverteilung. Hierfür suchen wir in der großen Matrix zunächst den Wert 0,975. Dann geht man in der entsprechenden Zeile zunächst nach links außen und ermittelt so die erste Stelle vor dem Komma und die erste Nachkommastelle. Um die zweite Nachkommastelle zu bestimmen, geht man in der entsprechenden Spalte nach oben (vgl. Abb. 15.2).

Dies liefert uns in diesem Fall für das 97,5 %-Quantil der Standardnormalverteilung den Wert 1,96. Es gilt also für eine standardnormalverteilte Zufallsvariable X, dass

$$P(X \leq 1{,}96) = 0{,}975$$

ist.

Wenn der Umfang N der Stichprobe kleiner als 30 ist, so bleibt das durch (15.1) gegebene Konfidenzintervall annähernd richtig, wenn die zugrunde liegende Grundgesamtheit der Zufallsvariablen X annähernd normalverteilt ist. In diesem Fall ersetzt man das $(1 - \alpha/2)$-Quantil der Standardnormalverteilung durch das $(1 - \alpha/2)$-Quantil der sogenannten *t-Verteilung*, die zuweilen auch als *Student-Verteilung* bezeichnet wird. Der Verlauf der t-Verteilung ist für unterschiedliche *Freiheitsgrade* in der Abb. 15.3 zu betrachten.

Der Umfang N einer Stichprobe stellt z. B. N Freiheitsgrade dar. Er ist also variabel und hat einen klaren Einfluss auf den Verlauf der t-Verteilung. Mit steigender Anzahl an Freiheitsgraden nähert sich die t-Verteilung der Standardnormalverteilung an. Auch für die t-Verteilung sind die Quantile für ausgewählte Werte ihrer Verteilungsfunktion und einige Werte der Freiheitsgrade in Tabellenform (siehe Tab. 15.2) angegeben.

Tab. 15.1 Die Wertetabelle der Standardnormalverteilung als Hilfsmittel zur Bestimmung der $(1 - \alpha/2)$-Quantile

z	0,00	0,01	0,02	0,03	0,04	0,05	0,06	0,07	0,08	0,09
0,0	0,5000	0,5040	0,5080	0,5120	0,5160	0,5199	0,5239	0,5279	0,5319	0,5259
0,1	0,5398	0,5438	0,5478	0,5517	0,5557	0,5596	0,5636	0,5675	0,5714	0,5753
0,2	0,5793	0,5832	0,5871	0,5910	0,5948	0,5987	0,6026	0,6064	0,6103	0,6141
0,3	0,6179	0,6217	0,6255	0,6293	0,6331	0,6368	0,6406	0,6443	0,6480	0,6517
0,4	0,6554	0,6591	0,6628	0,6664	0,6700	0,6736	0,6772	0,6808	0,6844	0,6879
0,5	0,6915	0,6950	0,6985	0,7019	0,7054	0,7088	0,7123	0,7157	0,7190	0,7224
0,6	0,7257	0,7291	0,7324	0,7357	0,7389	0,7422	0,7454	0,7486	0,7517	0,7549
0,7	0,7580	0,7611	0,7642	0,7673	0,7704	0,7734	0,7764	0,7794	0,7823	0,7852
0,8	0,7881	0,7910	0,7939	0,7967	0,7995	0,8023	0,8051	0,8078	0,8106	0,8133
0,9	0,8159	0,8186	0,8212	0,8238	0,8264	0,8289	0,8315	0,8340	0,8365	0,8389
1,0	0,8413	0,8438	0,8461	0,8485	0,8508	0,8531	0,8554	0,8577	0,8599	0,8621
1,1	0,8643	0,8665	0,8686	0,8708	0,8729	0,8749	0,8770	0,8790	0,8810	0,8830
1,2	0,8849	0,8869	0,8888	0,8907	0,8925	0,8944	0,8962	0,8980	0,8997	0,9015
1,3	0,9032	0,9049	0,9066	0,9082	0,9099	0,9115	0,9131	0,9147	0,9162	0,9177
1,4	0,9192	0,9207	0,9222	0,9236	0,9251	0,9265	0,9279	0,9292	0,9306	0,9319
1,5	0,9332	0,9345	0,9357	0,9370	0,9382	0,9394	0,9406	0,9418	0,9429	0,9441
1,6	0,9452	0,9463	0,9474	0,9484	0,9495	0,9505	0,9515	0,9525	0,9535	0,9545
1,7	0,9554	0,9564	0,9573	0,9582	0,9591	0,9599	0,9608	0,9616	0,9625	0,9633
1,8	0,9641	0,9649	0,9656	0,9664	0,9671	0,9678	0,9686	0,9693	0,9699	0,9706
1,9	0,9713	0,9719	0,9726	0,9732	0,9738	0,9744	0,9750	0,9756	0,9761	0,9767
2,0	0,9772	0,9778	0,9783	0,9788	0,9793	0,9798	0,9803	0,9808	0,9812	0,9817
2,1	0,9821	0,9826	0,9830	0,9834	0,9838	0,9842	0,9846	0,9850	0,9854	0,9857
2,2	0,9861	0,9864	0,9868	0,9871	0,9875	0,9878	0,9881	0,9884	0,9887	0,9890
2,3	0,9893	0,9896	0,9898	0,9901	0,9904	0,9906	0,9909	0,9911	0,9913	0,9916
2,4	0,9918	0,9920	0,9922	0,9925	0,9927	0,9929	0,9931	0,9932	0,9934	0,9936
2,5	0,9938	0,9940	0,9941	0,9943	0,9945	0,9946	0,9948	0,9949	0,9951	0,9952
2,6	0,9953	0,9955	0,9956	0,9957	0,9959	0,9960	0,9961	0,9962	0,9963	0,9964
2,7	0,9965	0,9966	0,9967	0,9968	0,9969	0,9970	0,9971	0,9972	0,9973	0,9974
2,8	0,9974	0,9975	0,9976	0,9977	0,9977	0,9978	0,9979	0,9979	0,9980	0,9981
2,9	0,9981	0,9982	0,9982	0,9983	0,9984	0,9984	0,9985	0,9985	0,9986	0,9986
3,0	0,9987	0,9987	0,9987	0,9988	0,9988	0,9989	0,9989	0,9989	0,9990	0,9990
3,1	0,9990	0,9991	0,9991	0,9991	0,9992	0,9992	0,9992	0,9992	0,9993	0,9993
3,2	0,9993	0,9993	0,9994	0,9994	0,9994	0,9994	0,9994	0,9995	0,9995	0,9995
3,3	0,9995	0,9995	0,9995	0,9996	0,9996	0,9996	0,9996	0,9996	0,9996	0,9997
3,4	0,9997	0,9997	0,9997	0,9997	0,9997	0,9997	0,9997	0,9997	0,9997	0,9998

Im Gegensatz zu der Vorgehensweise bei Tab. 15.1 für die Standardnormalverteilung liest man Tab. 15.2 zur Bestimmung der Quantile nicht von *„innen nach außen"*, sondern von *„außen nach innen"*.

Wir wollen dies exemplarisch auch für die t-Verteilung und die zu ihr gehörige Tab. 15.2 vorführen und betrachten daher das nachfolgende Beispiel.

z	0,00	0,01	0,02	0,03	0,04	0,05	**0,06**	0,07	0,08	0,09
0,0	0,5000	0,5040	0,5080	0,5120	0,5160	0,5199	0,5239	0,5279	0,5319	0,5359
0,1	0,5398	0,5438	0,5478	0,5517	0,5557	0,5596	0,5636	0,5675	0,5714	0,5753
0,2	0,5793	0,5832	0,5871	0,5910	0,5948	0,5987	0,6026	0,6064	0,6103	0,6141
0,3	0,6179	0,6217	0,6255	0,6293	0,6331	0,6368	0,6406	0,6443	0,6480	0,6517
0,4	0,6554	0,6591	0,6628	0,6664	0,6700	0,6736	0,6772	0,6808	0,6844	0,6879
0,5	0,6915	0,6950	0,6985	0,7019	0,7054	0,7088	0,7123	0,7157	0,7190	0,7224
0,6	0,7257	0,7291	0,7324	0,7357	0,7389	0,7422	0,7454	0,7486	0,7517	0,7549
0,7	0,7580	0,7611	0,7642	0,7673	0,7704	0,7734	0,7764	0,7794	0,7823	0,7852
0,8	0,7881	0,7910	0,7939	0,7967	0,7995	0,8023	0,8051	0,8078	0,8106	0,8133
0,9	0,8159	0,8186	0,8212	0,8238	0,8264	0,8289	0,8315	0,8340	0,8365	0,8389
1,0	0,8413	0,8438	0,8461	0,8485	0,8508	0,8531	0,8554	0,8577	0,8599	0,8621
1,1	0,8643	0,8665	0,8686	0,8708	0,8729	0,8749	0,8770	0,8790	0,8810	0,8830
1,2	0,8849	0,8869	0,8888	0,8907	0,8925	0,8944	0,8962	0,8980	0,8997	0,9015
1,3	0,9032	0,9049	0,9066	0,9082	0,9099	0,9115	0,9131	0,9147	0,9162	0,9177
1,4	0,9192	0,9207	0,9222	0,9236	0,9251	0,9265	0,9279	0,9292	0,9306	0,9319
1,5	0,9332	0,9345	0,9357	0,9370	0,9382	0,9394	0,9406	0,9418	0,9429	0,9441
1,6	0,9452	0,9463	0,9474	0,9484	0,9495	0,9505	0,9515	0,9525	0,9535	0,9545
1,7	0,9554	0,9564	0,9573	0,9582	0,9591	0,9599	0,9608	0,9616	0,9625	0,9633
1,8	0,9641	0,9649	0,9656	0,9664	0,9671	0,9678	0,9686	0,9693	0,9699	0,9706
1,9	0,9713	0,9719	0,9726	0,9732	0,9738	0,9744	**0,9750**	0,9756	0,9761	0,9767
2,0	0,9772	0,9778	0,9783	0,9788	0,9793	0,9798	0,9803	0,9808	0,9812	0,9817
2,1	0,9821	0,9826	0,9830	0,9834	0,9838	0,9842	0,9846	0,9850	0,9854	0,9857
2,2	0,9861	0,9864	0,9868	0,9871	0,9875	0,9878	0,9881	0,9884	0,9887	0,9890
2,3	0,9893	0,9896	0,9898	0,9901	0,9904	0,9906	0,9909	0,9911	0,9913	0,9916
2,4	0,9918	0,9920	0,9922	0,9925	0,9927	0,9929	0,9931	0,9932	0,9934	0,9936
2,5	0,9938	0,9940	0,9941	0,9943	0,9945	0,9946	0,9948	0,9949	0,9951	0,9952
2,6	0,9953	0,9955	0,9956	0,9957	0,9959	0,9960	0,9961	0,9962	0,9963	0,9964
2,7	0,9965	0,9966	0,9967	0,9968	0,9969	0,9970	0,9971	0,9972	0,9973	0,9974
2,8	0,9974	0,9975	0,9976	0,9977	0,9977	0,9978	0,9979	0,9979	0,9980	0,9981
2,9	0,9981	0,9982	0,9982	0,9983	0,9984	0,9984	0,9985	0,9985	0,9986	0,9986
3,0	0,9987	0,9987	0,9987	0,9988	0,9988	0,9989	0,9989	0,9989	0,9990	0,9990
3,1	0,9990	0,9991	0,9991	0,9991	0,9992	0,9992	0,9992	0,9992	0,9993	0,9993
3,2	0,9993	0,9993	0,9994	0,9994	0,9994	0,9994	0,9994	0,9995	0,9995	0,9995
3,3	0,9995	0,9995	0,9995	0,9996	0,9996	0,9996	0,9996	0,9996	0,9996	0,9997
3,4	0,9997	0,9997	0,9997	0,9997	0,9997	0,9997	0,9997	0,9997	0,9997	0,9998

Abb. 15.2 Bestimmung des 97,5 %-Quantils der Standardnormalverteilung

Beispiel 15.2 Wir wollen das 99,5 %-Quantil der t-Verteilung mit 28 Freiheitsgraden bestimmen. Hierfür gehen wir in die Zeile, in der der Freiheitsgrad 28 steht und gehen die Zeile bis zur Spalte nach rechts, in der die 0,995 angegeben ist (vgl. Abb. 15.4).

Das 99,5 %-Quantil der t-Verteilung mit 28 Freiheitsgraden ist also der Wert 2,763. Für dieses Quantil verwendet man dann die Bezeichnung $t_{28;0,995}$.

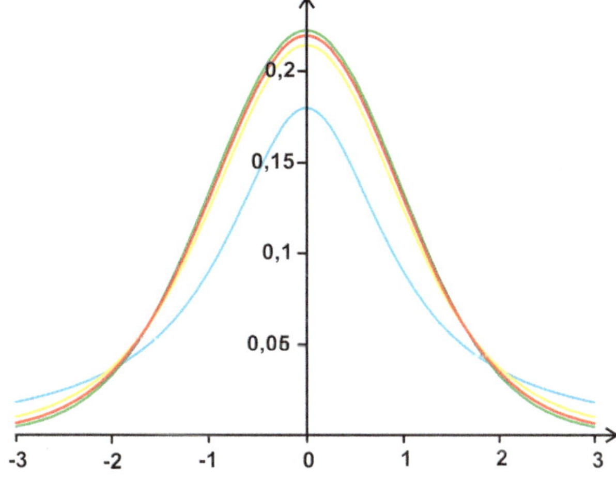

Abb. 15.3 Der Verlauf der t-Verteilung für unterschiedlich viele Freiheitsgrade. Die Grafik zeigt den Verlauf für einen Freiheitsgrad (*blau*), 5 Freiheitsgrade (*gelb*), 10 Freiheitsgrade (*rot*) und 20 Freiheitsgrade (*grün*)

Exkurs 15.1

Eigentlich hätte die t-Verteilung durchaus auch nach ihrem „Entdecker/Entwickler" genannt werden und somit Gosset-Verteilung heißen können. Die Geschichte dazu, dass es nicht so kam, hat etwas mit dem Arbeitgeber von Gosset, der Dubliner Brauerei Arthur Guinness & Son, zu tun. Im Jahre 1908 erkannte William Sealey Gosset, dass der standardisierte Mittelwert normalverteilter Daten nicht mehr normalverteilt ist, wenn die Varianz des Merkmals unbekannt ist und mit der Stichprobenvarianz geschätzt werden muss. Da ein Kollege Gossets einen Artikel veröffentlichte, in dem Firmengeheimnisse enthalten waren, hatte die Dubliner Brauerei Arthur Guinness & Son etwas gegen Veröffentlichungen ihrer Mitarbeiter. Gosset wollte dennoch seine Erkenntnisse publizieren und wählte dafür das Pseudonym „Student". So erschien die Herleitung der t-Verteilung 1908 somit in einer Arbeit eines gewissen Autors Namens „Student" mit dem Titel *The probable error of the mean* [7]. Welche Bedeutung und Tragweite der von Gosset eingeführte t-Faktor und die damit verbundene Theorie hat, hat jedoch nicht Gosset selbst in der Wissenschaftswelt etablieren und bekannt machen können, sondern geht auf die Arbeiten von Ronald Aylmer Fisher zurück. Fisher war es auch, der der Verteilung den Namen *Student's distribution* (Student-Verteilung) gab, und dies somit auf den Autor der Veröffentlichung zurück geht, der die Verteilung erstmals eingeführt hat. Ein unter Mathematikern nicht unüblicher „Namensgebungsprozess", der jedoch (wegen des Pseudonyms Gossets) anders als ursprünglich beabsichtigt den wahren Entdecker der Verteilung nicht „gerecht" wurde. Es war somit Fisher, der als der Urheber des etwas merkwürdig anmutenden Namens dieser Verteilung angesehen werden muss. (Siehe hierzu auch [2, 5] und [6].)

Allgemein würde man bei einer N Realisationen umfassenden Stichprobe einer annähernd normalverteilten bzw. einer t-verteilten Zufallsvariablen für das

Tab. 15.2 Die Quantile der t-Verteilung

Freiheitsgrade	0,9	0,95	0,975	0,99	0,995	0,9995
1	3,078	6,314	12,706	31,821	63,656	636,578
2	1,886	2,920	4,303	6,965	9,925	31,600
3	1,638	2,353	3,182	4,541	5,841	12,924
4	1,533	2,132	2,776	3,747	4,604	8,610
5	1,476	2,015	2,571	3,365	4,032	6,869
6	1,440	1,943	2,447	3,143	3,707	5,959
7	1,415	1,895	2,365	2,998	3,499	5,408
8	1,397	1,860	2,306	2,896	3,355	5,041
9	1,383	1,833	2,262	2,812	3,250	4,781
10	1,372	1,812	2,228	2,764	3,169	4,587
11	1,363	1,796	2,201	2,718	3,106	4,437
12	1,356	1,782	2,179	2,681	3,055	4,318
13	1,350	1,771	2,160	2,650	3,012	4,221
14	1,345	1,761	2,145	2,624	2,977	4,140
15	1,341	1,753	2,131	2,602	2,947	4,073
16	1,337	1,746	2,120	2,583	2,921	4,015
17	1,333	1,740	2,110	2,567	2,898	3,965
18	1,330	1,734	2,101	2,552	2,878	3,922
19	1,328	1,729	2,093	2,539	2,861	3,883
20	1,325	1,725	2,086	2,528	2,845	3,850
21	1,323	1,721	2,080	2,518	2,831	3,819
22	1,321	1,717	2,074	2,508	2,819	3,792
23	1,319	1,714	2,069	2,500	2,807	3,768
24	1,318	1,711	2,064	2,492	2,797	3,745
25	1,316	1,708	2,060	2,485	2,787	3,725
26	1,315	1,706	2,056	2,479	2,779	3,707
27	1,314	1,703	2,052	2,473	2,771	3,689
28	1,313	1,701	2,048	2,467	2,763	3,674
29	1,311	1,699	2,045	2,462	2,756	3,660
30	1,310	1,697	2,042	2,457	2,750	3,646
40	1,303	1,684	2,021	2,423	2,704	3,551
50	1,299	1,676	2,009	2,403	2,678	3,496
60	1,296	1,671	1,994	2,390	2,660	3,460
70	1,294	1,667	1,990	2,381	2,648	3,435
80	1,292	1,664	1,987	2,374	2,639	3,416
90	1,291	1,662	1,984	2,368	2,632	3,402
100	1,290	1,660	1,984	2,364	2,626	3,390
∞	1,282	1,645	1,960	2,326	2,576	3,290

Freiheitsgrade	0,9	0,95	0,975	0,99	0,995	0,9995
1	3,078	6,314	12,706	31,821	63,656	636,578
2	1,886	2,920	4,303	6,965	9,925	31,600
3	1,638	2,353	3,182	4,541	5,841	12,924
4	1,533	2,132	2,776	3,747	4,604	8,610
5	1,476	2,015	2,571	3,365	4,032	6,869
6	1,440	1,943	2,447	3,143	3,707	5,959
7	1,415	1,895	2,365	2,998	3,499	5,408
8	1,397	1,860	2,306	2,896	3,355	5,041
9	1,383	1,833	2,262	2,821	3,250	4,781
10	1,372	1,812	2,228	2,764	3,169	4,587
11	1,363	1,796	2,201	2,718	3,106	4,437
12	1,356	1,782	2,179	2,681	3,055	4,318
13	1,350	1,771	2,160	2,650	3,012	4,221
14	1,345	1,761	2,145	2,624	2,977	4,140
15	1,341	1,753	2,131	2,602	2,947	4,073
16	1,337	1,746	2,120	2,583	2,921	4,015
17	1,333	1,740	2,110	2,567	2,898	3,965
18	1,330	1,734	2,101	2,552	2,878	3,922
19	1,328	1,729	2,093	2,539	2,861	3,883
20	1,325	1,725	2,086	2,528	2,845	3,850
21	1,323	1,721	2,080	2,518	2,831	3,819
22	1,321	1,717	2,074	2,508	2,819	3,792
23	1,319	1,714	2,069	2,500	2,807	3,768
24	1,318	1,711	2,064	2,492	2,797	3,745
25	1,316	1,708	2,060	2,485	2,787	3,725
26	1,315	1,706	2,056	2,479	2,779	3,707
27	1,314	1,703	2,052	2,473	2,771	3,689
28	1,313	1,701	2,048	2,467	2,763	3,674
29	1,311	1,699	2,045	2,462	2,756	3,660
30	1,310	1,697	2,042	2,457	2,750	3,646
40	1,303	1,684	2,021	2,423	2,704	3,551
50	1,299	1,676	2,009	2,403	2,678	3,496
60	1,296	1,671	2,000	2,390	2,660	3,460
70	1,294	1,667	1,994	2,381	2,648	3,435
80	1,292	1,664	1,990	2,374	2,639	3,416
90	1,291	1,662	1,987	2,368	2,632	3,402
100	1,290	1,660	1,984	2,364	2,626	3,390
∞	1,282	1,645	1,960	2,326	2,576	3,290

Abb. 15.4 Bestimmung des 99,5 %-Quantils der t-Verteilung bei 28 Freiheitsgraden

$(1 - \alpha/2)$-Quantil der t-Verteilung die Notation

$$t_{N-1,1-\frac{\alpha}{2}}$$

verwenden. Wir haben also immer einen Freiheitsgrad weniger als der Umfang der vorliegenden Stichprobe. Wenn also $N < 30$ ist, so wird aus (15.1) die Näherungsformel:

$$x_M - t_{N-1,1-\frac{\alpha}{2}}\frac{\sigma}{\sqrt{N}} \leq \mu \leq x_M + t_{N-1,1-\frac{\alpha}{2}}\frac{\sigma}{\sqrt{N}} \tag{15.2}$$

Anmerkung 15.4 Ersetzt man die Varianz σ^2 durch ihre Näherung – die Stichprobenvarianz s^2 –, so ist das hieraus entstehende Stichprobenmittel $(X_M - \mu)\sqrt{N}/s$ nicht mehr standardnormalverteilt, sondern folgt einer t-Verteilung mit $(N-1)$-Freiheitsgraden. Hierfür schreibt man kurz:

$$\frac{(X_M - \mu)\sqrt{N}}{s} \sim t_{N-1}.$$

Die letzte Bemerkung hat Konsequenzen für die Angabe des Konfidenzintervalls, wenn die Varianz der Verteilung nicht bekannt ist, sondern durch die Stichprobenvarianz geschätzt und ersetzt werden muss. In diesem Fall muss man unabhängig von dem Umfang der Stichprobe immer die Formel

$$x_M - t_{N-1,1-\frac{\alpha}{2}} \frac{s}{\sqrt{N}} \leq \mu \leq x_M + t_{N-1,1-\frac{\alpha}{2}} \frac{s}{\sqrt{N}} \tag{15.3}$$

statt (15.1) anwenden, da die zugrunde liegende Zufallsvariable eben nicht mehr normalverteilt, sondern t-verteilt ist.

15.1.1 Planung des Stichprobenumfangs bei einer Erwartungswertschätzung

Wie wir im vorangegangenen Abschnitt gesehen haben, hat der Umfang der vorliegenden Stichprobe einen direkten Einfluss auf die Schätzung des Mittelwertes μ einer $N(\mu, \sigma^2)$-normalverteilten Zufallsvariablen X durch das Stichprobenmittel. Die Intervallgrenzen des Konfidenzintervalls mit Konfidenzniveau $(1-\alpha)$ sind nach der Ungleichung (15.3) durch

$$x_M - t_{N-1,1-\frac{\alpha}{2}} \frac{s}{\sqrt{N}} \quad \text{und} \quad x_M + t_{N-1,1-\frac{\alpha}{2}} \frac{s}{\sqrt{N}}$$

explizit gegeben. Das Konfidenzintervall hat somit eine Länge von $2t_{N-1,1-\frac{\alpha}{2}} s/\sqrt{N}$. Ist nun bei der Schätzung des Mittelwertes μ durch das Stichprobenmittel x_M vorab bekannt, dass mit einer vorgegebenen Sicherheit von $(1-\alpha)$ eine vorgegebene Genauigkeit $\pm d$ bei der Schätzung des Mittelwerts erreicht wird, so hat der Erwartungswert der Konfidenzintervallslänge eine obere Schranke, die durch

$$E\left[\left(2t_{N-1,1-\frac{\alpha}{2}} \frac{s}{\sqrt{N}}\right)^2\right] \leq 4d^2 = (2d)^2$$

gegeben ist. Nun gilt für den Erwartungswert auf der linken Seite dieser Ungleichung, dass

$$E\left[\left(2t_{N-1,1-\frac{\alpha}{2}} \frac{s}{\sqrt{N}}\right)^2\right] = 4t_{N-1,1-\frac{\alpha}{2}}^2 \frac{E[s^2]}{N} = 4t_{N-1,1-\frac{\alpha}{2}}^2 \frac{\sigma^2}{N}$$

ist. Somit sehen wir, dass die hieraus folgende Ungleichung

$$4t^2_{N-1,1-\frac{\alpha}{2}}\,\frac{\sigma^2}{N} \leq 4d^2 \text{ bzw. } t^2_{N-1,1-\frac{\alpha}{2}}\,\frac{\sigma^2}{d^2} \leq n$$

uns eine untere Schranke und damit eine Mindestgröße für den Stichprobenumfang liefert, wenn wir zu einem gegebenen Konfidenzniveau von $(1-\alpha)$ und einer gegebenen Genauigkeit $\pm d$ den Mittelwert einer $N(\mu,\sigma^2)$-normalverteilten Zufallsvariablen X schätzen wollen.

15.2 Maximum-Likelihood- und Kleinste-Quadrate-Schätzer

Die hier zumeist verwendete Schätzung der unbekannten Parameter durch das Stichprobenmittel wird als *Momentenmethode* bezeichnet. Jedoch ist dieses Verfahren nicht das Einzige, das man zur Schätzung von freien unbekannten Parametern heranziehen kann. Von sehr großer Bedeutung ist die von Ronald Aylmer Fisher eingeführte Maximum-Likelihood-Methode.

15.2.1 Maximum-Likelihood-Schätzer

Es bezeichne X eine diskrete Zufallsvariable mit zugehöriger Wahrscheinlichkeitsverteilung f, die von dem (unbekannten) Parameter λ abhängt. Des Weiteren bezeichne $X_1,\dots,X_N$ eine mathematische Stichprobe für X. Die sogenannte Likelihood-Funktion

$$L_\rho(x_1,\dots,x_N) = f_\rho(x_1) \cdot f_\rho(x_2) \cdot \dots \cdot f_\rho(x_N)$$

erlaubt es nun, zu jedem Wert von λ die Wahrscheinlichkeit dafür zu berechnen, dass X eine Realisation $x_1,\dots,x_N$ annimmt. Hierbei bedeutet die Notation $f_\rho(x_i)$ nichts anderes als die Auswertung der Wahrscheinlichkeitsverteilung an der Stelle x_i unter der Voraussetzung, dass der unbekannte Parameter den Wert ρ hat. Wenn man statt einer diskreten Zufallsvariablen eine stetige Zufallsvariable vorliegen hat, ersetzt die Wahrscheinlichkeitsdichte hier die Rolle der Wahrscheinlichkeitsverteilung. Das $\rho_{\max}$, für das die Funktion $L_\rho(x_1,\dots,x_N)$ den größten Wert annimmt, bezeichnet man als Maximum-Likelihood-Schätzer.

Beispiel 15.3 Wie wir in Beispiel 14.7 gesehen haben, ist die Anzahl der durch Huftritte gestorbenen Soldaten in einem Kavallerieregiment Poisson-verteilt. Jedoch ist der für die Poisson-Verteilung charakteristische Parameter λ zunächst noch unbekannt. Das bedeutet, dass die Wahrscheinlichkeitsverteilung f der hier vorliegenden Zufallsvariablen „Anzahl der durch Huftritte gestorbenen Soldaten eines Kavallerieregiments" die Gestalt

$$f(x) = \frac{\lambda^x}{x!}e^{-\lambda x}, \quad \text{für } x \geq 0$$

hat. Die Likelihood-Funktion ist in diesem Fall somit durch die Funktion

$$L_\lambda(x_1,\ldots,x_N) = \frac{\lambda^{x_1}}{x_1!}\mathrm{e}^{-\lambda} \cdot \frac{\lambda^{x_2}}{x_2!}\mathrm{e}^{-\lambda} \cdot \ldots \cdot \frac{\lambda^{x_{N-1}}}{x_{N-1}!}\mathrm{e}^{-\lambda}\frac{\lambda^{x_N}}{x_N!}\mathrm{e}^{-\lambda}$$

$$= \frac{\lambda^{x_1+\ldots+x_N}}{x_1!\cdot\ldots\cdot x_N!}\mathrm{e}^{-N\lambda} = \frac{\lambda^{N x_M}}{x_1!\cdot\ldots\cdot x_N!}\mathrm{e}^{-N\lambda}$$

gegeben.Um den Parameter λ möglichst gut zu schätzen, muss also $L_\lambda(x_1,\ldots,x_N)$ in Abhängigkeit vom Parameter λ maximiert werden. Nun ist die Bestimmung des Maximums von $L_\lambda(x_1,\ldots,x_N)$ etwas komplizierter, daher verwenden wir einen Trick, der die Rechnungen erleichtert. Als monoton steigende Funktion nimmt die Funktion $\ln(L_\lambda)$ als Funktion von λ (die Werte x_i sind ja als Stichprobenwerte uns bekannt) an derselben Stelle ihren maximalen Wert an, an der auch L maximal ist. Nun ist $\ln(L_\lambda)$ durch

$$\ln(L_\lambda) = -\ln(x_1!\cdot\ldots\cdot x_N!) + N\cdot x_M\ln(\lambda) - N\lambda$$

gegeben. Bestimmt man nun die erste Ableitung dieser Funktion bzgl. der Variablen λ, so können wir alle kritischen Werte ermitteln. Es gilt:

$$\frac{\mathrm{d}}{\mathrm{d}\lambda}(\ln(L_\lambda)) = \frac{N x_M}{\lambda} - N.$$

Der einzige kritische Punkt der Funktion $\ln(L_\lambda)$ ist also durch $\lambda = x_M$ gegeben. Die zweite Ableitung der Funktion bzgl. der Variablen λ ist durch

$$\frac{\mathrm{d}^2}{\mathrm{d}\lambda^2}(\ln(L_\lambda)) = \frac{-N x_M}{\lambda^2}$$

gegeben, d. h., sie ist immer negativ. Somit haben wir mit $\lambda = x_M$ die Stelle gefunden, für die auch die Likelihood-Funktion L maximal wird.

Somit kann man nach dem Maximum-Likelihood-Prinzip für die Poisson-Verteilung mit dem unbekannten Parameter λ diesen Parameter durch die Schätzung $\lambda = x_M$ approximieren, wie es auch schon im Beispiel 14.7 gemacht wurde. Wir haben somit das dortige Vorgehen mit den soeben angestellten Überlegungen nachträglich manifestiert.

Beispiel 15.4 Ein Imkerverband besitzt 150 Bienenvölker. Wir nehmen an, dass von diesen Bienenvölkern nur 87 einen harten, strengen Winter überlebt haben, wobei die entsprechenden Bienenvölker alle den gleichen Umwelteinflüssen ausgesetzt waren und sich auch gegenseitig nicht (z. B. durch Krankheiten etc.) beeinflusst haben. Das Überleben der Bienenvölker kann mittels einer Binomialverteilung wie folgt modelliert werden.

Die Zufallsvariable X beschreibt die Wahrscheinlichkeit, dass ein einzelnes Bienenvolk den Winter überlebt. Diese Zufallsvariable hat die Realisationen $X = 0$, was z. B. bedeutet, dass das Bienenvolk den Winter nicht überlebt, und $X = 1$, was der Realisation des Überlebens in der Winterzeit entspricht. Die dazugehörige Wahrscheinlichkeitsfunktion ist durch

$$f_p(0) = P(X = 0) = 1 - p \quad \text{und} \quad f_p(1) = P(X = 1) = p$$

gegeben und besitzt den Parameter p. Das der Zufallsvariablen zugrunde liegende Zufallsexperiment wurde also 150-mal ausgeführt, und 87-mal hatte X die Realisation 1. Damit ist die Likelihood-Funktion durch

$$L_p(0, 1) = p^{87}(1 - p)^{63}$$

gegeben. Es ist nun einfacher, diese Funktion zunächst mithilfe von Logarithmieren auf die Form:

$$\ln(L_p) = 87 \ln(p) + 63 \ln(1 - p)$$

zu bringen. Da der Logarithmus eine streng monoton wachsende Funktion ist, nimmt die Funktion $\ln(L_p)$ an derselben Stelle ihr Maximum an wie auch die Funktion L_p. Damit können wir auch mit der Funktion $\ln(L_p)$ nach einer geeigneten Schätzung für den Parameter p suchen. Wir sehen, dass

$$\frac{\partial \ln(L_p)}{\partial p} = \frac{87}{p} - \frac{63}{1 - p} = \frac{87 \cdot (1 - p) - 63 \cdot p}{p \cdot (1 - p)}$$

ist und wir somit das p bestimmen müssen, für das

$$87 \cdot (1 - p) - 63 \cdot p = 0$$

ist. Dies führt uns auf

$$p = \frac{87}{150} = 0{,}58.$$

Dieser Wert entspricht gerade der relativen Häufigkeit des Ereignisses $X = 1$ unseres betrachteten Versuchsexperiments.

Im Fall einer normalverteilten Grundgesamtheit ist die Maximum-Likelihood-Schätzung des Mittelwertes äquivalent zu der sogenannten *Kleinsten-Quadrate-Schätzung* des Mittelwertes.

15.2.2 Kleinste-Quadrate-Schätzer

Es ist bekannt, dass der optimale Schätzwert des Mittelwerts einer normalverteilten Grundgesamtheit die Summe der Abweichungen der Stichprobenwerte vom Schätzwert minimiert. Hierbei wird eine besondere Eigenschaft des arithmetischen Mittels verwendet, die besagt, dass das arithmetische Mittel genau der Wert $c_{\min}$ ist, für den der Ausdruck

$$\sum_{i=1}^{N} (x_i - c)^2$$

minimal wird. Das dies so ist, kann man schnell mithilfe der Differentiation nachprüfen. Wenn wir nämlich die den Ausdruck

$$\sum_{i=1}^{N} (x_i - c)^2$$

als eine Funktion $f: \mathbb{R} \to \mathbb{R}$ in der Variablen c betrachten, so hat diese Funktion für solche c einen kritischen Wert, für die die erste Ableitung dieser Funktion bzgl. der Variablen c verschwindet. Berechnet man nun diese erste Ableitung, so erhält man:

$$\frac{\partial}{\partial c}\left(\sum_{i=1}^{N}(x_i - c)^2\right) = -2\sum_{i=1}^{N}(x_i - c) = -2 \cdot \left(\sum_{i=1}^{N} x_i\right) + 2Nc.$$

Die für kritische Werte zu erfüllende Gleichung lautet somit

$$-2 \cdot \left(\sum_{i=1}^{N} x_i\right) + 2Nc = 0$$

woraus

$$c = \frac{1}{N} \cdot \sum_{i=1}^{N} x_i.$$

folgt. Da nun die zweite Ableitung

$$\frac{\partial^2}{\partial c^2}\left(\sum_{i=1}^{N}(x_i - c)^2\right) = 2N > 0$$

ist, haben wir die Minimalitätseigenschaft des arithmetischen Mittels in diesem Zusammenhang nachgewiesen.

Eine besondere Charakterisierung des arithmetischen Mittels ist also auch die Ungleichung

$$\sum_{i=1}^{N}(x_i - x_M)^2 \leq \sum_{i=1}^{N}(x_i - c)^2 \quad \text{für alle } c \in \mathbb{R}.$$

Dies wird auch als Minimumseigenschaft des Mittelwerts bezeichnet.

Die Grundidee des Kleinste-Quadrate-Schätzers, der auf Gauß zurückgeht und der bei der Bestimmung von Regressionsgeraden verwendet wird, ist die Nachfolgende:

Um den linearen Zusammenhang von Datenpaaren (x_i, y_i) $(i = 1, \ldots, N)$ anzugeben, haben wir in Abschn. 6.2.1 bereits die lineare Regressionsgerade kennengelernt. Wenn man generell einen linearen Zusammenhang zwischen Datenpaaren durch eine Gerade

$$\hat{y} = a \cdot x + b$$

beschreibt, so erhält man mit Fehlern behaftete Funktionswerte $\hat{y}_i$, die von den gemessenen Daten y_i um einen Fehler ε_i abweichen. Wir nehmen nun an, dass dieser Fehler (als Zufallsvariable) einer Normalverteilung folgt. Die Abweichung der beobachteten Werte von der Geraden ist somit ein „natürliches" Maß für die Variation der Daten. Daher ist es sinnvoll, die Summe der quadrierten Abweichungen der Messdaten y_i von den Funktionswerten $\hat{y}_i$ als Schätzung der Varianz zu verwenden und diese möglichst zu minimieren. D. h., man versucht die Geradenparameter a und b so zu bestimmen, dass der Wert der Summe

$$\sum_{i=1}^{N}(y_i - a \cdot x_i - b)^2 = \sum_{i=1}^{N} \varepsilon_i^2$$

möglichst klein ist. Dies führt auf die uns bereits aus Abschn. 6.2.1 bekannte Gestalt der Geraden. Die durch die Gleichung

$$\hat{y} = \frac{s_{xy}}{s_x^2}(x - x_M) + y_M$$

angegebene Regressionsgerade ist somit die Gerade, die die Summe der quadrierten vertikalen Abweichungen zwischen einer linearen Geraden und den Datenpunkten minimiert. Wie kann man sehen, dass dies wirklich so ist?

Wir betrachten den Ausdruck

$$\sum_{i=1}^{N}(y_i - a \cdot x_i - b)^2 - \sum_{i=1}^{N} \varepsilon_i^2$$

und interpretieren ihn als eine Funktion der beiden Unbekannten a und b. Wir stellen uns jetzt die Frage, für welche a und b nimmt diese Funktion ihren minimalen Wert an? Dies ist an den Stellen der Fall, an denen die erste Ableitung der Funktion bzgl. der Variablen a und die erste Ableitung der Funktion für die Variable b den Wert Null annehmen. Berechnet man nun diese Ableitungen, so erhalten wir:

$$\frac{\partial}{\partial a}\left(\sum_{i=1}^{N}(y_i - a \cdot x_i - b)^2 - \sum_{i=1}^{N} \varepsilon_i^2\right) = -\sum_{i=1}^{N} 2x_i(y_i - a \cdot x_i - b)$$

$$\frac{\partial}{\partial b}\left(\sum_{i=1}^{N}(y_i - a \cdot x_i - b)^2 - \sum_{i=1}^{N} \varepsilon_i^2\right) = -\sum_{i=1}^{N} 2(y_i - a \cdot x_i - b)$$

Um also die kritischen Stellen, an denen die Funktion minimal wird, zu ermitteln, müssen wir die nachfolgenden Gleichungen für a und b lösen:

$$0 = \sum_{i=1}^{N} x_i (y_i - a \cdot x_i - b)$$

$$0 = \sum_{i=1}^{N} (y_i - a \cdot x_i - b)$$

bzw.

$$0 = \sum_{i=1}^{N} x_i \cdot y_i - a \sum_{i=1}^{N} x_i^2 - b \sum_{i=1}^{N} x_i$$

$$0 = \sum_{i=1}^{N} y_i - a \sum_{i=1}^{N} x_i - N \cdot b.$$

Somit erhalten wir aus der zweiten Gleichung zunächst, dass

$$b = y_M - a \cdot x_M$$

ist. Setzen wir dies nun in die erste Gleichung ein und wenden wir den Verschiebungssatz der Varianz an, so folgt, dass die Gleichung

$$0 = \sum_{i=1}^{N} x_i \cdot y_i - a \sum_{i=1}^{N} x_i^2 - (y_M - a \cdot x_M) \sum_{i=1}^{N} x_i$$

$$= \sum_{i=1}^{N} x_i \cdot y_i - a \sum_{i=1}^{N} x_i^2 - N \cdot y_M x_M + a \cdot N \cdot x_M^2$$

$$= \sum_{i=1}^{N} x_i \cdot y_i - N \cdot y_M x_M - a \frac{N}{N} \left(\sum_{i=1}^{N} x_i^2 - N \cdot x_M^2 \right)$$

$$= \sum_{i=1}^{N} x_i \cdot y_i - N \cdot y_M x_M - a \cdot N \cdot \sigma_x^2$$

$$= \sum_{i=1}^{N} x_i \cdot y_i - 2N \cdot y_M x_M + N \cdot y_M x_M - a \cdot N \cdot \sigma_x^2$$

$$= \sum_{i=1}^{N} x_i \cdot y_i - y_M \sum_{i=1}^{N} x_i - x_M \sum_{i=1}^{N} y_i + N \cdot y_M x_M - a \cdot N \cdot \sigma_x^2$$

$$= \sum_{i=1}^{N} (x_i - x_M)(y_i - y_M) - a \cdot N \cdot \sigma_x^2$$

gilt. Hieraus folgt nun

$$a = \frac{\sigma_{xy}}{\sigma_x^2} \quad \text{und} \quad b = y_M - \frac{\sigma_{xy}}{\sigma_x^2} \cdot x_M$$

und somit insgesamt, dass unter allen möglichen der Ausdruck

$$\sum_{i=1}^{N} \left(y_i - \frac{\sigma_{xy}}{\sigma_x^2} \cdot x_i - y_M + \frac{\sigma_{xy}}{\sigma_x^2} \cdot x_M \right)^2 - \sum_{i=1}^{N} \varepsilon_i^2$$

minimal wird.

15.3 Konfidenzintervalle für Varianzen

Wir haben gesehen, dass sich Normalverteilungen durch die Angabe des Mittelwertes μ und der Varianz σ^2 eindeutig beschreiben lassen. Da neben dem Mittelwert μ auch die Varianz den Verlauf der Normalverteilung beschreibt, ist es auch notwendig, hierfür einen Vertrauensbereich angeben zu können, damit man auch hier weiß, in wie viel Prozent der untersuchten Fälle die geschätzte Varianz tatsächlich in dem Vertrauensbereich liegt.

Zur Bestimmung des hierfür benötigten Konfidenzintervalls für die Varianz sei X eine normalverteilte Zufallsvariable mit Mittelwert μ und der Varianz σ^2. Analog zum Stichprobenmittel deuten wir die mit den Stichprobenwerten berechnete Varianz s^2 als Realisation einer Zufallsvariablen, der sogenannten Stichprobenvarianz

$$S^2 = \frac{1}{N-1} \sum_{i=1}^{N} (X_i - X_M)^2.$$

Es lässt sich zeigen, dass die Zufallsvariable $(N-1)S^2/\sigma^2$ einer besonderen Verteilungsfunktion, nämlich einer χ^2-Verteilung mit $f = N-1$ Freiheitsgraden folgt. Dies schreibt man kurz als

$$\frac{(N-1)S^2}{\sigma^2} \sim \chi_f^2.$$

Die χ^2-Verteilung wurde von dem deutschen Mathematiker Friedrich Robert Helmert (31.07.1843–15.06.1917) eingeführt, der entdeckte, dass für f unabhängige Zufallsvariable $X_1, \ldots, X_f$, deren jede eine Normalverteilung mit Mittelwert 0 und Varianz 1 besitzt, die Summe der Quadrate dieser Zufallsvariablen, also

$$\chi^2 = X_1^2 + \ldots + X_f^2$$

nicht normalverteilt ist. Vielmehr besitzt diese Summe eine Verteilungsfunktion, deren Wahrscheinlichkeitsdichte durch

$$g(x) = \begin{cases} 0 & \text{für } x \leq 0, \\ \frac{1}{2^{f/2} \Gamma\left(\frac{f}{2}\right)} x^{(f-2)/2} e^{-x/2} & \text{für } x \geq 0 \end{cases}$$

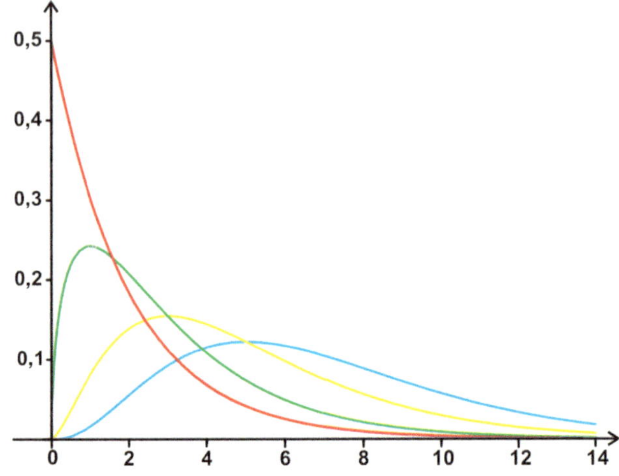

Abb. 15.5 Dichtekurve der χ^2-Verteilung für $f = 2$ (*grün*), 3 (*gelb*), 5 (*rot*) bzw. 7 (*blau*)

gegeben ist. Hierbei ist f eine positive ganze Zahl, die die Anzahl der *Freiheitsgrade* angibt, und die sogenannte Gammafunktion $\Gamma(s)$ durch

$$\Gamma(s) = \int\limits_0^\infty \mathrm{e}^{-t} t^{s-1} \mathrm{d}t$$

gegeben (vgl. z. B. [4], Seite 158 f.). Somit ist die Verteilungsfunktion der χ^2-Verteilung definiert durch

$$\chi_f^2(x) = \begin{cases} 0 & \text{für } x \leq 0, \\ \dfrac{1}{2^{f/2}\Gamma\left(\frac{f}{2}\right)} \int\limits_0^x t^{(f-2)/2} \mathrm{e}^{-t/2} \mathrm{d}t & \text{für } x > 0 \end{cases}$$

gegeben (siehe auch Abb. 15.5).

Auch die Quantile der χ^2-Verteilung sind tabellarisch für ausgewählte Freiheitsgrade erhältlich und in Tab. 15.3 angegeben. Diese Tabelle wird wie die Tabelle für die Quantile der t-Verteilung gelesen. Das 95 %-Quantil der χ^2-Verteilung mit elf Freiheitsgraden ist z. B. gegeben durch den Wert

$$\chi_{11;0,95}^2 = 19{,}67.$$

Allgemein wird für das $(1 - \alpha)$-Quantil der χ^2-Verteilung mit $(N - 1)$-Freiheitsgraden das Symbol

$$\chi_{N-1;1-\alpha}^2$$

verwendet. Die χ^2-Verteilung findet ihre Anwendung auch im Zusammenhang mit dem sogenannten χ^2-Test bzw. χ^2-Anpassungstest, mit dem man überprüfen kann, welcher Verteilung eine Zufallsvariable folgt. Hierzu werden wir aber in Abschn. 16.3 mehr erfahren.

Tab. 15.3 Die Quantile der χ^2-Verteilung

Freiheitsgrade	0,005	0,01	0,025	0,05	0,10	0,90	0,95	0,975	0,99	0,995
1	0,000	0,000	0,001	0,004	0,016	2,706	3,841	5,024	6,635	7,879
2	0,010	0,020	0,051	0,103	0,211	4,605	5,991	7,378	9,210	10,597
3	0,072	0,115	0,216	0,352	0,584	6,251	7,815	9,348	11,345	12,838
4	0,207	0,297	0,484	0,711	1,064	7,779	9,488	11,143	13,277	14,860
5	0,412	0,554	0,831	1,145	1,610	9,236	11,070	12,833	15,086	16,750
6	0,676	0,872	1,237	1,635	2,204	10,645	12,592	14,449	16,812	18,548
7	0,989	1,239	1,690	2,167	2,833	12,017	14,067	16,013	18,475	20,278
8	1,344	1,646	2,180	2,733	3,490	13,362	15,507	17,535	20,090	21,955
9	1,735	2,088	2,700	3,325	4,168	14,684	16,919	19,023	21,666	23,589
10	2,156	2,558	3,247	3,940	4,865	15,987	18,307	20,483	23,209	25,188
11	2,603	3,053	3,816	4,575	5,578	17,275	19,675	21,920	24,725	26,757
12	3,074	3,571	4,404	5,226	6,304	18,549	21,026	23,337	26,217	28,300
13	3,565	4,107	5,009	5,892	7,042	19,812	22,362	24,736	27,688	29,819
14	4,075	4,660	5,629	6,571	7,790	21,064	23,685	26,119	29,141	31,319
15	4,601	5,229	6,262	7,261	8,547	22,307	24,996	27,488	30,578	32,801
16	5,142	5,812	6,908	7,962	9,312	23,542	26,296	28,845	32,000	34,267
17	5,697	6,408	7,564	8,672	10,085	24,769	27,587	30,191	33,409	35,718
18	6,265	7,015	8,231	9,390	10,865	25,989	28,869	31,526	34,805	37,156
19	6,844	7,633	8,907	10,117	11,651	27,204	30,144	32,852	36,191	38,582
20	7,434	8,260	9,591	10,851	12,443	28,412	31,410	34,170	37,566	39,997
21	8,034	8,897	10,283	11,591	13,240	29,615	32,671	35,479	38,932	41,401
22	8,643	9,542	10,982	12,338	14,041	30,813	33,924	36,781	40,289	42,796
23	9,260	10,196	11,689	13,091	14,848	32,007	35,172	38,076	41,638	44,181
24	9,886	10,856	12,401	13,848	15,659	33,196	36,415	39,364	42,980	45,559
25	10,520	11,524	13,120	14,611	16,473	34,382	37,652	40,646	44,314	46,928
26	11,160	12,198	13,844	15,379	17,292	35,563	38,885	41,923	45,642	48,290
27	11,808	12,879	14,573	16,151	18,114	36,741	40,113	43,195	46,963	49,645
28	12,461	13,565	15,308	16,928	18,939	37,916	41,337	44,461	48,278	50,993
29	13,121	14,256	16,047	17,708	19,768	39,087	42,557	45,722	49,588	52,336
30	13,787	14,953	16,791	18,493	20,599	40,256	43,773	46,979	50,892	53,672
40	20,707	22,164	24,433	26,509	29,051	51,805	55,758	59,342	63,691	66,766
50	27,991	29,707	32,357	34,764	37,689	63,167	67,505	71,420	76,154	79,490
60	35,534	37,485	40,482	43,188	46,459	74,397	79,082	83,298	88,379	91,952
70	43,275	45,442	48,758	51,739	55,329	85,527	90,531	95,023	100,425	104,215
80	51,172	53,540	57,153	60,391	64,278	96,578	101,879	106,629	112,329	116,321
90	59,196	61,754	65,647	69,126	73,291	107,565	113,145	118,136	124,116	128,299
100	67,328	70,065	74,222	77,929	82,358	118,498	124,342	129,561	135,807	140,169

Für die Zufallsvariable S^2 gilt weiter, dass

$$E[S^2] = \sigma^2 \quad \text{und} \quad \text{Var}[S^2] = \frac{2\sigma^4}{N-1}.$$

Ist nun für die (unbekannte) Varianz σ_X^2 ein Konfidenzintervall mit vorgegebenem Konfidenzniveau $(1-\alpha)$ anzugeben, so geht man wie folgt vor.

Mit dem $\alpha/2$-Quantil $\chi^2_{N-1,\frac{\alpha}{2}}$ der χ^2_{N-1}-Verteilung gilt:

$$\frac{\alpha}{2} = P\left(\frac{(N-1)S^2}{\sigma^2} \leq \chi^2_{N-1,\frac{\alpha}{2}}\right) = P\left(\frac{(N-1)S^2}{\chi^2_{N-1,\frac{\alpha}{2}}} \leq \sigma^2\right).$$

Weiter gilt:

$$1 - \frac{\alpha}{2} = P\left(\frac{(N-1)S^2}{\sigma^2} \leq \chi^2_{N-1,1-\frac{\alpha}{2}}\right) = 1 - P\left(\frac{(N-1)S^2}{\sigma^2} \geq \chi^2_{N-1,1-\frac{\alpha}{2}}\right)$$

und somit

$$\frac{\alpha}{2} = P\left(\frac{(N-1)S^2}{\sigma^2} \geq \chi^2_{N-1,1-\frac{\alpha}{2}}\right) = P\left(\frac{(N-1)S^2}{\chi^2_{N-1,1-\frac{\alpha}{2}}} \geq \sigma^2\right).$$

Somit lautet das gesuchte Konfidenzintervall:

$$\left[\frac{(N-1)s^2}{\chi^2_{N-1,1-\frac{\alpha}{2}}} ; \frac{(N-1)s^2}{\chi^2_{N-1,\frac{\alpha}{2}}}\right],$$

wobei hier s^2 die Realisation der Zufallsvariablen S^2 darstellt.

15.4 Konfidenzintervalle für das Verhältnis zweier Varianzen

Wenn man bei der Untersuchung eines Merkmals ein Experiment z. B. zweimal unter vergleichbaren Voraussetzungen durchführt, so kann es (je nachdem was die Motivation für die durchgeführten Experimente war) notwendig sein, die Maßzahlen der beiden experimentell gewonnenen Stichproben zu vergleichen, um anhand dieser Rückschlüsse auf das untersuchte Merkmal und seine Eigenschaften (z. B. welcher Wahrscheinlichkeitsverteilung das Merkmal folgt) zu ziehen.

Wenn man z. B. überprüfen will, ob zwei unabhängig gewonnene Zufallsstichproben einer gemeinsamen normalverteilten Grundgesamtheit entstammen, so muss man zunächst ihre Varianzen auf Gleichheit oder „Proportionalität" testen. Hierfür macht es also Sinn, das Verhältnis der Varianzen zweier normalverteilter Zufallsvariablen zu untersuchen. Hierbei ist es nicht notwendig, dass die Mittelwerte der Zufallsvariablen bekannt sind.

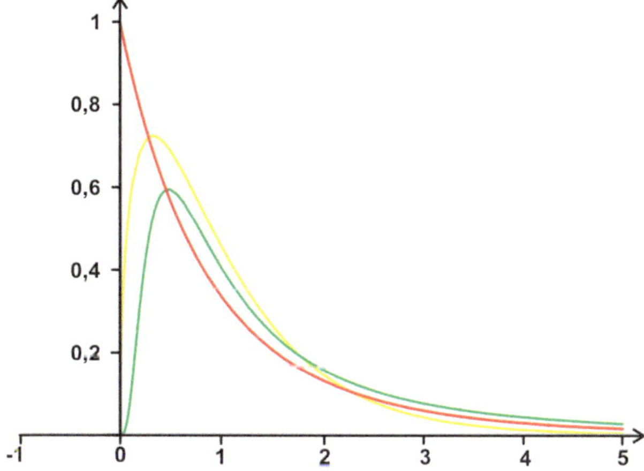

Abb. 15.6 Dichtekurve der F-Verteilung (für die Freiheitsgrade $f_1 = 2, f_2 = 10$ (*grün*), $f_1 = 3, f_2 = 100$ (*gelb*) und $f_1 = 10, f_2 = 3$ (*rot*))

Es seien also $X \sim N(\mu_X, \sigma_X^2)$ und $Y \sim N(\mu_Y, \sigma_Y^2)$ zwei normalverteilte (unabhängige) Zufallsvariablen mit den dazugehörigen Mittelwerten μ_X und μ_Y sowie den Varianzen σ_X und σ_Y. Sowohl von X als auch von Y seien jeweils eine Stichprobe mit den Stichprobenumfängen N_X und N_Y sowie den Stichprobenvarianzen S_X^2 und S_Y^2 gegeben. Man beachte hierbei, dass hier die Stichprobenvarianzen als Zufallsvariablen gemeint sind. Betrachtet man nun das Verhältnis der Stichprobenvarianzen, so erhält man die dazugehörige Zufallsvariable

$$\frac{S_X^2/\sigma_X^2}{S_Y^2/\sigma_Y^2} = \frac{S_X^2 \sigma_Y^2}{S_Y^2 \sigma_X^2}.$$

Diese Zufallsvariable folgt einer F-Verteilung mit den Parametern $f_1 = N_X - 1$ und $f_2 = N_Y - 1$, was kurz $S_X^2 \sigma_Y^2 / S_Y^2 \sigma_X^2 \sim F_{N_X-1,N_Y-1}$ geschrieben wird. Die Parameter f_1 und f_2 nennt man Freiheitsgrade. Die Verteilungsfunktion der F-Verteilung, die 1924 von R. A. Fisher auf einer Konferenz in Toronto eingeführt wurde, ist durch

$$F_{f_1,f_2}(x) = \begin{cases} 0 & \text{für } x \leq 0 \\ \dfrac{\Gamma\left(\frac{f_1+f_2}{2}\right)}{\Gamma\left(\frac{f_1}{2}\right)\Gamma\left(\frac{f_2}{2}\right)} f_1^{f_1/2} f_2^{f_2/2} \int_0^x \dfrac{t^{(f_1-2)/2}}{(f_1 t + f_2)^{(f_1+f_2)/2}} \mathrm{d}t & \text{für } x > 0 \end{cases}$$

gegeben (vgl. Abb. 15.6). Für das α- und das $(1-\alpha)$-Quantil der F-Verteilungen gilt die nachfolgende Formel: $F_{f_1,f_2,\alpha} = 1/F_{f_1,f_2,1-\alpha}$.

Will man ein Konfidenzintervall für das Verhältnis σ_X^2/σ_Y^2 angeben, so ergibt sich bei einem Konfidenzniveau von $(1-\alpha)$ das Nachfolgende:

$$\frac{\alpha}{2} = P\left(\frac{S_X^2 \sigma_Y^2}{S_Y^2 \sigma_X^2} \leq F_{N_X-1,N_Y-1,\frac{\alpha}{2}}\right) = P\left(\frac{S_X^2}{S_Y^2 F_{N_X-1,N_Y-1,\frac{\alpha}{2}}} \leq \frac{\sigma_X^2}{\sigma_Y^2}\right) \text{ und}$$

$$1 - \frac{\alpha}{2} = P\left(\frac{S_X^2 \sigma_Y^2}{S_Y^2 \sigma_X^2} \leq F_{N_X-1,N_Y-1,1-\frac{\alpha}{2}}\right) = P\left(\frac{S_X^2}{S_Y^2 F_{N_X-1,N_Y-1,1-\frac{\alpha}{2}}} \leq \frac{\sigma_X^2}{\sigma_Y^2}\right).$$

Tab. 15.4 Die 95 %-Quantile der F_{f_1,f_2}-Verteilung für unterschiedliche Freiheitsgrade

f_2 \ f_1	1	2	3	4	5	6	7	8	9	10	20	30	50	100	∞
1	161	200	215	225	230	234	237	239	241	242	248	250	252	253	254
2	18,5	19,0	19,2	19,3	19,3	19,3	19,4	19,4	19,4	19,4	19,5	19,5	19,5	19,5	19,5
3	10,1	9,55	9,28	9,12	9,01	8,94	8,89	8,85	8,81	8,79	8,66	8,62	8,58	8,55	8,53
4	7,71	6,94	6,59	6,39	6,26	6,16	6,09	6,04	6,00	5,96	5,80	5,75	5,70	5,66	5,63
5	6,61	5,79	5,41	5,19	5,05	4,95	4,88	4,82	4,77	4,74	4,56	4,50	4,44	4,41	4,36
6	5,99	5,14	4,76	4,53	4,39	4,28	4,21	4,15	4,10	4,06	3,87	3,81	3,75	3,71	3,67
7	5,59	4,74	4,35	4,12	3,97	3,87	3,79	3,73	3,68	3,64	3,44	3,38	3,32	3,27	3,23
8	5,32	4,46	4,07	3,84	3,69	3,58	3,50	3,44	3,39	3,35	3,15	3,08	3,02	2,97	3,93
9	5,12	4,26	3,86	3,63	3,48	3,37	3,29	3,23	3,18	3,14	2,94	2,86	2,80	2,76	2,71
10	4,96	4,10	3,71	3,48	3,33	3,22	3,14	3,07	3,02	2,98	2,77	2,70	2,64	2,59	2,54
11	4,84	3,98	3,59	3,36	3,20	3,09	3,01	2,95	2,90	2,85	2,65	2,57	2,51	2,46	2,40
12	4,75	3,89	3,49	3,26	3,11	3,00	2,91	2,85	2,80	2,75	2,54	2,47	2,40	2,35	2,30
13	4,67	3,81	3,41	3,18	3,03	2,92	2,83	2,77	2,71	2,67	2,46	2,38	2,31	2,26	2,21
14	4,60	3,74	3,34	3,11	2,96	2,85	2,76	2,70	2,65	2,60	2,39	2,31	2,24	2,19	2,13
15	4,54	3,68	3,29	3,06	2,90	2,79	2,71	2,64	2,59	2,54	2,33	2,25	2,18	2,12	2,07
16	4,49	3,63	3,24	3,01	2,85	2,74	2,66	2,59	2,54	2,49	2,28	2,19	2,12	2,07	2,01
17	4,45	3,59	3,20	2,96	2,81	2,70	2,61	2,55	2,49	2,45	2,23	2,15	2,08	2,02	1,96
18	4,41	3,55	3,16	2,93	2,77	2,66	2,58	2,51	2,46	2,41	2,19	2,11	2,04	1,98	1,92
19	4,38	3,52	3,13	2,90	2,74	2,63	2,54	2,48	2,42	2,38	2,16	2,07	2,00	1,94	1,88
20	4,35	3,49	3,10	2,87	2,71	2,60	2,51	2,45	2,39	2,35	2,12	2,04	1,97	1,91	1,84
21	4,32	3,47	3,07	2,84	2,68	2,57	2,49	2,42	2,37	2,32	2,10	2,01	1,94	1,88	1,81
22	4,30	3,44	3,05	2,82	2,66	2,55	2,46	2,40	2,34	2,30	2,07	1,98	1,91	1,85	1,78
23	4,28	3,42	3,03	2,80	2,64	2,53	2,44	2,37	2,32	2,27	2,05	1,96	1,88	1,82	1,76
24	4,26	3,40	3,01	2,78	2,62	2,51	2,42	2,36	2,30	2,25	2,03	1,94	1,86	1,80	1,73
25	4,24	3,39	2,99	2,76	2,60	2,49	2,40	2,34	2,28	2,24	2,01	1,92	1,84	1,78	1,71
26	4,22	3,37	2,98	2,74	2,59	2,47	2,39	2,32	2,27	2,22	1,99	1,90	1,82	1,76	1,69
27	4,21	3,35	2,96	2,73	2,57	2,46	2,37	2,31	2,25	2,20	1,97	1,88	1,81	1,74	1,67
28	4,20	3,34	2,95	2,71	2,56	2,45	2,36	2,29	2,24	2,19	1,96	1,87	1,79	1,73	1,65
29	4,18	3,33	2,93	2,70	2,55	2,43	2,35	2,28	2,22	2,18	1,94	1,85	1,77	1,71	1,64
30	4,17	3,32	2,92	2,69	2,53	2,42	2,33	2,27	2,21	2,16	1,93	1,84	1,76	1,70	1,62
40	4,08	3,23	2,84	2,61	2,45	2,34	2,25	2,18	2,12	2,08	1,84	1,74	1,66	1,59	1,51
50	4,03	3,18	2,79	2,56	2,40	2,29	2,20	2,13	2,07	2,03	1,78	1,69	1,60	1,52	1,44
80	3,96	3,11	2,72	2,49	2,33	2,21	2,13	2,06	2,00	1,95	1,70	1,60	1,51	1,43	1,32
100	3,94	3,09	2,70	2,46	2,31	2,19	2,10	2,03	1,97	1,93	1,68	1,57	1,48	1,39	1,28
200	3,89	3,04	2,65	2,42	2,26	2,14	2,06	1,98	1,93	1,88	1,62	1,52	1,41	1,32	1,19
400	3,86	3,02	2,63	2,39	2,24	2,12	2,03	1,96	1,90	1,85	1,60	1,49	1,38	1,28	1,13
1000	3,85	3,00	2,61	2,38	2,22	2,11	2,02	1,95	1,89	1,84	1,58	1,47	1,36	1,2	1,08

Tab. 15.5   Die 99 %-Quantile der F_{f_1, f_2}-Verteilung (zum Teil auf eine Nachkommastelle gerundet) für unterschiedliche Freiheitsgrade

f_2 \ f_1	1	2	3	4	5	6	7	8	9	10	20	30	50	100	∞
1	4052	5000	5403	5625	5764	5859	5928	5981	6022	6056	6209	6261	6303	6334	6350
2	98,5	99,0	99,2	99,35	99,3	99,3	99,4	99,4	99,4	99,4	99,5	99,5	99,5	99,5	99,5
3	34,1	30,8	29,5	28,7	28,2	27,9	27,7	27,5	27,4	27,2	26,7	26,5	26,4	26,2	26,2
4	21,2	18,0	16,7	16,0	15,5	15,2	15,0	14,8	14,7	14,6	14,0	13,8	13,7	13,6	13,5
5	16,3	13,3	12,1	11,4	11,0	10,7	10,5	10,3	10,2	10,1	9,6	9,4	9,2	9,1	9,1
6	13,8	10,9	9,8	9,2	8,8	8,5	8,3	8,1	8,0	7,9	7,4	7,2	7,1	7,0	6,9
7	12,3	9,6	8,5	7,9	7,5	7,2	7,0	6,8	6,7	6,6	6,2	6,0	5,9	5,8	5,7
8	11,3	8,7	7,6	7,0	6,6	6,4	6,2	6,0	5,9	5,8	5,4	5,2	5,1	5,0	4,9
9	10,6	8,0	7,0	6,4	6,1	5,8	5,6	5,5	5,4	5,3	4,8	4,7	4,5	4,4	4,4
10	10,0	7,6	6,6	6,0	5,6	5,4	5,2	5,0	4,9	4,9	4,4	4,3	4,1	4,0	4,0
11	9,65	7,21	6,22	5,67	5,32	5,07	4,89	4,74	4,63	4,54	4,10	3,94	3,81	3,71	3,66
12	9,33	6,93	5,95	5,41	5,06	4,82	4,64	4,50	4,39	4,30	3,86	3,70	3,57	3,47	3,41
13	9,07	6,70	5,74	5,21	4,86	4,62	4,44	4,30	4,19	4,10	3,66	3,51	3,38	3,27	3,22
14	8,86	6,51	5,56	5,04	4,69	4,46	4,28	4,14	4,03	3,94	3,51	3,35	3,22	3,11	3,06
15	8,68	6,36	5,42	4,89	4,56	4,32	4,14	4,00	3,89	3,80	3,37	3,21	3,08	2,98	2,92
16	8,53	6,23	5,29	4,77	4,44	4,20	4,03	3,89	3,78	3,69	3,26	3,10	2,97	2,86	2,81
17	8,40	6,11	5,18	4,67	4,34	4,10	3,93	3,79	3,68	3,59	3,16	3,00	2,87	2,76	2,71
18	8,29	6,01	5,09	4,58	4,25	4,01	3,84	3,71	3,60	3,51	3,08	2,92	2,78	2,68	2,62
19	8,18	5,93	5,01	4,50	4,17	3,94	3,77	3,63	3,52	3,43	3,00	2,84	2,71	2,60	2,55
20	8,10	5,85	4,94	4,43	4,10	3,87	3,70	3,56	3,46	3,37	2,94	2,78	2,64	2,54	2,48
21	8,02	5,78	4,87	4,37	4,04	3,81	3,64	3,51	3,40	3,31	2,88	2,72	2,58	2,48	2,42
22	7,95	5,72	4,82	4,31	3,99	3,76	3,59	3,45	3,35	3,26	2,83	2,67	2,53	2,42	2,36
23	7,88	5,66	4,76	4,26	3,94	3,71	3,54	3,41	3,30	3,21	2,78	2,62	2,48	2,37	2,32
24	7,82	5,61	4,72	4,22	3,90	3,67	3,50	3,36	3,26	3,17	2,74	2,58	2,44	2,33	2,27
25	7,77	5,57	4,68	4,18	3,85	3,63	3,46	3,32	3,22	3,13	2,70	2,54	2,40	2,29	2,23
26	7,72	5,53	4,64	4,14	3,82	3,59	3,42	3,29	3,18	3,09	2,66	2,50	2,36	2,25	2,19
27	7,68	5,49	4,60	4,11	3,78	3,56	3,39	3,26	3,15	3,06	2,63	2,47	2,33	2,22	2,16
28	7,64	5,45	4,57	4,07	3,75	3,53	3,36	3,23	3,12	3,03	2,60	2,44	2,30	2,19	2,13
29	7,60	5,42	4,54	4,04	3,73	3,50	3,33	3,20	3,09	3,00	2,57	2,41	2,27	2,16	2,10
30	7,56	5,39	4,51	4,02	3,70	3,47	3,30	3,17	3,07	2,98	2,55	2,39	2,25	2,13	2,07
40	7,31	5,18	4,31	3,83	3,51	3,29	3,12	2,99	2,89	2,80	2,37	2,20	2,06	1,94	1,87
50	7,17	5,06	4,20	3,72	3,41	3,19	3,02	2,89	2,78	2,70	2,27	2,10	1,95	1,82	1,76
80	6,96	4,88	4,04	3,56	3,26	3,04	2,87	2,74	2,64	2,55	2,12	1,94	1,79	1,65	1,58
100	6,90	4,82	3,98	3,51	3,21	2,99	2,82	2,69	2,59	2,50	2,07	1,89	1,74	1,60	1,52
200	6,76	4,71	3,88	3,41	3,11	2,89	2,73	2,60	2,50	2,41	1,97	1,79	1,63	1,48	1,39
400	6,70	4,66	3,83	3,37	3,06	2,85	2,68	2,56	2,45	2,37	1,92	1,75	1,58	1,42	1,32
1000	6,66	4,63	3,80	3,34	3,04	2,82	2,66	2,53	2,43	2,34	1,90	1,72	1,54	1,38	1,28

Hieraus ergibt sich das zentrale $(1 - \alpha)$-Konfidenzintervall

$$\left[\frac{s_X^2}{s_Y^2\, F_{N_X-1,N_Y-1,1-\frac{\alpha}{2}}} \, ; \, \frac{s_X^2}{s_Y^2\, F_{N_X-1,N_Y-1,\frac{\alpha}{2}}} \right]$$

für das Varianzverhältnis σ_X^2/σ_Y^2, wobei hier s_x und s_y die entsprechenden Realisationen der Zufallsvariablen S_X und S_Y darstellen.

Natürlich sind auch für die F-Verteilung Tabellen erhältlich, in denen man die entsprechenden Quantilen der F-Verteilungen mit den entsprechend vorliegenden Freiheitsgraden ablesen kann. Da wir hier nicht näher auf die F-Verteilung eingehen und sie auch im Weiteren nicht verwendet wird, seien hier nur zwei derartige Tabellen für den Leser/die Leserin angegeben. Tabelle 15.4 gibt die 95 %-Quantile und Tab. 15.5 die 99 %-Quantile der F_{f_1,f_2}-Verteilung an.

Mehr zu den in diesem Kapitel behandelten Themen kann man z. B. auch in [1, 3, 4, 8, 9] und [10] nachlesen.

Übungsaufgaben

15.1 Das europäische Eichhörnchen (*Sciurus vulgaris*, siehe Abb. 15.7), auch Eichkätzchen oder Eichkater genannt, ist in Wäldern und Parks häufig anzutreffen. Laut Literaturangaben ist es sehr leicht und wiegt zwischen 300 und 500 g. Bei einer Untersuchung des Gewichts von vorübergehend eingefangenen Eichhörnchen wurden die Tiere gewogen. Hierbei erhielt man die nachfolgenden Werte (in Gramm):

$$367,8; \quad 242,6; \; 365; \; 416,2; \; 337; \; 520; \; 444,4.$$

Bestimmen Sie ein 90 %iges Konfidenzintervall für das durchschnittliche Gewicht der untersuchten Eichhörnchen.

Abb. 15.7 Ein europäisches Eichhörnchen (*Sciurus vulga-ris*). Foto: *Dirk Horstmann*

Abb. 15.8 Ein Waldameisenhaufen in einem Wald in Norddeutschland. Foto: *Dirk Horstmann*

15.2 Wenn man Informationen über die Größe von Ameisenpopulationen (siehe Abb. 15.8 in einem Ameisenhaufen sucht, so findet man in unterschiedlichen Quelle, dass diese bis zu 6 Millionen Ameisen umfassen kann und dass die durchschnittliche Ameisenpopulation in einem Ameisenhügel 2 Millionen Exemplare beträgt.

In einem Wald werden 11 Ameisenhaufen untersucht. Dabei ergeben sich die nachfolgenden fiktiven Größen der Ameisenpopulationen (Angaben in Millionen Tieren):

$$1{,}23;\ 2{,}34;\ 2{,}17;\ 2{,}28;\ 2{,}20;\ 1{,}35;\ 3{,}09;\ 2{,}17;\ 2{,}25;\ 2{,}24;\ 2{,}31.$$

Geben Sie ein 99 %iges Konfidenzintervall für die durchschnittliche Populationsgröße einer Ameisenpopulation in einem Ameisenhügel an.

15.3 Bei einem Versuch wird die Reaktionszeit von 63 zufällig ausgewählten Probanden auf ein bestimmtes visuelles Signal gemessen. Die hierbei ermittelte durchschnittliche Reaktionszeit der Testpersonen lag bei 0,78 s. Geben Sie unter der Annahme, dass die Zufallsvariable, die die Reaktionszeit beschreibt, ungefähr normalverteilt mit einer Varianz von 0,04 ist, ein 99%iges (95%iges) Konfidenzintervall für den Erwartungswert der Zufallsvariablen an.

Literatur

1. Bosch, K.: Angewandte mathematische Statistik. Vieweg-Verlag, Wiesbaden (1976)

2. Fienberg, S. E. and Lazar, N.: http://statprob.com/encyclopedia/WilliamSealyGOSSET.html. Zugegriff: 01.07.2015

3. Fisz, M.: Wahrscheinlichkeitsrechnung und mathematische Statistik, 10. Aufl., VER Deutscher Verlag der Wissenschaften, Berlin (1980)

4. Kreyszig, E.: Statistische Methoden und ihre Anwendungen. Vanderhoeck & Ruprecht, Göttingen (1975)

5. Pearson, E. S.: Student – A Statistical Biography of William Sealey Gosset. Clarendon Press (1990)

6. School of Mathematics and Statistics University of St Andrews, Scotland: http://www-history.mcs.st-andrews.ac.uk/Biographies/Gosset.html (2003)

7. Student (alias Gosset, W.): The Probable Error of a Mean. Biometrika **6**(1), 1–25 (1908)

8. Timischl, W.: Biostatistik. 2. Aufl., Springer, Wien, New York (2000)

9. Vogt, H.: Grundkurs Mathematik für Biologen. Teubner, Stuttgart (1994)

10. Wilrich, P.-Th.: Formeln und Tabellen der angewandten mathematischen Statistik, Springer, Berlin (1987)

Testen von Hypothesen/ Ein-Stichproben-Tests

Unter dem Begriff *Hypothese* versteht man eine auf Beobachtungen bzw. Auswertung von Experimenten aufgestellte Vermutung über die Verteilung einer Zuallsvariablen (bzw. des untersuchten Merkmals). Im Verlauf dieses Buches sind uns bereits an mehreren Stellen Beispiele für Hypothesen „über den Weg gelaufen". Hierunter waren unter anderem auch die nachfolgenden zwei Hypothesen:

1. Die Anzahl der durch Huftritte zu Tode gekommenen Soldaten von Kavallerieregimenten folgt einer Poisson-Verteilung (vgl. Beispiel 14.7 in Abschn. 14.1.2.4).
2. Die Anzahl der Zecken je Schaf einer Herde ist negativ binomialverteilt (vgl. Abschn. 14.1.2.5).

Hypothesen begegnet man in der Regel dann, wenn Schlussfolgerungen aus durchgeführten Versuchsreihen überprüft bzw. bestätigt werden sollen. Die Methoden, mit denen man die Hypothesen aufgrund der Analyse von gemessenen bzw. experimentell erhaltenen Daten überprüft, bezeichnet man als *Tests*. Das Resultat der Durchführung eines Tests ist die Entscheidung, ob man die Hypothese annehmen oder ablehnen (verwerfen) kann. Hierbei muss davon ausgegangen werden, dass es nur die Entscheidungen „Hypothese annehmen" oder „Hypothese ablehnen" gibt. Bei einem Test wird somit aufgrund eines fest vorgegebenen und auf eine konkrete Stichprobe angewendeten Verfahrens auf die generelle Gültigkeit bzw. Ungültigkeit einer angenommenen Hypothese geschlossen. Hierbei spricht man auch vom „*Ein-Stichproben-Problem*" und bei den hierzu gehörigen Tests von „*Ein-Stichproben-Tests*".

Der Test einer Hypothese H_0 wird somit durch die Angabe einer Teilmenge Ω_N von Stichprobenereignissen (der sogenannten *Annahmeregion für eine Stichprobe vom Stichprobenumfang N*) aus der Menge aller möglichen Stichprobenereignisse definiert. Hierbei ist der Fall, dass die Stichprobe die Anforderungen bzw. Eigenschaften der Annahmeregion erfüllt, gleichbedeutend mit der Annahme der Hypothese H_0, während Das bedeutet, dass beim Testen somit der Schluss von den Eigenschaften einer vorliegenden (einzelnen) Stichprobe auf die Eigenschaften der Grundgesamtheit (das allgemeine Merkmal) erfolgt.

© Springer-Verlag GmbH Deutschland, ein Teil von Springer Nature 2020
D. Horstmann, *Mathematik für Biologen*, DOI 10.1007/978-3-662-62669-6_16

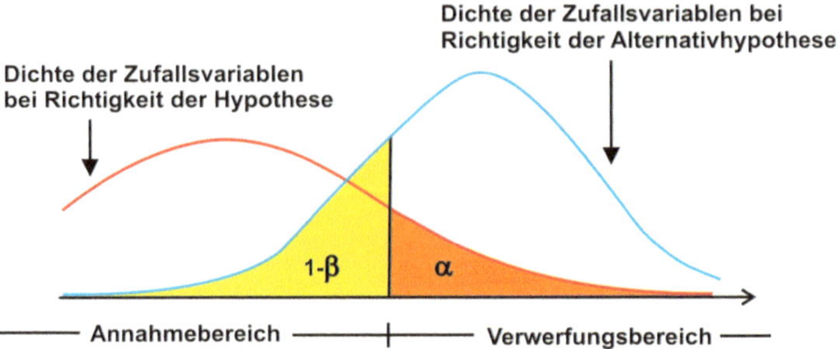

Abb. 16.1 Schematische Abbildung der Fehlers 1. und 2. Art

Beispiel 16.1 Ein Beispiel für diesen Schluss von einer einzelnen Stichprobe auf die Gesamtheit ist das Nachfolgende. Es wird die Hypothese aufgestellt, dass die durchschnittliche Körpergröße aller Hörerinnen der Vorlesung „Mathematik I für Studierende der Biologie" an der Universität zu Köln 1,75 m beträgt. Als Stichprobe nehme ich den Studierendenjahrgang des Wintersemesters 2003/2004 (vgl. Tab. 1.1 aus Abschn. 1.1). Die Hypothese wird angenommen, wenn die durchschnittliche Körpergröße der Hörerinnen in diesem Jahr 1,75 m betrug. Sie wird abgelehnt, wenn die durchschnittliche Körpergröße der Hörerinnen von diesem Wert abweicht. Wie im ersten Kapitel nachzulesen ist, betrug die durchschnittliche Körpergröße der Hörerinnen im Wintersemester 2003/2004 knapp 1,69 m. Demnach muss die Hypothese ausgehend von der vorliegenden Stichprobe zunächst einmal abgelehnt werden.

Während das Ablehnen einer falschen Hypothese und auch die Annahme einer wahren Hypothese das richtige Vorgehen sind, können natürlich auch Fehler bei derartigen Tests passieren. Generell sind bei diesem Vorgehen, also beim Testen von Hypothesen, die nachfolgenden Möglichkeiten auch denkbar (siehe. auch Abb. 16.1):

1. Eine wahre Hypothese wird abgelehnt. (*Fehler 1. Art*)
2. Eine falsche Hypothese wird angenommen. (*Fehler 2. Art*)

Als generelles Schema für das Vorgehen beim Testen einer Hypothese kann die nachfolgende Ablaufliste dienen:

Ablaufschema 16.1
1. Schritt: Formulierung der *Nullhypothese* H_0 und einer passenden Alternative (*Alternativhypothese*) H_1, die genau dann und nur dann eintritt, wenn die Nullhypothese H_0 abgelehnt wird.
2. Schritt: Festlegen einer Irrtumswahrscheinlichkeit (eines *Fehler-Niveaus* bzw. eines *Signifikanzniveaus*) α des Tests.

> 3. Schritt: Angabe der Annahmeregion des Tests derart, dass der Fehler 1.
> Art kleiner oder gleich dem Signifikanzniveau ist. Bestimmung der An-
> nahmeregion und des Stichprobenumfangs mithilfe der Signifikanzzahl
> und gegebenenfalls dem Fehler 2. Art (β-Fehler).

Anmerkung 16.1 Um die Vergleichbarkeit von statistisch abgesicherten Entscheidungen zu ermöglichen, hat sich in den Biowissenschaften der Schwellenwert $\alpha =$
5 % eingebürgert. Natürlich kann jedoch auch jeder andere Wert für α gewählt werden.

Beispiel 16.2 Jungen- und Mädchengeburten sind ungefähr gleich häufig. Es soll
nun untersucht werden, ob die Wahrscheinlichkeit der Geburt eines Jungen genau
50 % beträgt, oder ob sie, wie es in der Literatur immer wieder behauptet wird und
auch in Beispiel 13.14 dargestellt wurde, größer als 50 % ist. Allerdings schließen
wir bei unseren nachfolgenden Betrachtungen die Möglichkeit von Mehrlingsgeburten aus. Die Wahrscheinlichkeit, dass eine schwangere Frau einen Jungen zur
Welt bringt, bezeichnen wir mit p.

Wir wollen also die Hypothese $p = 0{,}5$ überprüfen. Hierfür benutzen wir eine
Stichprobe von 9534 Kölner Geburten aus dem Jahr 2006, unter denen sich 4939
Jungengeburten befanden (vgl. die Angaben in [9] bzw. bei [10]). Wenn unsere
Hypothese zutrifft, so sind ungefähr die Hälfte, also 4767 Jungengeburten zu erwarten. Wenn die beobachtete Zahl *zu sehr* von 4767 abweicht, indem sie größer
als ein kritischer Wert c ist, so fassen wir dies als ein Anzeichen dafür auf, dass
unsere Hypothese falsch war.

Aber was soll diesmal dieses „zu sehr" bedeuten? Entsprechend der oben gemachten Bemerkung wird der Wert c so bestimmt, dass die Wahrscheinlichkeit,
mehr als c Jungengeburten in einer Stichprobe von 9534 Geburten zu beobachten,
kleiner als $\alpha = 5$ % ist. Das bedeutet also, dass man das Risiko eingeht, in 20 von
100 Fällen die Hypothese zu verwerfen, obwohl sie richtig ist. Wir bestimmen also
für die binomialverteilte Zufallsvariable

$$X = \text{Anzahl der Jungengeburten unter 9534 Geburten}$$

einen kritischen Wert c aus der Gleichung

$$P(X > c) = \alpha = 0{,}05,$$

wobei der Parameter p der zugrunde liegenden Binomialverteilung mit $N = 9534$
entsprechend unserer Hypothese mit $p = 0{,}5$ angenommen wird. Wenn der aus
der Stichprobe entnommene Wert $x = 4767$ der Realisation der Zufallsvariablen X
größer als c ist, so verwerfen wir die Hypothese. Ist hingegen $4939 < c$, so nehmen
wir unsere Hypothese an.

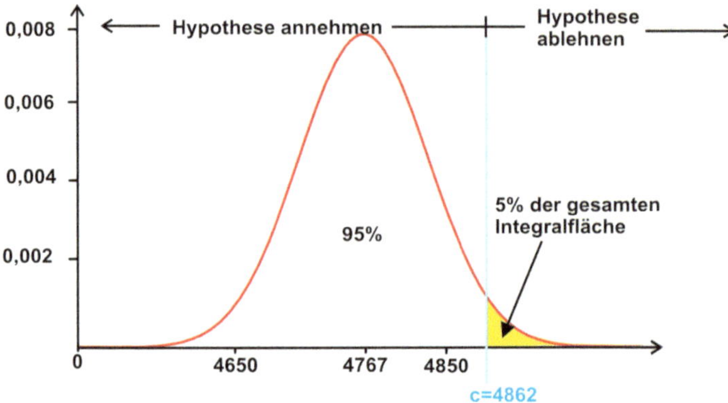

Abb. 16.2 Skizze der Lage des kritischen Wertes $c = 4862$ bezüglich der (angenäherten) Verteilung der Variablen X im Falle der Richtigkeit der Hypothese

Die Binomialverteilung kann in diesem Fall aufgrund des zentralen Grenzwertsatzes (vgl. Theorem 14.2 in Abschn. 14.5) durch eine Normalverteilung mit Mittelwert

$$\mu = N \cdot p \approx 4767 \quad \text{und Varianz} \quad \sigma^2 = N \cdot p \cdot (1 - p) \approx 2384$$

brauchbar angenähert werden. Es gilt also:

$$P(X > c) = 1 - P(X \le c) \approx 1 - \Phi\left(\frac{c - 4767}{\sqrt{2384}}\right) = 0{,}05.$$

Diese Gleichung kann man nun in die Gleichung

$$\Phi\left(\frac{c - 4767}{\sqrt{2384}}\right) = 0{,}95$$

umschreiben. D. h., dass der Wert

$$\frac{c - 4767}{\sqrt{2384}}$$

gleich dem 95 %-Quantil der Standardnormalverteilung entsprechen muss (vgl. Abb. 16.2. Schaut man nun den entsprechenden Wert in Tab. 15.1 in Abschn. 15.1 nach, so erhält man die Gleichung

$$\frac{c - 4767}{\sqrt{2384}} = 1{,}945,$$

woraus sich der Wert $c \approx 4862$ berechnen lässt. Da $4939 > 4862$ ist, verwerfen wir die Hypothese und nehmen die Alternativhypothese bzw. Alternative an, dass $p > 0{,}5$ ist.

16.1 Das Testen von Hypothesen über den Erwartungswert

Bevor wir zu einem konkreten Beispiel kommen, soll dieses Testschema zunächst abstrakt für zwei unterschiedliche Verteilungen durchexerziert werden.

16.1.1 Das Testen von Hypothesen über den Erwartungswert einer annähernd normalverteilten Zufallsvariablen bei großen Stichproben (N ≥ 30)

Die hier in diesem Fall gegebene Voraussetzung an die Grundgesamtheit ist somit die annähernde Normalverteilung mit einem Erwartungswert μ und einer Standardabweichung σ. Zusätzlich sei der Stichprobenumfang N bekannt. Entsprechend dem eben angegebenen Schema müssen wir also zunächst die Nullhypothese und eine geeignete Gegenhypothese formulieren. Wir behaupten also, dass der Mittelwert der Grundgesamtheit einem von uns angegebenem, festen Wert μ_0 entspricht. Hierbei gibt es drei unterschiedliche Möglichkeiten für die Formulierung der Nullhypothese, die Konsequenzen für die Durchführung des Tests und der Formulierung der Alternativhypothese haben. Mögliche Nullhypothesen wären in diesem Fall:

1. Möglichkeit: H_0: Der Mittelwert μ der zugrunde liegenden Grundgesamtheit ist kleiner oder gleich dem festen Wert μ_0. (Kurz: $H_0: \mu \leq \mu_0$.)
2. Möglichkeit: H_0: Der Mittelwert μ der zugrunde liegenden Grundgesamtheit ist größer oder gleich dem festen Wert μ_0. (Kurz: $H_0: \mu \geq \mu_0$.)
3. Möglichkeit: H_0: Der Mittelwert μ der zugrunde liegenden Grundgesamtheit ist gleich dem festen Wert μ_0. (Kurz: $H_0: \mu = \mu_0$.)

Die Kurzform der entsprechenden Formulierungen macht deutlich, dass die Gegenhypothese H_1 und auch die Annahmeregion in den drei vorliegenden Fällen jeweils unterschiedlich sein muss (vgl. Abb. 16.3). Daher wollen wir diese Fälle auch einzeln betrachten.

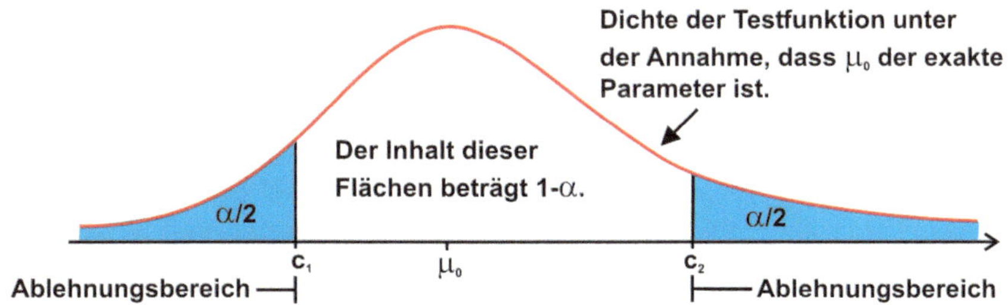

Abb. 16.3 Bestimmung der Annahmeregion eines zweiseitigen Hypothesentests im Fall einer stetigen Wahrscheinlichkeitsverteilung

Ablaufschema 16.2

1. H_0: Der Mittelwert μ der zugrunde liegenden Grundgesamtheit ist kleiner oder gleich dem festen Wert μ_0. H_1: Der Mittelwert μ der zugrunde liegenden Grundgesamtheit ist größer als μ_0. (Kurz: $H_0\!: \mu \leq \mu_0$ und $H_1\!: \mu > \mu_0$).

In diesem Fall spricht man von einer einseitigen Alternative. Die Nullhypothese H_0 wird angenommen, wenn für das Stichprobenmittel x_M die Ungleichung

$$x_M \leq \mu_0 + z_{1-\alpha}\,\frac{\sigma}{\sqrt{N}}$$

erfüllt ist.

2. H_0: Der Mittelwert μ der zugrunde liegenden Grundgesamtheit ist größer oder gleich dem festen Wert μ_0. H_1: Der Mittelwert μ der zugrunde liegenden Grundgesamtheit ist kleiner als μ_0. (Kurz: $H_0\!: \mu \geq \mu_0$ und $H_1\!: \mu < \mu_0$).

In diesem Fall spricht man erneut von einer einseitigen Alternative. Die Nullhypothese H_0 wird angenommen, wenn für das Stichprobenmittel x_M die Ungleichung

$$x_M \geq \mu_0 - z_{1-\alpha}\,\frac{\sigma}{\sqrt{N}}$$

erfüllt ist.

3. H_0: Der Mittelwert μ der zugrunde liegenden Grundgesamtheit ist gleich dem festen Wert μ_0. H_1: Der Mittelwert μ der zugrunde liegenden Grundgesamtheit ist nicht gleich dem Wert von μ_0. (Kurz: $H_0\!: \mu = \mu_0$ und $H_1\!: \mu \neq \mu_0$).

Dieser Fall ist eine zweiseitige Alternative. Die Nullhypothese H_0 wird angenommen, wenn für das Stichprobenmittel x_M die Ungleichungen

$$\mu_0 - z_{1-\frac{\alpha}{2}}\,\frac{\sigma}{\sqrt{N}} \leq x_M \leq \mu_0 + z_{1-\frac{\alpha}{2}}\,\frac{\sigma}{\sqrt{N}}$$

gelten.

Beispiel 16.3 Auf den Etiketten der Verpackungen von Wurstwaren sind in der Regel neben den Angaben zum Brennwert, dem Kohlenhydrate-Gehalt und dem Fettgehalt auch die Angaben zum Eiweißgehalt der einzelnen Wurstware zu finden. Die Verpackung einer nicht näher bestimmten Cervelatwurst weist nur $10\,\mathrm{g}$ Eiweißgehalt aus. Wir nehmen nun an, dass das Eiweiß normalverteilt mit Standardabweichung von $0{,}9\,\mathrm{g}$ ist. Bei einer Zufallsprobe von 100 Packungen dieser Cervelatwurst wird ein Mittelwert von $10{,}3\,\mathrm{g}$ gemessen. Kann die Herstellerangabe zu dem Eiweißgehalt der vorliegenden Cervelatwurstsorte mit einer Sicherheit von $90\,\%$ angenommen werden oder muss sie verworfen werden? Die Nullhypothese in diesem Fall muss wie folgt lauten:

H_0: Der Mittelwert der den Eiweißgehalt beschreibenden Normalverteilung ist kleiner oder gleich 10 g.

Somit lautet die Alternativhypothese:

H_1: Der Mittelwert der den Eiweißgehalt beschreibenden Normalverteilung ist größer als 10 g.

Die nachzuprüfende Formel lautet also in diesem Fall:

$$x_M \leq \mu_0 + z_{1-\alpha} \frac{\sigma}{\sqrt{N}}$$

Der Wert x_M ist bei der vorliegenden Stichprobe mit 10,3 berechnet worden. Da eine Sicherheit von 90 % gegeben sein soll, ist $\alpha = 10\,\%$. Das 90 %-Quantil der Standardnormalverteilung hat ungefähr den Wert

$$z_{0,9} = 1{,}28$$

(vgl. die entsprechende Tabelle für die Quantile der Standardnormalverteilung). Somit ergibt sich insgesamt die Ungleichung:

$$10{,}3 \leq 10 + 1{,}28\frac{0{,}9}{10} = 10 + 0{,}1152 = 10{,}1152.$$

Da diese Ungleichung nicht erfüllt ist, muss die Hypothese also abgelehnt und die Alternativhypothese H_1 angenommen werden.

Anmerkung 16.2 Auch hier hat die Beobachtung aus Anmerkung 15.4 Auswirkungen auf die Formel. Unabhängig vom Stichprobenumfang müssen auch hier die Quantile der Normalverteilung durch die entsprechenden Werte der t-Verteilung ersetzt werden, wenn die Standardabweichung der vorliegenden bzw. zu untersuchenden Verteilung nicht bekannt ist, sondern durch die Standardabweichung der Stichprobe ersetzt wird. Hierzu werden wir aber noch ausführlicher in Abschn. 16.2 kommen.

16.1.2 Das Testen von Hypothesen bzgl. der Mittelwerte von Bernoulli-Experimenten bei großen Stichproben/Der sogenannte Binomial-Test

In unserem zweiten exemplarisch beschriebenen Vorgehen beim Testen von Erwartungswerten wenden wir uns nun einer Grundgesamtheit zu, die Bernoulli-verteilt mit einem Parameter p sei. Auch hier setzen wir voraus, dass der Stichprobenumfang N hinreichend groß ist. Die Überlegungen des vorangegangenen Abschnitts können übernommen werden, wobei wir jedoch den Mittelwert μ durch die Wahrscheinlichkeit p ersetzen und die Standardabweichung σ ersetzt wird durch $\sqrt{p(1-p)}$.

Auch hier gibt es drei Möglichkeiten, die Nullhypothese zu formulieren, die wir alle drei separat angeben: Die Kurzform der entsprechenden Formulierungen macht deutlich, dass die Gegenhypothese H_1 und auch die Annahmeregion in den drei vorliegenden Fällen jeweils unterschiedlich sein muss. Daher wollen wir diese Fälle auch einzeln betrachten.

Ablaufschema 16.3

1. H_0: Der Erwartungswert p der zugrunde liegenden Grundgesamtheit ist kleiner oder gleich dem festen Wert p_0. H_1: Der Erwartungswert p der zugrunde liegenden Grundgesamtheit ist größer als p_0. (Kurz: H_0: $p \leq p_0$ und H_1: $p > p_0$).

   Die Nullhypothese H_0 wird bei dieser einseitigen Alternative angenommen, wenn für das Stichprobenmittel x_M die Ungleichung

   $$x_M \leq p_0 + z_{1-\alpha} \sqrt{\frac{p_0(1-p_0)}{N}}$$

   erfüllt ist.

2. H_0: Der Erwartungswert p der zugrunde liegenden Grundgesamtheit ist größer oder gleich dem festen Wert p_0. H_1: Der Erwartungswert p der zugrunde liegenden Grundgesamtheit ist kleiner als p_0. (Kurz: H_0: $p \geq p_0$ und H_1: $p < p_0$).

   In diesem Fall wird die Nullhypothese H_0 bei dieser einseitigen Alternative angenommen, wenn für das Stichprobenmittel x_M die Ungleichung

   $$x_M \geq p_0 - z_{1-\alpha} \sqrt{\frac{p_0(1-p_0)}{N}}$$

   erfüllt ist.

3. H_0: Der Erwartungswert p der zugrunde liegenden Grundgesamtheit ist gleich dem festen Wert p_0. H_1: Der Erwartungswert p der zugrunde liegenden Grundgesamtheit ist nicht gleich dem Wert von p_0. (Kurz: H_0: $p = p_0$ und H_1: $p \neq p_0$).

   Die Nullhypothese H_0 wird bei dieser zweiseitigen Alternative angenommen, wenn für das Stichprobenmittel x_M die Ungleichungen

   $$p_0 - z_{1-\frac{\alpha}{2}} \sqrt{\frac{p_0(1-p_0)}{N}} \leq x_M \leq p_0 + z_{1-\frac{\alpha}{2}} \sqrt{\frac{p_0(1-p_0)}{N}}$$

   gelten.

Beispiel 16.4 Der Waldzustandsbericht des Landes Niedersachsen [3] für das Jahr 2005 gibt an, dass mehr als 50 % der Fichten in Niedersachsen Schadensmerkmale aufweisen. (Tatsächlich sind es nach den Angaben in [3] sogar 52 %.) In einem niedersächsischen Forstbezirk wurden nun 350 Fichten untersucht und solche Schäden an 120 Fichten festgestellt. Wir wollen uns nun der Frage widmen, ob dieses Ergebnis bei einem Signifikanzgrad von 1 % mit der allgemeinen Aussage des Waldzustandsberichtes [3] verträglich ist.

Die hier zu formulierende Nullhypothese zum Erwartungswert p muss eine einseitige Alternative haben, da lediglich ausgesagt wird, dass „... mehr als 50 % der Fichten ...“ nur eine Aussage der Form $p \geq 0{,}5$ zulässt. Die Nullhypothese und ihre Alternativhypothese lauten also in diesem Fall:

$$H_0\colon p \geq 0{,}5 \quad \text{und} \quad H_1\colon p < 0{,}5.$$

In dem nun von uns durchzuführenden Test ist also p_0 durch den Wert 0,5 zu ersetzen. Das Stichprobenmittel x_M ist durch den Wert $120/300$ gegeben. Da ein Signifikanzniveau von $\alpha = 1$ % verlangt ist, ist $(1 - \alpha) = 0{,}99$. Das 99 %-Quantil der Standardnormalverteilung ist der Wert $z_{0{,}99} = 2{,}33$ (vgl. die dazugehörige Tabelle). Die Standardabweichung $\sqrt{p_0(1 - p_0)}$ kann ebenfalls berechnet werden. Es gilt:

$$\sqrt{p_0(1 - p_0)} = \sqrt{0{,}5 \cdot 0{,}5} = \sqrt{0{,}25} = 0{,}5$$

in diesem konkreten Fall. Somit lautet die von uns zu überprüfende Ungleichung

$$x_M \geq p_0 - z_{1-\alpha} \sqrt{\frac{p_0(1 - p_0)}{N}}$$

in diesem konkreten Beispiel:

$$\frac{120}{350} \geq 0{,}5 - 2{,}33 \cdot \sqrt{\frac{25}{35.000}} = 0{,}5 - \frac{233}{1000\sqrt{14}}.$$

Abgesehen davon, dass diese Aussage falsch ist, gehen wir nun davon aus, dass wir mit einer Rechengenauigkeit von nur vier Nachkommastellen rechnen. In diesem Fall würde die letzte Ungleichung $0{,}3429 \geq 0{,}4377$ lauten, was offensichtlich nicht erfüllt ist. Die Nullhypothese kann somit auf Grundlage der vorliegenden Stichprobe mit einer Signifikanz von 1 % nicht angenommen werden. Die Hypothese wird somit in diesem Fall abgelehnt.

Anmerkung 16.3 Was in diesem Abschnitt unter „hinreichend groß“ zu verstehen ist, ist etwas anders als die sonstige Bedingung, dass $N \geq 30$ sein soll. Nach dem zentralen Grenzwertsatz ist für die binomialverteilte Zufallsvariable X das standardisierte Mittel standardnormalverteilt, wenn N hinreichend groß gewählt wurde und die Standardabweichung der Verteilung bekannt ist. Die Genauigkeit der Approximation der Verteilung des standardisierten Mittels durch die Standardnormalverteilung hängt hierbei jedoch nicht nur von N, sondern auch von p ab. Sie ist besser, je weiter der Wert für p im Inneren des Intervalls $[0, 1]$ liegt, während sie sich deutlich verschlechtert, wenn p nahe bei 0 oder 1 ist. Als Faustregel für die Aussage, dass N so hinreichend groß ist, dass man nach dem oben angegebenen Schema einen Binomialtest durchführen kann, dient die Ungleichung

$$N \cdot p \cdot (1 - p) > 9$$

Ist diese Ungleichung erfüllt, so ist die Verteilung des standardisierten Mittels einer binomialverteilten Zufallsvariablen X annähernd standardnormalverteilt (vgl. [14, Seite 168]), und man kann den obigen Binomialtest anwenden. In unserem vorangegangenen Beispiel war die Ungleichung übrigens erfüllt.

16.2   Der t-Test

Wenn die Grundgesamtheit der zu analysierenden Zufallsvariablen annähernd normalverteilt, aber der Umfang der vorliegenden Stichprobe kleiner als 30 ist, so muss das Quantil aus der Standardnormalverteilung durch das entsprechende Quantil der t-Verteilung ersetzt werden.

Unabhängig von dem Stichprobenumfang gilt dies auch für den Fall, dass die Standardabweichung der zugrunde liegenden „annähernden Normalverteilung" nicht bekannt ist und durch die Standardabweichung der Stichprobe, also die *empirische Standardabweichung s*, ersetzt werden muss (vgl. Bemerkung 16.2). In diesem Fall spricht man von einem (Ein-Stichproben-)t-Test zur Schätzung des Erwartungswertes. Hier haben wir also die nachfolgenden „Testverfahren" gegeben:

Ablaufschema 16.4

1. H_0: Der Mittelwert μ der zugrunde liegenden Grundgesamtheit ist kleiner oder gleich dem festen Wert μ_0. H_1: Der Mittelwert μ der zugrunde liegenden Grundgesamtheit ist größer als μ_0. (Kurz: $H_0: \mu \leq \mu_0$ und $H_1: \mu > \mu_0$.)

   Die Nullhypothese H_0 wird angenommen, wenn für das Stichprobenmittel x_M die Ungleichung

   $$x_M \leq \mu_0 + t_{N-1;1-\alpha} \frac{s}{\sqrt{N}}$$

   erfüllt ist.

2. H_0: Der Mittelwert μ der zugrunde liegenden Grundgesamtheit ist größer oder gleich dem festen Wert μ_0. H_1: Der Mittelwert μ der zugrunde liegenden Grundgesamtheit ist kleiner als μ_0. (Kurz: $H_0: \mu \geq \mu_0$ und $H_1: \mu < \mu_0$.)

Die Nullhypothese H_0 wird angenommen, wenn für das Stichprobenmittel x_M die Ungleichung

$$x_M \geq \mu_0 - t_{N-1;1-\alpha} \frac{s}{\sqrt{N}}$$

erfüllt ist.

3. H_0: Der Mittelwert μ der zugrunde liegenden Grundgesamtheit ist gleich dem festen Wert μ_0. H_1: Der Mittelwert μ der zugrunde liegenden Grundgesamtheit ist nicht gleich dem Wert von μ_0. (Kurz: $H_0: \mu = \mu_0$ und $H_1: \mu \neq \mu_0$.)

Die Nullhypothese H_0 wird angenommen, wenn für das Stichprobenmittel x_M die Ungleichungen

$$\mu_0 - t_{N-1;1-\frac{\alpha}{2}} \frac{s}{\sqrt{N}} \leq x_M \leq \mu_0 + t_{N-1;1-\frac{\alpha}{2}} \frac{s}{\sqrt{N}}$$

gelten.

Anmerkung 16.4 Wichtige Grundvoraussetzung für den t-Test ist die annähernde Normalverteilung der Grundgesamtheit der Zufallsvariablen.

Beispiel 16.5 Nach einer unauffällig verlaufenden Schwangerschaft wiegen gesunde Kinder bei der Geburt im Durchschnitt etwa 3500 g. Ein Mediziner vermutet nun, dass die Neugeborenen von übergewichtigen Müttern im Allgemeinen nicht mehr als der allgemeine Durchschnittswert wiegen. Zur Untermauerung seiner Hypothese betrachtet er eine Stichprobe von 16 neugeborenen Babys, deren Mütter alle stark übergewichtig sind. Er nimmt an, dass bei normalgewichtigen Müttern das Geburtsgewicht der Neugeborenen normalverteilt mit $\mu_0 = 3500$ g ist. Bei den $N = 16$ Neugeborenen werden nun die nachfolgenden Geburtsgewichte ermittelt:

$$4000 \text{ g}, 4500 \text{ g}, 3000 \text{ g}, 3200 \text{ g}, 3800 \text{ g}, 3500 \text{ g}, 4125 \text{ g}, 3875 \text{ g},$$
$$3500 \text{ g}, 3000 \text{ g}, 2500 \text{ g}, 3250 \text{ g}, 3750 \text{ g}, 3000 \text{ g}, 4500 \text{ g}, 4500 \text{ g}.$$

Die gewählte Sicherheitswahrscheinlichkeit sei $(1 - \alpha) = 0{,}999$. Kann man aufgrund dieser Daten die Nullhypothese H_0, wonach die Kinder von übergewichtigen Müttern kein über dem Durchschnitt liegendes Geburtsgewicht haben, ablehnen?

Wir wollen die Aussage mithilfe eines zweiseitigen t-Tests überprüfen. Zunächst berechnen wir hierfür das Stichprobenmittel und die Standardabweichung der Stichprobenwerte (wobei wir mit einer Rechengenauigkeit von drei Nachkommastellen rechnen). Wir erhalten hierbei:

$$x_M = 3625 \quad \text{und} \quad s = \sqrt{\frac{1}{15} \sum_{i=1}^{16} (x_i - 3625)^2} = 610{,}26.$$

Die zu überprüfende Ungleichung lautet:

$$\mu_0 - t_{N-1;1-\frac{\alpha}{2}}\,\frac{s}{\sqrt{N}} \le x_M \le \mu_0 + t_{N-1;1-\frac{\alpha}{2}}\,\frac{s}{\sqrt{N}}.$$

Wir müssen also zunächst $t_{15;0,9995}$ bestimmen. Laut der Tabelle für die Quantile der t-Verteilung ist

$$t_{15;0,9995} = 4{,}073.$$

Setzen wir nun alle Werte in die Ungleichung ein, so erhalten wir:

$$3500 - 4{,}073 \cdot \frac{610{,}26}{\sqrt{16}} \le 3625 \le 3500 + 4{,}073 \cdot \frac{610{,}26}{\sqrt{16}}$$

bzw.

$$3500 - 621{,}397 \le 3625 \le 3500 + 621{,}397, \quad \text{d.\,h. } 2878{,}603 \le 3625 \le 4121{,}397.$$

Da diese Ungleichungen wahre Aussagen sind, können wir die Nullhypothese nicht ablehnen, sondern müssen sie annehmen. Dieser Testausgang der (fiktiven) Stichprobe impliziert, dass das Übergewicht der Mütter nicht unmittelbar zu einem Übergewicht der Babys führen muss.

16.2.1   Der t-Test für abhängige Stichproben

Wenn ein annähernd normalverteiltes Untersuchungsmerkmal Z unter zwei verschiedenen Bedingungen beobachtet wird, so kann man es statt als eine einzelne Zufallsvariable als zwei unterschiedliche Zufallsvariablen X und Y auffassen. Der sogenannte t-Test für abhängige Stichproben dient dazu, die Mittelwerte der X- und Y-Stichproben zu vergleichen. Im Prinzip ist es ein einfacher t-Test, wobei man eine neue zu untersuchende Zufallsvariable, die Differenz der Erwartungswerte der Zufallsvariablen X und Y, einem t-Test unterzieht. Im Einzelnen geht man hierbei wie folgt vor:

Ablaufschema 16.5

1. Es sind zwei abhängige Beobachtungsreihen x_i und y_i ($i = 1,\ldots,N$) der Variablen X mit Erwartungswert μ_X und Y mit Erwartungswert μ_Y gegeben. Zunächst wird aus den N Wertepaaren (x_i, y_i) die Differenzstichprobe $d_i = x_i - y_i$ (für $i = 1,\ldots,N$) gebildet. Nun berechnet man den Mittelwert d_M und die Varianz s_d^2 dieser Differenzstichprobe.
2. Man kann nun jedes der d_i als eine Realisation der Zufallsvariablen D_i ($i = 1,\ldots,N$) auffassen, die den Mittelwert $\mu = \mu_X - \mu_Y$ besitzt. Mit den Zufallsvariablen D_i wird das mathematische Stichprobenmittel D_M sowie die Stichprobenvarianz S_D^2 gebildet.

3. Um einen Vergleich der Mittelwerte μ_X und μ_Y vornehmen zu können,
    hat man für den durchzuführenden Test drei Möglichkeiten:
    (a) $H_0\colon \mu = 0$ und $H_1\colon \mu \neq 0$. H_0 bedeutet hier, dass die Mittelwerte μ_X
        und μ_Y übereinstimmen.
    (b) $H_0\colon \mu \leq 0$ und $H_1\colon \mu > 0$. H_0 bedeutet jetzt, dass $\mu_X \leq \mu_Y$ ist.
    (c) $H_0\colon \mu \geq 0$ und $H_1\colon \mu < 0$. H_0 bedeutet nun, dass $\mu_X \geq \mu_Y$ ist.
    Als Testgröße dient in diesen Fällen

$$T = \frac{D_M \sqrt{N}}{S_D},$$

wobei bekannt ist, dass diese Zufallsvariable mit $(N-1)$-Freiheitsgraden
t-verteilt ist, also kurz: $T \sim t_{N-1}$. Durch das Ersetzen des mathematischen Stichprobenmittels durch d_M und der Stichprobenvarianz S_D^2 durch
s_d^2 erhält man die Realisation RT dieser Zufallsvariablen T.

4. Es sei nun das Signifikanzniveau α vorgegeben. Die Hypothese H_0 ist
    demnach anzunehmen, wenn in den oben genannten drei Fällen jeweils
    (a) $|RT| \leq t_{N-1,1-\frac{\alpha}{2}}$
    (b) $RT \leq t_{N-1;1-\alpha}$
    (c) $RT \geq t_{N-1;\alpha}$, was gleichbedeutend ist mit $RT \geq -t_{N-1;1-\alpha}$
    gilt.

Beispiel 16.6 Ein Metall wird mit zwei unterschiedlichen Verfahren behandelt und
danach auf eine gewisse Eigenschaft hin untersucht bzw. gemessen. Dabei erhält
man für das Metall die in der Tab. 16.1 angegebenen fiktiven Messwerte (x_i, y_i).
Hierbei stehen die (x_i) für unbehandeltes und die (y_i) für behandeltes Metall. Das
durchnummerierte Metall habe jeweils eine unterschiedliche Herkunft. Lässt sich
basierend auf diesen Stichprobendaten die Nullhypothese, dass kein Behandlungs-
unterschied bzw. Behandlungseffekt besteht, auf einem 5%igem Niveau absichern?

Tab. 16.1 Tabelle der (fiktiven) Messwerte

Nr.	x_i	y_i	$d_i = (x_i - y_i)$	d_i^2
1	4,0	2,8	1,2	1,44
2	3,5	2,6	0,9	0,81
3	4,1	4,0	0,1	0,01
4	5,5	2,1	3,4	11,56
5	5,6	5,9	−0,3	0,09
6	4,6	5,3	−0,7	0,49
7	6,5	3,1	3,4	11,56
8	5,3	3,7	1,6	2,56
$N = 8$			$\sum d_i = 9{,}6$	$\sum d_i^2 = 28{,}52$

Verwendet man den Verschiebungssatz für die Stichprobenvarianz zur Berechnung von

$$RT = \frac{d_M\sqrt{N}}{s_d} = \frac{\left(\left(\sum d_i\right)/N\right)\sqrt{N}}{\sqrt{\left(\sum d_i^2 - \left(\left(\sum d_i\right)^2/N\right)\right)/(N-1)}}$$

$$= \frac{\left(\sum d_i\right)/N}{\sqrt{\left(\sum d_i^2 - \left(\left(\sum d_i\right)^2/N\right)\right)/(N\cdot(N-1))}},$$

so ergibt also in diesem Fall mit den in Tab. 16.1 angegebenen Werten:

$$RT = \frac{9{,}6/8}{\sqrt{\frac{28{,}52-(9{,}6)^2/8}{8\cdot(8-1)}}} \approx 2{,}178.$$

Da $t_{7;0,995} = 2{,}365$ ist, gilt also: $RT < t_{7;0,995}$. Somit ist der Verfahrensunterschied bzw. der Behandlungseffekt auf einem 5%igem Niveau nicht signifikant (bzw. nicht statistisch gesichert).

Um die Vorgehensweise beim t-Test für abhängige Stichproben noch deutlicher zu machen, wenden wir uns nun noch einem weiteren Beispiel für einen solchen Test zu.

Beispiel 16.7 Bei der Einführung neuer medizinischer Verfahren und Medikamente sind sogenannte Placebo-kontrollierte Parallelversuche die Regel. Ein Placebo ist ein einem echten Arzneimittel nachgebildetes, unwirksames Scheinarzneimittel. Bei diesen Parallelversuchen wird die Wirkung eines Testpräparates und eines Kontrollpräparates (Placebo) auf eine (fiktive) Messgröße X verglichen bzw. untersucht. Mit X_1 und X_2 bezeichnen wir nun die Messgrößen zu Beginn bzw. zum Ende der jeweiligen Behandlung. Um den Versuch auszuwerten, soll nun innerhalb jeder Präparategruppe geprüft werden, ob sich die Messgröße im Mittel verändert. Hierbei sei $\alpha = 5\%$.

Wir nehmen nun an, dass bei dem (fiktiven) Parallelversuch die in Tab. 16.2 angegebenen Werte gemessen wurden, die somit unsere Stichprobe darstellen.

Zunächst müssen wir also die Differenzwerte der angegebenen experimentellen Daten bestimmen. Dies führt uns auf die in Tab. 16.3 angegebenen Werte.

Die Nullhypothese lautet in beiden „Präparategruppen" , dass der Erwartungswert der μ_D der Differenzzufallsvariablen $D = X_1 - X_2$ identisch gleich null ist.

1. Für die Präparategruppe „Test" ergibt sich für den Differenzwert ein Stichprobenmittel von $d_{1M} = 33{,}4$ und eine Standardabweichung $s_{d_1} = 128{,}87$. Berechnet man hier die Realisation RT der Testgröße T, so erhält man hier

$$RT = \frac{33{,}4\cdot\sqrt{10}}{128{,}87}.$$

Tab. 16.2 Tabellen der (fiktiven) Messwerte für den Placebo-kontrollierten Parallelversuch

Testpräparat-Proband	X_1	X_2	Placebo-Proband	X_1	X_2
1	545	690	11	804	880
2	610	762	12	572	684
3	402	426	13	630	540
4	461	340	14	270	510
5	752	711	15	379	290
6	662	555	16	1074	1154
7	400	190	17	475	447
8	766	640	18	1076	904
9	837	696	19	674	710
10	504	595	20	519	413

Tab. 16.3 Tabellen der Differenzen der (fiktiven) Messwerte für den oben beschriebenen Placebo-kontrollierten Parallelversuch

Testpräparat-Proband	$X_1 - X_2$	Placebo-Proband	$X_1 - X_2$
1	−145	11	76
2	−152	12	−112
3	−24	13	90
4	121	14	−240
5	41	15	89
6	107	16	−80
7	210	17	28
8	126	18	172
9	141	19	−36
10	−91	20	106

Es soll mit einer Signifikanz von $\alpha = 5\,\%$ eine Aussage gemacht werden. Wir führen einen zweiseitigen Test durch. Hierfür berechnen wir $(1 - \frac{\alpha}{2}) = 0{,}975$ und suchen, da wir eine Stichprobe mit einem Stichprobenumfang von $N = 10$ vorliegen haben, aus der entsprechenden Tabelle der t-Verteilung den Wert $t_{9;0,975}$. Nun gilt, dass

$$|RT| \leq t_{9;0,975} = 2{,}26$$

erfüllt ist, womit wir die Nullhypothese für diese Präparategruppe annehmen können.

2. Für die Präparategruppe „Placebo" berechnet man, dass $d_{2M} = -5{,}9$ und $s_{d_2} = 377{,}21$ ist. Für diese Präparategruppe hat die Realisation RT der Testgröße T die Gestalt:

$$|RT| = \left| \frac{-5{,}9 \cdot \sqrt{10}}{377{,}21} \right| \approx 0{,}049.$$

Da auch hier

$$|RT| \leq t_{9;0,975}$$

gilt, können wir auch für die Präparategruppe „Placebo" die Nullhypothese annehmen.

Die richtige Planung des Stichprobenumfangs ist besonders wichtig, wenn man auf einem vorgegebenen Niveau α mit einer Sicherheit von $(1 - \beta)$ eine Entscheidung für die Alternativhypothese treffen will. Weicht der Mittelwert μ um einen Wert $h \neq 0$ im Sinne der Alternativhypothese ab, so muss man den Stichprobenumfang richtig planen. Bei der *Planung des Stichprobenumfangs* muss man zwischen den drei Fällen 3a), 3b) und 3c) sauber unterscheiden. Im Fall 3a) ist der notwendige Stichprobenumfang durch

$$N \approx \frac{\sigma^2}{h^2}(z_{1-\frac{\alpha}{2}} + z_{1-\beta})^2$$

anzusetzen, während er in den beiden übrigen Fällen 3b) und 3c) durch

$$N \approx \frac{\sigma^2}{h^2}(z_{1-\alpha} + z_{1-\beta})^2$$

approximiert werden muss. Die mithilfe der hier angegebenen Formeln berechenbaren Näherungswerte für den notwendigen Stichprobenumfang sind allerdings (wie man in der Literatur nachlesen kann) in der Praxis erst ab einem Wert von etwa $N = 20$ wirklich verwendbar.

16.3 Der χ^2-Test/-Anpassungstest

Bislang wurde bei den hier angegebenen Tests stets vorausgesetzt, dass die Grundgesamtheit des untersuchten Merkmals bzw. der zugrunde liegenden Zufallsvariablen annähernd normalverteilt ist. Zwar ist es aufgrund des zentralen Grenzwertsatzes (vgl. Theorem 14.2 in Abschn. 14.5) durchaus möglich, in vielen Situationen davon auszugehen, dass die zugrunde liegende Zufallsvariable bei einer hinreichend großen Anzahl an Wiederholungen des durchgeführten Experiments annähernd normalverteilt ist, doch hat man häufig gar nicht die Möglichkeiten, die Versuche/Experimente entsprechend oft zu wiederholen. Daher ist es oftmals so, dass man eine Vermutung über die Art der vorliegenden Wahrscheinlichkeitsverteilung treffen muss, die es dann zu überprüfen gilt. Wie aber kann man Aussagen über die Wahrscheinlichkeitsverteilung einer zu analysierenden Zufallsvariablen überprüfen? Tatsächlich ist eines der wichtigsten Probleme der Statistik generell, zu einem gegebenen Wahrscheinlichkeitsexperiment ein zur Beschreibung geeignetes Wahrscheinlichkeitsmodell anzugeben. Hierbei tauchen generell zwei Fragen auf, denen man sich stellen muss.

1. Lassen sich die Maßzahlen und die Verteilung, die am besten zur Beschreibung des Wahrscheinlichkeitsexperiments geeignet sind, von den durch Experimente gewonnenen Daten (also von den Stichproben) ablesen?
2. Wie gut ist die Beschreibung der Daten durch das angegebene Wahrscheinlichkeitsmodell und lässt sich dies irgendwie quantifizieren?

Auch zur Beantwortung dieser Fragen gibt es ein allgemeines Vorgehensschema, das angewendet werden kann. Dies wollen wir erneut zunächst darstellen und im Anschluss in einem konkreten Beispiel näher verdeutlichen.

Ablaufschema 16.6

1. Zunächst erstellt man mithilfe der vorliegenden aus Experimenten gewonnenen Daten der Stichprobe eine grafische Darstellung, wie z. B. ein Säulendiagramm. Des Weiteren berechnet man den Mittelwert, die Varianz und die Standardabweichung der vorliegenden Daten.

2. Im zweiten Schritt überlegt man sich, welcher Verteilung die grafische Darstellung der Daten ähnelt und mit welcher Verteilung man es somit voraussichtlich zu tun hat. Hierbei zieht man auch eventuelle Erfahrungen mit ähnlichen Grundgesamtheiten in die Überlegungen mit ein und überprüft, ob es gegebenenfalls Gründe gibt, die die Klasse der möglichen Verteilungen näher eingrenzen. Aufgrund der Abwägungen der unterschiedlichen Argumente entscheidet man sich nun für die Klasse von Verteilungen, die einem am naheliegendsten scheint.

3. Der dritte Schritt dient zur Bestimmung der noch freien Parameter der Verteilung durch geeignete Punktschätzungen. Das bedeutet für
   (a) die Binomialverteilung: Schätzung des Parameters p durch das arithmetische Mittel der Stichprobe.
   (b) die Poisson-Verteilung: Schätzung des Parameters λ durch das arithmetische Mittel der Stichprobe.
   (c) eine $N(\mu, \sigma)$-Normalverteilung: Schätzung des Erwartungswertes μ durch das arithmetische Mittel der Stichprobe und Schätzung der Standardabweichung σ durch die empirische Standardabweichung der Stichprobe.
   Damit ist die vermutete, der Grundgesamtheit zugrunde liegende Verteilung eindeutig festgelegt.

4. Der vierte durchzuführende Schritt ist der Vergleich der durch die ausgewählte (und somit vermutete) Verteilung gegebenen Approximation mit der tatsächlich vorliegenden Wahrscheinlichkeitsverteilung des untersuchten Merkmals. Dies wird mithilfe eines sogenannten χ^2-*Tests* (spricht sich *Chi-Quadrat-Test*) durchgeführt.
   Zur Vorbereitung dieses Tests teilt man den Wertebereich der Zufallsvariablen in geeignete disjunkte Klassen $K_1, \ldots, K_k$ ein. Natürlich wird man hierfür eine Klasseneinteilung wählen, die die grafische Darstellung impliziert. Allgemeinere Angaben, wie man die vorliegenden Daten in Klassen einteilen kann, sind in der nachfolgenden Anmerkung 16.5 gegeben.
   Die hierbei gegebenen Klassenhäufigkeiten seien $N_1, \ldots, N_k$. Der Stichprobenumfang ist die Summe der Klassenhäufigkeiten, d. h.

$$N = \sum_{i=1}^{k} N_i.$$

Da wegen der Überlegungen aus dem zweiten und dem dritten Schritt die theoretische Verteilung der Zufallsvariablen bekannt ist, lassen sich die Wahrscheinlichkeiten dafür berechnen, dass die Zufallsvariable eine Realisation besitzt, die Werte in der Klasse K_i hat. Daher setzen wir

$$p_i = \text{Wahrscheinlichkeit, dass die Zufallsvariable eine Realisation}$$
$$\text{mit Werten in der Klasse } K_i \text{ besitzt.}$$

Mithilfe dieser theoretischen Wahrscheinlichkeiten lässt sich nun ein Vergleich zwischen Werten bzw. Ergebnissen der Stichprobe und den theoretischen Klassenhäufigkeiten vornehmen. Hierfür bilden wir die Testgröße

$$T_{\chi^2} = \sum_{i=1}^{k} \frac{(N_i - N \cdot p_i)^2}{N \cdot p_i}.$$

Als Maß für die Abweichung der theoretischen Werte $N \cdot p_i$ von den tatsächlichen Werten N_i kann der Wert der Testgröße T_{χ^2} uns also ein „Gefühl" dafür geben, wie gut die Daten zu der von uns vermuteten Verteilung passen. Je größer der Wert der Testgröße T_{χ^2} ist, umso weiter liegen die experimentellen Daten der Stichprobe von den theoretischen Wahrscheinlichkeiten entfernt. Andererseits ist die Approximation durch die angenommene Wahrscheinlichkeitsverteilung relativ gut, wenn die Testgröße T_{χ^2} einen relativ kleinen Wert annimmt.
Somit wird die Hypothese, dass die Daten durch die in dem zweiten und dritten Schritt dieses Schemas festgelegte Verteilung beschrieben werden, angenommen, wenn der Wert der Testgröße T nicht zu groß wird.

5. Wir geben eine Signifikanzzahl α an, die uns das „Nicht-zu-groß-Werden" der Testgröße vorgibt bzw. die uns sagt, mit welcher Genauigkeit wir eine Aussage treffen können. (Es sei noch einmal daran erinnert, dass die Signifikanzzahl α den „erlaubten" Fehler angibt. Die Sicherheit, mit der unsere Aussage über die Verteilung dann richtig ist, ist durch den Wert $(1-\alpha)$ gegeben.) Nun bestimmen wir aus der Tabelle für die χ^2-Verteilung mit $k-1-r$ Freiheitsgraden das entsprechende $(1-\alpha)$-Quantil $\chi^2_{k-1-r;1-\alpha}$. Die Anzahl k, die durch die Klasseneinteilung die Rolle des Stichprobenumfangs übernommen hat, wird um 1 reduziert. Außerdem wird k noch, in Abhängigkeit der freien zu schätzenden Parameter, um die Anzahl r der vorgenommenen Schätzungen reduziert.
Für einige Verteilungen ist die Anzahl der Freiheitsgrade natürlich direkt anzugeben. So gibt es für
(a) die Gleichverteilung $k - 1$ Freiheitsgrade;
(b) die Poisson-Verteilung $k - 2$ Freiheitsgrade, da der Erwartungswert über den Mittelwert der Stichprobe geschätzt wird, also $r = 1$ ist;

(c) die Normalverteilung $k-3$ Freiheitsgrade, da hier der Erwartungswert und die Standardabweichung, also $r = 2$-viele Parameter geschätzt werden.

Die Nullhypothese H_0, dass die Daten durch die im zweiten und dritten Schritt bestimmte Verteilung beschrieben werden, wird genau dann angenommen, wenn die Ungleichung

$$T_{\chi^2} \leq \chi^2_{k-1-r;1-\alpha}$$

erfüllt ist.

6. Wird die Nullhypothese in Schritt 5 abgelehnt, so war die von uns in Schritt 2 gewählte Verteilung unter Umständen die falsche. Es kann natürlich auch sein, dass eventuell Rechenfehler geschehen sind und somit die Parameter falsch berechnet wurden. Sind derartige Fehler jedoch nicht passiert und hat die Ablehnung der Hypothese auch weiterhin Bestand, so muss man sich überlegen, warum die Hypothese abgelehnt wurde und gegebenenfalls zum 2. Schritt des Schemas zurückkehren. Dann müssen wir eine andere möglicherweise geeignete Verteilung für die Durchführung des Tests auswählen.

Anmerkung 16.5 Wenn in einer Stichprobe sehr viele zahlenmäßig verschiedene Werte vorkommen, dann sind sowohl tabellarische als auch grafische Darstellungen dieser Stichprobe sehr unübersichtlich und man verliert den Blick für die wesentlichen „Aussagen" der Stichprobe. In solchen Fällen hilft die Bildung von Klassen bzw. Klasseneinteilungen weiter. Hierbei unterteilt man ein Intervall, das alle Stichprobenwerte enthält, in Teilintervalle, die als „Klassenintervalle" fungieren. Die in diesen Klassenintervallen liegenden Stichprobenwerte werden somit einer gemeinsamen Klasse zugeordnet und nicht mehr einzeln, sondern nur noch im Zusammenhang der gesamten Klasse betrachtet. Die Mitte dieses (der einzelnen Klasse zugeordneten) Intervalls bezeichnet man als Klassenmitte. Die Summe der Häufigkeiten der zu einer Klasse gehörenden Stichprobenwerte wird in diesem Zusammenhang absolute Klassenhäufigkeit genannt. Teilt man die absolute Klassenhäufigkeit durch den Stichprobenumfang, so erhält man die relative Klassenhäufigkeit.

Je weniger Klassen gebildet werden, umso einfacher wird zwar die Stichprobe, doch man verliert hierdurch natürlich auch zunehmend an Informationen, die die eigentliche Stichprobe noch beinhaltet hatte. Daher muss bei den Klasseneinteilungen darauf geachtet werden, dass man die Einteilung in der Art vornimmt, dass nur unwichtige Informationen verloren gehen. Andererseits ist eine Klasseneinteilung bei Stichprobenwerten für die Realisationen einer stetigen Zufallsvariablen unvermeidbar. Generell muss man bei der Klassenbildung beachten, dass keine Stichprobenwerte auf den Intervallgrenzen liegen, damit die Zuordnung der Stichprobenwerte zu den Klassen eindeutig ausfällt. Dies impliziert natürlich eine Bedingung an die Klassenmitte und die zu wählende Klassenbreite, also der Intervalllänge der einzelnen Klassenintervalle. Bei der Wahl der Klassenbreite kann man zum einen eine feste und einheitliche Klassenbreite wählen oder aber für die einzelnen Klassen individuelle Klassenbreiten wählen. In der Praxis und auch wegen der Vergleichbarkeit der einzelnen Klassen wird in der Regel jedoch eine einheitliche Klassenbreite bei der Klasseneinteilung gewählt. Generell ist somit bei der Klassenbildung also das Nachfolgende zu beachten:

Tipp 16.1

1. Bei der Klassenbildung (Klassierung) wird also die Merkmalsachse von links nach rechts gehend in eine bestimmte Anzahl k an gleichlange Intervalle (sogenannte Klassen $K_1, \ldots, K_k$) unterteilt, die alle Merkmalswerte abdeckt. Die einheitliche Teilintervall-Länge nennt man hierbei Klassenbreite. Die Anfangs- bzw. Endpunkte der Intervalle werden hierbei als untere bzw. als obere Klassengrenzen bezeichnet.
2. Die Klassenmitten sollen möglichst einfachen Zahlen, d. h. Zahlen mit möglichst wenig Ziffern, entsprechen, um das Rechnen mit den Klassen und den Klassenhäufigkeiten zu vereinfachen und Rechenfehler zu vermeiden bzw. diesen vorzubeugen.
3. Das Vorgehen in dem besonderen Fall, in dem ein Wert auf eine Klassenintervallgrenze fällt, wird in der Literatur unterschiedlich behandelt. Es gibt z. B. den Vorschlag in einem solchen Fall den betreffenden Stichprobenwert je zur Hälfte in jedem der beiden angrenzenden Klassenintervalle mitzuzählen (vgl. [8]), während andere Werke solche Klasseneinteilungen geradezu verbieten (vgl. z. B. [2] und [13]). Wenn man jedoch einen solchen Fall durch eine andere Klasseneinteilung irgendwie vermeiden kann, so sollte man dies auch tun, da man so einem unnötigen Problem aus dem Weg gehen kann.

Natürlich wird man bei der Berechnung der Klassenbreite stets darauf achten, dass die durch die Klassenbildung entstehenden klassierten Beobachtungsdaten innerhalb der einzelnen Klassen möglichst gleichmäßig verteilt sind oder möglichst viele dieser Daten nahe an der sogenannten Klassenmitte liegen. Bei der Klassenmitte sollte beachtet werden, dass sie bei einem stetigen Merkmal gleich dem arithmetischen Mittel aus der jeweiligen unteren und oberen Klassengrenze ist. Während sie bei einem (quantitativen) diskreten Merkmal durch das arithmetische Mittel der in der betrachteten Klasse zusammengefassten Ausprägung gegeben ist.

Beispiel 16.8 Ein Würfel wird 130-mal gewürfelt. Hierbei ergeben sich für die gewürfelten Augenzahlen die Häufigkeiten in Tab. 16.4.

Tab. 16.4 Fiktiver Ausgang von 130 Würfelwürfen

Augenzahl	1	2	3	4	5	6
Klassenhäufigkeit N_i	23	19	21	13	18	36

Abb. 16.4 Histogramm der in der obigen Tabelle angegebenen Ergebnisse des Würfelwurfs aus Tab. 16.4

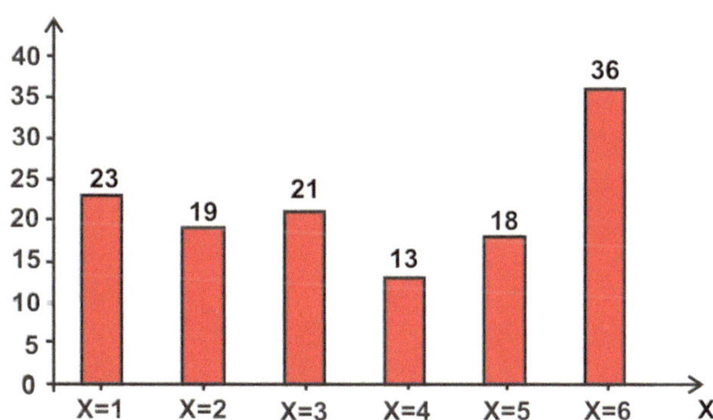

Das hierzu gehörige Histogramm der Stichprobendaten legt die Vermutung nahe, dass die Merkmalsausprägungen, die durch die unterschiedlichen Augenzahlen gegeben werden, gleichverteilt sind (vgl. die Abb. 16.4).

Da wir eine Gleichverteilung des beobachteten Merkmals annehmen, ergeben sich die theoretischen Wahrscheinlichkeiten

$$p_i = \frac{1}{6} \quad \text{für } i = 1, \ldots, 6.$$

Da der Stichprobenumfang $N = 130$ ist, erhalten wir also für jede der sechs angegebenen Klassen eine theoretische Klassenhäufigkeit von

$$N \cdot p_i = \frac{130}{6}.$$

Wir wollen unsere Nullhypothese, dass die Grundgesamtheit gleichverteilt ist, mit einer Signifikanz von 5 % überprüfen. Das bedeutet, dass uns der Test eine 95 %-Sicherheit dafür gibt, dass die aufgrund des Test getroffene Annahme oder Ablehnung der Hypothese richtig ist. Wir müssen also aus der Tabelle für die χ^2-Verteilung in diesem Beispiel den Wert für $\chi^2_{5;0,95}$ heraussuchen. Es gilt, dass

$$\chi^2_{5;0,95} = 11{,}07$$

ist. Nun berechnen wir den Wert unserer Testgröße T. Es gilt:

$$T_{\chi^2} = \frac{\left(23 - \frac{130}{6}\right)^2 + \left(19 - \frac{130}{6}\right)^2 + \left(21 - \frac{130}{6}\right)^2}{\frac{130}{6}}$$

$$+ \frac{\left(13 - \frac{130}{6}\right)^2 + \left(18 - \frac{130}{6}\right)^2 + \left(36 - \frac{130}{6}\right)^2}{\frac{130}{6}}$$

$$= 14.$$

Abb. 16.5 Zeichnung einer Drosophila-Fliege. Zeichnung: *Dirk Horstmann*

Offensichtlich gilt somit, dass

$$T_{\chi^2} = 14 > 11{,}07 = \chi^2_{5;0{,}95}$$

ist. Somit muss unsere Nullhypothese abgelehnt werden. Wo aber lag der Fehler in unseren Überlegungen und Rechnungen? Vielleicht war ja auch nur der Würfel kein fairer, sondern ein gezinkter Würfel!

Beispiel 16.9 Bei einem Kreuzungsversuch werden normalfarbige und normalflügelige Fruchtfliegen (siehe Abb. 16.5) mit schwarzfarbigen, stummelflügeligen Fruchtfliegen gekreuzt. In der F2-Generation ergab der Versuch insgesamt 358 Fruchtfliegen, wovon 205 normalflügelig und normalfarbig, 65 stummelflügelig, jedoch normalfarbig, 68 normalflügelig und schwarzfarbig sowie 20 stummelflügelig und schwarzfarbig waren.

Die Mendel'sche Theorie sagt in diesem Fall ein Verhältnis von 9 : 3 : 3 : 1 voraus. Gefragt ist nun, ob man auf Grundlage dieses Experiments und mithilfe eines χ^2-Tests seine Theorie mit einer Signifikanz von $\alpha = 1\,\%$ annehmen kann.

In diesem Beispiel haben wir also einen Stichprobenumfang von $N = 358$ gegeben, wobei wir für die Klasse K_1 „normalfarbig und normalflügelig" eine Klassenhäufigkeit von 205, für die Klasse K_2 „normalfarbig und stummelflügelig" eine Klassenhäufigkeit von 65, für die Klasse K_3 „normalflügelig und schwarzfarbig" eine Klassenhäufigkeit von 68 und für die Klasse K_4 „stummelflügelig und schwarzfarbig" eine Klassenhäufigkeit von 20 vorliegen haben. Die aus der Mendel'schen Theorie folgenden theoretischen Wahrscheinlichkeiten für die einzelnen Klassen sind:

$$p_1 = \frac{9}{16}, \quad p_2 = \frac{3}{16}, \quad p_3 = \frac{3}{16} \quad \text{und} \quad p_4 = \frac{1}{16}.$$

Somit hat in diesem Beispiel unsere Testgröße T die Realisation

$$T_{\chi^2} = \frac{\left(205 - \frac{358\cdot 9}{16}\right)^2}{358 \cdot \frac{9}{16}} + \frac{\left(65 - \frac{358\cdot 3}{16}\right)^2}{358 \cdot \frac{3}{16}} + \frac{\left(68 - \frac{358\cdot 3}{16}\right)^2}{358 \cdot \frac{3}{16}} + \frac{\left(20 - \frac{358}{16}\right)^2}{358 \cdot \frac{1}{16}}$$

$$= \frac{(205 - 201{,}375)^2}{201{,}375} + \frac{(65 - 67{,}125)^2}{67{,}125} + \frac{(68 - 67{,}125)^2}{67{,}125} + \frac{(20 - 22{,}375)^2}{22{,}375}$$

$$= \frac{(3{,}625)^2}{201{,}375} + \frac{(-2{,}125)^2}{67{,}125} + \frac{(0{,}875)^2}{67{,}125} + \frac{(-2{,}375)^2}{22{,}375}$$

$$\approx 0{,}396$$

Aus der Tab. 15.3 für die χ^2-Verteilung lesen wir ab, dass

$$\chi^2_{3;0{,}99} = 11{,}35$$

ist. Somit gilt offensichtlich, dass

$$T_{\chi^2} < \chi^2_{3;0{,}99}$$

ist, weshalb wir die Hypothese, dass die Mendel'sche Theorie durch dieses Experiment bestätigt wird, mit einer Signifikanz von $\alpha = 1\,\%$ annehmen können.

Exkurs 16.1

„Ganz die Mama!" oder „Ganz der Papa!" sind Aussprüche, die fast alle Eltern im Laufe der Zeit von Bekannten und Verwandten zu hören bekommen, wenn sie mit ihren Kindern unterwegs sind. Dass Nachkommen eindeutig ihren „Eltern" ähneln können, ist bereits der „Beweis" dafür, dass es einen biologischen Mechanismus geben muss, der die Vererbung regelt. Vieles von dem, was man heutzutage hierüber weiß, geht unter anderem auf die Kreuzungsversuche mit der Gartenerbse zurück, die vor ca. 170 Jahren ein Mönch in seinem Kloster bei Brünn (dem heutige Brno) durchgeführt hat. Dieser Mönch war der am 22. Juli 1822 geborene Gregor Johann Mendel (siehe Abb. 16.6). Oftmals zeigen ja bereits Kinder ein Interesse für Dinge, die sie ein Leben lang faszinierend finden. Dies wird auch von Mendel berichtet, der sich schon früh für Pflanzen und die Natur interessierte. So half er bereits als Kind im elterlichen Garten und erlernte dort schon z. B. das Veredeln von Obstbäumen und die Grundlagen der Bienenzucht. Im Alter von 21 Jahren trat er 1843 als Noviz in ein Kloster ein und begann Theologie zu studieren. Während dieser Zeit hörte er auch Vorlesungen zu anderen ihn interessierenden Themen und besuchte so Lehrveranstaltungen, die über Landwirtschaft, Obst- und Weinanbau gingen. Neugierig und naturinteressiert wie er von Kindesbeinen an war, wurde der Klostergarten zu seinem Experimentierplatz. Es wird ihn daher sehr erfreut haben, dass der Klostergarten ihm von 1848 an als „sein" Aufgabenbereich im Kloster zugewiesen wurde.

Sein großes Interesse an der Natur und ihren Vorgängen ließ Mendel von 1851 bis 1853 in Wien Naturwissenschaften studieren. Seine heutige Berühmtheit verdankt Mendel seinen Kreuzungsversuchen an Erbsen, die für die Genetik von so großer Bedeutung sind. Mit ihnen und den damit verbundenen

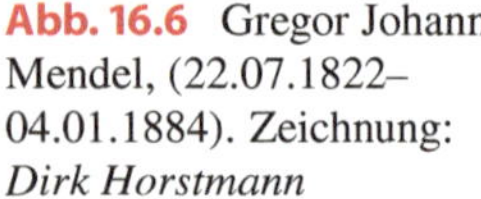

Abb. 16.6 Gregor Johann Mendel, (22.07.1822–04.01.1884). Zeichnung: *Dirk Horstmann*

umfangreichen Experimenten, die ein Beleg dafür sind, dass er überdurchschnittliche Fähigkeiten im Entwickeln allgemeiner Theorien und bei der Anwendung mathematischer/statistischer Methoden besaß, begann er im Jahr 1855. Mendel zeichnete für Populationen von ihm beobachtbare Merkmalsveränderungen einzelner, jedoch eindeutig unterscheidbarer Pflanzenmerkmale auf. Dies war konträr zu der bis dahin in der Wissenschaft verbreiteten Vorgehensweise, bei der man Kreuzungsversuche an wenigen Individuen durchführte. Wie auch heute auf dem Gebiet der Pflanzenzüchtung üblich, überprüfte er die von ihm erworbenen Erbsenrassen zunächst auf ihre Reinheit. Von den „reinen Sorten" wählte er schließlich 22 Rassen für seine Kreuzungsversuche aus. Bei den Versuchen konzentrierte er sich auf Merkmalspaare, die er bei den jeweiligen Filialgenerationen nachverfolgte, indem er je zwei unterschiedliche Merkmale durch Kreuzung vereinigte. Seine so gewonnenen Erkenntnisse fasste er 1865 zusammen und legte sie in den Sitzungen vom 8. Februar und 8. März 1865 dem Naturforschenden Verein in Brünn unter dem Titel „*Versuche über Pflanzenhybriden*" vor. Seine Abhandlungen kann man in der Niederschrift der Verhandlungen des Naturforschenden Vereines in Brünn nachlesen (vgl. [11]). (Unter einer Hybride versteht man ein Lebewesen, das durch Kreuzung von Eltern unterschiedlicher Zuchtlinien, Rassen oder Arten hervorgegangen ist.)

Mendel konzentrierte sich bei den Erbsenpflanzen auf die besonderen Merkmale der Pflanze und ihrer Samen. Von ihm nicht eindeutig unterscheidbare Merkmale blieben bei seinen Untersuchungen unberücksichtigt. Mendels Vorgehen im Zusammenhang mit der Kreuzung von Pflanzen wird heutzutage auch in der Pflanzenzucht (z. B. bei der Kreation neuer Rosensorten) angewendet. Um nämlich die möglichen Selbstbefruchtungen der Pflanzen ausschließen zu können, entfernte er als Erstes die Staubgefäße. Um die Gefahr einer Fremdbefruchtung der Pflanzen zu vermeiden, schützte er jede einzelne mit kleinen Papierbeuteln. Er versuchte, seine Erkenntnisse auf eine große Datenbasis zu stützen, und legte großen Wert auf die Bemühungen, möglichst eine große Anzahl an Pflanzen bei seinen Kreuzungsversuchen zu gewinnen, um bei seinen Schlussfolgerungen (dank der Größe der von ihm so erzeugten Stichprobe) Zufälle ausschließen zu können. Die Resultate seiner Experimente fasste er in folgenden Kreuzungsregeln zusammen:

1. Erstes Gesetz: Uniformitätsregel
   Kreuzt man zwei Individuen einer Art, die sich in einem Merkmal, für das sie reinrassig sind, unterscheiden, so sind die Nachkommen in der ersten Tochtergeneration (1. Filialgeneration) in Bezug auf dieses Merkmal untereinander gleich (uniform).
2. Zweites Gesetz: Spaltungsregel
   Kreuzt man die Individuen der ersten Tochtergeneration unter sich, so ist die zweite Tochtergeneration (2. Filialgeneration) nicht gleichförmig, sondern spaltet sich in bestimmten Zahlenverhältnissen auf. Beim dominant-rezessiven Erbgang erhält man mit einem Merkmalspaar Individuen mit dem dominanten Merkmal und solche mit dem rezessiven Merkmal im Verhältnis 3:1. Beim intermediären Erbgang beträgt das Verhältnis 1:2:1, d. h., ein Viertel gleicht dem einen, ein Viertel dem anderen Großelternteil. Die Hälfte sind in der Merkmalsausprägung intermediär.
3. Drittes Gesetz: Unabhängigkeitsregel
   Werden Organismen gekreuzt, die sich in mehr als einem Merkmal bzw. Anlagepaar reinerbig unterscheiden, so wird jede Merkmalsanlage unabhängig von der anderen an die Filialgeneration weitergegeben.

Diese Gesetzmäßigkeiten werden heutzutage als die „Mendel'schen (Vererbungs-)Regeln" bezeichnet. Wie bei manchen anderen bedeuteten Entdeckungen auch, wurden seine Erkenntnisse zum Zeitpunkt der Veröffentlichung seiner Arbeit jedoch nicht richtig eingeordnet und verkannt. Mit seiner Wahl zum Abt der Abtei Altbrünn im Jahre 1868 blieb Mendel nur noch wenig „Freizeit". So mussten seine botanischen Arbeiten und das Nachgeben seiner Wissensgier über die Geheimnisse der Natur den Pflichten eines Abtes gegenüber zurückstehen. Im Frühjahr 1883 erkrankte Mendel an einem Nierenleiden, das zu einer allgemeinen Wassersucht und am 6. Januar 1884 zu seinem Tod führte.

Im Jahre 1900, also 16 Jahre nach Mendels Tod entschlüsselten die Biologen Hugo de Vries, Karl Correns und Erich Tschermal von Seysenegg voneinander unabhängig die Mendel'schen Regeln erneut, die später nicht nur an Erbsen sondern auch durch Kreuzungsversuche an Tieren und anderen Pflanzen bestätigt wurden. Alle drei würdigten Mendel als den wahren Entdecker dieser Regeln, so dass er posthum die Anerkennung errang, die ihm gebührte. (Siehe hierzu auch ([5, Seite 32],[4, 6, 7], [12, „Mendels Gesetze der Vererbung ", Seite 192] und [15].)

Kommen wir nun zum Abschluss dieses Kapitels noch einmal zu dem in Beispiel 14.7 behandelten Fall der Todesfälle durch Huftritte in einem preußischen Kavallerieregiment zurück. In dem dortigen Beispiel wurde behauptet, dass die

Tab. 16.5 Werte der absoulten Häufigkeiten der durch einen Pferdehuftritt verursachten Tode von Soldaten in preußischen Kavallerieregimentern entnommen aus [1, Seite 25]

x	0	1	2	3	4
absolute Häufigkeit	109	65	22	3	1

Zufallsvariable, die die Anzahl der Todesfälle durch Huftritte beschreibt, einer Poisson-Verteilung folgt. Auch in Beispiel 15.3 waren wir hiervon ausgegangen und hatten den Parameter λ mithilfe der Maximum-Likelihood-Funktion bestimmt. In dem nachfolgenden Beispiel wollen wir zeigen, wie man ausgehend von den in Beispiel 14.7 gegebenen Daten die Aussage über die vermutete zugrunde liegende Verteilung überprüfen kann.

Beispiel 16.10 In Beispiel 14.7 war die Tab. 14.4 mit den absoluten Häufigkeiten von Todesfällen durch Huftritte in einem preußischen Kavallerieregiment für fünf aufeinanderfolgende Jahre angegeben (vgl. Tab. 16.5).

Wir waren in Beispiel 14.7 davon ausgegangen, dass die untersuchte Zufallsvariable einer Poisson-Verteilung mit Erwartungswert $\lambda = 0{,}61$ folgt. Hieraus ergeben sich somit die nachfolgenden, erwarteten (theoretischen) Häufigkeiten:

$$P(x = 0) \approx 200 \cdot 0{,}5434 = 108{,}68$$
$$P(x = 1) \approx 200 \cdot 0{,}3314 = 66{,}28$$
$$P(x = 2) \approx 200 \cdot 0{,}1011 = 20{,}22$$
$$P(x = 3) \approx 200 \cdot 0{,}0206 = 4{,}12$$
$$P(x = 4) \approx 200 \cdot 0{,}0031 = 0{,}62$$

Hieraus lässt sich nun eine Realisation unserer Testgröße berechnen. Es gilt somit:

$$T_{\chi^2} = \frac{(109 - 108{,}68)^2}{108{,}68} + \frac{(65 - 66{,}28)^2}{66{,}28} + \frac{(22 - 20{,}22)^2}{20{,}22}$$
$$+ \frac{(3 - 4{,}12)^2}{4{,}12} + \frac{(1 - 0{,}62)^2}{0{,}62}$$
$$\approx 0{,}72.$$

Je nachdem auf welchem Niveau wir die Aussage über die Verteilung der betrachteten Zufallsvariablen machen, haben wir somit z. B. für $\alpha = 5\,\%$ den Vergleichswert

$$\chi^2_{5;0{,}95} = 11{,}07$$

und für $\alpha = 1\,\%$ den Vergleichswert

$$\chi^2_{5;0{,}99} = 15{,}09.$$

Da die Realisation T_{χ^2} unserer Testgröße in beiden Fällen deutlich kleiner ist, gibt es keinen Grund, die getroffene Aussage über die Poisson-Verteilung mit Erwartungswert $\mu = 0{,}61$ als zugrunde liegende Wahrscheinlichkeitsverteilung in Zweifel zu ziehen. Die Hypothese kann somit getrost angenommen werden.

Übungsaufgaben

16.1 Für die Samen einer in Gartencentern erhältlichen Radieschensorte garantiert der Produzent der Samentütchen eine Keimfähigkeit von mindestens 85 %. Bei einer Stichprobe keimen von $N = 45$ Radieschensamen 38. Liegt eine signifikante Abweichung zu der garantierten Keimfähigkeit vor? Überprüfen Sie die Frage auf dem Signifikanzniveau $\alpha = 5\,\%$.

16.2 Die Verpackung einer hier nicht näher spezifizierten Zigarettensorte weist einen mittleren Nikotingehalt von 0,9 mg pro Zigarette aus. In einem Test wird nun eine Stichprobe von 200 Zigaretten getestet. Bei diesem Test ergibt sich ein mittlerer Nikotingehalt von 0,7 mg und eine Standardabweichung von 0,1 mg. Ist nun bei einem 1%igem Signifikanzniveau der Schluss zulässig, dass der tatsächliche Nikotingehalt im Mittel unter 0,9 mg liegt?

16.3 Bei einem Experiment soll genau eins der drei möglichen disjunkten Ergebnisse E_1, E_2 und E_3 eintreten. Nach 600-maliger Durchführung des Experiments trat das Ereignis E_1 insgesamt 83-mal, das Ereignis E_2 insgesamt 192-mal und das Ereignis E_3 insgesamt 325-mal ein. Die Behauptung, dass die Ereignisse mit einer Wahrscheinlichkeit von 1 : 2 : 3 eintreten, sollen mithilfe eines χ^2-Tests und einer Signifikanz von $\alpha = 1\,\%$ überprüft werden. Führen Sie den gewünschten χ^2-Test durch.

16.4 Schwanken die nachstehenden Geburtenzahlen für die Stadt Köln in den 12 Monaten des Jahres 2006 nur zufallsbedingt oder signifikant?

Monat	Jan.	Feb.	Mär.	Apr.	Mai	Jun.	Jul.	Aug.	Sep.	Okt.	Nov.	Dez.
Anzahl	510	578	911	616	931	774	841	799	870	848	749	1107

16.5 Wir wollen die Hypothese, dass bei einem Münzwurf „Kopf" und „Zahl" die gleiche Wahrscheinlichkeit besitzen, unter Benutzung einer Stichprobe von 80 Würfen, unter denen 37-mal „Kopf" geworfen wurde, überprüfen. Kann die Hypothese auf einem Signifikanzniveau von 5 % angenommen werden?

Literatur

1. Bortkiewicz, L.: Das Gesetz der kleinen Zahlen. Teubner, Leipzig (1898)

2. Bosch, K.: Angewandte mathematische Statistik. Vieweg-Verlag, Wiesbaden (1976)

3. Dammann, I., Elsner, G., et al.: Waldzustand 2005: Ergebnisse der Waldzustandserhebung. Schriftenreihe Waldinformation, Heft 10, Niedersächsische Forstliche Versuchsanstalt (2005)

4. Diegl, W., et al.: Meyers großes Taschenlexikon. 4. vollst. überarb. Aufl., B.I.-Taschenbuchverlag, Mannheim, Leipzig, Wien, Zürich (1992)

5. Hafner, L. und Hoff, P.: Genetik, Neubearbeitung, Schroedel Schulbuchverlag GmbH, Hannover (1988)

6. Henig, R. M.: Der Mönch im Garten. Scherz Verlag, Frankfurt am Main (1980)

7. Hoffmann, D., Laitko, H., Müller-Wille, S. (Hrsg.): Lexikon der bedeutenden Naturwissenschaftler, Spektrum Akademischer Verlag, Heidelberg (2006)

8. Kreyszig, E.: Statistische Methoden und ihre Anwendungen. Vanderhoeck & Ruprecht, Göttingen (1975)

9. Landesbetrieb Information und Technik Nordrhein-Westfalen (IT.NRW): http://www.it.nrw.de/statistik/a/index.html (2015). Zugegriffen: 26.05.2015

10. Landesdatenbank NRW: https://www.landesdatenbank.nrw.de/ldbnrw/online/logon (2015). Zugegriffen: 26.05.2015

11. Mendel, G: Versuche über Pflanzen-Hybriden. Verhandlungen des Naturforschenden Vereines in Brün **4**, 3–47 (1866)

12. Tallack, P. (Hrsg.): Meilensteine der Wissenschaft. Spektrum Akademischer Verlag Heidelberg, Berlin (2002)

13. Timischl, W.: Biostatistik. 2. Aufl., Springer, Wien, New York (2000)

14. Weiß, C.: Basiswissen Medizinische Statistik, 2. Aufl., Springer, New York, Heidelberg (2002)

15. Zentrale für Unterrichtsmedien im Internet e. V.: http://www.zum.de/Faecher/Bio/SA/stoff10/mendel1.htm (2005). Zugegriffen: 26.05.2015

In Abschn. 2.4 haben wir uns bereits mit den ersten „Grundzügen" der Fehlerrechnung und der Fehlerfortpflanzung befasst. Inzwischen haben wir nun jedoch die notwendigen weiteren mathematischen Hilfsmittel kennengelernt, um uns der Fehlerrechnung noch einmal und etwas intensiver zuzuwenden.

17.1 Auswirkung von Eingabefehlern auf Funktionswerte

Neben der Frage, wie sich Fehler in den Daten bei der Anwendung der arithmetischen Rechenoperationen auf das Rechenergebnis auswirken, kann man auch für die Anwendung von Funktionen auf mit Fehlern behaftete Werte die Frage stellen, wie stark sich solche Fehler dann auf die Funktionswerte auswirken. Zur Beantwortung dieser Frage bezeichne $f : \mathbb{R} \to \mathbb{R}$ eine differenzierbare Funktion. Wir wollen untersuchen, wie sich

$$\frac{AbsF(f(x_F))}{f(x)} = \frac{f(x_F) - f(x)}{f(x)}$$

mittels des relativen Fehlers von x_F angeben lässt. Hierfür berechnen wir zunächst als Approximation die uns seit der Übungsaufgabe 9.7 bekannte Taylorentwicklung (das Taylorpolynom) der Funktion f für die Entwicklungsstelle x_F. Es gilt, dass die Taylorentwicklung der Funktion f an der Stelle x_F durch

$$f(x_F) \approx \sum_{k=0}^{n} \frac{1}{k!}(x_F - x)^k \frac{d^k f}{dx^k}(x)$$

gegeben ist. Somit sehen wir, dass sich die Differenz des Funktionswertes an der exakten Stelle und des Funktionswertes an der mit einem Fehler versehenen Stelle durch

$$f(x_F) - f(x) \approx \sum_{k=1}^{n} \frac{1}{k!}(x_F - x)^k \frac{d^k f}{dx^k}(x)$$

© Springer-Verlag GmbH Deutschland, ein Teil von Springer Nature 2020 373
D. Horstmann, *Mathematik für Biologen*, DOI 10.1007/978-3-662-62669-6_17

darstellen lässt, woraus

$$\frac{AbsF(f(x_f))}{f(x)} = \frac{f(x_f) - f(x)}{f(x)}$$

$$\approx \frac{1}{f(x)} \cdot \sum_{k=1}^{n} \frac{1}{k!} (x_F - x)^k \frac{d^k f}{dx^k}(x)$$

$$= \frac{1}{f(x)} \cdot \sum_{k=1}^{n} \frac{x^k}{k!} \frac{(x_F - x)^k}{x^k} \frac{d^k f}{dx^k}(x)$$

$$= \frac{1}{f(x)} \cdot \sum_{k=1}^{n} \frac{x^k}{k!} \frac{(AbsF(x_F))^k}{x^k} \frac{d^k f}{dx^k}(x)$$

folgt. Wenn wir nun wie schon bei der Betrachtung der Fehlerfortpflanzung der arithmetischen Rechenoperationen die Produkte von Fehlern weglassen, so sehen wir, dass wir somit

$$\frac{AbsF(f(x_F))}{f(x)} \doteq \frac{x}{f(x)} \cdot \frac{(AbsF(x_F))}{x} \frac{df}{dx}(x) \tag{17.1}$$

erhalten. Mithilfe dieser Formel können wir nun auch für Funktionen etwas über die Auswirkung von Fehlern bei den Eingangsgrößen aussagen. So gilt z. B. für das Wurzelziehen, dass

$$\frac{AbsF(\sqrt{x_F})}{\sqrt{x}} \doteq \frac{x}{\sqrt{x}} \frac{(AbsF(x_F))}{x} \frac{1}{2} \frac{1}{\sqrt{x}} = \frac{1}{2} \cdot \frac{(AbsF(x_F))}{x}$$

oder aber für das Potenzieren, dass

$$\frac{AbsF(x_F^n)}{x^n} \doteq \frac{x}{x^n} \frac{(AbsF(x_F))}{x} n \cdot x^{n-1} = n \cdot \frac{(AbsF(x_F))}{x}$$

ist.

Auch hier soll als ergänzende Literatur zur Fehlerrechnung auf z. B. [1, Kapitel 1.2 „Fehlerquellen", Seiten 7–15] und [2, Kapitel 1.2 bis 1.4, Seiten 4–19] hingewiesen sein.

Literatur

1. Schaback, R. und Werner, H.: Numerische Mathematik. 4. Aufl., Springer, Berlin, Heidelberg, New York (1992)

2. Stoer, J.: Numerische Mathematik 1. 5. Aufl., Springer, Berlin, Heidelberg, New York (1989)

Formelsammlung

18

18.1 Notationen

1. Betrag einer reellen Zahl:

$$|a| := \begin{cases} a, & \text{falls } a \geq 0, \\ -a, & \text{falls } a < 0. \end{cases}$$

2. Potenzen: Für $a \in \mathbb{R}$ und $m, n \in \mathbb{N}$ gilt:

$$a^n := \underbrace{a \cdot \ldots \cdot a}_{n\text{-mal}}$$

$$a^{-n} := \underbrace{\frac{1}{a} \cdot \ldots \cdot \frac{1}{a}}_{n\text{-mal}}$$

$$a^{1/n} := \sqrt[n]{a}.$$

$$a^{m/n} = \sqrt[n]{a^m} = \left(\sqrt[n]{a} \right)^m$$

$$a^{2/2} = \sqrt[2]{a^2} = \sqrt{a^2} = |a|.$$

$$a^0 := 1 \quad \text{und somit insbesondere auch } 0^0 := 1.$$

3. Fakultät einer natürlichen Zahl n:

$$n! := \prod_{k=1}^{n} k = 1 \cdot 2 \cdot \ldots \cdot (n-1) \cdot n,$$

wobei

$$0! := 1$$

© Springer-Verlag GmbH Deutschland, ein Teil von Springer Nature 2020
D. Horstmann, *Mathematik für Biologen*, DOI 10.1007/978-3-662-62669-6_18

4. Binomial-Koeffizienten: Es seien $n, k \in \mathbb{Z}$.

$$\binom{n}{k} := \begin{cases} \frac{n \cdot (n-1) \cdot \ldots \cdot (n-k+1)}{1 \cdot 2 \cdot \ldots \cdot (k-1) \cdot k} = \frac{n!}{k! \cdot (n-k)!}, & \text{für } n > k \\ 0, & \text{für } n < k \\ 0, & \text{für } k < 0. \end{cases} \tag{18.1}$$

$$\binom{n}{k} = \binom{n}{n-k},$$

$$\binom{n}{k} = \binom{n-1}{k-1} + \binom{n-1}{k}.$$

$$\sum_{k=0}^{n} \binom{n}{k} = 2^n,$$

$$\sum_{k=0}^{n} \binom{n}{k} (-1)^k = 0.$$

18.2   Intervalle

Es seien $b, b \in \mathbb{R}$.

$$[a, b] := \{x \in \mathbb{R} \mid a \le x \le b\}$$
$$[a, b) := \{x \in \mathbb{R} \mid a \le x < b\}$$
$$(a, b] := \{x \in \mathbb{R} \mid a < x \le b\}$$
$$(a, b) := \{x \in \mathbb{R} \mid a < x < b\}$$
$$(-\infty, b] := \{x \in \mathbb{R} \mid x \le b\}$$
$$[a, \infty) := \{x \in \mathbb{R} \mid a \le x\}$$
$$(-\infty, b) := \{x \in \mathbb{R} \mid x < b\}$$
$$(a, \infty) := \{x \in \mathbb{R} \mid a < x\}$$

18.3   Rechenregeln und -gesetze

1. Potenzgesetze: Für $a \in \mathbb{R}$ und $m, n \in \mathbb{R}$ gilt:

$$a^n \cdot a^m = a^{n+m},$$
$$\frac{a^n}{a^m} = a^{n-m},$$
$$a^n \cdot b^n = (a \cdot b)^n,$$

$$\frac{a^n}{b^n} = \left(\frac{a}{b}\right)^n,$$
$$(a^n)^m = a^{n \cdot m}.$$

2. Rechenregeln: Für $a, b, c \in \mathbb{R}$ gilt:
   (a) Assoziativgesetz: $a \cdot (b \cdot c) = (a \cdot b) \cdot c$ sowie $a + (b + c) = (a + b) + c$.
   (b) Kommutativgesetz: $a + b = b + a$ sowie $a \cdot b = b \cdot a$.
   (c) Distributivgesetz: $a \cdot (b + c) = a \cdot b + a \cdot c$.
3. Binomische Formeln: Für $a, b \in \mathbb{R}$ und $n \in \mathbb{N}$ gilt:

$$(a + b)^2 = (a + b) \cdot (a + b)$$
$$= a^2 + 2 \cdot a \cdot b + b^2$$
$$(a - b)^2 = (a - b) \cdot (a - b)$$
$$= a^2 - 2 \cdot a \cdot b + b^2$$
$$(a + b) \cdot (a - b) = a^2 - b^2$$
$$(a + b)^3 = (a + b) \cdot (a + b)^2$$
$$= a^3 + 3a^2b + 3ab^2 + b^3$$
$$(a - b)^3 = (a - b) \cdot (a - b)^2$$
$$= a^3 - 3a^2b + 3ab^2 - b^3$$
$$a^3 + b^3 = (a + b) \cdot (a^2 - ab + b^2)$$
$$a^3 - b^3 = (a - b) \cdot (a^2 + ab + b^2)$$
$$(a + b)^4 = (a + b) \cdot (a + b)^3$$
$$= a^4 + 4a^3b + 6a^2b^2 + 4ab^3 + b^4$$
$$(a - b)^4 = (a - b) \cdot (a - b)^3$$
$$= a^4 - 4a^3b + 6a^2b^2 - 4ab^3 + b^4$$
$$a^4 - b^4 = (a - b) \cdot (a^3 + a^2b + ab^2 + b^3).$$

Allgemeiner Binomischer Lehrsatz für $a, b \in \mathbb{R}$ und $n \in \mathbb{N}$:

$$(a + b)^n = \sum_{k=0}^{n} \binom{n}{k} a^{n-k} \cdot b^k. \tag{18.2}$$

$$a^n - b^n = (a - b) \cdot \left(\sum_{k=1}^{n} a^{n-k} b^{k-1} \right). \tag{18.3}$$

18.4 Potenzsummen

Es sei $n \in \mathbb{N}$.

$$1 + 2 + \ldots + (n-1) + n = \sum_{k=1}^{n} k$$

$$= \frac{1}{2}n \cdot (n+1)$$

$$1^2 + 2^2 + \ldots + (n-1)^2 + n^2 = \sum_{k=1}^{n} k^2$$

$$= \frac{1}{6}n \cdot (n+1) \cdot (2n+1)$$

$$1^3 + 2^3 + \ldots + (n-1)^3 + n^3 = \sum_{k=1}^{n} k^3$$

$$= \frac{1}{4}n^2 \cdot (n+1)^2$$

$$1^4 + 2^4 + \ldots + (n-1)^4 + n^4 = \sum_{k=1}^{n} k^4$$

$$= \frac{1}{30}n \cdot (n+1) \cdot (2n+1) \cdot (3n^2 + 3n - 1)$$

18.5 Komplexe Zahlen

$$i^2 = -1; \quad i = \sqrt{-1}; \quad i^3 = -i; \quad i^4 = 1$$

$$z = \mathrm{Re}(z) + i \cdot \mathrm{Im}(z)$$

$$= a + i \cdot b$$

$$= R \cdot (\cos(\varphi) + i\sin(\varphi))$$

$$= \exp(r) \cdot \exp(i \cdot \varphi),$$

wobei $a, b \in \mathbb{R}$ und

$$|z| = \sqrt{(\mathrm{Re}(z))^2 + (\mathrm{Im}(z))^2} = R = e^r.$$

$$\overline{z} = \mathrm{Re}(z) - i \cdot \mathrm{Im}(z)$$

$$= a - i \cdot b.$$

$$z^n = [R \cdot (\cos(\varphi) + i \cdot \sin(\varphi))]^n = R^n \cdot (\cos(n \cdot \varphi) + i\sin(n \cdot \varphi)).$$

Für komplexe Zahlen $z, z_1, z_2 \in \mathbb{C}$ gelten die nachfolgenden Rechenregeln:

$$|z| = \sqrt{z \cdot \overline{z}}$$

$$z_1 + z_2 = \mathrm{Re}(z_1) + \mathrm{Re}(z_2) + \mathrm{i} \cdot (\mathrm{Im}(z_1) + \mathrm{Im}(z_2))$$

$$z_1 - z_2 = \mathrm{Re}(z_1) - \mathrm{Re}(z_2) + \mathrm{i} \cdot (\mathrm{Im}(z_1) - \mathrm{Im}(z_2))$$

$$z_1 \cdot z_2 = \mathrm{Re}(z_1) \cdot \mathrm{Re}(z_2) - \mathrm{Im}(z_1) \cdot \mathrm{Im}(z_2)$$

$$+ \, \mathrm{i} \cdot (\mathrm{Re}(z_1) \cdot \mathrm{Im}(z_1) + \mathrm{Re}(z_2) \cdot \mathrm{Im}(z_1))$$

$$= R_1 \cdot R_2 \cdot (\cos(\varphi_1 + \varphi_2) + \mathrm{i} \sin(\varphi_1 + \varphi_2))$$

$$\frac{z_1}{z_2} = \frac{z_1 \cdot \overline{z_2}}{z_2 \cdot \overline{z_2}}$$

$$= \frac{\mathrm{Re}(z_1) \cdot \mathrm{Re}(z_2) - \mathrm{Im}(z_1) \cdot \mathrm{Im}(z_2)}{(\mathrm{Re}(z_2))^2 + (\mathrm{Im}(z_2))^2}$$

$$+ \, \mathrm{i} \frac{\mathrm{Re}(z_1) \cdot \mathrm{Im}(z_1) + \mathrm{Re}(z_2) \cdot \mathrm{Im}(z_1)}{(\mathrm{Re}(z_2))^2 + (\mathrm{Im}(z_2))^2}$$

$$= \frac{R_1}{R_2} \cdot (\cos(\varphi_1 - \varphi_2) + \mathrm{i} \sin(\varphi_1 - \varphi_2))$$

18.6 Exponentialfunktionen

Die Exponentialfunktion ist definiert durch:

$$\exp(t) := \sum_{k=0}^{\infty} \frac{t^k}{k!}$$

und es ist:

$$\mathrm{e} := \exp(1) = \sum_{k=0}^{\infty} \frac{1}{k!}.$$

Die Exponentialfunktion hat die nachfolgenden Eigenschaften:

1. $\exp(s + t) = \exp(s)\exp(t)$
2. $\exp(t) \geq 1 + t$, woraus sich $\exp(t) \to \infty$ für $t \to \infty$ folgern lässt.
3. Für $n \in \mathbb{N}$ gilt: $\exp(nt) = (\exp(t))^n$ und für $p, q \in \mathbb{N}$, mit $q \neq 0$

$$(\exp(t))^{\frac{p}{q}} = \exp\left(\frac{p}{q}t\right)$$

$$= \sqrt[q]{\exp(pt)}.$$

4. $\exp(-t) = \frac{1}{\exp(t)}$.
5. $\exp(t) \geq 0$
6. $\exp(t)$ ist streng monoton wachsend, d. h.

$$\exp(t_1) = \exp(t_1 - t_2)\exp(t_2) > \exp(t_2) \text{ für } t_1 > t_2.$$

7. $\exp : \mathbb{R} \to (0, \infty)$
8. Für beliebige $t, s \in \mathbb{R}$ setzen wir $(\exp(t))^s = \exp(st)$.

Allgemeine Exponentialfunktionen können für $a \in \mathbb{R}$ mit $a > 0$ erklärt werden durch:

$$\exp_a(x) = \exp(x \ln(a)) = \exp(\ln(a^x)) =: a^x.$$

Für diese Funktionen gelten:

1. $\exp_a(n) = a^n$ für alle $n \in \mathbb{Z}$.
2. $\exp_a(t + s) = \exp_a(t) \cdot \exp_a(s)$ für alle $t, s \in \mathbb{R}$.
3. Für $p, q \in \mathbb{N}$, mit $q \neq 0$ ist

$$\exp_a\left(\frac{p}{q}\right) = a^{\frac{p}{q}} = \sqrt[q]{a^p}.$$

4. $\exp_a(0) = 1$.

18.7 Logarithmen

Der natürliche Logarithmus ist als die Umkehrfunktion der Exponentialfunktion definiert, d. h.:

$$\ln(y) = x \quad \text{genau dann, wenn} \quad y = \exp(x).$$

Der Logarithmus zur Basis a, mit $a \in \mathbb{R}$ und $a > 0$, ist definiert als:

$$\log_a(y) = x \quad \text{genau dann, wenn} \quad y = \exp_a(x).$$

Für alle Logarithmen und $a > 0$ sowie $b > 0$ gelten die nachfolgenden Rechenregeln:

1. $\log_a(u \cdot v) = \log_a(u) + \log_a(v)$.
2. $\log_a(u^{\frac{p}{q}}) = \frac{p}{q} \log_a(u)$.
3. $\log_a(b) \log_b(u) = \log_a(u)$.

18.8 Trigonometrische Funktionen

Die Cosinusfunktion ist definiert als:

$$\cos(x) := \lim_{n \to \infty} \sum_{k=0}^{n} (-1)^k \frac{x^{2k}}{(2k)!}.$$

Die Sinusfunktion ist definiert als:

$$\sin(x) := \lim_{n \to \infty} \sum_{k-0}^{n} (-1)^k \frac{x^{2k+1}}{(2k+1)!}.$$

Für die Cosinus- und die Sinusfunktion gelten die nachfolgenden Rechenregeln:

1. Für alle $x \in \mathbb{R}$ gilt $\cos(x) = \cos(-x)$ und $\sin(\ x) = -\sin(x)$.
2. Für alle $x \in \mathbb{R}$ ist $\cos^2(x) + \sin^2(x) = 1$.
3. Für alle $x \in \mathbb{R}$ und alle $y \in \mathbb{R}$ gilt:

$$\cos(x + y) = \cos(x)\cos(y) - \sin(x)\sin(y)$$

   und

$$\sin(x + y) = \sin(x)\cos(y) + \cos(x)\sin(y).$$

4. Für alle $x \in \mathbb{R}$ und alle $y \in \mathbb{R}$ gilt außerdem:

$$\cos(x) - \cos(y) = -2\sin\left(\frac{x+y}{2}\right)\sin\left(\frac{x-y}{2}\right)$$

   und

$$\sin(x) - \sin(y) = 2\cos\left(\frac{x+y}{2}\right)\sin\left(\frac{x-y}{2}\right).$$

5. Weiter gilt für alle $x \in \mathbb{R}$:

$$\cos(x + 2\pi) = \cos(x) \quad \text{und} \quad \sin(x + 2\pi) = \sin(x).$$

6. Für alle $x \in \mathbb{R}$ gilt außerdem:

$$\cos(x) = \sin\left(\frac{\pi}{2} - x\right) \quad \text{und} \quad \sin(x) = \cos\left(\frac{\pi}{2} - x\right).$$

Die sogenannte Tangensfunktion ist erklärt als:

$$\tan(x) = \frac{\sin(x)}{\cos(x)}, \tan(x \pm y) = \frac{\tan(x) \pm \tan(y)}{1 \mp \tan(x)\tan(y)}$$

Die sogenannte Cotangensfunktion ist gegeben durch:

$$\cot(x) = \frac{1}{\tan(x)}, \cot(x \pm y) = \frac{\cot(x)\cot(y) \mp 1}{\cot(x) \pm \cot(y)}$$

Tab. 18.1 Besondere Werte und Grenzwerte sowie die Umwandlungen der trigonometrischen Funktionen

	0	$\frac{\pi}{6}$	$\frac{\pi}{4}$	$\frac{\pi}{3}$	$\frac{\pi}{2}$		$90° \pm \alpha$	$180° \pm \alpha$	$270° \pm \alpha$	$360° \pm \alpha$
	$0°$	$30°$	$45°$	$60°$	$90°$					
sin	0	$\frac{1}{2}$	$\frac{1}{2}\sqrt{2}$	$\frac{1}{2}\sqrt{3}$	1	**sin**	$\cos(\alpha)$	$\mp\sin(\alpha)$	$-\cos(\alpha)$	$-\sin(\alpha)$
cos	1	$\frac{1}{2}\sqrt{3}$	$\frac{1}{2}\sqrt{2}$	$\frac{1}{2}$	0	**cos**	$\mp\sin(\alpha)$	$-\cos(\alpha)$	$\pm\sin(\alpha)$	$\cos(\alpha)$
tan	0	$\frac{\sqrt{3}}{3}$	1	$\sqrt{3}$	∞	**tan**	$\mp\cot(\alpha)$	$\pm\tan(\alpha)$	$\mp\cot(\alpha)$	$-\tan(\alpha)$
cot	∞	$\sqrt{3}$	1	$\frac{\sqrt{3}}{3}$	0	**cot**	$\mp\tan(\alpha)$	$\pm\cot(\alpha)$	$\mp\tan(\alpha)$	$-\cot(\alpha)$

18.9 Ausgewählte Funktionsgleichungen

1. **Geradengleichung**:
   Für $a, b \in \mathbb{R}$ ist durch
   $$f(x) = a \cdot x + b$$
   die Normalenform einer Geraden gegeben. Sind (x_1, y_1) und (x_2, y_2) zwei gegebenen Punkte, so lautet die Zwei-Punkte-Formel der Geraden durch diese beiden Punkte:
   $$f(x) = \frac{y_2 - y_1}{x_2 - x_1} \cdot x + \frac{y_1 x_2 - y_2 x_1}{x_2 - x_1}.$$

2. **Regressionsgerade**:
   Es seien N Punkte $(x_i, y_i), i = 1, \ldots, N$ gegeben. Die mithilfe dieser Punkte beschriebene Regressionsgerade ist durch
   $$f(x) = \frac{s_{xy}}{s_x^2}(x - x_M) + y_M$$
   gegeben. Hierbei ist x_M das arithmetische Mittel der $x_i, i = 1, \ldots, N$, y_M das arithmetische Mittel der $y_i, i = 1, \ldots, N$, s_x^2 die Stichprobenvarianz der x_i und s_{xy} die Stichprobenkovarianz der x_i und der y_i.

3. **Lagrange-Polynome**:
   Es seien N Punkte $(x_i, y_i), i = 1, \ldots, N$ gegeben. Das mithilfe dieser Punkte beschriebene Lagrange-Polynom ist gegeben durch:
   $$f(x) = \sum_{i=1}^{N} y_i \left(\prod_{k=1, k \neq i}^{N} \frac{x - x_k}{x_i - x_k} \right).$$

18.10   Differentiations- und Integrationsregeln

Die Ableitung einer stetigen Funktion f an einer Stelle x_0 aus dem Definitionsbereich D der Funktion ist definiert als:

$$\frac{\mathrm{d}f}{\mathrm{d}x}(x_0) = f'(x_0) = \lim_{h \to 0} \frac{f(x_0 + h) - f(x_0)}{h}.$$

Für $n \in \mathbb{N}$ ist die n-te Ableitung des Produkts zweier differenzierbarer Funktionen f und g gegeben durch:

$$\frac{d^n}{\mathrm{d}x^n}(fg) = \sum_{k=0}^{n} \binom{n}{k} \frac{d^k f}{\mathrm{d}x^k} \frac{d^{n-k} g}{\mathrm{d}x^{n-k}} \tag{18.4}$$

Tab. 18.2   Tabelle der Differentiationsregeln

Differentiationsregeln	
Summationsregel:	$\frac{\mathrm{d}}{\mathrm{d}x}(f(x) + g(x)) = \frac{\mathrm{d}f}{\mathrm{d}x}(x) + \frac{\mathrm{d}g}{\mathrm{d}x}(x)$
Produktregel:	$\frac{\mathrm{d}}{\mathrm{d}x}(f(x) \cdot g(x)) = g(x)\frac{\mathrm{d}f}{\mathrm{d}x}(x) + f(x)\frac{\mathrm{d}g}{\mathrm{d}x}(x)$
Quotientenregel:	$\frac{\mathrm{d}}{\mathrm{d}x}\left(\frac{f(x)}{g(x)}\right) = \frac{g(x)\frac{\mathrm{d}f}{\mathrm{d}x}(x) - f(x)\frac{\mathrm{d}g}{\mathrm{d}x}(x)}{(g(x))^2}$
Kettenregel:	$\frac{\mathrm{d}}{\mathrm{d}x}(g(f(x))) = \frac{\mathrm{d}f}{\mathrm{d}x}(x) \cdot \frac{\mathrm{d}g}{\mathrm{d}x}(f(x))$
Ableitung der Umkehrfunktion:	$\frac{\mathrm{d}f^{-1}}{\mathrm{d}x}(x) = \frac{1}{\frac{\mathrm{d}f}{\mathrm{d}x}(f^{-1}(x))}$

Tab. 18.3   Tabelle der Integrationsregeln

Integragtionsregeln	
	$\int 0\,\mathrm{d}x = c,$ wobei c eine beliebige Konstante ist
Linearität I	$\int (f(x) + g(x))\,\mathrm{d}x = \int f(x)\mathrm{d}x + \int g(x)\mathrm{d}x$
Linearität II	$\int c \cdot f(x)\mathrm{d}x = c \cdot \int f(x)\mathrm{d}x$ wobei $c \in \mathbb{R}$
Substitutionsregel:	$\int_a^b f(x)\mathrm{d}x = \int_\alpha^\beta f(x(u))x'(u)du$ falls x ein Funktion von u ist und $a = x(\alpha)$ sowie $b = x(\beta)$
Partielle Integration:	$\int f'(x)g(x)\mathrm{d}x = f(x)g(x) - \int f(x)g'(x)\mathrm{d}x$
	$\int \frac{1}{f'(g(x))}\mathrm{d}x = g(x),$ wenn $g(x)$ die Umkehrfunktion zu $f(y)$ und $f'(y) \neq 0$ $\int \frac{f'(x)}{f(x)}\mathrm{d}x = \ln|f(x)|$

Tab. 18.4 Tabelle der gängigsten Funktionen zusammen mit ihrer Ableitung und einer ihrer Stammfunktionen

Stammfunktion	Funktion	Erste Ableitung	Kommentar
x	1	0	für alle $a \neq -1$
$\frac{1}{a+1} x^{a+1}$	x^a	$a \cdot x^{a-1}$	für alle $a \neq -1$
$\exp(x)$	$\exp(x)$	$\exp(x)$	
$x \cdot \ln(x) - x$	$\ln(x)$	$\frac{1}{x}$	für alle $x > 0$
$x \cdot \log_a(x) - \frac{x}{\ln(a)}$	$\log_a(x)$	$\frac{1}{x \cdot \ln(a)}$	für alle $x > 0$
$\frac{a^x}{\ln(a)}$	a^x	$\ln(a) \cdot a^x$	für alle $a > 0$
$\ln|x|$	$\frac{1}{x}$	$-\frac{1}{x^2}$	für alle $x \neq 0$
$\sin(x)$	$\cos(x)$	$-\sin(x)$	
$\frac{1}{2}\left(x + \sin(x)\cos(x)\right)$	$\cos^2(x)$	$2\sin(x)\cos(x)$	
$\cos(x)$	$\sin(x)$	$-\cos(x)$	
$\frac{1}{2}\left(x - \sin(x)\cos(x)\right)$	$\sin^2(x)$	$-2\sin(x)\cos(x)$	
$\ln\left(|\sin(x)|\right)$	$\cot(x)$	$-\frac{1}{\sin^2(x)}$	für alle $x \in (0, \pi)$
$\ln\left(|\cos(x)|\right)$	$\tan(x)$	$\frac{1}{\cos^2(x)}$	für alle $x \in \left(-\frac{\pi}{2}, \frac{\pi}{2}\right)$
$x \cdot \arcsin(x) + \sqrt{1 - x^2}$	$\arcsin(x)$	$\frac{1}{\sqrt{1-x^2}}$	für alle $x \in (-1, 1)$
$x \cdot \arccos(x) - \sqrt{1 - x^2}$	$\arccos(x)$	$-\frac{1}{\sqrt{1-x^2}}$	für alle $x \in (-1, 1)$
$x \cdot \arctan(x) - \frac{1}{2}\ln\left(x^2 + 1\right)$	$\arctan(x)$	$\frac{1}{1+x^2}$	
$x \cdot \operatorname{arccot}(x) + \frac{1}{2}\ln\left(x^2 + 1\right)$	$\operatorname{arccot}(x)$	$-\frac{1}{1+x^2}$	

18.11　Kennzahlen von Stichproben

18.11.1　Mittelwerte

1. Arithmetisches Mittel:

$$x_M = \frac{1}{N}\left(x_1 + x_2 + \ldots + x_{N-1} + x_N\right) = \frac{1}{N}\sum_{i=1}^{N} x_i.$$

2. Geometrisches Mittel:

$$x_G = \sqrt[N]{x_1 \cdot x_2 \cdot \ldots \cdot x_{N-1} \cdot x_N} = \sqrt[N]{\prod_{i=1}^{N} x_i}.$$

3. Median: Der Median einer der Größe nach geordneten Zahlenreihe teilt diese Zahlenreihe in zwei gleichgroße Teile. In dem einen Teil liegen nur Werte, die nicht größer als dieser Wert sind, und in dem anderen Teil die Werte, die nicht kleiner als der Medianwert sind. 50 % der gegebenen Werte sind somit kleiner, und 50 % sind somit größer als der Medianwert (oder kurz als der Median).
4. Modus oder Modalwert: Der Modus oder Modalwert einer gegebenen Menge von Merkmalsausprägungen ist die Merkmalsausprägung, die zahlenmäßig am häufigsten vorkommt. Der Modus bzw. Modalwert muss keine metrische Größe sein, sondern kann auch eine nominale Größe sein.
5. Harmonisches Mittel:

$$x_H = \frac{N}{\frac{1}{x_1} + \frac{1}{x_2} + \ldots + \frac{1}{x_{N-1}} + \frac{1}{x_N}} = \frac{N}{\sum\limits_{i=1}^{N} \frac{1}{x_i}}.$$

18.11.2 Weitere Kennzahlen für Stichproben

Es seien $\{x_i, i = 1, \ldots, N\}$ und $\{y_i, i = 1, \ldots, N\}$ zwei gegebene Stichproben.

1. Varianz einer Stichprobe/Sichprobenvarianz:

$$s_x^2 := \frac{1}{N-1} \sum_{i=1}^{N} (x_i - x_M)^2.$$

2. Verschiebungssatz der Varianz einer Stichprobe

$$s_x^2 = \frac{1}{N-1} \left(\sum_{i=1}^{N} x_i^2 \right) - \frac{N}{N-1} \cdot x_M^2.$$

3. Standardabweichung einer Stichprobe:

$$s_x = \sqrt{s_x^2}. \tag{18.5}$$

4. Kovarianz eine Stichprobe/Stichprobenkovarianz:

$$s_{xy} = \sum_{i=1}^{N} (x_i - x_M) \cdot (y_i - y_M). \tag{18.6}$$

18.12   Wahrscheinlichkeitsverteilungen und ihre Kenngrößen

18.12.1   Diskrete Zufallsvariable

Es sei X eine diskrete Zufallsvariable mit der diskreten Wahrscheinlichkeitsverteilung f und den Realisationen x_i, $i = 1, \ldots, N$ sowie Y eine weitere diskrete Zufallsvariable mit der diskreten Wahrscheinlichkeitsverteilung g und den Realisationen y_i, $i = 1, \ldots, N$.

1. Der Erwartungswert $E[X]$ (oder auch μ_X) der Zufallsvariablen X ist durch

$$\mu_X = E[X] = \sum_{i=1}^{N} x_i f(x_i) \tag{18.7}$$

gegeben.

2. Die Varianz σ_X^2 (oder auch $\mathrm{Var}[X]$) der Zufallsvariablen X ist definiert als

$$\sigma_X^2 = \mathrm{Var}[X] = E[(X - E(X))^2] = \sum_{i=1}^{N} (x_i - E[X])^2 f(x_i). \tag{18.8}$$

3. Der $k$te Moment der Zufallsvariablen X ist der Ausdruck

$$E[X^k] = \sum_{i=1}^{N} x_i^k f(x_i)$$

und der $k$te-zentrale Moment ist der Ausdruck

$$E[(X - E[X])^k] = \sum_{i=1}^{N} (x_i - E[X])^k f(x_i).$$

18.12.2   Stetige Zufallsvariable

Es sei X eine stetige Zufallsvariable mit der stetigen Wahrscheinlichkeitsdichte f und Y eine weitere stetige Zufallsvariable mit der stetigen Wahrscheinlichkeitsdichte g.

1. Der Erwartungswert $E[X]$ (oder auch μ_X) der Zufallsvariablen X ist durch

$$\mu_X = E[X] = \int_{-\infty}^{\infty} x f(x) \, \mathrm{d}x \tag{18.9}$$

gegeben.

2. Die Varianz σ_X^2 (oder auch Var$[X]$) der Zufallsvariablen X ist definiert als

$$\sigma_X^2 = \text{Var}[X] = E[(X - E(X))^2] = \int\limits_{-\infty}^{\infty} (x - E[X])^2 f(x)\mathrm{d}x. \qquad (18.10)$$

3. Der $k$te Moment der Zufallsvariablen X ist der Ausdruck

$$E[X^k] = \int\limits_{-\infty}^{\infty} x^k f(x)\mathrm{d}x$$

und der $k$te zentrale Moment ist der Ausdruck

$$E[(X - E[X])^k] = \int\limits_{-\infty}^{\infty} (x - E[X])^k f(x)\mathrm{d}x.$$

Tab. 18.5 Diskrete Wahrscheinlichkeitsverteilungen und ihre Kennzahlen

Verteilung	Wahrscheinlichkeitsfunktion	$E[X]$	σ_X^2
Gleich-	$f(x_i) = \frac{1}{n}, i = 1, \ldots, n$	$\frac{1}{n}\sum\limits_{i=1}^{n} x_i$	$\dfrac{n \sum\limits_{i=1}^{n} x_i^2 - \left(\sum\limits_{i=1}^{n} x_i\right)^2}{n^2}$
Binomial-	$B_{n,p}(x) = \binom{n}{x}(1-p)^{n-x}p^x,$ $0 < p < 1, x = 0, 1, \ldots, n$	$n \cdot p$	$n \cdot p \cdot (1-p)$
Hypergeom.	$H_{N,n,p}(x) = \dfrac{\binom{n}{x}\binom{N-m}{n-x}}{\binom{N}{n}},$ $0 < p < 1, x = 0, 1, \ldots, m$	$n \cdot p$	$\frac{N-n}{N-1} \cdot n \cdot p \cdot (1-p)$
Poisson-	$f(x) = \mathrm{e}^{-\lambda}\frac{\lambda^x}{x!}, \lambda > 0, x \in \mathbb{N}_0$	λ	λ
Neg. Binomial-	$f(x) = \begin{cases} p^k, & x = 0 \\ \frac{p^k(1-p)^x}{x!} \prod_{i=k}^{k+x-1} i, & x \in \mathbb{N} \end{cases}$	$\frac{k}{p}$	$\frac{k \cdot (1-p)}{p^2}$

Tab. 18.6 Stetige Wahrscheinlichkeitsverteilungen und ihre Kennzahlen

Verteilung	Dichte	$E[X]$	σ_X^2
Gleich-	$f(x) = \begin{cases} 0 & \text{für } -\infty < x < a, \\ \frac{1}{b-a} & \text{für } a \leq x \leq b, \\ 0 & \text{für } b < x \end{cases}$	$\frac{1}{2}(a+b)$	$\frac{1}{12}(b-a)^2$
Standardnormal-	$f(x) = \frac{1}{\sqrt{2\pi}}\mathrm{e}^{-x^2/2}$	0	1
allgemeine Normal-	$f(x) = \frac{1}{\sigma\sqrt{2\pi}}\mathrm{e}^{-(x-\mu)^2/(2\sigma^2)}$	μ	σ

18.12.3 Allgemeine Rechenregeln für Kennzahlen diskreter und stetiger Zufallsvariablen

1. Für die Varianz gelten die nachfolgenden Rechenregeln:
   (a) $\mathrm{Var}[X] = E[X^2] - (E[X])^2$ (Verschiebungssatz für die Varianz).
   (b) $\mathrm{Var}[\alpha X + \beta] = \alpha \mathrm{Var}[X]$, für zwei reelle Zahlen α und β.
   (c) Sind X und Y unabhängige Zufallsvariablen, so ist: $\mathrm{Var}[X + Y] = \mathrm{Var}[X] + \mathrm{Var}[Y]$.
2. Die Standardabweichung σ_X der Zufallsvariablen X berechnet man mit der Gleichung

$$\sigma_X = \sqrt{\sigma_X^2}. \tag{18.11}$$

3. Der Variationskoeffizient $V[X]$ der Zufallsvariable ist durch

$$V[X] = \frac{\sigma_X}{E[X]} \tag{18.12}$$

gegeben.
4. Die Kovarianz $\mathrm{cov}[X, Y]$ der Zufallsvariablen X und Y ist definiert als:

$$\mathrm{cov}[X, Y] = E[(X - E[X]) \cdot (Y - E[Y])]. \tag{18.13}$$

Sind X, Y, Z drei Zufallsvariablen, so gelten für die Kovarianz die nachfolgenden zwei Rechenregeln:
   (a) $\mathrm{cov}[X + Y, Z] = \mathrm{cov}[X, Z] + \mathrm{cov}[Y, Z]$
   (b) $\mathrm{cov}[X, Y + Z] = \mathrm{cov}[X, Y] + \mathrm{cov}[X, Z]$.
5. Die Schiefe der Verteilungsfunktion einer Zufallsvariable ist erklärt als der Ausdruck:

$$\frac{E[(X - E[X])^3]}{\sigma_X^3}.$$

Symmetrische Verteilungen von Zufallsvariablen verfügen über eine Schiefe mit dem Wert 0, während Verteilungen mit einem negativen Wert linksschief und Verteilungen mit einem positiven Wert für die Schiefe rechtsschief genannt werden.

Personenverzeichnis

© Springer-Verlag GmbH Deutschland, ein Teil von Springer Nature 2020
D. Horstmann, *Mathematik für Biologen*, DOI 10.1007/978-3-662-62669-6

Sachverzeichnis